国家电网
STATE GRID

U0814621

电网企业专业技能考核题库

变电一次安装工

国网宁夏电力有限公司　编

中国电力出版社
CHINA ELECTRIC POWER PRESS

内 容 提 要

本书编写依据国家职业技能鉴定、电力行业职业技能鉴定与国家电网有限公司技能等级评价（认定）相关制度、规范、标准，立足宁夏电网生产实际，融合新型电力系统构建及新时代技能人才发展目标要求。本书主要内容为电网企业技能人员技能等级认定与评价实操试题，包含技能笔答及技能操作两大部分，其中技能笔答主要以问答题形式命题，技能操作以任务书形式命题，均明确了各个环节的考核知识点、标准答案和评分标准。

本书为电网企业生产技能人员的培训教学用书，可供从事相应职业（工种）技能人员学习参考，也可作为电力职业院校教学参考书。

图书在版编目（CIP）数据

变电一次安装工 / 国网宁夏电力有限公司编. —北京：中国电力出版社，2022.9
电网企业专业技能考核题库
ISBN 978-7-5198-7081-2

Ⅰ. ①变… Ⅱ. ①国… Ⅲ. ①变电所–一次系统–安装–职业技能–鉴定–习题集 Ⅳ. ①TM645.1-44

中国版本图书馆 CIP 数据核字（2022）第 176512 号

出版发行：中国电力出版社
地　　址：北京市东城区北京站西街 19 号（邮政编码 100005）
网　　址：http://www.cepp.sgcc.com.cn
责任编辑：马　丹（010-63412725）　李耀阳
责任校对：黄　蓓　郝军燕　王海南
装帧设计：郝晓燕
责任印制：钱兴根

印　　刷：望都天宇星书刊印刷有限公司
版　　次：2022 年 9 月第一版
印　　次：2022 年 9 月北京第一次印刷
开　　本：889 毫米×1194 毫米　16 开本
印　　张：25
字　　数：714 千字
定　　价：95.00 元

《电网企业专业技能考核题库　变电一次安装工》

编　委　会

《电网企业专业技能考核题库　变电一次安装工》

编　写　组

主　　编　薛　东

副 主 编　叶健强　苏纪臣　张晓晨　万　华　田　源

编写人员　韩晓熠　孟庆涛　李　燕　徐　波　王柄楠

王　栋　田　武　杨　震　纳　虎　霍思远

吴　全　高志民　杨　扬　刘　庆　殷建华

李嘉伟　顾　宝　杜永香　张丽娜　杨亚峰

杨　鑫

审稿人员　魏　成　唐金才　高志民　白剑平　李兴华

丁　帆

前 言

国网宁夏电力有限公司以国家职业技能鉴定、电力行业职业技能鉴定与国家电网有限公司技能等级评价（认定）相关制度、规范、标准为依据，主要针对电网企业各类技能工种的初级工、中级工、高级工、技师、高级技师等人员，以专业操作技能为主线，立足宁夏电网生产实际，结合新型电力系统构建要求，编写了《电网企业专业技能考核题库》丛书。丛书在编写原则上，以职业能力建设为核心；在内容定位上，突出针对性和实用性，涵盖了国家电网有限公司相关政策、标准、规程、规定及现代电力系统新设备、新技术、新知识、新工艺等内容。

丛书的深度、广度遵循了“适应发展需求、立足实践应用”的工作思路，全面涵盖了国家电网有限公司技能等级评价（认定）内容，能够为国网宁夏电力有限公司实施技能等级评价（认定）专业技能考核命题提供依据，也可服务于同类电网企业技能人员能力水平的考核与认定。本套丛书可供电网企业技能人员学习参考，可作为电网企业生产技能人员的培训教学用书，也可作为电力职业院校教学参考用书。

由于时间和水平有限，难免存在疏漏之处，恳请各位专家和读者提出宝贵意见。

目 录

第一部分
初级工

第一章　变电一次安装工初级工技能笔答

Jb0001531001　简述生产经营单位在对从业人员进行安全生产教育和培训方面的义务。（5分）

考核知识点：国家、行业及企业的相关安全规定

难易度：易

标准答案：

生产经营单位应当对从业人员进行安全生产教育和培训，保证从业人员具备必要的安全生产知识，熟悉有关的安全生产规章制度和安全操作规程，掌握本岗位的安全操作技能，了解事故应急处理措施，知悉自身在安全生产方面的权利和义务。未经安全生产教育和培训合格的从业人员，不得上岗作业。

Jb0001532002《中华人民共和国劳动法》规定的劳动合同期限有哪几种？无固定期限劳动合同的签订条件是什么？（5分）

考核知识点：法律法规知识

难易度：中

标准答案：

（1）劳动合同的期限分为有固定期限、无固定期限和以完成一定的工作为期限。

（2）劳动者在同一用人单位连续工作满十年以上，当事人双方同意续延劳动合同的，如果劳动者提出订立无固定期限的劳动合同，应当订立无固定期限的劳动合同。

Jb0001533003　未按照《中华人民共和国安全生产法》规定对从业人员、被派遣劳动者、实习学生进行安全生产教育和培训，或者未按照规定如实告知有关的安全生产事项的生产经营单位将受到怎样的处罚？（5分）

考核知识点：法律法规知识

难易度：难

标准答案：

责令限期改正，可以处五万元以下的罚款；逾期未改正的，责令停产停业整顿，并处五万元以上十万元以下的罚款，对其直接负责的主管人员和其他直接责任人员处一万元以上两万元以下的罚款。

Jb0001531004　简述《中华人民共和国电力法》规定的电力生产与电网运行应当遵循的原则。（5分）

考核知识点：法律法规知识

难易度：易

标准答案：

电力生产与电网运行应当遵循安全、优质、经济的原则。

Jb0001531005　简述《中华人民共和国安全生产法》的制定目的。（5分）

考核知识点：法律法规知识

难易度：易

标准答案：

安全生产法的制定目的是加强安全生产工作，防止和减少生产安全事故，保障人民群众生命和财产安全，促进经济社会持续健康发展。

Jb0001532006 简述《中华人民共和国安全生产法》中生产经营单位新建、改建、扩建工程项目的安全设施建设要求。（5分）

考核知识点：法律法规知识

难易度：中

标准答案：

生产经营单位新建、改建、扩建工程项目的安全设施，必须与主体工程同时设计、同时施工、同时投入生产和使用。

Jb0001532007 简述《中华人民共和国电力法》中电力发展规划应体现的原则。（5分）

考核知识点：法律法规知识

难易度：中

标准答案：

电力发展规划，应当体现合理利用能源、电源与电网配套发展、提高经济效益和有利于环境保护的原则。

Jb0001532008 简述《中华人民共和国电力法》对电力企业安全生产管理的要求。（5分）

考核知识点：法律法规知识

难易度：中

标准答案：

电力企业应当加强安全生产管理，坚持安全第一、预防为主的方针，建立、健全安全生产责任制度。

Jb0001532009 简述《中华人民共和国电力法》中国家对电力供应和使用实行的原则。（5分）

考核知识点：法律法规知识

难易度：中

标准答案：

国家对电力供应和使用，实行安全用电、节约用电、计划用电的管理原则。

Jb0001531010 简述《中华人民共和国安全生产法》中生产经营单位的安全生产责任制应包含的内容。（5分）

考核知识点：法律法规知识

难易度：易

标准答案：

生产经营单位的安全生产责任制应包含各岗位的责任人员、责任范围和考核标准。

Jb0001532011 简述《中华人民共和国电力法》在电力建设、生产、供应和使用方面的共同要求。（5分）

考核知识点：法律法规知识

难易度：中
标准答案：
电力建设、生产、供应和使用应当依法保护环境，采用新技术，减少有害物质排放，防治污染和其他公害。

Jb0001532012　简述民法的调整范围。（5分）
考核知识点：法律法规知识
难易度：中
标准答案：
民法调整平等主体的自然人、法人和非法人组织之间的人身关系和财产关系。

Jb0001532013　简述《中华人民共和国民法典》的基本原则。（5分）
考核知识点：法律法规知识
难易度：中
标准答案：
平等原则、自愿原则、公平原则、诚实信用原则、公序良俗原则及绿色原则。

Jb0001532014　根据《中华人民共和国民法典》，知识产权是权利人对哪些客体享有的权利？（5分）
考核知识点：法律法规知识
难易度：中
标准答案：
（一）作品；（二）发明、实用新型、外观设计；（三）商标；（四）地理标志；（五）商业秘密；（六）集成电路布图设计；（七）植物新品种；（八）法律规定的其他客体。

Jb0001532015　请简述承担民事责任的主要方式。（5分）
考核知识点：法律法规知识
难易度：中
标准答案：
（一）停止侵害；（二）排除妨碍；（三）消除危险；（四）返还财产；（五）恢复原状；（六）修理、重作、更换；（七）继续履行；（八）赔偿损失；（九）支付违约金；（十）消除影响、恢复名誉；（十一）赔礼道歉。

Jb0001532016　合同应当包括的基本条款有哪些？（5分）
考核知识点：法律法规知识
难易度：中
标准答案：
（一）当事人的姓名或者名称和住所；（二）标的；（三）数量；（四）质量；（五）价款或者报酬；（六）履行期限、地点和方式；（七）违约责任；（八）解决争议的方法。

Jb0001532017　简述自然人的人格权包含的权利。（5分）
考核知识点：法律法规知识
难易度：中

标准答案：

人格权是民事主体享有的生命权、身体权、健康权、姓名权、名称权、肖像权、名誉权、荣誉权、隐私权等权利，以及基于人身自由、人格尊严产生的其他人格权益。

Jb0001531018 《中华人民共和国安全生产法》规定生产经营单位建立的安全生产教育和培训档案，应如实记录哪些内容？（5分）

考核知识点：法律法规知识

难易度：易

标准答案：

安全生产教育和培训档案应当如实记录安全生产教育和培训的时间、内容、参加人员以及考核结果等情况。

Jb0001532019 简述安全生产工作的组织应当遵循的原则。（5分）

考核知识点：法律法规知识

难易度：中

标准答案：

（1）坚持中国共产党的领导。

（2）安全生产工作应当以人为本，坚持人民至上、生命至上，把保护人民生命安全摆在首位。

（3）树牢安全发展理念，坚持安全第一、预防为主、综合治理的方针，从源头上防范化解重大安全风险。

Jb0001532020 安全生产工作管理机制需要哪些主体的参与？这些主体各有什么职责？（5分）

考核知识点：法律法规知识

难易度：中

标准答案：

（1）安全生产工作需要生产经营单位、职工、政府、行业、社会五方主体参与。

（2）生产经营单位负责、职工参与、政府监管、行业自律、社会监督。

Jb0001532021 《中华人民共和国安全生产法》规定生产经营单位的安全生产第一责任人是谁？第一责任人对生产经营单位的安全生产工作负有什么责任？（5分）

考核知识点：法律法规知识

难易度：中

标准答案：

（1）生产经营单位的主要负责人是本单位的安全生产第一责任人。

（2）生产经营单位的主要负责人对本单位的安全生产工作全面负责。

Jb0001532022 《中华人民共和国安全生产法》规定生产经营单位的从业人员有哪些权利和义务？（5分）

考核知识点：法律法规知识

难易度：中

标准答案：

（1）生产经营单位的从业人员有依法获得安全生产保障的权利。

（2）生产经营单位的从业人员有依法履行安全生产方面的义务。

Jb0001532023 《中华人民共和国安全生产法》规定单位和个人在哪些方面取得显著成绩可以获得国家奖励？（5分）

考核知识点：法律法规知识

难易度：中

标准答案：

（1）改善安全生产条件。

（2）防止生产安全事故。

（3）参加抢险救护。

Jb0001532024 遵章守纪自觉性的提高可以从哪些方面努力？（5分）

考核知识点：职业道德规范

难易度：中

标准答案：

（1）认真学习规章制度。

（2）消除各种违章操作的不良心理。

（3）加强监督并接受他人监督。

（4）电网企业员工严守规章，在组织纪律上做服从大局、听从指挥的模范。

Jb0001532025 电网企业员工弘扬爱国主义精神，牢固树立爱国主义道德思想应从哪些方面做起？（5分）

考核知识点：职业道德规范

难易度：中

标准答案：

（1）全面了解中华民族发展史，切实增强民族自尊心和自豪感。

（2）牢固树立国家至上思想。

（3）奉公守法，规规矩矩做人，实现无悔人生。

Jb0001532026 简述职业道德的基本要求。（5分）

考核知识点：职业道德规范

难易度：中

标准答案：

职业道德的基本要求是爱岗敬业、诚实守信、办事公道、服务群众、奉献社会。

Jb0001531027 简述社会主义职业道德的核心内容。（5分）

考核知识点：职业道德规范

难易度：易

标准答案：

社会主义职业道德的核心是为人民服务。

Jb0001531028 简述社会主义职业道德的基本原则。（5分）
考核知识点：职业道德规范
难易度：易
标准答案：
社会主义职业道德的基本原则是集体主义。

Jb0002551029 带电作业保护间隙的接地线截面积不得小于多少？（5分）
考核知识点：国家、行业及企业的相关安全规定
难易度：易
标准答案：
带电作业保护间隙的接地线截面积不得小于 $25mm^2$。

Jb0002551030 单台容量达到多少的干式电抗器安装前应依据安装使用说明书编写安全施工措施？（5分）
考核知识点：国家、行业及企业的相关安全规定
难易度：易
标准答案：
单台容量 10MW 及以上的干式电抗器安装前应依据安装使用说明书编写安全施工措施。

Jb0002551031 质量达到多少的干式电抗器安装应编制专项施工方案？（5分）
考核知识点：国家、行业及企业的相关安全规定
难易度：易
标准答案：
30t 及以上的干式电抗器安装应编制专项施工方案。

Jb0002551032 在一经合闸即可送电到作业地点的断路器和隔离开关的操作把手、二次设备上均应悬挂什么安全标识牌？（5分）
考核知识点：国家、行业及企业的相关安全规定
难易度：易
标准答案：
在一经合闸即可送电到作业地点的断路器和隔离开关的操作把手、二次设备上均应悬挂“禁止合闸，有人工作！”的安全标识牌。

Jb0002551033 变电站内一次设备材料运输，对运输车辆时速有何要求？（5分）
考核知识点：国家、行业及企业的相关安全规定
难易度：易
标准答案：
变电站内一次设备材料运输车辆时速不得超过 15km/h。

Jb0002552034 简述电抗器安装过程中的特殊工种。（5分）
考核知识点：其他电气设备安装及调整
难易度：中

标准答案：

电焊工、吊机操作工、起重司索工。

Jb0002552035　简述 10kV 氧化锌避雷器密封不良会造成的后果。（5分）

考核知识点：其他电气设备安装及调整

难易度：中

标准答案：

（1）避雷器击穿。

（2）避雷器爆炸。

Jb0002551036　对电磁感应式电流互感器一次侧进行通电试验时，二次回路禁止什么操作？（5分）

考核知识点：国家、行业及企业的相关安全规定

难易度：易

标准答案：

对电磁感应式电流互感器一次侧进行通电试验时，二次回路禁止开路。

Jb0002553037　使用钳形电流表测量高压电缆线路的电流时，应设专人监护，当被测高压电缆对应电压为 35kV 时，钳形电流表与高压裸露部分的距离应不小于多少？（5分）

考核知识点：国家、行业及企业的相关安全规定

难易度：难

标准答案：

钳形电流表与高压裸露部分的距离应不小于 700mm。

Jb0002553038　对电压互感器二次回路做通电试验应做哪些准备工作？（5分）

考核知识点：国家、行业及企业的相关安全规定

难易度：难

标准答案：

对电压互感器二次回路做通电试验时，二次回路应与电压互感器断开，一次回路应与系统隔离，拉开隔离开关或取下高压侧熔断器。

Jb0002553039　对电磁感应式电流互感器一次侧进行通电试验时，应完成哪些操作以确保安全？（5分）

考核知识点：国家、行业及企业的相关安全规定

难易度：难

标准答案：

对电磁感应式电流互感器一次侧进行通电试验时，二次回路禁止开路，短路接地应使用短接片或短接线，禁止用导线缠绕。

Jb0002551040　硬母线预拱或弯制时，作业人员站位应注意什么？（5分）

考核知识点：国家、行业及企业的相关安全规定

难易度：易

标准答案：
硬母线预拱或弯制时，作业人员应禁止站在设备顶进方向。

Jb0002551041 新安装的硬母线与带电母线邻近或平行时应如何处理？（5分）
考核知识点：国家、行业及企业的相关安全规定
难易度：易
标准答案：
新安装的硬母线与带电母线邻近或平行时应接地。

Jb0002551042 在停电母线上作业时，应将接地线尽量装在哪一处的母线上？（5分）
考核知识点：国家、行业及企业的相关安全规定
难易度：易
标准答案：
在停电母线上作业时，应将接地线尽量装在靠近电源进线的母线上。

Jb0002551043 软母线安装时，进行线盘架设的放线人员应站在线盘的什么位置？（5分）
考核知识点：国家、行业及企业的相关安全规定
难易度：易
标准答案：
软母线安装时，进行线盘架设的放线人员应站在线盘的侧后方。

Jb0002551044 软母线引下线与设备连接前应如何处理？（5分）
考核知识点：母线及接地装置安装
难易度：易
标准答案：
软母线引下线与设备连接前应固定且不得任意悬空摆动。

Jb0002551045 软母线安装时，对线盘架设有何要求？（5分）
考核知识点：母线及接地装置安装
难易度：易
标准答案：
软母线安装时，线盘架设应选用与线盘相匹配的放线架，且架设平稳。

Jb0002551046 母线安装时，紧线应注意哪些事项？（5分）
考核知识点：母线及接地装置安装
难易度：易
标准答案：
紧线应缓慢，避免出现导线挂阻情况，防止导线受力后突然弹起，人员禁止跨越正在收紧的导线。

Jb0002551047 管形母线放置应采取哪些措施？（5分）
考核知识点：母线及接地装置安装
难易度：易

标准答案：

管形母线放置应采取防止滚动和隔离警示的措施。

Jb0002553048　在母线和横梁上作业或新增设母线与带电母线靠近、平行时，应采取哪些安全措施？（5分）

考核知识点：母线及接地装置安装

难易度：难

标准答案：

在母线和横梁上作业或新增设母线与带电母线靠近、平行时，母线应接地，并制定严格的防静电措施，作业人员应穿静电感应防护服或屏蔽服作业。

Jb0002551049　大型穿墙套管安装应如何选用吊具？（5分）

考核知识点：国家、行业及企业的相关安全规定

难易度：易

标准答案：

大型穿墙套管安装应使用产品专用吊具或制造厂认可的吊具。

Jb0002551050　在运行的变电站及高压配电室搬动梯子、线材等长物时，应如何操作？（5分）

考核知识点：国家、行业及企业的相关安全规定

难易度：易

标准答案：

搬动梯子、线材等长物时，应放倒，两人搬运。

Jb0002553051　利用吊车作为支撑点的高处作业平台应经计算、验证，需编制哪些内容？（5分）

考核知识点：起重、搬运

难易度：难

标准答案：

利用吊车作为支撑点的高处作业平台应经计算、验证，需编制使用安全管理规定及操作规程。

Jb0002551052　运输哪类物件时，应制定运输方案和安全技术措施？（5分）

考核知识点：起重、搬运

难易度：易

标准答案：

运输超高、超宽、超长、超重的物件时，应制定运输方案和安全技术措施。

Jb0002553053　安装或搬运电池时应注意哪些安全事项？（5分）

考核知识点：国家、行业及企业的相关安全规定

难易度：难

标准答案：

安装或搬运电池时应戴绝缘手套、围裙和护目镜，若酸液泄漏溅落到人体上，应立即用苏打水和清水冲洗。

Jb0002551054 取出六氟化硫断路器、组合电器中的吸附物时，应主要使用什么防护用品？（5分）

考核知识点：国家、行业及企业的相关安全规定

难易度：易

标准答案：

（1）防护手套。

（2）护目镜及防毒口罩。

（3）防毒面具（或正压式空气呼吸器）等个人防护用品。

Jb0002553055 简述断路器充六氟化硫气体时的安全注意事项。（5分）

考核知识点：国家、行业及企业的相关安全规定

难易度：难

标准答案：

（1）断路器进行充气时，必须使用减压阀。

（2）打开控制阀门时作业人员应站在充气口的侧面或上风口。

（3）施工现场气瓶应直立放置，并有防倒和防暴晒措施，气瓶应远离热源和有油污的地方，不得与其他气瓶混放。

（4）使用托架车搬运气瓶时，六氟化硫气瓶的安全帽、防震圈应齐全，安全帽应拧紧，应轻装轻卸。

Jb0002551056 简述检修设备和可能来电侧的断路器、隔离开关的主要安全措施。（5分）

考核知识点：国家、行业及企业的相关安全规定

难易度：易

标准答案：

（1）断开控制电源。

（2）断开合闸电源。

（3）隔离开关操作把手应锁住。

（4）确保设备不会误送电。

Jb0002552057 简述电气装置安装规定禁止攀登绝缘套管的设备。（5分）

考核知识点：国家、行业及企业的相关安全规定

难易度：中

标准答案：

断路器、互感器、避雷器、高压套管。

Jb0002552058 在哪些情况下不得搬运开关设备？（5分）

考核知识点：国家、行业及企业的相关安全规定

难易度：中

标准答案：

（1）隔离开关、闸刀型开关的刀闸在断开位置时。

（2）断路器、传动装置以及有返回弹簧或自动释放的开关，在合闸位置和未锁好时。

Jb0002552059 简述在调整、检修断路器及传动装置时，应做好的安全措施。（5分）

考核知识点：国家、行业及企业的相关安全规定

难易度：中
标准答案：
（1）应有防止断路器意外脱扣伤人的可靠措施。
（2）施工作业人员应避开断路器可动部分的动作空间。

Jb0002553060　简述在六氟化硫电气设备上及周围的作业应遵守的规定。（5分）
考核知识点：国家、行业及企业的相关安全规定
难易度：难
标准答案：（答对5个满分）
（1）在室内充装六氟化硫气体时应开启通风系统，作业区空气中六氟化硫气体含量不得超过1000μL/L。
（2）作业人员进入含有六氟化硫电气设备的室内时，入口处若无六氟化硫气体含量显示器，应先通风15min，并检测六氟化硫气体含量是否合格。
（3）进入六氟化硫电气设备低位区域或电缆沟进行作业时，应先检测含氧量（不低于18%）和六氟化硫气体含量（不超过1000μL/L）是否合格。
（4）在打开充气设备密封盖作业前，应确认内部压力已经全部释放。
（5）在设备额定压力为0.1MPa及以上时，压力瓷套周围不应进行有可能碰撞瓷套的作业，否则应事先对瓷套采取保护措施。
（6）断路器未充气到额定压力状态不应进行分、合闸操作。

Jb0002551061　简述对已充油的变压器、电抗器的微小渗漏进行补焊时，应遵守的规定。（5分）
考核知识点：国家、行业及企业的相关安全规定
难易度：易
标准答案：
（1）变压器、电抗器的油面呼吸畅通。
（2）焊接部位应在油面以下。
（3）应采用气体保护焊或断续的电焊。
（4）焊点周围油污应清理干净。
（5）应开具动火工作票。

Jb0002552062　油浸变压器、电抗器在多少电压等级和容量时，安装前应依据安装使用说明书编写安全施工措施，并进行交底。（5分）
考核知识点：国家、行业及企业的相关安全规定
难易度：中
标准答案：
（1）110kV及以上。
（2）容量30MVA及以上。

Jb0002552063　施工用电工程的380V/220V低压系统应采用什么保护系统？末端应装设什么装置？专用变压器中性点直接接地的低压系统宜采用哪个系统？（5分）
考核知识点：国家、行业及企业的相关安全规定
难易度：中

标准答案：

施工用电工程的380V/220V低压系统应采用三级配电、二级剩余电流动作保护系统（漏电保护系统），末端应装剩余电流动作保护装置（漏电保护器）。专用变压器中性点直接接地的低压系统宜采用TN-S接零保护系统。

Jb0002553064 35kV及10kV/400kVA以上的变压器如采用地面平台安装，装设变压器的平台、其四周装设的围栏、围栏与变压器外廓的距离都有哪些要求？并应在围栏各侧的明显部位悬挂什么安全标志？（5分）

考核知识点：国家、行业及企业的相关安全规定

难易度：难

标准答案：

35kV及10kV/400kVA以上的变压器如采用地面平台安装，装设变压器的平台应高出地面0.5m，其四周应装设高度不低于1.7m的围栏。围栏与变压器外廓的距离：10kV及以下应不小于1m，35kV应不小于1.2m，并应在围栏各侧的明显部位悬挂“止步、高压危险！”的安全标志。

Jb0002551065 行灯照明变压器的选用有哪些要求？（5分）

考核知识点：国家、行业及企业的相关安全规定

难易度：易

标准答案：

行灯照明变压器应使用双绕组型安全隔离变压器，禁止使用自耦变压器。

Jb0002553066 进行变压器、电抗器内部作业时，对作业人员和带入工具有什么要求？（5分）

考核知识点：国家、行业及企业的相关安全规定

难易度：难

标准答案：

（1）作业人员应穿无纽扣、无口袋的工作服，以及耐油防滑靴等专用防护用品。

（2）带入的工具应拴绳、登记、清点，严防工具及杂物遗留在器身内。

Jb0003531067 什么是等电位接地网？（5分）

考核知识点：电工基础

难易度：易

标准答案：

等电位接地网是由水平导体纵横连接构成的各节点处于等电位的接地网，其最终与土壤中接地网相连接。

Jb0003531068 简要说明什么是断路器的合闸时间。（5分）

考核知识点：电工基础

难易度：易

标准答案：

断路器的合闸时间是从发出合闸指令到三相所有触头都接触的瞬间为止。

Jb0003531069 断路器的操动机构分为几种？（5分）

考核知识点：断路器安装及调整

难易度：易
标准答案：
断路器的操动机构分为液压、气动及弹簧操动机构。

Jb0003532070　简述隔离开关和断路器的主要区别是什么。（5分）
考核知识点：电工基础
难易度：中
标准答案：
（1）断路器有灭弧装置，可用于通断负荷电流和短路电流。
（2）隔离开关没有灭弧装置，不能用于切断负荷电流及短路电流。

Jb0003531071　变压器、油浸式电抗器安装过程中，对基础（预埋件）中心位移和水平度误差有什么要求？（5分）
考核知识点：变压器安装及调整
难易度：易
标准答案：
（1）变压器、油浸式电抗器安装过程中，基础（预埋件）中心位移不大于5mm。
（2）水平度误差不大于2mm。

Jb0003511072　求图Jb0003511072所示电路的总电阻 R_{AB}。（5分）

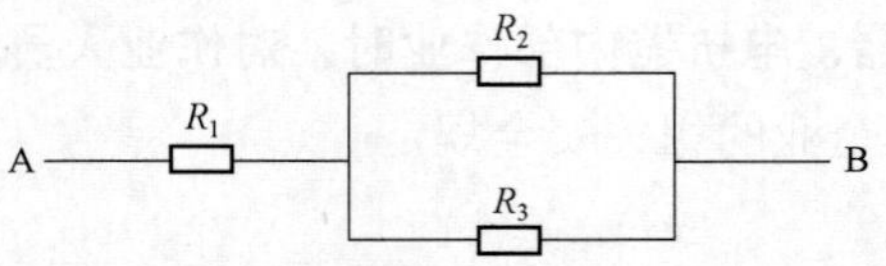

图 Jb0003511072

考核知识点：电工基础
难易度：易
标准答案：
解：R_2 和 R_3 并联，再与 R_1 串联
$R_{23}=R_2R_3/(R_2+R_3)$
$R_{AB}=R_1+R_{23}=R_1+(R_2R_3)/(R_2+R_3)$
答：$R_{AB}=R_1+(R_2R_3)/(R_2+R_3)$。

Jb0003511073　图Jb0003511073所示电路中，三只分别为"220V、25W""220V、40W""220V、60W"的灯泡并联，求总电流。（5分）

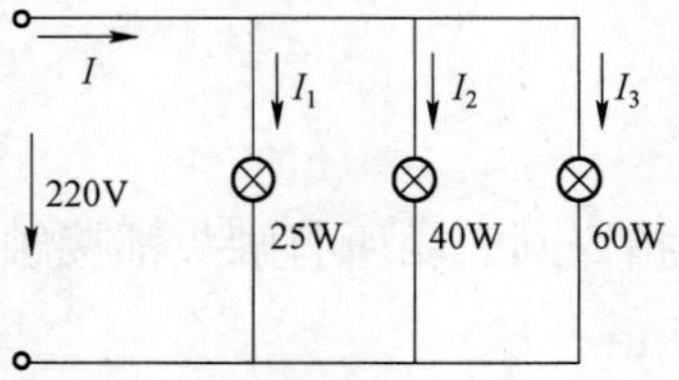

图 Jb0003511073

考核知识点：电工基础

难易度：易

标准答案：

解：$I=P/U=(P_1+P_2+P_3)/U=(25+40+60)/220=0.568$（A）

答：总电流 I 为 0.568A。

Jb0003511074 已知外加电压为 220V，电加热器消耗功率为 880W，求电加热器的电流和电阻。（5 分）

考核知识点：电工基础

难易度：易

标准答案：

解：$I=P/U=880/220=4$（A）

$R=U/I=220/4=55$（Ω）

答：电加热器的电流为 4A，电阻为 55Ω。

Jb0003511075 在 220V 电源上并联 2 只灯泡，功率分别是 100W 和 400W，求这两只灯泡从电源取用的总电流。（5 分）

考核知识点：电工基础

难易度：易

标准答案：

解：$I=P/U=(100+400)/220\approx 2.27$（A）

答：这两只灯泡从电源取用的总电流是 2.27A。

Jb0003511076 聚氯乙烯绝缘软铜线的规格 $n=7$ 股，每股线径 $D=1.7$mm，长度 $L=200$m，求电阻。（铜的电阻率 $\rho=1.84\times10^{-8}\Omega/\text{m}$）（5 分）

考核知识点：电工基础

难易度：易

标准答案：

解：铜线截面积 $S=n(\pi R^2)=7\times3.14\times\left(\dfrac{1.7}{2}\right)^2\approx15.88$（$\text{mm}^2$）

$$R=\frac{L}{S}\rho=\frac{200}{15.88\times10^{-6}}\times1.84\times10^{-8}\approx0.23\ (\Omega)$$

答：软铜线电阻为 0.23Ω。

Jb0003511077 有一台电流互感器，变比为 600A/5A，当一次侧流过 300A 时，求二次侧输出电流。（5 分）

考核知识点：电工基础

难易度：易

标准答案：

解：$I_2=I_1/K=300/(600/5)=2.5$（A）

答：二次侧输出电流为 2.5A。

Jb0003511078　有一三相负载，其有功功率 $P=20$kW，无功功率 $Q=15$kvar，试求该负载的功率因数 $\cos\varphi$。（5 分）

考核知识点：电工基础

难易度：易

标准答案：

解：视在功率 $S=\sqrt{P^2+Q^2}=\sqrt{20^2+15^2}=25$（kVA）

功率因数 $\cos\varphi=P/S=20/25=0.8$

答：功率因数为 0.8。

Jb0003512079　有两个灯泡，一个为 220V、100W，另一个为 220V、40W。若把两个灯泡串联接于 220V 的电源上，试问哪个灯泡亮些？（5 分）

考核知识点：电工基础

难易度：中

标准答案：

解：

（1）先求两个灯泡的电阻。

对 100W 灯泡：

$R_1=U^2/P_{1N}=220^2/100=484$（Ω）

对 40W 灯泡：

$R_2=U^2/P_{2N}=220^2/40=1210$（Ω）

（2）求两个灯泡串联电路的总电流。

$I=U/(R_1+R_2)=220/(484+1210)\approx0.13$（A）

（3）求每个灯泡消耗的功率。

对 100W 灯泡：

$P_1=I^2R_1=0.13^2\times484\approx8.18$（W）

对 40W 灯泡：

$P_2=I^2R_2=0.13^2\times1210\approx20.45$（W）

答：消耗功率多的 40W 灯泡要亮些。

Jb0003511080　用一只内电阻 $R_1=1500\Omega$、量程 $U_1=150$V 的电压表来测量 $U_2=600$V 的电压，试问必须串接多少欧姆的电阻？（5 分）

考核知识点：电工基础

难易度：易

标准答案：

解：电压表额定电流 $I=U_1/R_1=150/1500=0.1$（A）

需串接的电阻 $R=(U_2-U_1)/I=(600-150)/0.1=4500$（Ω）

答：必须串接 4500Ω的电阻。

Jb0003511081　额定电流 $I_N=20$A 的电炉箱接在电压 $U=220$V 的电源上，此电炉的功率 P 是多少？若用 10h，电炉所消耗电能为多少？（5 分）

考核知识点：电工基础
难易度：易
标准答案：
解：$P=UI_N=220\times20=4400$（W）$=4.4$（kW）
使用 10h 时，电炉所消耗的电能 $W=Pt=4.4\times10=44$（kWh）。
答：电炉的功率 P 为 4.4kW，电炉使用 10h 消耗 44kWh 电能。

Jb0003511082　功率因数为 1，电压为 300V，电流为 5A，功率表指针指在 70 格（满刻度 150 格）时，实际测得的功率为多少？（5 分）
考核知识点：电工基础
难易度：易
标准答案：
解：$P=(300\times5\times1)\times(70/150)=700$（W）
答：实测功率为 700W。

Jb0003511083　已知图 Jb0003511083 所示电路中，$C_1=5$pF，$C_2=10$pF，$C_3=10$pF，求总电容 C_{AB}。（5 分）

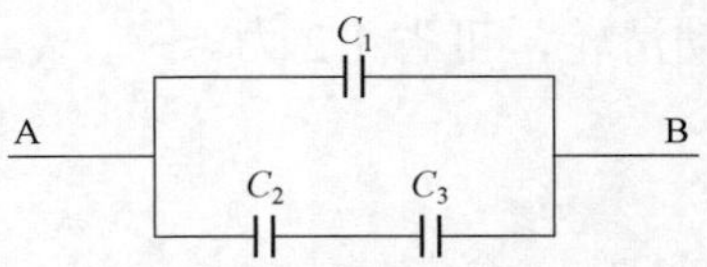

图 Jb0003511083

考核知识点：电工基础
难易度：易
标准答案：
解：C_2 与 C_3 串联，有 $C_{23}=C_2C_3/(C_2+C_3)=5$（pF）
C_1 与 C_{23} 并联，则 $C_{AB}=C_1+C_{23}=5+5=10$（pF）
答：总电容为 10pF。

Jb0003511084　图 Jb0003511084 为正弦交流电路，已知图中电源电压 $U=50$V，电阻两端电压 $U_1=30$V，求电感两端电压 U_2。（5 分）

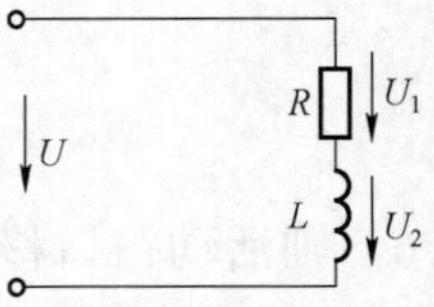

图 Jb0003511084

考核知识点：电工基础
难易度：易
标准答案：
解：可利用电压三角形求得

$U_2=\sqrt{U^2-U_1^2}=\sqrt{50^2-30^2}=40$（V）

答：电感两端电压U_2为40V。

Jb0003511085　如图Jb0003511085所示起吊质量*m*=500kg的电流互感器，不计摩擦系数，求F_1、F_2大小。（5分）

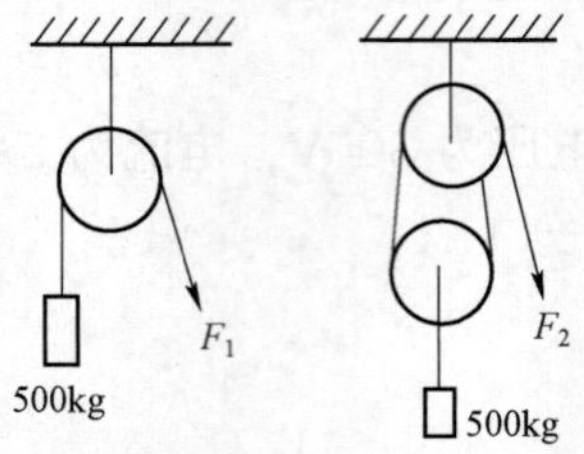

图Jb0003511085

考核知识点：力学知识

难易度：易

标准答案：

$F=mg$

$F_1=500\times9.8=4900$（N），因定滑轮只能改变力的方向，并不省力。

$F_2=500\times9.8/2=2450$（N），有动滑轮，可省1/2力。

答：$F_1=4900\text{N}$，$F_2=2450\text{N}$。

Jb0003511086　钢板长4m，宽1.5m，厚50mm，求这块钢板的质量。（钢的密度$\rho=7.85\text{g/cm}^3$）（5分）

考核知识点：基础知识

难易度：易

标准答案：

体积：V=长×宽×厚$=400\times150\times5=3\times10^5$（$\text{cm}^3$）

质量：$m=\rho V=7.85\times3\times10^5=23.55\times10^5$（g）$=2.355$（t）

答：这块钢板的质量是2.355t。

Jb0003511087　有一虎台钳，其螺杆螺纹的螺距为4mm，问螺杆转动6圈，活动钳口移动的距离是多少？（5分）

考核知识点：电工知识

难易度：易

标准答案：

解：已知导程$S=4\text{mm}$，转动圈数$n=6$，则活动钳口移动的距离为

$L=nS=6\times4=24$（mm）

答：活动钳口移动的距离是24mm。

Jb0003512088　起吊一台变压器的大罩，其质量*m*为11t，钢丝绳扣与吊钩垂线成30°，四点起吊，求钢丝绳受多大的力。（5分）

考核知识点：力学知识

难易度：中

标准答案：

解：根据题意，钢丝绳受力为

$$S=\frac{Q}{4\cos\varphi}=\frac{11\times10^3\times9.8}{4\times\cos30^\circ}=\frac{11\,000\times9.8}{2\times\sqrt{3}}\approx31\,119\text{（N）}\approx31\text{（kN）}$$

答：钢丝绳受31kN的力。

Jb0003511089　如果人体的最小电阻 $R=800\Omega$，已知通过人体的电流 $I=50$mA时，就会引起呼吸器官麻痹，不能自己摆脱电源，有生命危险，试求此时的工作电压值。（5分）

考核知识点：电工基础

难易度：易

标准答案：

解：由欧姆定律可得此时的电压值为

$U=IR=50\times10^{-3}\times800=40$（V）

答：此时的工作电压值为40V。

Jb0003512090　现有一台 SF_6 断路器三相气室总容积约 0.9m^3，安装结束按照说明书要求抽真空充 SF_6 气体到额定表压压力 0.6MPa。计算至少需准备 SF_6 气体多少千克。（SF_6 气体 0.1MPa 表压状态下按照 6.25kg/m^3 考虑）（5分）

考核知识点：电工基础

难易度：中

标准答案：

解：换算到 0.1MPa 的充气容积 $=(0.6+0.1)\times0.9/0.1=6.3$（$m^3$）

需要 SF_6 气体质量 $=6.3\times6.25\approx39.4$（kg）

答：至少需要 SF_6 气体 39.4kg。

Jb0003521091　图 Jb0003521091 打的是什么绳扣结法？（5分）

考核知识点：国家、行业及企业的相关安全规定

难易度：易

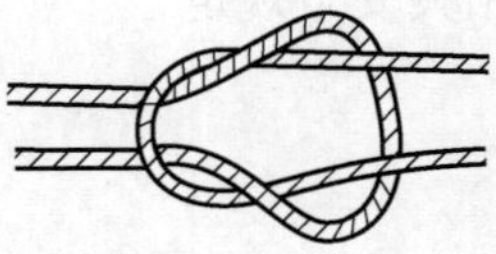

图 Jb0003521091

标准答案：

示意图打的是平扣结法。

Jb0003521092　图 Jb0003521092 打的是什么绳扣结法？（5分）

考核知识点：国家、行业及企业的相关安全规定

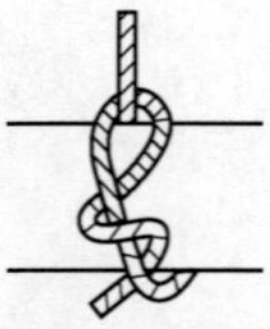

图 Jb0003521092

难易度：易

标准答案：

示意图打的是安扣结法。

Jb0003521093　图 Jb0003521093 打的是什么绳扣结法？（5 分）

图 Jb0003521093

考核知识点：国家、行业及企业的相关安全规定

难易度：易

标准答案：

示意图打的是三角扣（紧线扣）法。

Jb0003521094　图 Jb0003521094 打的是什么绳扣结法？（5 分）

图 Jb0003521094

考核知识点：国家、行业及企业的相关安全规定

难易度：易

标准答案：

示意图打的是倒背扣结法。

Jb0003521095　根据图 Jb0003521095，画三视图。（5 分）

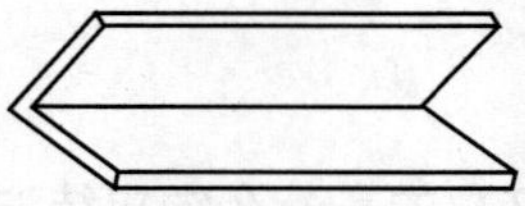

图 Jb0003521095

考核知识点：电气识、绘图纸

难易度：易

标准答案：

Jb0003521096 标出图 Jb0003521096（a）、（b）的投影方式（5 分）

考核知识点：电气识、绘图纸

难易度：易

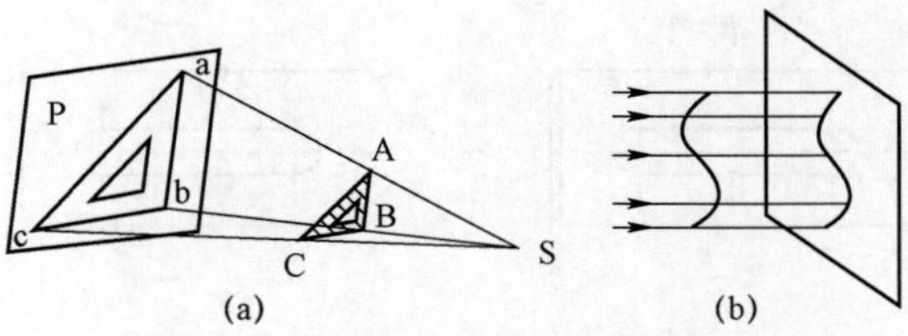

图 Jb0003521096

标准答案：

图 Jb0003521096（a）为中心投影；图 Jb0003521096（b）为正投影法（平行投影法）投影。

Jb0003521097 画出表示角钢煨成 90° 的加工图。（5 分）

考核知识点：电气识、绘图纸

难易度：易

标准答案：

角钢煨成 90° 的加工图如图 Jb0003521097 所示。

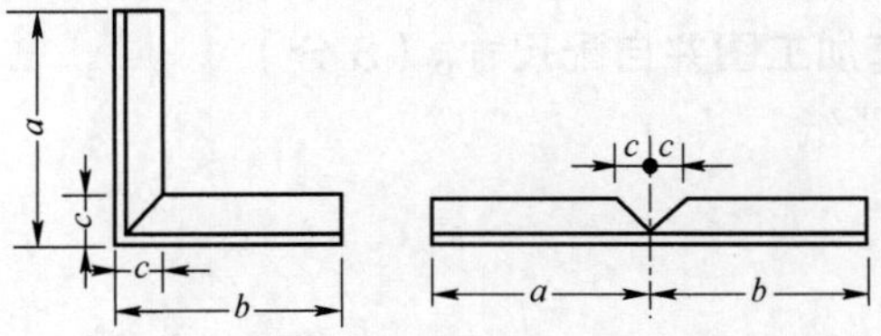

图 Jb0003521097

Jb0003521098 补画三视图 Jb0003521098（a）的侧视图（5 分）

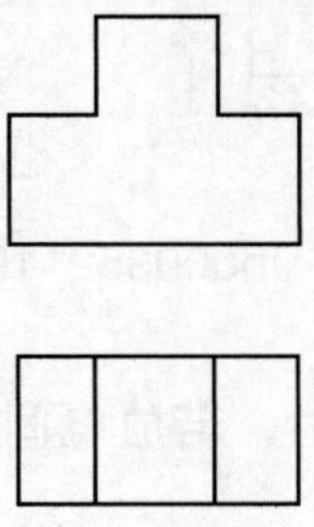

图 Jb0003521098

考核知识点：电气识、绘图纸

难易度：易

标准答案：

侧视图如图 Jb0003521098（b）所示。

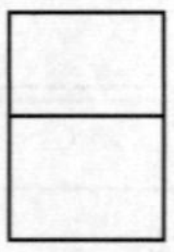

(b)

图 Jb0003521098（b）

Jb0003521099　图 Jb0003521099（a）中画法错在什么地方？如何正确地画出？（5 分）

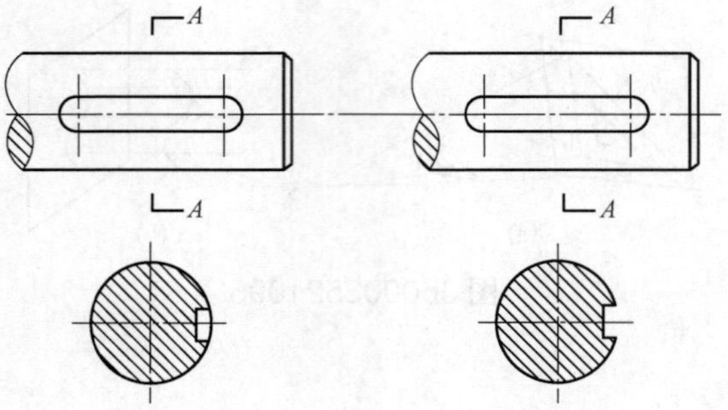

(a)　(b)

图 Jb0003521099

考核知识点：电气识、绘图纸

难易度：易

标准答案：

错在键槽处的画法。正确的画法如图 Jb0003521099（b）所示。

Jb0003521100　画出轴套加工图并自配尺寸。（5 分）

考核知识点：电气识、绘图纸

难易度：易

标准答案：

轴套加工图（自配尺寸）如图 Jb0003521100 所示。

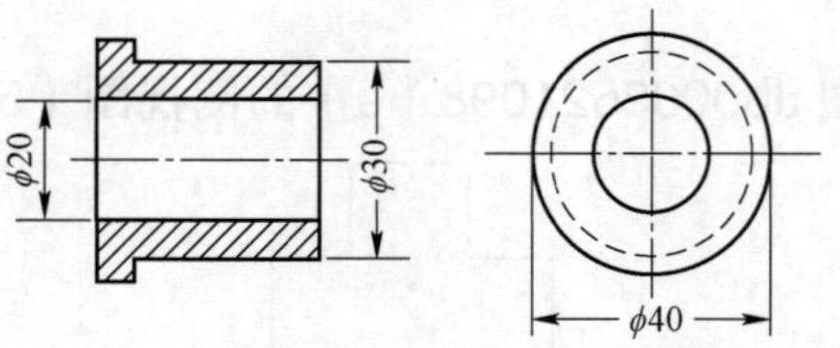

图 Jb0003521100

Jb0004531101　中心点放电间隙安装时，若放电间隙电极的制作采用钢制材料，应做何处理？（5 分）

考核知识点：其他电气设备安装及调整

难易度：易
标准答案：
放电间隙电极的制作采用钢制材料时，电极应镀锌。

Jb0005531102　干式电抗器安装支柱绝缘子标高误差应在多少以内？（5分）
考核知识点：其他电气设备安装及调整
难易度：易
标准答案：
干式电抗器安装支柱绝缘子标高误差应在5mm以内。

Jb0005531103　互感器安装有哪些步骤及工序？（5分）
考核知识点：其他电气设备安装及调整
难易度：易
标准答案：
（1）基础复测。
（2）设备开箱清点、整理。
（3）支架安装。
（4）互感器本体安装。
（5）二次电缆安装，接地施工。

Jb0005531104　简述互感器二次电缆安装有什么要求。（5分）
考核知识点：其他电气设备安装及调整
难易度：易
标准答案：
连接互感器二次电缆，所有二次电缆均应放入电缆槽盒或保护管内，并顺着电缆管引到端子箱内。

Jb0005531105　简述管形母线安装所需工器具。（5分）
考核知识点：母线及接地装置安装
难易度：易
标准答案：
管形母线切割机、坡口机、氩弧焊机、焊接专用滚轮、电动钢丝刷等。

Jb0005531106　简述矩形母线制作所需工器具。（5分）
考核知识点：母线及接地装置安装
难易度：易
标准答案：
切割机、台钻、多功能弯排机、角向磨光机等。

Jb0005531107　矩形母线扭转90°时，其扭转部分的长度应为母线宽度的几倍？（5分）
考核知识点：母线及接地装置安装
难易度：易
标准答案：

2.5～5 倍。

Jb0005531108　绝缘子安装前 W 或 R 形销应注意哪些事项？（5 分）

考核知识点：其他电气设备安装及调整

难易度：易

标准答案：

W 或 R 形销应与悬式绝缘子相匹配，悬式绝缘子的碗口应朝上，并有足够的弹性，装配到位，避免 W 或 R 形销因松懈而脱落。

Jb0005531109　绝缘子弹簧销有哪些安装要求？（5 分）

考核知识点：其他电气设备安装及调整

难易度：易

标准答案：

弹簧销应有足够的弹性，销针开口不得小于 60°，并不得有折断或裂纹，严禁用线材代替。

Jb0005531110　绝缘子支架安装前应对基础杯底哪部分进行测量？（5 分）

考核知识点：其他电气设备安装及调整

难易度：易

标准答案：

绝缘子支架安装前，应对基础杯底标高误差、杯口轴线误差进行测量。

Jb0005531111　穿墙套管安装要注意什么？（5 分）

考核知识点：其他电气设备安装及调整

难易度：易

标准答案：

安装穿墙套管的墙体应平整，孔径应比嵌入部分大 5mm 以上，混凝土安装板的最大厚度不得超过 50mm。

Jb0005531112　穿墙套管垂直、水平安装要注意什么？（5 分）

考核知识点：其他电气设备安装及调整

难易度：易

标准答案：

穿墙套管垂直安装时，法兰应在上方；水平安装时，法兰应在外侧。

Jb0005531113　为了改善高压断路器各断口上的电压分布不均匀，改善灭弧性能，可在断路器各断口加装什么装置？其作用是什么？（5 分）

考核知识点：断路器安装及调整

难易度：易

标准答案：

（1）并联均压电容。

（2）使各断口电压分布均匀。

Jb0005531114 在特别寒冷的地区，SF_6断路器内部额定压力选择的要求是什么？（5分）

考核知识点：断路器安装及调整

难易度：易

标准答案：

在特别寒冷的地区，SF_6断路器内部额定压力较低的产品好。

Jb0005531115 设备充注 SF_6气体过程中，钢瓶内压力降至多少时即应停止充气？（5分）

考核知识点：断路器安装及调整

难易度：易

标准答案：

设备充注 SF_6气体过程中，钢瓶内压力降至0.1MPa时即应停止充气。

Jb0005531116 SF_6全封闭组合电器出线方式主要有哪几种？（5分）

考核知识点：气体绝缘封闭式组合电器安装及调整

难易度：易

标准答案：

（1）架空线引出方式。

（2）电缆引出方式。

（3）母线筒出线端直接与主变压器对接方式。

Jb0005531117 断路器的分、合闸时间是如何定义的？（5分）

考核知识点：断路器安装及调整

难易度：易

标准答案：

（1）分闸时间是从跳闸线圈开始带电到三相各触头均断开瞬间为止。

（2）合闸时间是从发出合闸指令到三相所有触头都接触的瞬间为止。

Jb0005531118 按照反事故措施要点的要求，对于有两组跳闸线圈的断路器供电电源要求有哪些？（5分）

考核知识点：断路器安装及调整

难易度：易

标准答案：

对于有两组跳闸线圈的断路器，每组跳闸线圈应具有独立直流熔断器供电。

Jb0005531119 SF_6气体微水测试、检漏测试一般情况应分别在断路器充气静置后多长时间进行？（5分）

考核知识点：断路器安装及调整

难易度：易

标准答案：

断路器充气静置24h后进行检漏测试，充气静置48h后进行 SF_6气体微水测试。

Jb0005531120　断路器施工过程中 SF_6 气体微水超标、水分含量过大的常用处理方法有哪些？（5分）

考核知识点：断路器安装及调整

难易度：易

标准答案：

（1）在温度+25℃时，重新检测。

（2）必要时更换干燥剂，抽真空，充入合格的 SF_6 气体。

Jb0005531121　简单描述 SF_6 断路器安装施工准备。（5分）

考核知识点：断路器安装及调整

难易度：易

标准答案：

（1）技术准备。

（2）材料准备。

（3）人员组织。

（4）机具准备。

（5）现场布置。

Jb0005531122　简单描述 SF_6 断路器安装作业人员组织措施。（5分）

考核知识点：断路器安装及调整

难易度：易

标准答案：

（1）技术人员，安全、质量负责人，安装、试验人员（含厂家服务人员）到位。

（2）起重指挥员、起重机驾驶员等特殊工种人员必须持证上岗。

Jb0005531123　接地极的连接、接地线与接地极的连接应采用哪种方式？异种金属接地极之间连接时接头处应采取什么措施？（5分）

考核知识点：其他电气设备安装及调整

难易度：易

标准答案：

（1）接地极的连接应采用焊接，接地线与接地极的连接应采用焊接。

（2）异种金属接地极之间连接时接头处应采取防止电化学腐蚀的措施。

Jb0007531124　列举至少五种变电站一次设备。（5分）

考核知识点：电气设备相关知识

难易度：易

标准答案：

变压器、断路器、隔离开关、电压互感器、避雷器。

Jb0007531125　按照安装方式的不同，隔离开关可以分为哪几类？（5分）

考核知识点：电气设备相关知识

难易度：易

标准答案：

按照安装方式的不同，隔离开关可分为户外隔离开关与户内高压隔离开关。

Jb0007531126 按照使用电压来分，负荷开关可以分为哪几类？（5分）

考核知识点：电气设备相关知识

难易度：易

标准答案：

按照使用电压来分，负荷开关可以分为高压负荷开关和低压负荷开关。

Jb0007531127 阻波器安装前应进行哪些试验？（5分）

考核知识点：电气试验相关规程规范

难易度：易

标准答案：

阻波器安装前应进行频带特性及内部避雷器相应的试验。

Jb0007531128 简单描述使用除锈机应注意哪些事项。（5分）

考核知识点：常用工器具、测量仪表的使用与维护

难易度：易

标准答案：

（1）操作除锈机时应戴口罩和手套。

（2）除锈应在钢筋调直后进行。操作时应将钢筋放平握紧，操作人员应站在钢丝刷的侧面。带钩的钢筋不得上机除锈。整根长钢筋除锈应由两人配合操作，互相呼应。

Jb0007531129 简单描述使用电动升降平台应注意哪些事项。（5分）

考核知识点：常用工器具、测量仪表的使用与维护

难易度：易

标准答案：

（1）电动升降平台应由经过培训的专人操作。

（2）电动升降平台应有维护、保养记录，不得改动电动升降平台的控制回路。

（3）电动升降平台的支撑防护应符合产品技术文件要求。

（4）在电动升降平台上作业应使用安全带。

Jb0007531130 简单描述使用滤油机应注意哪些事项。（5分）

考核知识点：常用工器具、测量仪表的使用与维护

难易度：易

标准答案：

（1）滤油机及油系统的金属管道应采取防静电的接地措施。

（2）滤油设备采用油加热器时，应先开启油泵，后投加热器；停机时操作顺序相反。

（3）使用真空滤油机时，应严格按照制造厂提供的操作步骤进行。

（4）压力式滤油机停机时应先关闭油泵的进口阀门。

Jb0007531131　简单描述使用真空泵应注意哪些事项。（5分）

考核知识点：常用工器具、测量仪表的使用与维护

难易度：易

标准答案：

真空泵应润滑良好，冷却水流量应充足，冬季应有防冻措施，并由专人维护。

Jb0005531132　简述母线安装时的危险点。（5分）

考核知识点：母线及接地装置安装

难易度：易

标准答案：

（1）高处坠落及落物伤人。

（2）起重伤害。

（3）机械伤害。

（4）触电伤害（扩建变电站）。

（5）误入带电间隔（扩建变电站）。

Jb0005522133　简述管形母线下料要点。（5分）

考核知识点：母线及接地装置安装

难易度：中

标准答案：

（1）检查管形母线光滑、无毛刺，管形母线型号、规格、数量符合设计要求。

（2）管形母线下料应按照先长后短的原则，以便减少焊接接头，节约材料。

（3）管形母线下料时应注意，管形母线焊接接头必须避开管形母线固定金具和隔离开关静触头固定金具50mm以上。

Jb0005531134　简述管形母线的制作要求。（5分）

考核知识点：其他电气设备安装及调整

难易度：易

标准答案：

管形母线的制作应有60°～70°的坡口，1～3mm的钝边，加工表面无毛刺、飞边等，焊接口应位于补强管的中央。

Jb0005531135　简述电流互感器的安装要求。（5分）

考核知识点：其他电气设备安装及调整

难易度：易

标准答案：

（1）外观无破损、锈蚀和变形。

（2）油位正常、无渗漏。

Jb0005531136　简述电容器组安装要求。（5分）

考核知识点：其他电气设备安装及调整

难易度：易

标准答案：

（1）电容器支架无变形、锈蚀，热镀锌质量良好。

（2）电容器外观无破损、锈蚀和变形，电容无渗漏。

（3）三相电容量偏差值符合设计要求。

Jb0005531137　简述隔离开关安装后期工作。（5 分）

考核知识点：其他电气设备安装及调整

难易度：易

标准答案：

（1）设备接地。

（2）检查所有螺栓，清洁设备表面。

（3）配合完成电气交接试验。

（4）相位标识正确。

（5）清理施工现场。

Jb0005531138　简述断路器安装后期工作。（5 分）

考核知识点：其他电气设备安装及调整

难易度：易

标准答案：

（1）对断路器外观进行检查、清洁。

（2）做好断路器及机构的接地工作。

（3）检查液压、气压管路有无漏油、漏气现象。

（4）清理施工工器具、归库。

（5）工作结束后及时完成安装记录。

Jb0005531139　简述母线焊接的环境要求。（5 分）

考核知识点：母线及接地装置安装

难易度：易

标准答案：

（1）焊接操作场所的温度应不低于 5℃。最低环境温度可在以施焊部位为中心的、1m 为半径的空间范围内测量。

（2）焊接现场应具有防风、防潮、防雨、防雪设施。

Jb0007532140　油浸式变压器基础复测检查有哪些要求？（5 分）

考核知识点：变压器安装及调整

难易度：中

标准答案：

（1）基础复测检查，基础轴线定位，轴线误差不大于 5mm。

（2）检查预埋件、预留孔、基础地坪标高及水平误差，应符合设计及制造厂家要求。

（3）检查变压器油坑，排油管畅通。

第二章　变电一次安装工初级工技能操作

Jc0004551001　330kV 变压器安装工器具准备。（100 分）

考核知识点：变压器安装及调整

难易度：易

技能等级评价专业技能考核操作工作任务书

一、任务名称

330kV 变压器安装工器具准备。

二、适用工种

变电一次安装工初级工。

三、具体任务

在规定时间内完成 330kV 变压器安装工器具准备。

四、工作规范及要求

（1）考生正确填写办理工作票，进行安全、技术交底，合理安排人员分工并明确相应职责。

（2）考生进场后检查确认作业场所装设的围栏、悬挂的标识牌符合安全工作规程要求。

（3）考生正确把握执行现场安全文明施工作业的相关要求。

（4）考试结束完成工器具、安装配件、材料的清理。

五、考核及时间要求

（1）本考核操作时间为 90 分钟，包括安装、调试及报告整理时间，时间到停止考评。

（2）按照技能操作相关要求进行操作，正确记录操作结果。

技能等级评价专业技能考核操作评分标准

工种	变电一次安装工					评价等级	初级工
项目模块	专业技能—变压器安装工器具准备				编号		Jc0004551001
单位			准考证号			姓名	
考试时限	90 分钟		题型	多项操作		题分	100 分
成绩		考评员		考评组长		日期	
试题正文	330kV 变压器安装工器具准备						
需要说明的问题和要求	（1）采取必要的安全措施，符合电力安全工作规程要求。 （2）在考试规定的时间内按要求完成操作任务。 （3）若操作过程出现不符合安全及劳动保护规定情况，每处扣 2 分						

序号	项目名称	质量要求	满分	扣分标准	扣分原因	得分
1	油浸式变压器安装工器具清单	汽车吊、储油罐、升降车、真空滤油机、压力式滤油机、真空泵、干燥空气发生器、电焊机、油压千斤顶、大功率吸尘器等	50	主要工器具每缺一种扣 5 分，不得超过 50 分		
2	油浸式变压器安装材料清单	无水酒精、丙酮、擦拭纸、白布带、砂纸、变压器油、扁钢、棉纱、消防器材等	50	主要工器具每缺一种扣 5 分，不得超过 50 分		
合计			100			

Jc0005551002　变压器（电抗器）器身检查项目。（100 分）

考核知识点：变压器安装及调整

难易度：易

技能等级评价专业技能考核操作工作任务书

一、任务名称

变压器（电抗器）器身检查项目。

二、适用工种

变电一次安装工初级工。

三、具体任务

在规定时间内完成变压器（电抗器）器身检查项目。

四、工作规范及要求

（1）考生正确填写办理工作票，进行安全、技术交底，合理安排人员分工并明确相应职责。

（2）考生进场后检查确认作业场所装设的围栏、悬挂的标识牌符合安全工作规程要求。

（3）考生正确把握执行现场安全文明施工作业的相关要求。

（4）考试结束完成工器具、安装配件、材料的清理。

五、考核及时间要求

（1）本考核操作时间为 90 分钟，包括安装、调试及报告整理时间，时间到停止考评。

（2）按照技能操作相关要求进行操作，正确记录操作结果。

技能等级评价专业技能考核操作评分标准

工种	变电一次安装工			评价等级	初级工
项目模块	专业技能—变压器（电抗器）器身检查项目		编号	Jc0005551002	
单位		准考证号		姓名	
考试时限	90 分钟	题型	多项操作	题分	100 分
成绩	考评员		考评组长	日期	
试题正文	变压器（电抗器）器身检查项目				
需要说明的问题和要求	（1）采取必要的安全措施，符合电力安全工作规程要求。 （2）在考试规定的时间内按要求完成操作任务。 （3）若操作过程出现不符合安全及劳动保护规定情况，每处扣 2 分				

序号	项目名称	质量要求	满分	扣分标准	扣分原因	得分
1	器身检查前的准备	（1）所有工具必须登记造册，由专人保管，做好清点工作。 （2）器身检查人员必须穿清洁油务服和耐油鞋	10	缺主要项每处扣 5 分，不完整或不清晰每处扣 2 分，扣完为止		
2	器身检查项目	（1）排油排气。 （2）钟罩起吊。 （3）绕组及绝缘件检查。 （4）引线及支架检查。 （5）铁芯及夹件检查。 （6）压板及压钉检查。 （7）油箱检查。 （8）主要试验项目检查	80	缺主要项每处扣 10 分，不完整或不清晰每处扣 3 分，扣完为止		
3	器身及油箱底部冲洗	器身检查完毕后，应用合格的变压器油对器身进行冲洗，清洁油箱底部	10	缺主要项每处扣 3 分，不完整或不清晰每处扣 1 分，扣完为止		
合计			100			

Jc0005541003　油浸式变压器（电抗器）现场安装流程。（100 分）
考核知识点：变压器安装及调整
难易度：易

技能等级评价专业技能考核操作工作任务书

一、任务名称
油浸式变压器（电抗器）现场安装流程。
二、适用工种
变电一次安装工初级工。
三、具体任务
在规定时间内完成油浸式变压器（电抗器）现场安装流程。
四、工作规范及要求
（1）考生正确填写办理工作票，进行安全、技术交底，合理安排人员分工并明确相应职责。
（2）考生进场后检查确认作业场所装设的围栏、悬挂的标识牌符合安全工作规程要求。
（3）考生正确把握执行现场安全文明施工作业的相关要求。
（4）考试结束完成工器具、安装配件、材料的清理。
五、考核及时间要求
（1）本考核操作时间为 90 分钟，包括安装、调试及报告整理时间，时间到停止考评。
（2）按照技能操作相关要求进行操作，正确记录操作结果。

技能等级评价专业技能考核操作评分标准

工种	变电一次安装工				评价等级	初级工
项目模块	专业技能—油浸式变压器（电抗器）安装流程			编号	Jc0005541003	
单位			准考证号		姓名	
考试时限	90 分钟	题型	多项操作		题分	100 分
成绩	考评员		考评组长		日期	
试题正文	油浸式变压器（电抗器）现场安装流程					
需要说明的问题和要求	（1）采取必要的安全措施，符合电力安全工作规程要求。 （2）在考试规定的时间内按要求完成操作任务。 （3）若操作过程出现不符合安全及劳动保护规定情况，每处扣 2 分					

序号	项目名称	质量要求	满分	扣分标准	扣分原因	得分
1	施工准备	（1）准备施工图、说明书、施工方案等。 （2）准备吊车、滤油设备及相关施工机具。 （3）办理作业票。 （4）进行安全技术交底。 （5）做好安全措施	10	缺主要项每处扣 2 分，不完整或不清晰每处扣 1 分，扣完为止		
2	基础复测和本体就位	（1）附件检查、试验。 （2）绝缘油化验、净油处理。 （3）注油排氮。 （4）吊罩检查或内检、附件安装。 （5）真空注油。 （6）补充注油、热油循环。 （7）整体密封试验、静置。 （8）电气交接试验。 （9）后期工作	90	缺主要项每处扣 10 分，不完整或不清晰每处扣 3 分，扣完为止		
合计			100			

Jc0005541004　干式变压器现场安装流程。（100 分）

考核知识点：变压器安装及调整

难易度：易

技能等级评价专业技能考核操作工作任务书

一、任务名称

干式变压器现场安装流程。

二、适用工种

变电一次安装工初级工。

三、具体任务

在规定时间内完成干式变压器现场安装流程。

四、工作规范及要求

（1）考生正确填写办理工作票，进行安全、技术交底，合理安排人员分工并明确相应职责。

（2）考生进场后检查确认作业场所装设的围栏、悬挂的标识牌符合安全工作规程要求。

（3）考生正确把握执行现场安全文明施工作业的相关要求。

（4）考试结束完成工器具、安装配件、材料的清理。

五、考核及时间要求

（1）本考核操作时间为 90 分钟，包括安装、调试及报告整理时间，时间到停止考评。

（2）按照技能操作相关要求进行操作，正确记录操作结果。

技能等级评价专业技能考核操作评分标准

工种	变电一次安装工					评价等级	初级工
项目模块	专业技能—干式变压器安装流程			编号		Jc0005541004	
单位		准考证号				姓名	
考试时限	90 分钟	题型		多项操作		题分	100 分
成绩		考评员		考评组长		日期	
试题正文	干式变压器现场安装流程						
需要说明的问题和要求	（1）采取必要的安全措施，符合电力安全工作规程要求。 （2）在考试规定的时间内按要求完成操作任务。 （3）若操作过程出现不符合安全及劳动保护规定情况，每处扣 2 分						

序号	项目名称	质量要求	满分	扣分标准	扣分原因	得分
1	干式变压器安装流程	（1）施工准备。 （2）基础复测。 （3）设备开箱。 （4）设备基础安装。 （5）交接试验。 （6）设备就位。 （7）附件及接地安装。 （8）后期工作	100	缺主要项每处扣 13 分，不完整或不清晰每处扣 4 分，扣完为止		
	合计		100			

Jc0005541005　35kV 隔离开关接地装置安装（BV-120 接地线压接）。（100 分）

考核知识点：隔离开关安装及调整

难易度：易

技能等级评价专业技能考核操作工作任务书

一、任务名称

35kV 隔离开关接地装置安装（BV-120 接地线压接）。

二、适用工种

变电一次安装工初级工。

三、具体任务

（1）完成 35kV 隔离开关接地材料核对、准备工器具。

（2）在规定时间内完成 35kV 隔离开关机构箱接地的安装。

（3）填写安装报告。

四、工作规范及要求

（1）考生正确填写办理工作票，进行安全、技术交底，合理安排人员分工并明确相应职责。

（2）考生进场后检查确认作业场所装设的围栏、悬挂的标识牌符合安全工作规程要求。

（3）考生正确把握执行现场安全文明施工作业的相关要求。

（4）考试结束完成工器具、安装配件、材料的清理。

五、考核及时间要求

（1）本考核操作时间为 90 分钟，包括安装、调试及报告整理时间，时间到停止考评。

（2）按照技能操作相关要求进行操作，正确记录操作结果。

技能等级评价专业技能考核操作评分标准

工种	变电一次安装工					评价等级	初级工
项目模块	专业技能—隔离开关机构箱接地安装				编号	Jc0005541005	
单位			准考证号			姓名	
考试时限	90 分钟	题型	多项操作			题分	100 分
成绩		考评员		考评组长		日期	
试题正文	35kV 隔离开关接地装置安装（BV-120 接地线压接）						
需要说明的问题和要求	（1）采取必要的安全措施，符合电力安全工作规程要求。 （2）在考试规定的时间内按要求完成操作任务。 （3）若操作过程出现不符合安全及劳动保护规定情况，每处扣 2 分						

序号	项目名称	质量要求	满分	扣分标准	扣分原因	得分
1	施工准备	（1）准备施工图、说明书、施工方案等。 （2）准备接地线、压接钳、螺栓等材料。 （3）办理作业票。 （4）进行安全技术交底。 （5）做好安全措施	20	缺主要项每处扣 4 分，不完整或不清晰每处扣 1 分，扣完为止		
2	35kV 机构箱接地安装	（1）在支架上安装隔离开关机构箱。 （2）测量接地线长度，将 BV-120 接地线截断为合适长度。 （3）正确完成接地线端头剥线工作。 （4）正确完成接地端子压接。 （5）正确完成压接位置的绝缘包裹处理。 （6）正确安装接地装置，螺栓按要求进行力矩检测。 （7）接地引下线的安装应美观、无损伤。 （8）压接位置无裂纹	80	缺主要项每处扣 10 分，不完整或不清晰每处扣 3 分，扣完为止		
	合计		100			

Jc0005541006　变电站软母线导线长度计算及下料施工。（100 分）

考核知识点：母线及接地装置安装

难易度：易

技能等级评价专业技能考核操作工作任务书

一、任务名称

变电站软母线导线长度计算及下料施工。

二、适用工种

变电一次安装工初级工。

三、具体任务

（1）完成变电站软母线导线长度计算。

（2）完成变电站软母线导线下料。

四、工作规范及要求

（1）考生正确填写办理工作票，进行安全、技术交底，合理安排人员分工并明确相应职责。

（2）考生进场后检查确认作业场所装设的围栏、悬挂的标识牌符合安全工作规程要求。

（3）考生正确把握执行现场安全文明施工作业的相关要求。

（4）考试结束完成工器具、安装配件、材料的清理。

五、考核及时间要求

（1）本考核操作时间为 90 分钟，包括安装、调试及报告整理时间，时间到停止考评。

（2）按照技能操作相关要求进行操作，正确记录操作结果。

技能等级评价专业技能考核操作评分标准

工种	变电一次安装工				评价等级	初级工	
项目模块	专业技能—软母线架设			编号	Jc0005541006		
单位		准考证号			姓名		
考试时限	90 分钟	题型		多项操作	题分	100 分	
成绩		考评员		考评组长		日期	
试题正文	变电站软母线导线长度计算及下料施工						
需要说明的问题和要求	（1）口述及辅助书写答辩题，本题工作范围指电压等级 110kV 及以上的变电站软母线架设，导线规格为 LGJQ-300，由考评员交代考核内容及要求。 （2）采取必要的安全措施，符合电力安全工作规程要求。 （3）在考试规定的时间内按要求完成操作任务。 （4）若操作过程出现不符合安全及劳动保护规定情况，每处扣 2 分						

序号	项目名称	质量要求	满分	扣分标准	扣分原因	得分
1	施工准备	（1）准备施工图、说明书、施工方案等。 （2）准备施工机具等。 （3）办理作业票。 （4）进行安全技术交底。 （5）做好安全措施	20	缺主要项每处扣 4 分，不完整或不清晰每处扣 2 分，扣完为止		
2	导线长度计算及下料	（1）档距测量数据必须准确，扩建变电站临近带电必须采取可靠安全措施。 （2）计算档距内导线长度，即下线长度 L	30	不完整或不清晰每处扣 15 分，扣完为止		

续表

序号	项目名称	质量要求	满分	扣分标准	扣分原因	得分
3	导线下料	（1）导线外观应完好，凡有断股、严重腐蚀和明显损伤的不能使用。 （2）导线展放时应采取防止导线磨损的措施。 （3）导线开断在待切割处的两侧用细铁丝扎紧后用钢锯或型材切割机断线。 （4）导线断面应与轴线垂直	30	不完整或不清晰每处扣 8 分，扣完为止		
4	完工	填写施工记录，工器具及设备摆放整齐，工完场清，报告工作结束	20	缺主要项每处扣 10 分，不完整或不清晰每处扣 5 分，扣完为止		
	合计		100			

Jc0005541007　35kV 及以上支柱断路器调整。（100 分）

考核知识点：断路器安装及调整

难易度：易

技能等级评价专业技能考核操作工作任务书

一、任务名称

35kV 及以上支柱断路器调整。

二、适用工种

变电一次安装工初级工。

三、具体任务

（1）完成安装施工准备。

（2）完成 35kV 及以上支柱断路器调整。

（3）完成安装报告。

（4）完工清理现场。

四、工作规范及要求

（1）考生正确填写办理工作票，进行安全、技术交底，合理安排人员分工并明确相应职责。

（2）考生进场后检查确认作业场所装设的围栏、悬挂的标识牌符合安全工作规程要求。

（3）考生正确把握执行现场安全文明施工作业的相关要求。

（4）考试结束完成工器具、安装配件、材料的清理。

五、考核及时间要求

（1）本考核操作时间为 90 分钟，包括安装、调试及报告整理时间，时间到停止考评。

（2）按照技能操作相关要求进行操作，正确记录操作结果。

技能等级评价专业技能考核操作评分标准

工种	变电一次安装工					评价等级	初级工
项目模块	专业技能—断路器安装及调整				编号	Jc0005541007	
单位			准考证号			姓名	
考试时限	90 分钟		题型	单项操作		题分	100 分
成绩		考评员		考评组长		日期	
试题正文	35kV 及以上支柱断路器调整						

续表

需要说明的问题和要求	（1）采取必要的安全措施，符合电力安全工作规程要求。 （2）在考试规定的时间内按要求完成操作任务。 （3）若操作过程出现不符合安全及劳动保护规定情况，每处扣2分					
序号	项目名称	质量要求	满分	扣分标准	扣分原因	得分
1	施工准备	（1）准备施工图、说明书、施工方案等。 （2）准备施工机具。 （3）办理作业票。 （4）进行安全技术交底。 （5）做好安全措施	5	缺主要项每处扣1分，不完整或不清晰每处扣0.5分，扣完为止		
2	初步检查	按照产品说明书要求进行机构连接并进行检查和调整	10	缺主要项每处扣1分，不完整或不清晰每处扣0.5分，扣完为止		
3	零部件检查	（1）操动机构的零部件应齐全，各转动部分应涂润滑脂。 （2）电动机转向应正确。 （3）各种接触器、继电器、微动开关、压力开关动作应准确可靠。 （4）分、合闸线圈的铁芯应动作灵活，无卡阻。 （5）控制元件的绝缘及加热装置的绝缘应良好	60	缺主要项每处扣12分，不完整或不清晰每处扣5分，扣完为止		
4	辅助开关检查	辅助开关安装牢固，开关接点转换灵活、切换可靠、性能稳定	10	缺主要项每处扣3分，不完整或不清晰每处扣1分，扣完为止		
5	弹簧操动机构调整	弹簧操动机构弹簧储能正常，指示清晰	10	缺主要项每处扣3分，不完整或不清晰每处扣1分，扣完为止		
6	完工	填写施工记录，工器具及设备摆放整齐，工完场清，报告工作结束	5	缺主要项每处扣3分，不完整或不清晰每处扣1分，扣完为止		
合计			100			

Jc0005541008　10kV及35kV开关柜的安装。(100分)

考核知识点：其他电气设备安装及调整

难易度：易

技能等级评价专业技能考核操作工作任务书

一、任务名称

10kV及35kV开关柜的安装。

二、适用工种

变电一次安装工初级工。

三、具体任务

（1）施工准备。

（2）基础复测。

（3）开关柜本体安装。

（4）清理现场。

四、工作规范及要求

（1）考生正确填写办理工作票，进行安全、技术交底，合理安排人员分工并明确相应职责。

（2）考生进场后检查确认作业场所装设的围栏、悬挂的标识牌符合安全工作规程要求。

（3）考生正确把握执行现场安全文明施工作业的相关要求。

（4）考试结束完成工器具、安装配件、材料的清理。

五、考核及时间要求

（1）本考核操作时间为 90 分钟，包括安装、调试及报告整理时间，时间到停止考评。

（2）按照技能操作相关要求进行操作，正确记录操作结果。

技能等级评价专业技能考核操作评分标准

工种	变电一次安装工					评价等级	初级工
项目模块	专业技能—其他电气设备安装及调整				编号	Jc0005541008	
单位			准考证号			姓名	
考试时限	90 分钟		题型		单项操作	题分	100 分
成绩		考评员		考评组长		日期	
试题正文	10kV 及 35kV 开关柜的安装						
需要说明的问题和要求	（1）采取必要的安全措施，符合电力安全工作规程要求。 （2）在考试规定的时间内按要求完成操作任务。 （3）若操作过程出现不符合安全及劳动保护规定情况，每处扣 2 分						

序号	项目名称	质量要求	满分	扣分标准	扣分原因	得分
1	准备工作	（1）准备施工图、说明书、施工方案等。 （2）准备吊车及施工机具。 （3）办理作业票。 （4）进行安全技术交底。 （5）做好安全措施	5	缺主要项每处扣 1 分，不完整或不清晰每处扣 0.5 分，扣完为止		
2	基础复测	（1）与柜安装有关的建筑物、构筑物土建工程已结束并验收合格。 （2）可能影响已安装设备或设备安装后不能再进行修饰的工作全部结束	10	缺主要项每处扣 5 分，不完整或不清晰每处扣 1 分，扣完为止		
3	开关柜本体就位及安装	（1）开关柜就位前，对室内地面采取敷设地胶板等措施，做好土建成品的保护工作。 （2）开关柜就位过程中，采用中心向两边或单侧起立方式，确保成套柜的整齐排列。 （3）开关柜在运输过程中注意避免柜体变形、元件受损，采取防倾倒措施。 （4）开关柜与基础的固定用螺栓连接，柜间采用螺栓连接。柜体在基础型钢上用螺栓固定。 （5）开关柜就位后调整其垂直度、水平度及柜面不平度，在柜与基础型钢间垫入调整用垫片	80	缺主要项每处扣 16 分，不完整或不清晰每处扣 4 分，扣完为止		
4	完工	填写施工记录，工器具及设备摆放整齐，工完场清，报告工作结束	5	缺主要项每处扣 3 分，不完整或不清晰每处扣 1 分，扣完为止		
	合计		100			

Jc0005541009 气体封闭开关设备充注 SF_6 气体。（100 分）

考核知识点：断路器安装及调整

难易度：易

技能等级评价专业技能考核操作工作任务书

一、任务名称

气体封闭开关设备充注 SF_6 气体。

二、适用工种

变电一次安装工初级工。

三、具体任务

（1）施工准备。

（2）完成充气前检查。

（3）开关设备充注 SF_6 气体。

（4）完工清理现场。

四、工作规范及要求

（1）考生正确填写办理工作票，进行安全、技术交底，合理安排人员分工并明确相应职责。

（2）考生进场后检查确认作业场所装设的围栏、悬挂的标识牌符合安全工作规程要求。

（3）考生正确把握执行现场安全文明施工作业的相关要求。

（4）考试结束完成工器具、安装配件、材料的清理。

五、考核及时间要求

（1）本考核操作时间为 90 分钟，包括安装、调试及报告整理时间，时间到停止考评。

（2）按照技能操作相关要求进行操作，正确记录操作结果。

技能等级评价专业技能考核操作评分标准

工种	变电一次安装工					评价等级	初级工
项目模块	专业技能—其他电气设备安装及调整				编号	Jc0005541009	
单位		准考证号				姓名	
考试时限	90 分钟	题型		单项操作		题分	100 分
成绩		考评员		考评组长		日期	
试题正文	气体封闭开关设备充注 SF_6 气体						
需要说明的问题和要求	（1）采取必要的安全措施，符合电力安全工作规程要求。 （2）在考试规定的时间内按要求完成操作任务。 （3）若操作过程出现不符合安全及劳动保护规定情况，每处扣 2 分						

序号	项目名称	质量要求	满分	扣分标准	扣分原因	得分
1	施工准备	（1）准备施工图、说明书、施工方案等。 （2）准备 SF_6 气体检测仪及施工机具。 （3）办理作业票。 （4）进行安全技术交底。 （5）做好安全措施	5	缺主要项每处扣 2 分，不完整或不清晰每处扣 1 分，扣完为止		
2	开关设备充注 SF_6 气体	（1）检查 SF_6 气体合格，微水含量合格，环境达标。 （2）将减压阀和软管安装在 SF_6 钢瓶上。 （3）打开减压阀吹净充气管道。 （4）打开开关设备阀门和气瓶阀门，使减压阀出口压力保持在小于 1.1 倍额定压力的范围内。 （5）观察开关 SF_6 压力表，充气至略大于额定压力约 0.03MPa，关闭阀门后检漏	90	缺主要项每处扣 18 分，不完整或不清晰每处扣 6 分，扣完为止		
3	完工	填写施工记录，工器具及设备摆放整齐，工完场清，报告工作结束	5	缺主要项每处扣 3 分，不完整或不清晰每处扣 1 分，扣完为止		
	合计		100			

Jc0005541010　110kV 断路器电动操动机构安装。（100 分）

考核知识点： 断路器安装及调整

难易度： 易

技能等级评价专业技能考核操作工作任务书

一、任务名称

110kV 断路器电动操动机构安装。

二、适用工种

变电一次安装工初级工。

三、具体任务

（1）检查工器具、材料。

（2）确保现场布置及操作符合安全要求。

（3）做好施工准备工作。

（4）断路器电动操动机构安装。

（5）完工清理现场。

四、工作规范及要求

（1）考生正确填写办理工作票，进行安全、技术交底，合理安排人员分工并明确相应职责。

（2）考生进场后检查确认作业场所装设的围栏、悬挂的标识牌符合安全工作规程要求。

（3）考生正确把握执行现场安全文明施工作业的相关要求。

（4）考试结束完成工器具、安装配件、材料的清理。

五、考核及时间要求

（1）本考核操作时间为 90 分钟，包括安装、调试及报告整理时间，时间到停止考评。

（2）按照技能操作相关要求进行操作，正确记录操作结果。

技能等级评价专业技能考核操作评分标准

工种	变电一次安装工					评价等级	初级工
项目模块	专业技能—断路器安装及调整				编号	Jc0005541010	
单位			准考证号			姓名	
考试时限	90 分钟		题型	单项操作		题分	100 分
成绩		考评员		考评组长		日期	
试题正文	110kV 断路器电动操动机构安装						
需要说明的问题和要求	（1）采取必要的安全措施，符合电力安全工作规程要求。 （2）在考试规定的时间内按要求完成操作任务。 （3）若操作过程出现不符合安全及劳动保护规定情况，每处扣 2 分						

序号	项目名称	质量要求	满分	扣分标准	扣分原因	得分
1	施工准备	（1）准备施工图、说明书、施工方案等。 （2）准备吊车及施工机具。 （3）办理作业票。 （4）进行安全技术交底。 （5）做好安全措施	5	缺主要项每处扣 1 分，不完整或不清晰每处扣 0.5 分，扣完为止		
2	基础复测	（1）与柜安装有关的建筑物、构筑物土建工程已结束并验收合格。 （2）可能影响已安装设备或设备安装后不能再进行修饰的工作全部结束	10	缺主要项每处扣 5 分，不完整或不清晰每处扣 1 分，扣完为止		

续表

序号	项目名称	质量要求	满分	扣分标准	扣分原因	得分
3	传动装置安装	（1）断路器及其传动机构的联动正常，无卡阻现象。 （2）分、合闸指示正确。 （3）辅助开关及电气闭锁动作正确、可靠。 （4）进行机构连接并进行检查和调整。 （5）机构内附件完好，功能正常	80	缺主要项每处扣 16 分，不完整或不清晰每处扣 5 分，扣完为止		
4	完工	填写施工记录，工器具及设备摆放整齐，工完场清，报告工作结束	5	缺主要项每处扣 3 分，不完整或不清晰每处扣 1 分，扣完为止		
合计			100			

Jc0005551011 油浸变压器安装主要作业程序。（100 分）

考核知识点：变压器安装及调整

难易度：易

技能等级评价专业技能考核操作工作任务书

一、任务名称

油浸变压器安装主要作业程序。

二、适用工种

变电一次安装工初级工。

三、具体任务

在规定时间内完成油浸变压器主要作业程序描述。

四、工作规范及要求

（1）考生进场后检查确认作业场所装设的围栏、悬挂的标识牌符合安全工作规程要求。

（2）考生正确把握执行现场安全文明施工作业的相关要求。

（3）考试结束完成工器具、安装配件、材料的清理。

五、考核及时间要求

（1）本考核操作时间为 90 分钟，包括安装、调试及报告整理时间，时间到停止考评。

（2）按照技能操作相关要求进行操作，正确记录操作结果。

技能等级评价专业技能考核操作评分标准

工种	变电一次安装工			评价等级	初级工
项目模块	专业技能—油浸变压器安装流程		编号	Jc0005551011	
单位		准考证号		姓名	
考试时限	90 分钟	题型	多项操作	题分	100 分
成绩		考评员		考评组长		日期	
试题正文	油浸变压器安装主要作业程序				
需要说明的问题和要求	（1）采取必要的安全措施，符合电力安全工作规程要求。 （2）在考试规定的时间内按要求完成操作任务。 （3）若操作过程出现不符合安全及劳动保护规定情况，每处扣 2 分				

续表

序号	项目名称	质量要求	满分	扣分标准	扣分原因	得分
1	油浸变压器安装流程	（1）施工准备。 （2）附件检查、试验。 （3）绝缘油化验、净油处理。 （4）注油排氮（气）。 （5）放油、净油处理。 （6）吊罩检查或内检、附件安装。 （7）真空注油、热油循环。 （8）整体密封试验、静置。 （9）电气交接试验。 （10）后期工作	100	主要错项、缺项每处扣 10 分，不完整或不清晰每处扣 5 分，扣完为止		
合计			100			

Jc0005563012　油浸变压器现场保管要求。（100 分）

考核知识点：变压器安装及调整

难易度：难

技能等级评价专业技能考核操作工作任务书

一、任务名称

油浸变压器现场保管要求。

二、适用工种

变电一次安装工初级工。

三、具体任务

在规定时间内完成油浸变压器现场保管要求描述。

四、工作规范及要求

（1）考生进场后检查确认作业场所装设的围栏、悬挂的标识牌符合安全工作规程要求。

（2）考生正确把握执行现场安全文明施工作业的相关要求。

（3）考试结束完成工器具、安装配件、材料的清理。

五、考核及时间要求

（1）本考核操作时间为 90 分钟，包括安装、调试及报告整理时间，时间到停止考评。

（2）按照技能操作相关要求进行操作，正确记录操作结果。

技能等级评价专业技能考核操作评分标准

<table>
<tr><td>工种</td><td colspan="5">变电一次安装工</td><td>评价等级</td><td>初级工</td></tr>
<tr><td>项目模块</td><td colspan="4">专业技能—油浸变压器现场保管</td><td>编号</td><td colspan="2">Jc0005563012</td></tr>
<tr><td>单位</td><td colspan="3"></td><td>准考证号</td><td></td><td>姓名</td><td></td></tr>
<tr><td>考试时限</td><td colspan="2">90 分钟</td><td>题型</td><td colspan="2">多项操作</td><td>题分</td><td>100 分</td></tr>
<tr><td>成绩</td><td></td><td>考评员</td><td></td><td>考评组长</td><td></td><td>日期</td><td></td></tr>
<tr><td>试题正文</td><td colspan="7">油浸变压器现场保管要求</td></tr>
<tr><td>需要说明的问题和要求</td><td colspan="7">（1）采取必要的安全措施，符合电力安全工作规程要求。
（2）在考试规定的时间内按要求完成操作任务。
（3）若操作过程出现不符合安全及劳动保护规定情况，每处扣 2 分</td></tr>
</table>

续表

序号	项目名称	质量要求	满分	扣分标准	扣分原因	得分
1	本体现场保管	（1）充气变压器在现场保管时应保证压力为0.01～0.03MPa，每天检查并记录。 （2）长时间放置的变压器本体应注入合格的绝缘油，并安装储油柜及吸湿器。每隔30天进行绝缘油试验，应符合相关要求。 （3）注油保管期间应将变压器、电抗器的外壳专用接地点与接地网连接牢靠	45	主要错项、缺项每处扣15分，不完整或不清晰每处扣10分，扣完为止		
2	附件保管	（1）风扇、潜油泵、气体继电器、压力释放装置、温度表、油位表以及绝缘材料等，应放置于干燥的室内。 （2）充油或充干燥气体的套管电流互感器（TA）应存放妥当，应采取防潮措施。 （3）散热器底部应垫高、垫平，做好防潮措施。 （4）充油运输的附件应充油保管，密封良好。 （5）套管等瓷件应妥善保管，防止瓷件损坏。电容式套管应倾斜放置，顶部朝上	55	主要错项、缺项每处扣11分，不完整或不清晰每处扣6分，扣完为止		
合计			100			

Jc0005562013　油浸变压器安装施工准备。（100分）

考核知识点：变压器安装及调整

难易度：中

技能等级评价专业技能考核操作工作任务书

一、任务名称

油浸变压器安装施工准备。

二、适用工种

变电一次安装工初级工。

三、具体任务

在规定时间内完成油浸变压器安装施工准备。

四、工作规范及要求

（1）考生正确填写办理工作票，进行安全、技术交底，合理安排人员分工并明确相应职责。

（2）考生进场后检查确认作业场所装设的围栏、悬挂的标识牌符合安全工作规程要求。

（3）考生正确把握执行现场安全文明施工作业的相关要求。

（4）考试结束完成工器具、安装配件、材料的清理。

五、考核及时间要求

（1）本考核操作时间为90分钟，包括安装、调试及报告整理时间，时间到停止考评。

（2）按照技能操作相关要求进行操作，正确记录操作结果。

技能等级评价专业技能考核操作评分标准

<table>
<tr><td>工种</td><td colspan="5">变电一次安装工</td><td>评价等级</td><td>初级工</td></tr>
<tr><td>项目模块</td><td colspan="4">专业技能—油浸变压器安装施工准备</td><td>编号</td><td colspan="2">Jc0005562013</td></tr>
<tr><td>单位</td><td colspan="3"></td><td>准考证号</td><td></td><td>姓名</td><td></td></tr>
<tr><td>考试时限</td><td colspan="2">90分钟</td><td>题型</td><td colspan="2">多项操作</td><td>题分</td><td>100分</td></tr>
<tr><td>成绩</td><td></td><td>考评员</td><td></td><td>考评组长</td><td></td><td>日期</td><td></td></tr>
</table>

续表

试题正文	油浸变压器安装施工准备
需要说明的问题和要求	（1）采取必要的安全措施，符合电力安全工作规程要求。 （2）在考试规定的时间内按要求完成操作任务。 （3）若操作过程出现不符合安全及劳动保护规定情况，每处扣2分

序号	项目名称	质量要求	满分	扣分标准	扣分原因	得分
1	技术准备	（1）制造厂家技术文件如说明书、试验报告、图纸等应齐备。 （2）安装人员应熟悉施工设计图纸和制造厂家技术文件，掌握变压器的参数、性能特征。 （3）编制施工方案	30	主要错项、缺项每处扣10分，不完整或不清晰每处扣5分		
2	工器具、材料准备	（1）工器具：汽车吊、储油罐、升降车、真空滤油机、工作台等。 （2）材料：无水酒精、丙酮、擦拭纸、白布带、记号笔等	20	主要错项、缺项每处扣10分，不完整或不清晰每处扣5分		
3	人员组织	安全员、质量员、安装负责人、安装人员、起重指挥员、试验人员、电焊工等特殊工种人员必须持证上岗	25	未持证上岗扣25分，不完整或不清晰每处扣12.5分，扣完为止		
4	现场布置	按照《国家电网公司输变电工程安全文明施工标准化管理办法》要求进行现场布置	25	未进行现场布置扣25分，每处扣12.5分，扣完为止		
	合计		100			

Jc0005561014　油浸变压器交接试验后主要工作。（100分）

考核知识点：变压器安装及调整

难易度：易

技能等级评价专业技能考核操作工作任务书

一、任务名称

油浸变压器交接试验后主要工作。

二、适用工种

变电一次安装工初级工。

三、具体任务

实操油浸变压器交接试验后的主要工作。

四、工作规范及要求

（1）考生正确填写办理工作票，进行安全、技术交底，合理安排人员分工并明确相应职责。

（2）考生进场后检查确认作业场所装设的围栏、悬挂的标识牌符合安全工作规程要求。

（3）考生正确把握执行现场安全文明施工作业的相关要求。

（4）考试结束完成工器具、安装配件、材料的清理。

五、考核及时间要求

（1）本考核操作时间为90分钟，包括安装、调试及报告整理时间，时间到停止考评。

（2）按照技能操作相关要求进行操作，正确记录操作结果。

技能等级评价专业技能考核操作评分标准

<table>
<tr><td>工种</td><td colspan="4">变电一次安装工</td><td>评价等级</td><td>初级工</td></tr>
<tr><td>项目模块</td><td colspan="3">专业技能—油浸变压器安装后期工作</td><td>编号</td><td colspan="2">Jc0005561014</td></tr>
<tr><td>单位</td><td></td><td>准考证号</td><td colspan="2"></td><td>姓名</td><td></td></tr>
</table>

续表

考试时限	90 分钟		题型	多项操作		题分	100 分
成绩		考评员		考评组长		日期	
试题正文	油浸变压器交接试验后主要工作						
需要说明的问题和要求	（1）采取必要的安全措施，符合电力安全工作规程要求。 （2）在考试规定的时间内按要求完成操作任务。 （3）若操作过程出现不符合安全及劳动保护规定情况，每处扣 2 分						

序号	项目名称	质量要求	满分	扣分标准	扣分原因	得分
1	油浸变压器交接试验后主要工作	（1）检查是否有渗漏油现象。 （2）检查各阀门处于工作状态。 （3）设备补漆。 （4）变压器本体、铁芯和夹件接地。 （5）施工现场清理。 （6）工程自验收。 （7）竣工资料整理。 （8）备品备件、专用工具移交	100	主要错项、缺项每处扣 12.5 分，不完整或不清晰每处扣 6 分，扣完为止		
	合计		100			

Jc0005553015　油浸变压器安装工器具准备。（100 分）

考核知识点：变压器安装及调整

难易度：难

技能等级评价专业技能考核操作工作任务书

一、任务名称

油浸变压器安装工器具准备。

二、适用工种

变电一次安装工初级工。

三、具体任务

进行油浸变压器安装工器具准备。

四、工作规范及要求

（1）考生正确填写办理工作票，进行安全、技术交底，合理安排人员分工并明确相应职责。

（2）考生进场后检查确认作业场所装设的围栏、悬挂的标识牌符合安全工作规程要求。

（3）考生正确把握执行现场安全文明施工作业的相关要求。

（4）考试结束完成工器具、安装配件、材料的清理。

五、考核及时间要求

（1）本考核操作时间为 90 分钟，包括安装、调试及报告整理时间，时间到停止考评。

（2）按照技能操作相关要求进行操作，正确记录操作结果。

技能等级评价专业技能考核操作评分标准

工种	变电一次安装工					评价等级	初级工
项目模块	专业技能—油浸变压器安装工器具				编号	Jc0005553015	
单位			准考证号			姓名	
考试时限	90 分钟		题型	多项操作		题分	100 分
成绩		考评员		考评组长		日期	

续表

试题正文	油浸变压器安装工器具准备					
需要说明的问题和要求	(1) 采取必要的安全措施，符合电力安全工作规程要求。 (2) 在考试规定的时间内按要求完成操作任务。 (3) 若操作过程出现不符合安全及劳动保护规定情况，每处扣2分					
序号	项目名称	质量要求	满分	扣分标准	扣分原因	得分
1	汽车吊选用	(1) 50、25、8t各1辆，适用于750～1000kV电压等级。 (2) 50、8t各1辆，适用于330～500kV电压等级。 (3) 25、8t各1辆，适用于220kV及以下电压等级	30	主要错项、缺项每处扣10分，不完整或不清晰每处扣5分，扣完为止		
2	储油罐选用	按变压器总油重的120%配置	10	错答或漏答扣10分		
3	机械设备	升降车、真空滤油机、压力式滤油机、真空泵、干燥空气发生器、电焊机、烘箱、大功率吸尘器、油压千斤顶、液压机、链条葫芦、真空隔离桶、电钻	40	每答对一项得5分，答对8项及以上得40分		
4	辅助用具及测量工器具	工作台、氧气仪、真空计、干湿度温度表、游标卡尺、力矩扳手、合成纤维吊带、厂家专用吊件、U形吊环、枕木	20	每答对一项得5分，答对4项及以上得20分		
	合计		100			

Jc0005553016　变压器现场滤油前储油罐配置。(100分)

考核知识点：变压器安装及调整

难易度：难

技能等级评价专业技能考核操作工作任务书

一、任务名称

变压器现场滤油前储油罐配置。

二、适用工种

变电一次安装工初级工。

三、具体任务

阐述变压器现场滤油前储油罐如何配置。

四、工作规范及要求

(1) 考生正确填写办理工作票，进行安全、技术交底，合理安排人员分工并明确相应职责。

(2) 考生进场后检查确认作业场所装设的围栏、悬挂的标识牌符合安全工作规程要求。

(3) 考生正确把握执行现场安全文明施工作业的相关要求。

(4) 考试结束完成工器具、安装配件、材料的清理。

五、考核及时间要求

(1) 本考核操作时间为90分钟，包括安装、调试及报告整理时间，时间到停止考评。

(2) 按照技能操作相关要求进行操作，正确记录操作结果。

技能等级评价专业技能考核操作评分标准

工种	变电一次安装工				评价等级	初级工
项目模块	专业技能—油浸变压器滤油			编号	Jc0005553016	
单位		准考证号			姓名	
考试时限	90分钟	题型	多项操作		题分	100分

续表

成绩		考评员		考评组长		日期	
试题正文	变压器现场滤油前储油罐配置						
需要说明的问题和要求	（1）阐述变压器现场滤油前储油罐如何配置。 （2）在考试规定的时间内按要求完成操作任务。 （3）若操作过程出现不符合安全及劳动保护规定情况，每处扣 2 分						

序号	项目名称	质量要求	满分	扣分标准	扣分原因	得分
1	变压器现场滤油前储油罐配置	（1）现场应使用合格的储油罐组，容积应大于单台最大设备容积的 120%。 （2）储油罐应顶部设置进出气阀，用于呼吸的进气口应安装干燥过滤装置。 （3）储油罐应设置进油阀、出油阀、油样阀和残油阀。 （4）出油阀位于罐的下部，距罐底约 100mm；进油阀位于罐上部；油样阀位于罐的中下部；残油阀位于罐底部。 （5）储油罐顶部应设置人孔盖并能可靠密封。 （6）储油罐应设置油位指示装置。 （7）储油罐应设置专用起吊挂环和专用接地连接点，并在存放点与主接地网可靠连接。 （8）现场应配备废油存放罐，用于残油、清洗油的放置，避免对正式储油罐内的油产生污染	100	主要错项、缺项每处扣 12.5 分，不完整或不清晰每处扣 6 分，扣完为止		
合计			100			

Jc0005511017　无励磁分接开关的结构方式分类及结构特征。（100 分）

考核知识点：变压器安装及调整

难易度：易

技能等级评价专业技能考核操作工作任务书

一、任务名称

无励磁分接开关的结构方式分类及结构特征。

二、适用工种

变电一次安装工初级工。

三、具体任务

阐述无励磁分接开关的结构方式分类及结构特征。

四、工作规范及要求

（1）考生正确填写办理工作票，进行安全、技术交底，合理安排人员分工并明确相应职责。

（2）考生进场后检查确认作业场所装设的围栏、悬挂的标识牌符合安全工作规程要求。

（3）考生正确把握执行现场安全文明施工作业的相关要求。

（4）考试结束完成工器具、安装配件、材料的清理。

五、考核及时间要求

（1）本考核操作时间为 90 分钟，包括安装、调试及报告整理时间，时间到停止考评。

（2）按照技能操作相关要求进行操作，正确记录操作结果。

技能等级评价专业技能考核操作评分标准

工种	变电一次安装工					评价等级	初级工
项目模块	专业技能—变压器分接开关安装				编号	Jc0005511017	
单位			准考证号			姓名	
考试时限	90 分钟		题型	多项操作		题分	100 分
成绩		考评员		考评组长		日期	
试题正文	无励磁分接开关的结构方式分类及结构特征						
需要说明的问题和要求	（1）阐述无励磁分接开关的结构方式分类及结构特征。 （2）在考试规定的时间内按要求完成操作任务。 （3）若操作过程出现不符合安全及劳动保护规定情况，每处扣 2 分						

序号	项目名称	质量要求	满分	扣分标准	扣分原因	得分
1	无励磁分接开关的结构方式分类及结构特征	（1）盘形：分接端子分布在一个圆形盘上，立式布置。 （2）鼓形：分接引线柱沿圆周方向均匀布置，并置于一绝缘筒内。 （3）条形：分接端子分布在一条直线上。 （4）笼形：分接端子分布在笼式绝缘杆上。 （5）筒形（管形）：在笼形开关上引进了绝缘筒和纯滚动动触头	100	主要错项、缺项每处扣 20 分，不完整或不清晰每处扣 10 分，扣完为止		
	合计		100			

Jc0005512018　V 形有载开关的组成部件及作用。（100 分）

考核知识点：变压器安装及调整

难易度：中

技能等级评价专业技能考核操作工作任务书

一、任务名称

V 形有载开关的组成部件及作用。

二、适用工种

变电一次安装工初级工。

三、具体任务

请阐述 V 形有载开关的组成部件及作用。

四、工作规范及要求

（1）考生正确填写办理工作票，进行安全、技术交底，合理安排人员分工并明确相应职责。

（2）考生进场后检查确认作业场所装设的围栏、悬挂的标识牌符合安全工作规程要求。

（3）考生正确把握执行现场安全文明施工作业的相关要求。

（4）考试结束完成工器具、安装配件、材料的清理。

五、考核及时间要求

（1）本考核操作时间为 90 分钟，包括安装、调试及报告整理时间，时间到停止考评。

（2）按照技能操作相关要求进行操作，正确记录操作结果。

技能等级评价专业技能考核操作评分标准

<table>
<tr><td>工种</td><td colspan="5">变电一次安装工</td><td>评价等级</td><td colspan="2">初级工</td></tr>
<tr><td>项目模块</td><td colspan="4">专业技能—变压器分接开关安装</td><td>编号</td><td colspan="3">Jc0005512018</td></tr>
<tr><td>单位</td><td colspan="3"></td><td>准考证号</td><td></td><td>姓名</td><td colspan="2"></td></tr>
<tr><td>考试时限</td><td>90 分钟</td><td>题型</td><td colspan="3">多项操作</td><td>题分</td><td colspan="2">100 分</td></tr>
<tr><td>成绩</td><td>考评员</td><td></td><td>考评组长</td><td colspan="2"></td><td>日期</td><td colspan="2"></td></tr>
<tr><td>试题正文</td><td colspan="8">V 形有载开关的组成部件及作用</td></tr>
<tr><td>需要说明的问题和要求</td><td colspan="8">（1）阐述 V 形有载开关的组成部件。
（2）在考试规定的时间内按要求完成操作任务。
（3）若操作过程出现不符合安全及劳动保护规定情况，每处扣 2 分</td></tr>
</table>

序号	项目名称	质量要求	满分	扣分标准	扣分原因	得分
1	选择开关	（1）快速机构：动触头转轴动作动力源。 （2）触头体系：转换负载电流。 （3）过渡电阻：桥接过渡触头。 （4）转换选择器：扩大调压范围。 （5）油室：防止污油与变压器本体油相混	62.5	主要错项、缺项每处扣 12.5 分，不完整或不清晰每处扣 6 分，扣完为止		
2	电动机构	（1）齿轮传动机构：传动有载开关动力源。 （2）控制及指示机构：控制和指示分接位置。 （3）圆锥齿轮与传动轴：连接开关与电动机构的装置	37.5	主要错项、缺项每处扣 12.5 分，不完整或不清晰每处扣 6 分，扣完为止		
合计			100			

Jc0055511019　V 形有载开关的安装过程。(100 分)

考核知识点：变压器安装及调整

难易度：易

技能等级评价专业技能考核操作工作任务书

一、任务名称

V 形有载开关的安装过程。

二、适用工种

变电一次安装工初级工。

三、具体任务

请阐述 V 形有载开关的安装过程。

四、工作规范及要求

（1）考生正确填写办理工作票，进行安全、技术交底，合理安排人员分工并明确相应职责。

（2）考生进场后检查确认作业场所装设的围栏、悬挂的标识牌符合安全工作规程要求。

（3）考生正确把握执行现场安全文明施工作业的相关要求。

（4）考试结束完成工器具、安装配件、材料的清理。

五、考核及时间要求

（1）本考核操作时间为 90 分钟，包括安装、调试及报告整理时间，时间到停止考评。

（2）按照技能操作相关要求进行操作，正确记录操作结果。

技能等级评价专业技能考核操作评分标准

工种	变电一次安装工						评价等级	初级工
项目模块	专业技能—变压器分接开关安装					编号	Jc0055511019	
单位			准考证号				姓名	
考试时限	90分钟		题型	多项操作			题分	100分
成绩		考评员		考评组长			日期	
试题正文	V形有载开关的安装过程							
需要说明的问题和要求	（1）阐述V形有载开关的安装过程。 （2）在考试规定的时间内按要求完成操作任务。 （3）若操作过程出现不符合安全及劳动保护规定情况，每处扣2分							

序号	项目名称	质量要求	满分	扣分标准	扣分原因	得分
1	V形有载开关的安装过程	（1）选择开关吊芯。 （2）快速机构检查。 （3）主轴及动触头组的检查。 （4）油室及静触头的检查。 （5）芯体复装。 （6）芯体测试。 （7）附件安装。 （8）注油和连接传动轴	100	主要错项、缺项每处扣12.5分，不完整或不清晰每处扣6分，扣完为止		
合计			100			

Jc0005511020　M形有载开关的组成部件及作用。（100分）

考核知识点：变压器安装及调整

难易度：易

技能等级评价专业技能考核操作工作任务书

一、任务名称

M形有载开关的组成部件及作用。

二、适用工种

变电一次安装工初级工。

三、具体任务

请阐述M形有载开关的组成部件及作用。

四、工作规范及要求

（1）考生正确填写办理工作票，进行安全、技术交底，合理安排人员分工并明确相应职责。

（2）考生进场后检查确认作业场所装设的围栏、悬挂的标识牌符合安全工作规程要求。

（3）考生正确把握执行现场安全文明施工作业的相关要求。

（4）考试结束完成工器具、安装配件、材料的清理。

五、考核及时间要求

（1）本考核操作时间为90分钟，包括安装、调试及报告整理时间，时间到停止考评。

（2）按照技能操作相关要求进行操作，正确记录操作结果。

技能等级评价专业技能考核操作评分标准

工种	变电一次安装工					评价等级	初级工
项目模块	专业技能—变压器分接开关安装				编号	Jc0005511020	
单位			准考证号			姓名	
考试时限	90 分钟		题型	多项操作		题分	100 分
成绩		考评员		考评组长		日期	
试题正文	M 形有载开关的组成部件及作用						
需要说明的问题和要求	（1）阐述 M 形有载开关的组成部件。 （2）在考试规定的时间内按要求完成操作任务。 （3）若操作过程出现不符合安全及劳动保护规定情况，每处扣 2 分						

序号	项目名称	质量要求	满分	扣分标准	扣分原因	得分
1	切换开关	（1）快速机构：动触头转轴动作动力源。 （2）切换机构：转换负载电流。 （3）过渡电阻：桥接过渡触头。 （4）转换选择器：扩大调压范围。 （5）油室：防止污油与变压器本体油相混	40	主要错项、缺项每处扣 8 分，不完整或不清晰每处扣 4 分，扣完为止		
2	分接选择器	（1）级进传动机构：选择动力源。 （2）触头系统：选择分接头。 （3）转换选择器：扩大调压范围	30	主要错项、缺项每处扣 10 分，不完整或不清晰每处扣 5 分，扣完为止		
3	电动机构	（1）齿轮传动机构：传动有载开关动力源。 （2）控制及指示机构：控制和指示分接位置。 （3）伞齿轮与传动轴：连接开关与电动机构的装置	30	主要错项、缺项每处扣 10 分，不完整或不清晰每处扣 5 分，扣完为止		
	合计		100			

Jc0005511021　M 形有载开关的安装过程。（100 分）

考核知识点：变压器安装及调整

难易度：易

技能等级评价专业技能考核操作工作任务书

一、任务名称

M 形有载开关的安装过程。

二、适用工种

变电一次安装工初级工。

三、具体任务

请阐述 M 形有载开关的安装过程。

四、工作规范及要求

（1）考生正确填写办理工作票，进行安全、技术交底，合理安排人员分工并明确相应职责。

（2）考生进场后检查确认作业场所装设的围栏、悬挂的标识牌符合安全工作规程要求。

（3）考生正确把握执行现场安全文明施工作业的相关要求。

（4）考试结束完成工器具、安装配件、材料的清理。

五、考核及时间要求

（1）本考核操作时间为 90 分钟，包括安装、调试及报告整理时间，时间到停止考评。

（2）按照技能操作相关要求进行操作，正确记录操作结果。

技能等级评价专业技能考核操作评分标准

工种	变电一次安装工					评价等级	初级工
项目模块	专业技能—变压器分接开关安装				编号	Jc0005511021	
单位			准考证号			姓名	
考试时限	90 分钟		题型	多项操作		题分	100 分
成绩		考评员		考评组长		日期	
试题正文	M 形有载开关的安装过程						
需要说明的问题和要求	（1）阐述 M 形有载开关的安装过程。 （2）在考试规定的时间内按要求完成操作任务。 （3）若操作过程出现不符合安全及劳动保护规定情况，每处扣 2 分						

序号	项目名称	质量要求	满分	扣分标准	扣分原因	得分
1	M 形有载开关的安装过程	（1）切换开关的吊芯。 （2）切换开关芯体的检查。 （3）切换开关芯体测试。 （4）切换开关芯体及油室的清洗。 （5）切换开关芯体装复。 （6）分接选择器及转换选择器的检查。 （7）分接选择器及转换选择器的测试。 （8）附件安装。 （9）注油和连接传动轴。 （10）调整与测试	100	主要错项、缺项每处扣 10 分，不完整或不清晰每处扣 5 分，扣完为止		
合计			100			

Jc0005523022　干式变压器附件安装及接地。（100 分）

考核知识点：变压器安装及调整

难易度：难

技能等级评价专业技能考核操作工作任务书

一、任务名称

干式变压器附件安装及接地。

二、适用工种

变电一次安装工初级工。

三、具体任务

进行干式变压器附件安装及接地。

四、工作规范及要求

（1）考生正确填写办理工作票，进行安全、技术交底，合理安排人员分工并明确相应职责。

（2）考生进场后检查确认作业场所装设的围栏、悬挂的标识牌符合安全工作规程要求。

（3）考生正确把握执行现场安全文明施工作业的相关要求。

（4）考试结束完成工器具、安装配件、材料的清理。

五、考核及时间要求

（1）本考核操作时间为 90 分钟，包括安装、调试及报告整理时间，时间到停止考评。

（2）按照技能操作相关要求进行操作，正确记录操作结果。

技能等级评价专业技能考核操作评分标准

<table>
<tr><td>工种</td><td colspan="6">变电一次安装工</td><td>评价等级</td><td colspan="2">初级工</td></tr>
<tr><td>项目模块</td><td colspan="5">专业技能—变压器安装</td><td>编号</td><td colspan="3">Jc0005523022</td></tr>
<tr><td>单位</td><td colspan="3"></td><td>准考证号</td><td colspan="2"></td><td>姓名</td><td colspan="2"></td></tr>
<tr><td>考试时限</td><td colspan="2">90 分钟</td><td>题型</td><td colspan="3">多项操作</td><td>题分</td><td colspan="2">100 分</td></tr>
<tr><td>成绩</td><td></td><td>考评员</td><td></td><td>考评组长</td><td colspan="2"></td><td>日期</td><td colspan="2"></td></tr>
<tr><td>试题正文</td><td colspan="9">干式变压器附件安装及接地</td></tr>
<tr><td>需要说明的问题和要求</td><td colspan="9">（1）采取必要的安全措施，符合电力安全工作规程要求。
（2）在考试规定的时间内按要求完成操作任务。
（3）若操作过程出现不符合安全及劳动保护规定情况，每处扣 2 分</td></tr>
</table>

序号	项目名称	质量要求	满分	扣分标准	扣分原因	得分
1	温度控制器安装	（1）用螺栓将温度控制器固定在干式变压器防护罩外侧。 （2）将热敏电阻的温度信号引出线接入温度控制器，将交流电源线接入温度控制器。 （3）检查无误后，进行温度控制器的设定和调试	37.5	主要错项、缺项每处扣 12.5 分，不完整或不清晰每处扣 6 分，扣完为止		
2	一次、二次引线连接	（1）不应使干式变压器的套管直接承受应力。 （2）保证带电体之间及带电体对地的最小距离，特别是电缆至高压线圈的距离。 （3）高压连线须避免尖角和弯折	37.5	主要错项、缺项每处扣 12.5 分，不完整或不清晰每处扣 6 分，扣完为止		
3	干式变压器接地	（1）通过接地标志的专用接地螺栓接地，干式变压器外壳也应接地。 （2）低压侧采用三相四线制时，中性线也应接地	25	主要错项、缺项每处扣 12.5 分，不完整或不清晰每处扣 6 分，扣完为止		
合计			100			

Jc0005543023 互感器的开箱检查。(100 分)

考核知识点：互感器安装及调整

难易度：难

技能等级评价专业技能考核操作工作任务书

一、任务名称

互感器的开箱检查。

二、适用工种

变电一次安装工初级工。

三、具体任务

进行互感器的开箱检查。

四、工作规范及要求

（1）考生正确填写办理工作票，进行安全、技术交底，合理安排人员分工并明确相应职责。

（2）考生进场后检查确认作业场所装设的围栏、悬挂的标识牌符合安全工作规程要求。

（3）考生正确把握执行现场安全文明施工作业的相关要求。

（4）考试结束完成工器具、安装配件、材料的清理。

五、考核及时间要求

（1）本考核操作时间为 90 分钟，包括安装、调试及报告整理时间，时间到停止考评。

（2）按照技能操作相关要求进行操作，正确记录操作结果。

技能等级评价专业技能考核操作评分标准

工种	变电一次安装工					评价等级	初级工
项目模块	专业技能—互感器安装及调整				编号	Jc0005543023	
单位			准考证号			姓名	
考试时限	90 分钟		题型	多项操作		题分	100 分
成绩		考评员		考评组长		日期	
试题正文	互感器的开箱检查						
需要说明的问题和要求	（1）采取必要的安全措施，符合电力安全工作规程要求。 （2）在考试规定的时间内按要求完成操作任务。 （3）若操作过程出现不符合安全及劳动保护规定情况，每处扣 2 分						

序号	项目名称	质量要求	满分	扣分标准	扣分原因	得分
1	清点	附件数量、规格应该与设计相符，出厂文件、试验报告齐全	12.5	主要错项、缺项每处扣 12.5 分，不完整或不清晰每处扣 6 分，扣完为止		
2	核对	核对互感器型号、规格应符合设计要求，互感器外观应完整，无锈蚀或机械损伤	12.5	主要错项、缺项每处扣 12.5 分，不完整或不清晰每处扣 6 分，扣完为止		
3	外观检查	（1）油浸式互感器油位应正常，油位指示器、瓷件法兰连接处、放油阀、接线板引线处应密封良好，无渗漏油现象。 （2）带膨胀器的互感器，应检查垫片封闭是否正常，垫片应在安装后投运前取出，金属膨胀器应完整无损，顶盖螺栓应紧固。 （3）一次端子及其连接片应清理干净，除去氧化层（镀银端子除外），涂以电力复合脂。 （4）电流互感器应按要求的变比进行连接，螺栓紧固，等电位片连接完好。 （5）气体互感器的储运气压应符合制造厂家的技术规定。 （6）带冲击记录仪运输的互感器，应会同建设单位、监理、制造厂家检查冲击记录仪并做好记录	75	主要错项、缺项每处扣 12.5 分，不完整或不清晰每处扣 6 分，扣完为止		
合计			100			

Jc0005541024　互感器本体安装。（100 分）

考核知识点：互感器安装及调整

难易度：易

技能等级评价专业技能考核操作工作任务书

一、任务名称

互感器本体安装。

二、适用工种

变电一次安装工初级工。

三、具体任务

互感器已完成设备支架安装和开箱、交接试验，进行互感器本体安装。

四、工作规范及要求

（1）考生正确填写办理工作票，进行安全、技术交底，合理安排人员分工并明确相应职责。

（2）考生进场后检查确认作业场所装设的围栏、悬挂的标识牌符合安全工作规程要求。

（3）考生正确把握执行现场安全文明施工作业的相关要求。

（4）考试结束完成工器具、安装配件、材料的清理。

五、考核及时间要求

（1）本考核操作时间为90分钟，包括安装、调试及报告整理时间，时间到停止考评。

（2）按照技能操作相关要求进行操作，正确记录操作结果。

技能等级评价专业技能考核操作评分标准

工种	变电一次安装工					评价等级	初级工
项目模块	专业技能—互感器安装及调整				编号	Jc0005541024	
单位			准考证号			姓名	
考试时限	90分钟		题型	多项操作		题分	100分
成绩		考评员		考评组长		日期	
试题正文	互感器本体安装						
需要说明的问题和要求	（1）采取必要的安全措施，符合电力安全工作规程要求。 （2）在考试规定的时间内按要求完成操作任务。 （3）若操作过程出现不符合安全及劳动保护规定情况，每处扣2分						

序号	项目名称	质量要求	满分	扣分标准	扣分原因	得分
1	互感器本体安装	（1）先将互感器底座安装在设备支架上，校正后用螺栓固定。 （2）电容式电压互感器的安装应按照产品成套供应的组件编号进行组合，不得随意互换。电容分压器元件间有电气连接的，应先进行连线，再拧紧机械连接螺栓。 （3）安装互感器接线板和均压环，三相接线板方向一致，均压环不得歪斜、变形，最低处打滴水孔。 （4）调整三相互感器垂直度，要求其中心在同一直线上。 （5）用力矩扳手紧固所有螺栓	100	主要错项、缺项每处扣20分，不完整或不清晰每处扣10分，扣完为止		
合计			100			

Jc0005561025 落地式罐式断路器安装流程。（100分）

考核知识点：断路器安装及调整

难易度：易

技能等级评价专业技能考核操作工作任务书

一、任务名称

落地式罐式断路器安装流程。

二、适用工种

变电一次安装工初级工。

三、具体任务

叙述落地式罐式断路器安装流程。

四、工作规范及要求

（1）考生正确填写办理工作票，进行安全、技术交底，合理安排人员分工并明确相应职责。

（2）考生进场后检查确认作业场所装设的围栏、悬挂的标识牌符合安全工作规程要求。

（3）考生正确把握执行现场安全文明施工作业的相关要求。

（4）考试结束完成工器具、安装配件、材料的清理。

五、考核及时间要求

（1）本考核操作时间为90分钟，包括安装、调试及报告整理时间，时间到停止考评。

（2）按照技能操作相关要求进行操作，正确记录操作结果。

技能等级评价专业技能考核操作评分标准

工种	变电一次安装工				评价等级	初级工
项目模块	专业技能—断路器安装及调整			编号	Jc0005561025	
单位		准考证号			姓名	
考试时限	90分钟	题型	多项操作		题分	100分
成绩	考评员		考评组长		日期	
试题正文	落地式罐式断路器安装流程					
需要说明的问题和要求	（1）采取必要的安全措施，符合电力安全工作规程要求。 （2）在考试规定的时间内按要求完成操作任务。 （3）若操作过程出现不符合安全及劳动保护规定情况，每处扣2分					

序号	项目名称	质量要求	满分	扣分标准	扣分原因	得分
1	落地式罐式断路器安装流程	（1）准备工作。 （2）开箱检查。 （3）底座安装。 （4）灭弧单元安装。 （5）套管安装。 （6）抽真空、充气。 （7）断路器调整试验。 （8）后期工作	100	主要错项、缺项每处扣12.5分，不完整或不清晰每处扣6分，扣完为止		
合计			100			

Jc0005553026　罐式断路器的开箱检查和保管。（100分）

考核知识点：断路器安装及调整

难易度：难

技能等级评价专业技能考核操作工作任务书

一、任务名称

罐式断路器的开箱检查和保管。

二、适用工种

变电一次安装工初级工。

三、具体任务

罐式断路器到场后需进行开箱检查，检查无误后妥善保管。

四、工作规范及要求

（1）考生正确填写办理工作票，进行安全、技术交底，合理安排人员分工并明确相应职责。

（2）考生进场后检查确认作业场所装设的围栏、悬挂的标识牌符合安全工作规程要求。

（3）考生正确把握执行现场安全文明施工作业的相关要求。

（4）考试结束完成工器具、安装配件、材料的清理。

五、考核及时间要求

（1）本考核操作时间为90分钟，包括安装、调试及报告整理时间，时间到停止考评。

（2）按照技能操作相关要求进行操作，正确记录操作结果。

技能等级评价专业技能考核操作评分标准

工种	变电一次安装工					评价等级	初级工
项目模块	专业技能—断路器安装及调整				编号	Jc0005553026	
单位			准考证号			姓名	
考试时限	90分钟		题型	多项操作		题分	100分
成绩		考评员		考评组长		日期	
试题正文	罐式断路器的开箱检查和保管						
需要说明的问题和要求	（1）采取必要的安全措施，符合电力安全工作规程要求。 （2）在考试规定的时间内按要求完成操作任务。 （3）若操作过程出现不符合安全及劳动保护规定情况，每处扣2分						

序号	项目名称	质量要求	满分	扣分标准	扣分原因	得分
1	开箱检查	（1）设备无碰撞损伤变形及锈蚀，所有元件、附件、备件及专用工具应齐全。 （2）瓷件及绝缘件表面光滑，无裂纹及破损。 （3）设备出厂资料齐全、完整。 （4）做好开箱检查记录和签证工作	40	主要错项、缺项每处扣10分，不完整或不清晰每处扣5分，扣完为止		
2	断路器保管	（1）附件、备件、专用工具、设备专用材料应置于室内干燥的位置。 （2）运输单元应按原包装置于平整的枕木上，宜一步到位，避免二次搬运。 （3）瓷件设备应安放妥当，不得碰撞。 （4）供到现场的 SF_6 气体，符合《电气装置安装工程 高压电器施工及验收规范》（GB 50147—2010）中表5.5的规定，并按规范中的要求取样化验和保管。 （5）密度继电器或压力表应经检验合格。 （6）如果断路器需存储3个月以上，储存期间一定要开启控制柜与操作柜内的防凝露加热器	60	主要错项、缺项每处扣10分，不完整或不清晰每处扣5分，扣完为止		
合计			100			

Jc0005552027 GIS组合电器的检查和保管。（100分）

考核知识点：组合电器安装及调整

难易度：中

技能等级评价专业技能考核操作工作任务书

一、任务名称

GIS组合电器的检查和保管。

二、适用工种

变电一次安装工初级工。

三、具体任务

GIS 组合电器到场后需进行检查，检查无误后妥善保管。

四、工作规范及要求

（1）考生正确填写办理工作票，进行安全、技术交底，合理安排人员分工并明确相应职责。

（2）考生进场后检查确认作业场所装设的围栏、悬挂的标识牌符合安全工作规程要求。

（3）考生正确把握执行现场安全文明施工作业的相关要求。

（4）考试结束完成工器具、安装配件、材料的清理。

五、考核及时间要求

（1）本考核操作时间为 90 分钟，包括安装、调试及报告整理时间，时间到停止考评。

（2）按照技能操作相关要求进行操作，正确记录操作结果。

技能等级评价专业技能考核操作评分标准

工种	变电一次安装工					评价等级	初级工
项目模块	专业技能—组合电器安装及调整				编号	Jc0005552027	
单位			准考证号			姓名	
考试时限	90 分钟		题型	多项操作		题分	100 分
成绩		考评员		考评组长		日期	
试题正文	GIS 组合电器的检查和保管						
需要说明的问题和要求	（1）采取必要的安全措施，符合电力安全工作规程要求。 （2）在考试规定的时间内按要求完成操作任务。 （3）若操作过程出现不符合安全及劳动保护规定情况，每处扣 2 分						

序号	项目名称	质量要求	满分	扣分标准	扣分原因	得分
1	开箱检查	(1)组合电器筒体无碰撞损伤变形及损坏，所有元件、附件、备件及专用工具齐全。 （2）瓷件及绝缘件表面光滑，无裂纹及破损。 （3）设备出厂资料齐全、完整。 （4）密度继电器或压力表应经检验合格。 （5）做好开箱检查记录和签证工作	50	主要错项、缺项每处扣 10 分，不完整或不清晰每处扣 5 分，扣完为止		
2	组合电器保管	（1）附件、备件、专用工具、设备专用材料应置于室内干燥的位置。 （2）运输单元应按原包装置于平整的枕木上，并按制造厂的编号和规定宜一步到位，避免二次搬运。 （3）瓷件设备应安放妥当，不得碰撞，作为备件的盆式绝缘子应在需要使用时方可打开包装。 （4）充有 SF_6 气体的运输单元或部件，应按产品技术规定检查压力值，并做好记录，有异常情况应及时采取措施。 （5）供到现场的 SF_6 气体，符合《电气装置安装工程　高压电器施工及验收规范》（GB 50147—2010）的规定，并按规范中的要求取样化验和保管	50	主要错项、缺项每处扣 10 分，不完整或不清晰每处扣 5 分，扣完为止		
合计			100			

Jc0005551028　GIS 组合电器安装后期工作。（100 分）

考核知识点： 组合电器安装及调整

难易度： 易

技能等级评价专业技能考核操作工作任务书

一、任务名称

GIS 组合电器安装后期工作。

二、适用工种

变电一次安装工初级工。

三、具体任务

叙述 GIS 组合电器安装试验合格后需要进行的后期工作。

四、工作规范及要求

（1）考生正确填写办理工作票，进行安全、技术交底，合理安排人员分工并明确相应职责。

（2）考生进场后检查确认作业场所装设的围栏、悬挂的标识牌符合安全工作规程要求。

（3）考生正确把握执行现场安全文明施工作业的相关要求。

（4）考试结束完成工器具、安装配件、材料的清理。

五、考核及时间要求

（1）本考核操作时间为 90 分钟，包括安装、调试及报告整理时间，时间到停止考评。

（2）按照技能操作相关要求进行操作，正确记录操作结果。

技能等级评价专业技能考核操作评分标准

工种	变电一次安装工				评价等级	初级工
项目模块	专业技能—组合电器安装及调整			编号	Jc0005551028	
单位		准考证号			姓名	
考试时限	90 分钟	题型	多项操作		题分	100 分
成绩		考评员		考评组长	日期	
试题正文	GIS 组合电器安装后期工作					
需要说明的问题和要求	（1）采取必要的安全措施，符合电力安全工作规程要求。 （2）在考试规定的时间内按要求完成操作任务。 （3）若操作过程出现不符合安全及劳动保护规定情况，每处扣 2 分					

序号	项目名称	质量要求	满分	扣分标准	扣分原因	得分
1	GIS 组合电器试验合格后的后期工作	（1）筒体与支架、支架与主接地网之间的连接可靠，标志清晰，符合要求。 （2）检查各气室 SF_6 气压应在额定气压允许范围内。 （3）对密封式组合电器外观进行检查，补漆、清洗。相色漆、各气室标志明显、正确。 （4）检查各气室应无漏气、机构无漏气（油）现象。 （5）清理施工现场，清点工器具、归库	100	主要错项、缺项每处扣 20 分，不完整或不清晰每处扣 10 分，扣完为止		
合计			100			

第二部分 中级工

第三章　变电一次安装工中级工技能笔答

Jb0003432001　简述隔离开关质量检验时，应当检查的内容。（5分）

考核知识点：隔离开关安装及调整

难易度：中

标准答案：

（1）油漆。

（2）金属加工配置、螺栓连接等。

（3）质量验评资料。

Jb0003432002　简述干式电抗器安装主要包括的内容。（5分）

考核知识点：其他电气设备安装及调整

难易度：中

标准答案：

（1）支架安装。

（2）支柱绝缘子安装。

（3）干式电抗器安装。

Jb0003432003　简述三相干式电抗器的三种安装方法。（5分）

考核知识点：其他电气设备安装及调整

难易度：中

标准答案：

（1）三相水平布置。

（2）三相叠装。

（3）两相叠装一相并列。

Jb0003432004　简述使用变电站隔离开关可以操作哪些设备。（5分）

考核知识点：隔离开关安装及调整

难易度：中

标准答案：

（1）母线及母线设备（避雷器、电压互感器）。

（2）空载站用变压器、中性点接地变压器、消弧线圈。

Jb0003432005　什么叫真空断路器？它的优点是什么？（5分）

考核知识点：断路器安装及调整

难易度：中

标准答案：

（1）触头在高真空中关合和开断的断路器称为真空断路器。

（2）真空断路器具有很多优点，如开距短、体积小、质量轻、电寿命和机械寿命长、维护少、无火灾和爆炸危险等，因此近年来发展很快，特别在中等电压领域内使用很广泛，是配电开关无油化的最好换代产品。

Jb0003432006　简述六氟化硫断路器的优点和缺点。（5分）

考核知识点：断路器安装及调整

难易度：中

标准答案：

（1）优点：① 断口耐压高；② 允许断路次数多，检修周期长；③ 断路性能好；④ 体积小、占地少。

（2）缺点：① 要求加工精度高，密封性能好；② 对水分和气体的检测控制要求严格。

Jb0003432007　简述选择高压断路器的基本要求。（5分）

考核知识点：断路器安装及调整

难易度：中

标准答案：

（1）工作可靠，在额定工作条件下可靠长期运行。

（2）具有足够的断路能力。

（3）尽可能短的切断时间。

（4）能够实现自动重合闸。

（5）结构力求简单、体积小、质量轻、价格低廉。

Jb0003432008　简述3/2断路器接线方式的优点。（5分）

考核知识点：断路器安装及调整

难易度：中

标准答案：

（1）具有较高的供电可靠性和运行调度灵活性，即使母线发生故障，也只跳开与此母线相连的所有断路器，与其他母线相连的任何回路均不停电。

（2）各串上的隔离开关不会产生带负荷拉合，减小误操作的概率。

（3）任何断路器检修都不停电，串内供电回路可以不停电。

Jb0003431009　简述3/2断路器接线方式的缺点。（5分）

考核知识点：断路器安装及调整

难易度：易

标准答案：

（1）使用设备较多。

（2）投资大。

（3）二次回路复杂。

Jb0003431010　简述高压配电装置应具有的“五防”功能。（5分）

考核知识点：电气设备相关知识

难易度：易

标准答案：
（1）防带负荷拉、合隔离开关。
（2）防误拉、合断路器。
（3）防带接地线合闸。
（4）防带电挂接地线。
（5）防误入带电间隔。

Jb0003432011 简述主变压器安装分部工程中，性质为“主控”的分项工程内容。（5 分）
考核知识点：变压器安装及调整
难易度：中
标准答案：
（1）主变压器器身检查。
（2）主变压器注油、热油循环及密封试验。
（3）主变压器整体检查。

Jb0003412012 已知一正弦电流 $i=5\sin(\omega t+30^{\circ})$，$f=50\text{Hz}$，问在 $t=0.1\text{s}$ 时，电流的瞬时值为多少？（5 分）
考核知识点：电工基础
难易度：中
标准答案：
解：当 $t=0.1\text{s}$ 时，$\omega t=2\pi ft=2\times3.14\times50\times0.1=31.4(\text{rad})=1800^{\circ}$
所以电流瞬时值 $i=5\sin(\omega t+30^{\circ})=5\sin(1800^{\circ}+30^{\circ})=5\sin30^{\circ}=2.5$（A）
答：$t=0.1\text{s}$ 时，电流的瞬时值为 2.5A。

Jb0003412013 一根铜导线直径是 4mm，求此铜导线长度为 1km 和 50km 时的电阻值。（$\rho_{\text{Cu}}=0.0175\Omega\cdot\text{mm}^2/\text{m}$）（5 分）
考核知识点：电工基础
难易度：中
标准答案：
解：
铜导线截面积 $S=(1/4)\pi d^2=(1/4)\times3.14\times4^2=12.56$（$\text{mm}^2$）
每 1km 铜导线的阻值 $R_1=\rho L/S=0.0175\times1000/12.56=1.4$（Ω）
每 50km 铜导线的电阻值 $R_{50}=\rho L/S=0.0175\times50000/12.56=70$（Ω）
或 $R_{50}=50\times R_1=50\times1.4=70$（Ω）
答：1km 铜导线的电阻值为 1.4Ω，50km 铜导线的电阻值为 70Ω。

Jb0003412014 已知一个电容器的电容为 8μF，在 50Hz 时其容抗是多少？电压为 220V 时，通过这个电容的电流是多少？（5 分）
考核知识点：电工基础
难易度：中
标准答案：
解：

$U=220\,\text{V}, C=8\times10^{-6}\,\text{F}$

$f=50\,\text{Hz}$

$$X_C=\frac{1}{2\pi fC}=\frac{1}{2\times3.14\times50\times8\times10^{-6}}\approx398\ (\Omega)$$

$$I=\frac{U}{X_C}=\frac{220}{398}=0.553\ (\text{A})$$

答：电容器的容抗为398Ω，电流为0.553A。

Jb0003412015　某铝导线 20℃时电阻为 0.102 1Ω，75℃时其电阻应为多少？（铝导线温度计算用常数 *T*为 225）（5 分）

考核知识点：电工基础

难易度：中

标准答案：

解：温度换算关系式：$R_2=[(T+t_2)/(T+t_1)]\times R_1$

式中 R_1、R_2 为该铝导线温度在 t_1、t_2（℃）时的电阻值。T 为计算用常数，铝导线取 225。

$R_{75}=[(225+75)/(225+20)]\times0.102\,1=0.125\,0$（Ω）

答：75℃时电阻为 0.125 0Ω。

Jb0003412016　图 Jb0003412016 所示为 *R* 与 *C* 的串联电路接于电压为 220V、频率为 50Hz 的电源上，若电路电流为 5A，电阻上消耗的功率为 75W，求电路的参数 *R*、*C*。（5 分）

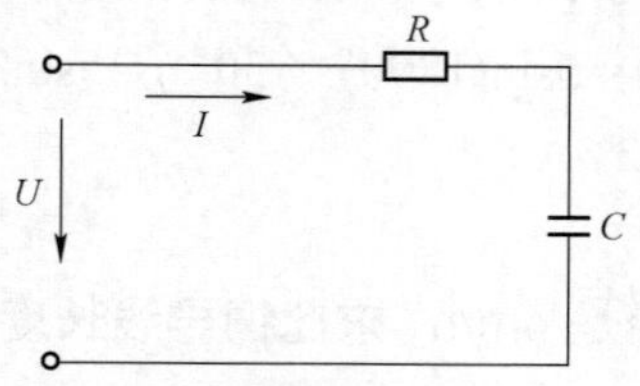

图 Jb0003412016

考核知识点：电工基础

难易度：中

标准答案：

解：$Z=U/I=220/5=44$（Ω）

$R=P/I^2=75/5^2=3$（Ω）

$$X_C=\sqrt{Z^2-R^2}=\sqrt{44^2-3^2}\approx43.9\quad(\Omega)$$

$$C=\frac{1}{2\pi fX_C}=\frac{1}{2\times50\times3.14\times43.9}\approx72.5\times10^{-6}(\text{F})=72.5\ (\mu\text{F})$$

答：R 为 3Ω，C 为 72.5μF。

Jb0003412017　在 220V、50Hz 的电源上串接 200μF 的电容器、50mH 的线圈和 20Ω的电阻，求电路的总阻抗、电流各是多少？（5 分）

考核知识点：电工基础

难易度：中

标准答案：

解：$X_C=\frac{1}{2\pi fC}=\frac{1}{2\times3.14\times50\times200\times10^{-6}}\approx15.9$（Ω）

$X_L=2\pi fL=2\times3.14\times50\times50\times10^{-3}=15.7$（Ω）

$X=X_L-X_C=0.2$（Ω）

$Z=\sqrt{20^2+0.2^2}\approx20$（Ω）

$I=\frac{U}{Z}=\frac{220}{20}=11$（A）

答：总阻抗约为20Ω，电流为11A。

Jb0003412018 已知图 Jb0003412018 所示电路中，$R_2=R_4$，电压 $U_{AD}=150V$，$U_{CF}=70V$，电压 U_{AB} 为多少？（5 分）

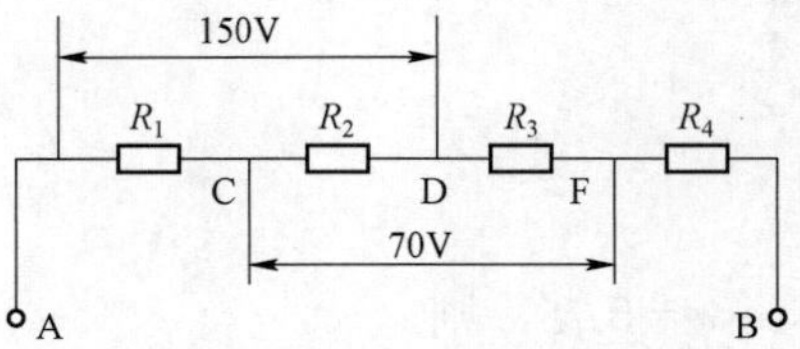

图 Jb0003412018

考核知识点：电工基础

难易度：中

标准答案：

解：因为 $R_2=R_4$，所以 $U_{CD}=U_{FB}$

$U_{DB}=U_{DF}+U_{FB}=U_{DF}+U_{CD}=U_{CF}=70$（V）

$U_{AB}=U_{AD}+U_{DB}=150+70=220$（V）

答：电压 U_{AB} 为220V。

Jb0003411019 5A 的电流通过 4Ω的电阻，试计算电流在 10s 内所做的功及电阻上消耗的功率。（5 分）

考核知识点：电工基础

难易度：易

标准答案：

解：5A 的电流通过 4Ω的电阻时，在 10s 内所做的功

$W=I^2Rt=25\times4\times10=1000$（J）

电阻上消耗的功率 $P=I^2R=25\times4=100$（W）

答：电流在 10s 内做功为1000J，电阻消耗的功率为100W。

Jb0003411020 发电机的端电压为 115V，经过电阻为 0.05Ω的导线输电给电动机，如果电动机电流为 100A，求电动机输入端的电压。（5 分）

考核知识点：电工基础

难易度：易

标准答案：

解：导线电阻上的压降$\Delta U = IR = 100\times0.05 = 5$（V）

电动机输入端的电压 $U_2 = 115 - 5 = 110$（V）

答：电动机输入端的电压为 110V。

Jb0003411021　某电站铝母线的截面尺寸为 $50\times5\text{mm}^2$，电阻率$\rho = 0.029\ 5\Omega\cdot\text{mm}^2/\text{m}$，总长度 $L = 50\text{m}$，它的电阻是多少？（5 分）

考核知识点：电工基础

难易度：易

标准答案：

解：$R = \rho L/S = 0.029\ 5\times50/(50\times5) = 0.005\ 9$（Ω）

答：电阻为 0.005 9Ω。

Jb0003412022　风扇电机额定电压 380V、额定功率 500W、$\cos\varphi = 0.75$，求电流。（5 分）

考核知识点：电工基础

难易度：中

标准答案：

解：因 $P = 500\text{W}$，$U = 380\text{V}$，$\cos\varphi = 0.75$，则

$I = P/(\sqrt{3}U\cos\varphi) = 500/(\sqrt{3}\times380\times0.75)\approx1$（A）

答：电流为 1A。

Jb0003411023　一电炉取用电流为 5A，接在电压为 220V 的电路上，求电炉在 8h 内消耗的电能量。（5 分）

考核知识点：电工基础

难易度：易

标准答案：

解：$P = UI = 220\times5 = 1100$（W）$= 1.1$（kW）

$W = Pt = 1.1\times8 = 8.8$（kWh）

答：电炉在 8h 内消耗 8.8kWh 电能量。

Jb0003411024　用上限为 5A 的电流表测量实际值为 4.5A 的电流，仪表的指示值为 4.55A，试求测量结果的绝对误差和修正值。（5 分）

考核知识点：电工基础

难易度：易

标准答案：

解：绝对误差 $\varDelta = 4.55 - 4.5 = 0.05$（A）

修正值 $c = 4.5 - 4.55 = -0.05$（A）

答：绝对误差为 0.05A，修正值为 −0.05A。

Jb0003412025　收音机中某线圈的 $L = 0.2\text{mH}$，当 $f_1 = 600\text{kHz}$、$f_2 = 860\text{kHz}$ 时，感抗分别为 X_{L1} 和 X_{L2}，如果要使其中产生 0.01mA 的电流，在这两种频率下线圈两端应有的电压值是多少？（5 分）

考核知识点：电工基础

难易度：中

标准答案：

解：（1）当 $f_1=600\text{kHz}$ 时，感抗 $X_{L1}=2\pi fL=2\times3.14\times600\times10^3\times0.2\times10^{-3}\approx754$（Ω）

线圈两端的电压 $U_{L1}=X_{L1}I=754\times0.01\times10^{-3}=7.54\times10^{-3}$（V）$=7.54$（mV）

（2）当 $f_2=860\text{kHz}$ 时，感抗 $X_{L2}=2\pi fL=2\times3.14\times860\times10^3\times0.2\times10^{-3}\approx1080$（Ω）

线圈两端的电压 $U_{L2}=X_{L2}I=1080\times0.01\times10^{-3}=10.8\times10^{-3}$（V）$=10.80$（mV）

答：当频率为 600kHz 时，线圈电压为 7.54mV；频率为 860kHz 时，线圈电压为 10.80mV。

Jb0003412026　三相电动机定子绕组为星形连接，相电压 U_{ph} 为 220V，功率因数是 0.8，输入功率为 3kW，线路上的电流 I 是多少？（5 分）

考核知识点：电工基础

难易度：中

标准答案：

解：线电流等于相电流时，根据公式 $P=3U_{ph}I_{ph}\cos\varphi$，可得

$$I_{ph}=I=\frac{P}{3U_{ph}\cos\varphi}=\frac{3000}{3\times220\times0.8}\approx5.68\text{（A）}$$

答：线路上的电流 I 是 5.68A。

Jb0003412027　电力系统的频率为 50Hz，其周期和角频率各是多少？（5 分）

考核知识点：电工基础

难易度：中

标准答案：

解：周期 $T=1/f=1/50=0.02$（s）

角频率 $\omega=2\pi f=2\times3.14\times50=314$（rad/s）

答：周期为 0.02s，角频率是 314rad/s。

Jb0003411028　已知一电炉丝电阻为 10Ω，将其接在 220V 的电路上，每小时发热量是多少？如将其接在 380V 的电路上，每小时发热量是多少？（5 分）

考核知识点：电工基础

难易度：易

标准答案：

解：当接到 220V 的电路时，$Q=(U^2/R)t=(220^2/10)\times3.6\times10^3=17.424$（MJ）

当接到 380V 的电路上时，$Q=(U^2/R)t=(380^2/10)\times3.6\times10^3=51.984$（MJ）

答：电压为 220V 时，每小时发热量为 17.424MJ；电压为 380V 时，每小时发热量为 51.984MJ。

Jb0003411029　120W 的冰箱，每天使用 5h，每月（以 30 天计算）的耗电量为多少？（5 分）

考核知识点：电工基础

难易度：易

标准答案：

解：已知 $P=120\text{W}$，$t=5\times30=150$（h），根据电量的计算公式可求得

月耗电量 $W=Pt=120\times150=18\,000$（Wh）$=18$（kWh）

答：每月耗电量为18kWh。

Jb0003412030　有一台直流发电机，在某一工作状态下测得该机端电压 $U=230$V，内阻 $R_0=0.2\Omega$，输出电流 $I=5$A，求发电机的电动势 E、负载电阻 R_L 和输出功率 P 各为多少？（5分）

考核知识点：电工基础

难易度：中

标准答案：

解：$R_L=\dfrac{U}{I}=\dfrac{230}{5}=46$（Ω）

$E=I(R_L+R_0)=5\times(46+0.2)=231$（V）

$P=UI=230\times5=1150$（W）

答：发电机的电动势为231V，负载电阻为46Ω，输出功率为1150W。

Jb0003412031　设雷电的电压为500kV、电流8kA、时间900μs，计算一个雷电的能量有多少？（5分）

考核知识点：电工基础

难易度：中

标准答案：

解：雷电 $U=500$kV，$I=8$kA，$t=900$μs

雷电的能量 $W=UIt=500\times10^3\times8\times10^3\times900\times10^{-6}=3600\,000$（J）$=3600$（kJ）$=1$（kWh）

答：该雷电的能量为1kWh。

Jb0003412032　一台三相三绕组变压器额定容量为50 000kVA，容量比为100%/100%/50%，高、中、低三个电压分别为220 000、110 000、38 500V，求各侧的额定电流。（5分）

考核知识点：电工基础

难易度：中

标准答案：

解：$I_H=\dfrac{50\,000\times10^3}{\sqrt{3}\times220\,000}\approx131.22$（A）

$I_M=\dfrac{50\,000\times10^3}{\sqrt{3}\times110\,000}\approx262.43$（A）

$I_L=\dfrac{50\,000\times10^3}{2\sqrt{3}\times38\,500}\approx374.90$（A）

答：高压侧额定电流为131.22A，中压侧额定电流为263.43A，低压侧额定电流为374.9A。

Jb0003412033　已知某DS1型三相电能表，其电能表常数为2500r/kWh，电能表齿轮比为250，经200A/5A的电流互感器和10 000V/100V的电压互感器接入，该表的倍率是多少？如果两次抄表的读数相减等于5，实际用电量为多少？（5分）

考核知识点：电工基础

难易度：中

标准答案：

解：电能表倍率＝[(10 000/100)×(200/5)×250]/(1×1×2500)＝400（倍）

实际用电量＝5×400＝2000（kWh）

答：该表倍率为400倍，实际用电量为2000kWh。

Jb0003412034 已知图 Jb0003412034 所示电路中，$C_1=4\mu F$，$C_2=6\mu F$，$E=6V$，当开关 S 从 A 拨到 B 后，两电容器各带多少电量？两端电压各为多少？（5 分）

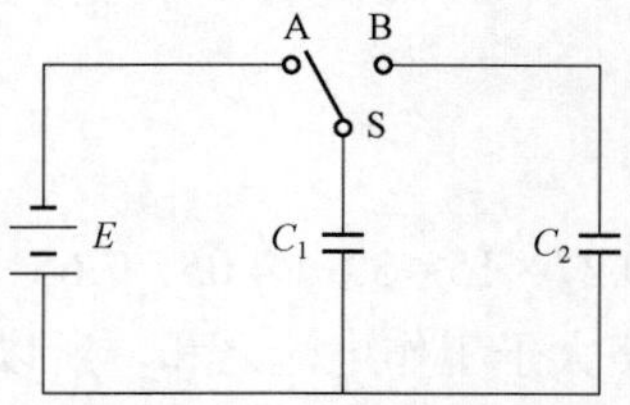

图 Jb0003412034

考核知识点：电工基础

难易度：中

标准答案：

解：开关在位置A时，C_1充电，其带电量为$Q=C_1E=4\times10^{-6}\times6=2.4\times10^{-5}$（C）

S从位置A扳到位置B时，C_1与C_2两端电压相等，均为

$$U=\frac{Q}{C_1+C_2}=\frac{2.4\times10^{-5}}{(4+6)\times10^{-6}}=2.4\text{（V）}$$

两电容器电量分别为 $Q_1=C_1U=4\times10^{-6}\times2.4=9.6\times10^{-6}$（C）

$$Q_2=C_2U=6\times10^{-6}\times2.4=1.44\times10^{-5}\text{（C）}$$

答：当开关从A位置到B位置时，C_1电量为9.6×10^{-6}C，C_2电量为1.44×10^{-5}C，两端电压均为2.4V。

Jb0003412035 图 Jb0003412035 是分压器原理图，已知 U=300V，d 是公共接地点，$R_1=150k\Omega$，$R_2=100k\Omega$，$R_3=50k\Omega$，U_{cd}与U_{bd}各是多少？（5 分）

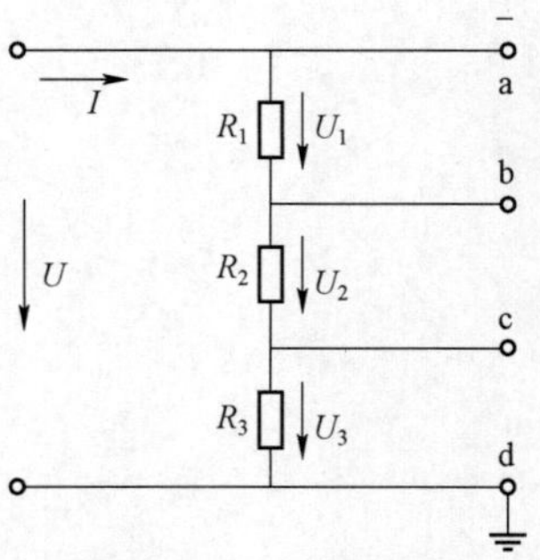

图 Jb0003412035

考核知识点：电工基础

难易度：中

标准答案：

解：$U_{cd}=U_3=[R_3/(R_1+R_2+R_3)]U=[50/(150+100+50)]\times300=50$（V）

$U_{bd}=U_2+U_3=[(R_2+R_3)/(R_1+R_2+R_3)]U=[(50+100)/(150+100+50)]\times300=150$（V）

答：U_{cd}为50V，U_{bd}为150V。

Jb0003412036　一条电压U为220V纯并联电路，共有额定功率P_1为40W的灯泡20盏，额定功率P_2为60W的灯泡15盏，此线路的熔断器容量应选多大的？（5分）

考核知识点：电工基础

难易度：中

标准答案：

解：$I_1=P_1/U=40/220=0.18$（A）

$I_2=P_2/U=60/220=0.27$（A）

总电流$I=20I_1+15I_2=0.18\times20+0.27\times15=3.6+4.05=7.65$（A）

根据线路熔断器容量选择原则为略大于工作电流之和，所以选10A熔断器。

答：此线路熔断器应选10A。

Jb0003413037　求额定电压为220/110kV、额定容量为180 000kVA的三相变压器的一、二次绕组的额定电流。（5分）

考核知识点：电工基础

难易度：难

标准答案：

解：三相变压器一次绕组额定电流为

$I_{1N}=S/(\sqrt{3}\,U_N)=180\,000/(1.732\times220)\approx473$（A）

三相变压器二次绕组额定电流为

$I_{2N}=S/(\sqrt{3}\,U_N)=180\,000/(1.732\times110)\approx945$（A）

或 $I_{2N}=(220/110)\times I_{1N}=2\times473=946$（A）

答：三相变压器一次绕组额定电流为473A，二次绕组额定电流约为945A。

Jb0003413038　某台560kVA、10 000V/400V、Dyn接法的三相电力变压器，每相二次绕组的阻抗$r_2=0.004\Omega$，$x_2=0.005\,8\Omega$，求二次绕组阻抗r_2、x_2折算到一次侧的r_2'和x_2'的值。（5分）

考核知识点：电工基础

难易度：难

标准答案：

解：变压器的变比为

$$K=\frac{1000}{400/\sqrt{3}}\approx43.3$$

折算值

$$r_2'=K^2r_2=43.3^2\times0.004=7.5\ (\Omega)$$

$$x_2'=K^2x_2=43.3^2\times0.005\,8=10.874\ (\Omega)$$

答：折算到一次侧的阻抗r_2'为7.5Ω，x_2'为10.874Ω。

Jb0003413039　某三相对称负载取用的功率为5.5kW，采用三角形接法接在线电压为380V的线路上，设线电流$I=19.5$A，求相电流I_{ph}、功率因数$\cos\varphi$、每相阻抗Z_{ph}。（5分）

考核知识点：电工基础

难易度：难

标准答案：

解：

$$I_{ph}=\frac{1}{\sqrt{3}}I=\frac{1}{\sqrt{3}}\times19.5\approx11.3\text{（A）}$$

$$\cos\varphi=\frac{P}{\sqrt{3}UI}=\frac{5.5\times10^3}{\sqrt{3}\times380\times19.5}\approx0.43$$

$$Z_{ph}=\frac{U_{ph}}{I_{ph}}=\frac{380}{11.3}\approx33.63\text{（Ω）}$$

答：相电流为 11.3A，功率因数为 0.43，每相阻抗为 33.63Ω。

Jb0003413040　一台三相变压器的电压 U=6000V，负载电流 I=20A，功率因数 $\cos\varphi$=0.866，试求有功功率和无功功率。（5 分）

考核知识点：电工基础

难易度：难

标准答案：

解：$P=\sqrt{3}UI\cos\varphi=\sqrt{3}\times6000\times20\times0.866\approx179.8$（kW）

$S=\sqrt{3}UI=\sqrt{3}\times6000\times20\approx207.6$（kVA）

$Q=\sqrt{S^2-P^2}=\sqrt{207.6^2-179.8^2}\approx103.8$（kvar）

答：有功功率为 179.8kW，无功功率为 103.8kvar。

Jb0003413041　一个电容的容抗为 6Ω，与一个 8Ω电阻串联，通过电流为 5A，试求电路总电压 U，并绘出 U、I、U_R、U_C 的相量图。（5 分）

考核知识点：电工基础

难易度：难

标准答案：

解：已知 X_C=6Ω，R=8Ω，I_C=5A，则

$Z=\sqrt{R^2+X_C^2}=\sqrt{8^2+6^2}=10$（Ω）

$U=I_CZ=5\times10=50$（V）

答：总电压 U=50V。相量图见图 Jb0003413041。

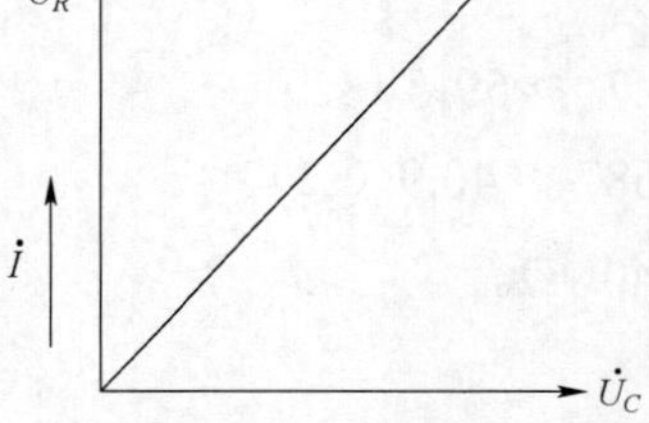

图 Jb0003413041

Jb0003412042　某变电站照明电路中熔断器的熔断电流为 3A，现将 10 盏额定电压 U_N 为 220V、

额定功率 P_N 为 40W 的电灯同时接入该电路中，问熔断器是否会熔断？如果是 10 盏额定功率 P' 为 100W 的电灯同时接入又将会怎样？（5 分）

考核知识点：电工基础

难易度：中

标准答案：

解：接入 10 盏 40W 电灯时，电流为

$$I=\frac{P_N}{U_N}=\frac{40\times10}{220}\approx1.8\text{（A）}<3\text{A}$$

接入 10 盏 100W 电灯时，电流为

$$I=\frac{P'}{U_N}=\frac{100\times10}{220}\approx4.54\text{（A）}>3\text{A}$$

答：接入 10 盏 40W 电灯时，熔断器不会熔断；接入 10 盏 100W 电灯时，熔断器将熔断。

Jb0003413043　用电压表和电流表测得某负载的电压为 110V，电流为 5A，用功率表测得其功率 P 为 330W，求视在功率 S、功率因数 $\cos\varphi$ 及无功功率 Q。（5 分）

考核知识点：电工基础

难易度：难

标准答案：

解：视在功率 $S=UI=110\times5=550$（VA）

功率因数 $\cos\varphi=P/S=330/550=0.6$

无功功率 $Q=\sqrt{S^2-P^2}=\sqrt{550^2-330^2}=440$（var）

答：视在功率 S 为 550VA。功率因数 0.6，无功功率 440var。

Jb0003413044　一台感应电动机的额定输出功率是 370W，效率 η 为 0.66，接在电压 U 为 220V 的电源上，当此电动机输出额定功率时，它所取得的电流 I 为 3.7A，求输入功率 P，功率因数 $\cos\varphi$。此电动机用一串联的阻抗作等值代替，则阻抗 Z 和电阻 R 为多少？（5 分）

考核知识点：电工基础

难易度：难

标准答案：

解：$P=\frac{P_0}{\eta}=\frac{370}{0.66}\approx560$（W）

$S=UI=220\times3.7=814$（VA）

$\cos\varphi=\frac{P}{S}=\frac{560}{814}\approx0.688$

等值阻抗　$Z=U/I=220/3.7\approx59.5$（Ω）

电阻　$R=Z\cos\varphi=59.5\times0.687\approx40.9$（Ω）

答：阻抗 Z 为 59.5Ω，电阻 R 为 40.9Ω。

Jb0003412045　交流接触器的线圈电阻 $R=200\Omega$，电感 $L=6.3$H，外接 220V 的工频交流电源，问通过线圈的电流是多少？如不小心把它接到 220V 直流电源上，电流又是多少？会有什么后果？（假设接触器线圈的允许电流为 0.2A）（5 分）

考核知识点：电工基础

难易度：中

标准答案：

解：接交流时有

$X_L=\omega_L=2\pi fL=2\times3.14\times50\times6.3\approx1978$（Ω）

通过线圈的电流为

$$I=\frac{U}{Z}=\frac{U}{\sqrt{R^2+X_L^2}}=\frac{220}{\sqrt{200^2+1978^2}}\approx0.11\text{（A）}$$

接直流时通过线圈的电流为

$$I'=\frac{U}{R}=220/200=1.1\text{（A）}$$

答：接交流电流时，通过线圈的电流 0.11A；接直流电源时，通过线圈的电流为 1.1A，1.1A ＞ 0.2A，此时已超过允许电流，线圈将会烧毁。

Jb0003412046　标有“250V、0.5μF”字样的电容器能否接入下面的电路中？（5 分）

（1）u=200sinωnt。

（2）220V 的照明电路。

考核知识点：电工基础

难易度：中

标准答案：

解：接入 $u=200\sin\omega nt$ 电路时，$U_m=200V<250V$。

接入 220V 照明电路时，$U_m=220\times\sqrt{2}\approx311$（V）＞ 250V。

答：因为 220V 照明电路电压最大值高于电容器耐压值，所以该电容器只能接入第（1）个电路中。

Jb0003412047　一个串联电路，接于频率 f=50Hz 的交流电源上，如果电容 C=2μF 时，电路中的电流最大，求电感 L。（5 分）

考核知识点：电工基础

难易度：中

标准答案：

解：此时处于串联谐振状态 $X_L=X_C$，即 $\omega L=1/(\omega C)$，则 $L=1/(\omega^2C)=1/(314^2\times2\times10^{-6})\approx5.07$（H）

答：电感 L 为 5.07H。

Jb0003412048　已知图 Jb0003412048 所示 RLC 并联电路中，I=10A，I_L=4A，I_C=10A，求电阻支路中的电流 I_R。（5 分）

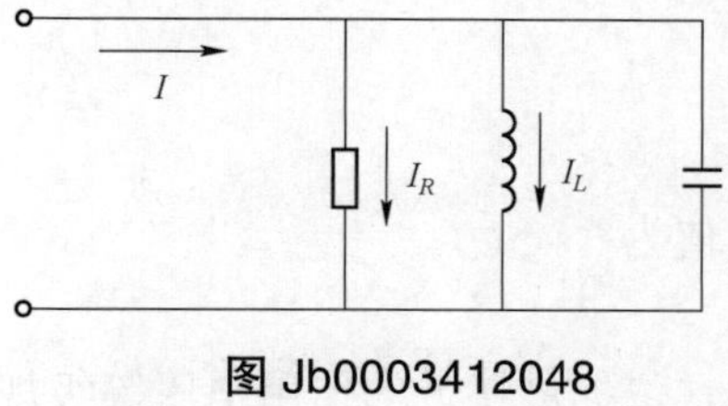

图 Jb0003412048

考核知识点：电工基础

难易度：中

标准答案：

解：由于电容支路中与电感支路中电流的相位互差 180°，因此这两个支路的和电流为

$I'=I_C-I_L=10-4=6$（A）

故 $I_R=\sqrt{I^2-I'^2}=\sqrt{10^2-6^2}=8$（A）

答：电阻支路中电流为 8A。

Jb0003412049　把 $R=6\Omega$、$L=25.5\text{mH}$ 的线圈接在 $f=50\text{Hz}$、$U=220\text{V}$ 的电路上，分别求 X_L、Z、I、U_R、U_L 的值。（5 分）

考核知识点：电工基础

难易度：中

标准答案：

解：感抗 $X_L=2\pi fL=2\times3.14\times50\times25.5\times10^{-3}\approx8$（Ω）

阻抗 $Z=\sqrt{R^2+X_L^2}=\sqrt{6^2+8^2}=10$（Ω）

电流 $I=U/Z=220/10=22$（A）

$U_R=RI=6\times22=132$（V）

$U_L=X_LI=8\times22=176$（V）

答：X_L 为 8Ω，Z 为 10Ω，I 为 22A，U_R 为 132V，U_L 为 176V。

Jb0003412050　已知图 Jb0003412050 所示直流电动机 M 的额定电流 $I_N=50\text{A}$，电枢电阻 $R_S=0.4\Omega$，电源电压 $U=220\text{V}$，如果要使启动电流降为 I_N 的 2 倍，应在电枢回路中并联多大的电阻 R_g？（5 分）

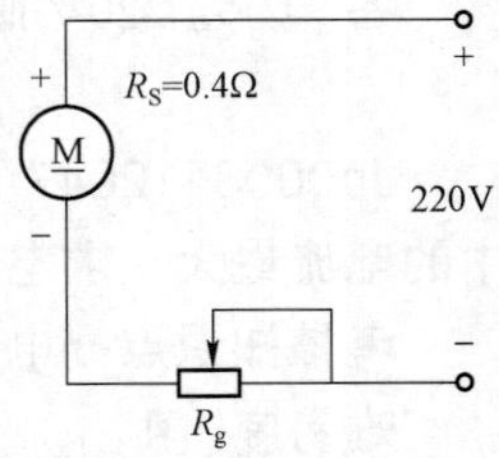

图 Jb0003412050

考核知识点：电工基础

难易度：中

标准答案：

解：首先求总电阻 R，再减去电枢电阻 R_S，即为应并联电阻 R_g。

总电阻 $R=U/(2I_N)=220/(2\times50)=2.2$（Ω）

应并联电阻 $R_g=R-R_S=2.2-0.4=1.8$（Ω）

答：应并联 1.8Ω电阻。

Jb0003412051　如果人体的最小电阻 $R=800\Omega$，已知通过人体的电流 $I=50\text{mA}$ 时，就会引起呼吸器官麻痹，不能自己摆脱电源，有生命危险，试求此时的电压，并解释为什么安全工作电压值为 36V。（5 分）

考核知识点：电工基础

难易度：中

标准答案：

解：由欧姆定律可得此时的电压值为

$U=IR=50\times10\times800=40$（V）

答：此时的电压值为 40V，因此，依据最接近的惯用电压等级规定 36V 以下的电压为安全电压。

Jb0003412052　有一功率 P 为 400kW 的负载，功率因数 $\cos\varphi$ 为 0.8，试求该负载在 t=0.25h 内所消耗的电能 W、视在功率 S 和无功功率 Q。(5 分)

考核知识点：电工基础

难易度：中

标准答案：

解：$W=Pt=400\times0.25=100$（kWh）

$$S=\frac{P}{\cos\varphi}=\frac{400}{0.8}=500\text{（kVA）}$$

$$Q=\sqrt{S^2-P^2}=\sqrt{500^2-400^2}=300\text{（kvar）}$$

答：所消耗的电能为 100kWh，视在功率为 500kVA，无功功率为 300kvar。

Jb0003412053　有一盘电缆，其导电线芯为圆形排列，盘架上的规格字迹已退落，该电缆线芯由 n=7 根绞合而成，每根直径 d=2.10mm，请计算电缆标称截面积。(5 分)

考核知识点：电工基础

难易度：中

标准答案：

解：直径 d=2.10mm，半径 r=1.05mm，计算截面积 S

$S=n\pi r^2=7\times3.14\times1.05^2\approx24.23$（$\text{mm}^2$）$\approx25$（$\text{mm}^2$）

答：该电缆标称截面积为 25mm^2。

Jb0003412054　起吊一台电流互感器，质量 m 为 3000kg，用 4 根吊绳起吊，绳子与重力方向夹角为 15°，每根绳子所承受的力是多少？（cos15°=0.966）(5 分)

考核知识点：力学知识

难易度：中

标准答案：

解：电流互感器所受重力

$P=3000\times9.8=29\,400$（N）

每根绳所受拉力

$F=P/(4\cos15^\circ)=29\,400/(4\times0.966)\approx7609$（N）

答：每根绳所受拉力为 7609N。

Jb0003412055　一台变压器需要注油量 m 为 50t，采用真空净油机进行真空注油，注油速度 v 为 5000L/h，约需要多长时间注满？（油的密度 ρ 为 0.91kg/L）(5 分)

考核知识点：变压器安装及调整

难易度：中

标准答案：

解：每小时注油的质量 $g=v\rho=5000\times0.91=4550$（kg）

所需时间 $t=m/g=50\,000/4550\approx11$（h）

答：最快 11h 可以注完。

Jb0003412056　用两个电压表测量两个大小不同的电压，一个在测量 200V 时，绝对误差为 2V；

另一个在测量 10V 时，绝对误差为 0.5V。它们的相对误差各为多少？哪一种表测量的准确度更高一些？（5分）

考核知识点：电工基础

难易度：中

标准答案：

解：第一种表相对误差$\gamma_1=(2/200)\times100\%=1\%$

第二种表相对误差$\gamma_2=(0.5/10)\times100\%=5\%$

答：200V 电压表虽然绝对误差比 10V 电压表大，但它的相对误差较小，所以 200V 电压表准确度更高一些。

Jb0003412057　现有一个 GIS 断路器气室容积约 $3m^3$，检测预充 SF_6 气体压力为 0.05MPa，气室内气体各项指标正常，按照说明书要求直接补充 SF_6 气体到额定压力（绝对压力 abs）0.7MPa。计算本气室至少准备多少 SF_6 气体。（SF_6 气体 0.1MPa 表压状态下按照 $6.25kg/m^3$ 考虑）（5分）

考核知识点：断路器安装及调整

难易度：中

标准答案：

解：换算到 0.1MPa 的充气容积为（$0.7-0.1-0.05$）$\times3/0.1=16.5$（m^3）

需要 SF_6 气体质量为 $16.5\times6.25\approx103$（kg）

答：至少需要 SF_6 气体 103kg。

Jb0003412058　现有一台 SF_6 断路器三相气室总容积约 $0.9m^3$，安装结束按照说明书要求抽真空充 SF_6 气体到额定表压压力 0.6MPa。计算至少准备多少 SF_6 气体。（SF_6 气体 0.1MPa 表压状态下按照 $6.25kg/m^3$ 考虑）（5分）

考核知识点：断路器安装及调整

难易度：中

标准答案：

解：换算到 0.1MPa 的充气容积为（$0.6+0.1$）$\times0.9/0.1=6.3$（m^3）

需要 SF_6 气体质量为 $6.3\times6.25\approx39.4$（kg）

答：至少需要 SF_6 气体 39.4kg。

Jb0003412059　今有一台三相电阻炉，其每相电阻 $R=8.68\Omega$，试计算在 220V 线电压下，三角形接法的每相功率及三相总功率是多少？（5分）

考核知识点：电工基础

难易度：中

标准答案：

解：当线电压为 220V 时，三角形接线有 $U_{ph}=U$

所以 $I_{ph}=U_{ph}/R=220/8.68\approx25.3$（A）

$P_{ph}=I^2_{ph}R=25.3^2\times8.68\approx5556.0$（W）

三相消耗总功率 $P=3\times P_{ph}=3\times5556.0=16\,668.0$（W）

答：线电压为 220V 时，三角形接法每相功率为 5556.0W，总功率为 16 668.0W。

Jb0003422060　已知立体图如图 Jb0003422060（a）所示，画出三视图。（5分）

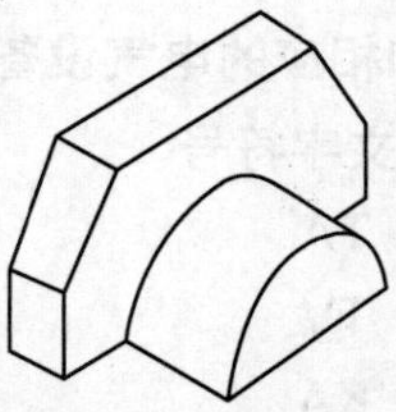

图 Jb0003422060（a）

考核知识点：电气识、绘图纸

难易度：中

标准答案：

如图 Jb0003422060（b）所示。

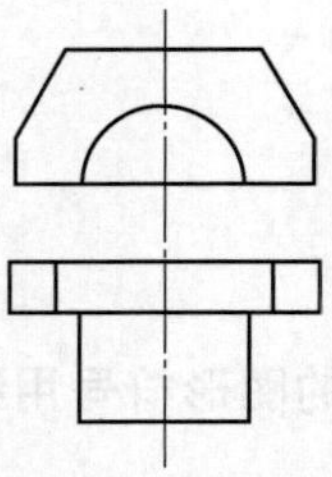

图 Jb0003422060（b）

Jb0003422061　画出一球体带有负电荷时，其周围电力线的分布图。（5 分）

考核知识点：电气识、绘图纸

难易度：中

标准答案：

如图 Jb0003422061 所示。

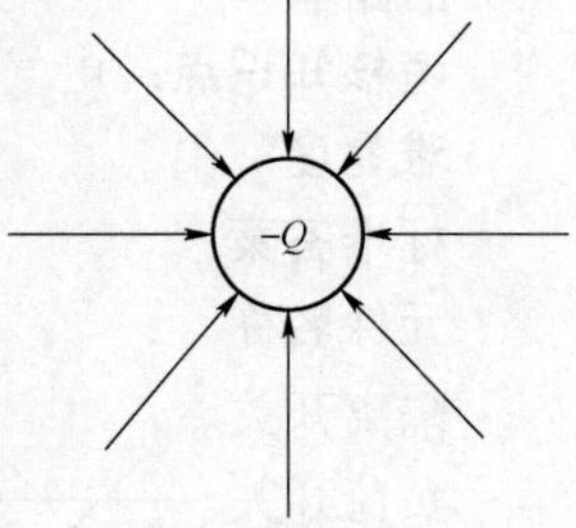

图 Jb0003422061

Jb0003422062　请把下列元件名称和相应的电气设备文字符号用线段连起来。（5 分）

元件名称	设备文字符号
断路器	QF
隔离开关	FU
熔断器	QS
低压断路器（自动空气开关）	QK

考核知识点：电气识、绘图纸

难易度：中

标准答案：

元件名称	设备文字符号
断路器 ——	QF
隔离开关 ——	QS
熔断器 ——	FU
低压断路器（自动空气开关）——	QK

Jb0003422063　请把下列元件名称和相应的电气设备文字符号用线段连起来。（5分）

元件名称　　设备文字符号

电流互感器　　TA

电流继电器　　TV

电压互感器　　KA

电压继电器　　KV

考核知识点：电气识、绘图纸

难易度：中

标准答案：

元件名称　　设备文字符号

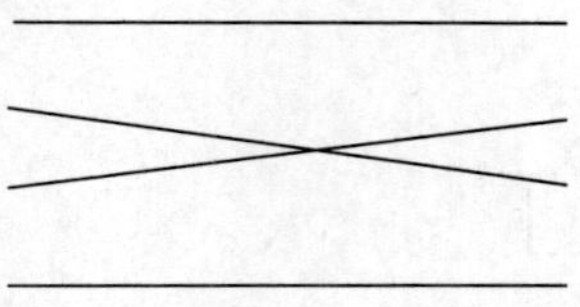

电流互感器　　TA

电流继电器　　TV

电压互感器　　KA

电压继电器　　KV

Jb0003422064　请把下列元件名称和相应的图形符号用线段连起来。（5分）

元件名称　　图形符号

隔离开关

负荷开关

熔断器

断路器

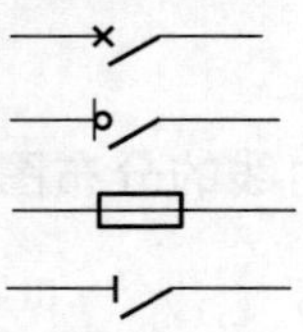

考核知识点：电气识、绘图纸

难易度：中

标准答案：

元件名称　　图形符号

隔离开关

负荷开关

熔断器

断路器

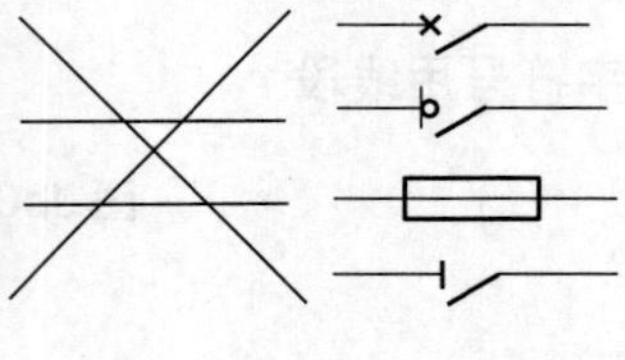

Jb0003422065　请把下列元件名称和相应的图形符号用线段连起来。（5分）

元件名称　　图形符号

桥式整流器

整流器

整流器/逆变器

逆变器

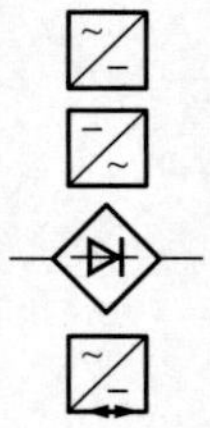

考核知识点：电气识、绘图纸

难易度：中

标准答案：

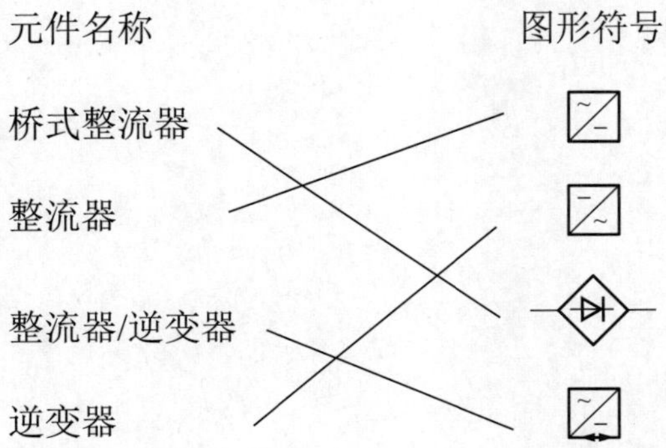

Jb0003422066　请把下列元件名称和相应的图形符号用线段连起来。（5 分）

触点名称　　　　图形符号

延时闭合的动合触点

延时断开的动合触点

延时断开的动断触点

延时闭合的动断触点

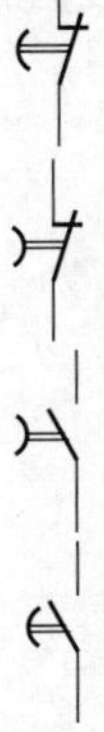

考核知识点：电气识、绘图纸

难易度：中

标准答案：

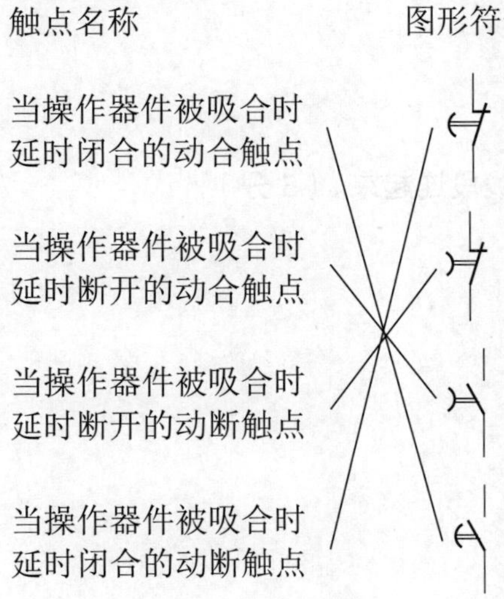

Jb0003422067　请把下列回路名称和相应的回路标号组用线段连起来。（5 分）

回路名称　　　　**回路标号组**

交流电流回路　　701，702，901，903，905

交流电压回路　　1，2，3，33

信号回路　　A411，B411，C411，N411

控制回路　　　　A630，B600，C630，L630

考核知识点：电气识、绘图纸

难易度：中

标准答案：

Jb0003422068　请把下列母线名称和相应的母线标号用线段连起来。（5分）

母线名称　　　　母线标号

控制回路电源母线　　+700，−700

信号回路电源母线　　M100（+）

闪光信号母线　　M726

灯光信号母线　　+、−

考核知识点：电气识、绘图纸

难易度：中

标准答案：

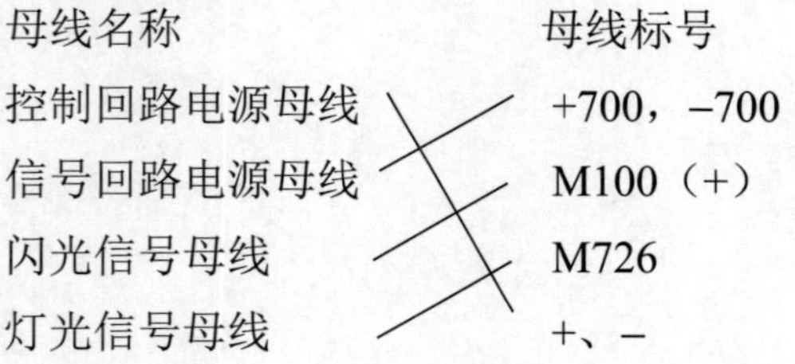

Jb0003422069　请把下列装置名称和相应的图形符号用线段连起来。（5分）

装置名称　　　　图形符号

自动同期装置

备用电源自动投入装置

自动重合闸装置

低频减载装置

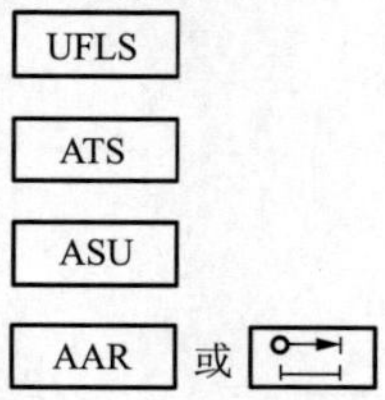

考核知识点：电气识、绘图纸

难易度：中

标准答案：

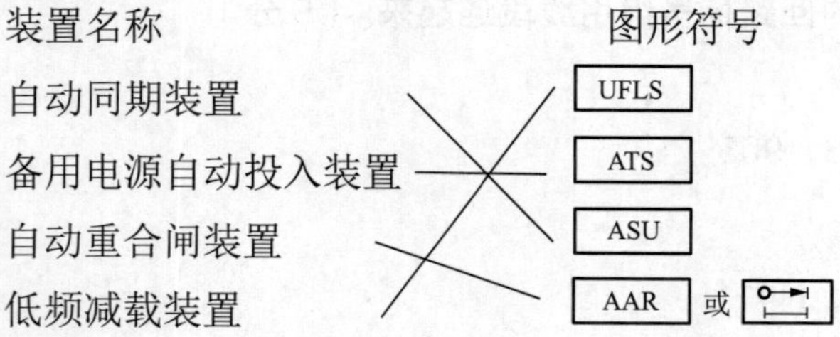

Jb0003422070　请把下列保护名称和相应的图形符号用线段连起来。（5分）

保护名称　　　　　　　　图形符号

过电压保护

反延时过电流保护

瞬时过电流保护

延时过电流保护

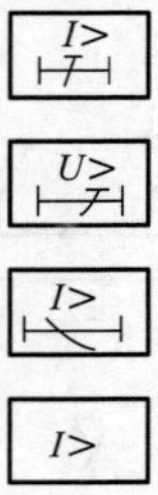

考核知识点：电气识、绘图纸

难易度：中

标准答案：

保护名称　　　　　　　　图形符号

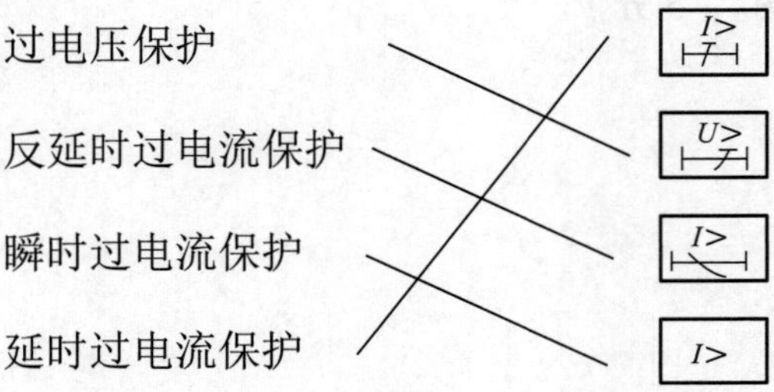

Jb0003422071　绘出单母线分段接线图。（5分）

考核知识点：电气识、绘图纸

难易度：中

标准答案：

如图 Jb0003422071 所示。

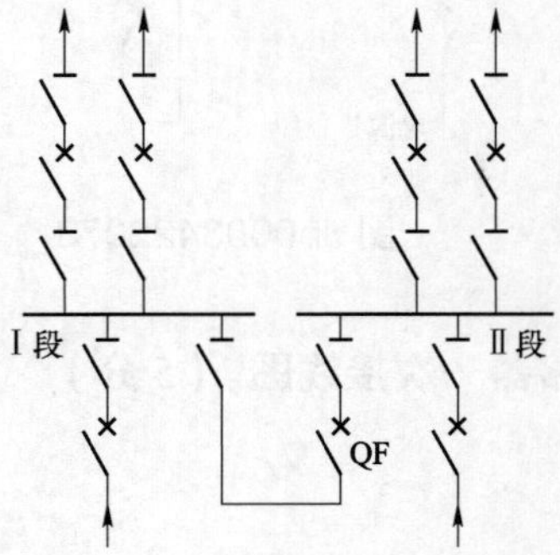

图 Jb0003422071

Jb0003422072　绘出双母线接线图。（5分）

考核知识点：电气识、绘图纸

难易度：中

标准答案：

如图 Jb0003422072 所示。

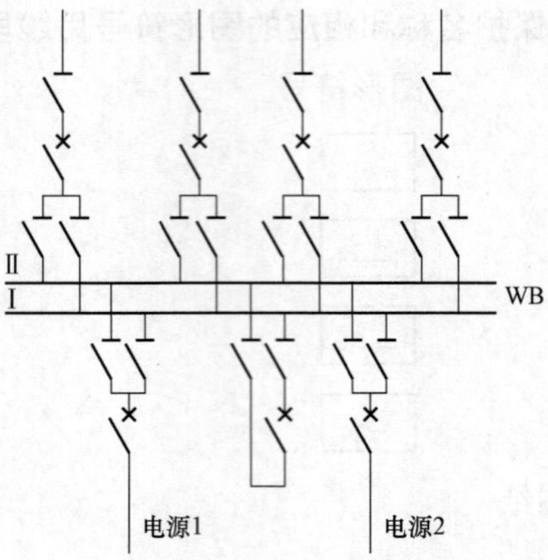

图 Jb0003422072

Jb0003422073　绘出工作母线分段的双母线接线图。（5 分）

考核知识点：电气识、绘图纸

难易度：中

标准答案：

如图 Jb0003422073 所示。

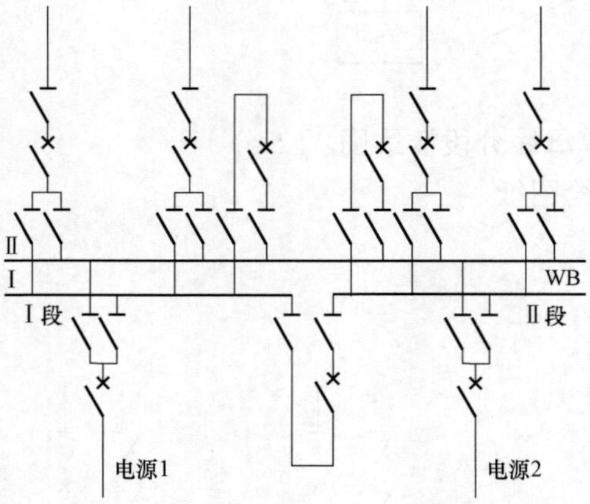

图 Jb0003422073

Jb0003422074　绘出 3/2 断路器一次接线图。（5 分）

考核知识点：电气识、绘图纸

难易度：中

标准答案：

如图 Jb0003422074 所示。

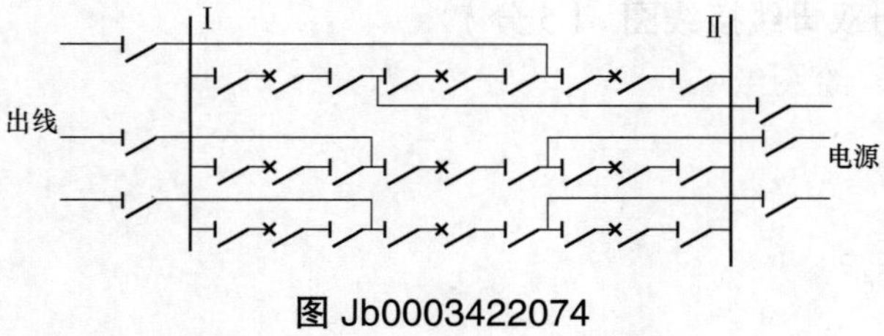

图 Jb0003422074

Jb0003422075　绘出带旁路母线的单母线分段接线图。(5分)

考核知识点：电气识、绘图纸

难易度：中

标准答案：

如图 Jb0003422075 所示。

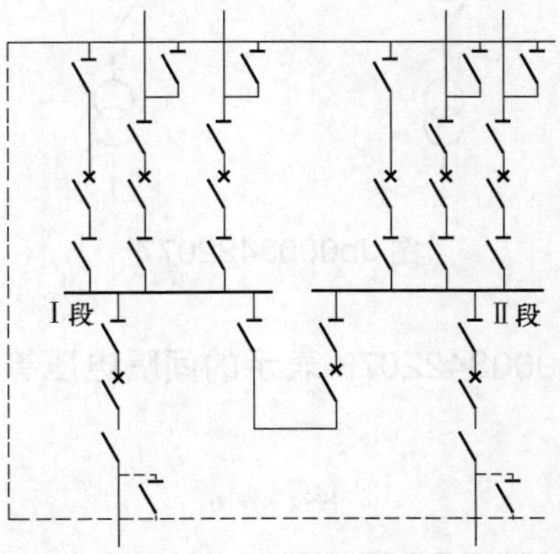

图 Jb0003422075

Jb0003422076　绘出内桥接线图，并说明其适用场合。(5分)

考核知识点：电气识、绘图纸

难易度：中

标准答案：

内桥接线图如图 Jb0003422076 所示，适用于输电线路较长，故障概率较大，变压器不需经常切除时。

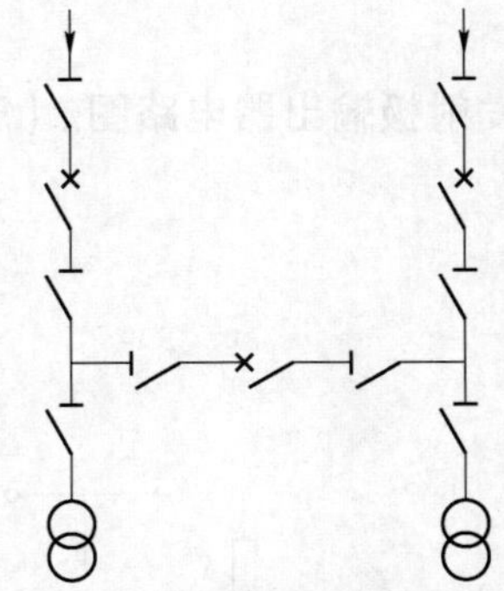

图 Jb0003422076

Jb0003422077　绘出外桥接线图，并说明其适用场合。(5分)

考核知识点：电气识、绘图纸

难易度：中

标准答案：

外桥接线图如图 Jb0003422077 所示，适用于出线较短，且变压器需经常切换，或系统有穿越功率流经本站（厂）时。

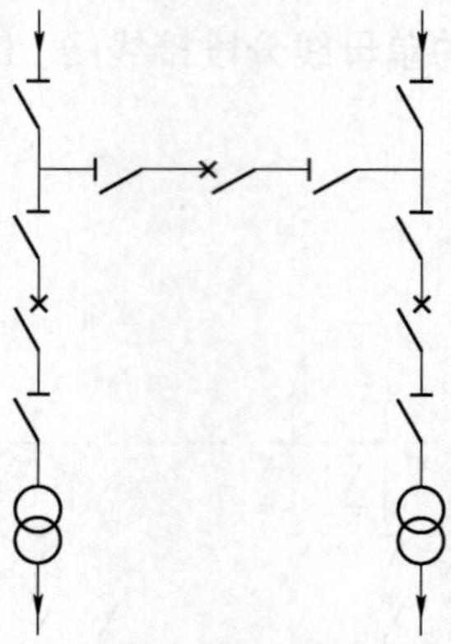

图 Jb0003422077

Jb0003422078　请写出图 Jb0003422078 表示的间隔电压等级、名称，统计高压设备品种及数量。（5 分）

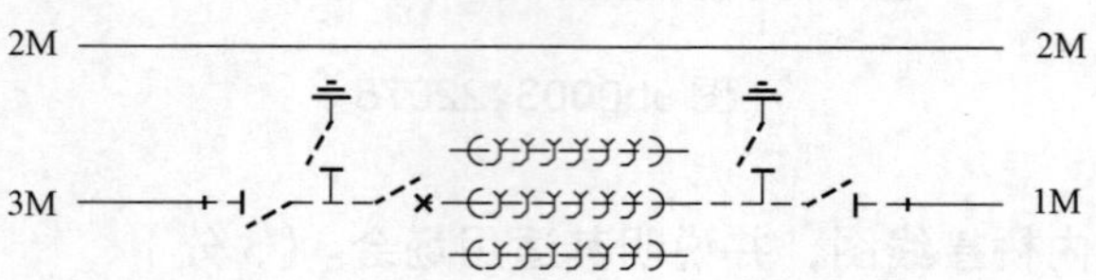

图 Jb0003422078

考核知识点：电气识、绘图纸
难易度：中
标准答案：
220kV；1M－3M 分段间隔；断路器：1 台；电流互感器：3 台；隔离开关：2 组。

Jb0003422079　画出晶体三极管发射极输出器电路图。（5 分）
考核知识点：电气识、绘图纸
难易度：中
标准答案：
如图 Jb0003422079 所示。

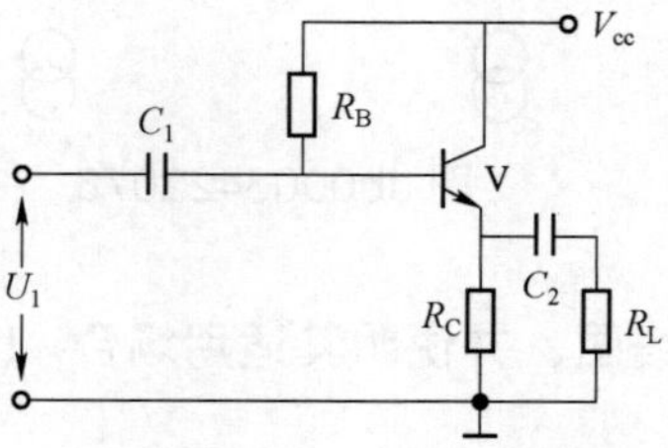

图 Jb0003422079

Jb0004431080　垂直开启式隔离开关在合闸位置时，与操作绝缘子上部相连的转轴的拐臂有何要求？（5 分）
考核知识点：隔离开关安装及调整
难易度：易

标准答案：

操作绝缘子上部相连的转轴的拐臂应越过死点一定位置。

Jb0004431081 避雷器设备安装垂直误差应控制在多少范围内？（5分）

考核知识点：其他电气设备安装及调整

难易度：易

标准答案：

避雷器设备安装垂直误差应小于等于 1.5mm/m。

Jb0004431082 隔离开关设备支架安装后，标高偏差应不超过多少？（5分）

考核知识点：隔离开关安装及调整

难易度：易

标准答案：

隔离开关设备支架安装后，标高偏差应不超过 5mm。

Jb0004432083 简述高压隔离开关的技术参数有哪些。（5分）

考核知识点：隔离开关安装及调整

难易度：中

标准答案：

（1）额定电压。

（2）额定电流。

（3）动稳定和热稳定电流。

（4）极限通过电流。

Jb0004432084 测量负荷开关导电回路的电阻值时，应符合哪些要求？（5分）

考核知识点：隔离开关安装及调整

难易度：中

标准答案：

宜采用电流不小于 100A 的直流压阵法；测试结果不应超过产品技术条件规定。

Jb0004431085 简述接地装置材料选择要求。（5分）

考核知识点：接地装置安装

难易度：易

标准答案：

（1）除临时接地装置外，接地装置采用钢材时均应热镀锌，水平敷设的应采用热镀锌的圆钢和扁钢，垂直敷设的应采用热镀锌的角钢、钢管或圆钢。

（2）当采用扁铜带、铜绞线、铜棒、铜覆钢（圆线、绞线）、锌覆钢等材料作为接地装置时，其选择应符合设计要求。

（3）不应采用铝导体作为接地极或接地线。

Jb0004432086 简述用来判断设备绝缘情况的常规试验项目。（5分）

考核知识点：电气试验相关规程规范

难易度：中
标准答案：
（1）绝缘电阻。
（2）泄漏电流。
（3）局部放电。

Jb0004432087　简述高压熔断器安装时熔丝的选用要求。（5分）
考核知识点：断路器安装及调整
难易度：中
标准答案：
熔丝的规格应符合设计要求，且无弯曲、压扁或损伤，熔体与尾线应压接紧密牢固。

Jb0004433088　简述隔离开关辅助触点的主要用途有哪些。（5分）
考核知识点：隔离开关安装及调整
难易度：难
标准答案：
（1）隔离开关（接地开关）的电动操作回路、电气闭锁回路。
（2）电压互感器二次电压切换回路、同期回路、母线差动保护出口回路及其他保护切换回路。
（3）监控系统的信号回路和逻辑回路。

Jb0004433089　简述隔离开关在运行中接触部分过热是由什么原因造成的。（5分）
考核知识点：隔离开关安装及调整
难易度：难
标准答案：
（1）隔离开关在运行中过热，主要是负荷过重。
（2）接触电阻增大。
（3）操作时没有完全合好。

Jb0004432090　简述接地装置在交接验收时应提交的资料和文件。（5分）
考核知识点：接地装置安装
难易度：中
标准答案：
（1）符合实际施工的图纸。
（2）设计变更的证明文件。
（3）接地器材、降阻材料及新型接地装置检测报告及质量合格证明。
（4）安装技术记录，其内容应包括隐蔽工程记录。
（5）接地测试记录及报告，其内容应包括接地电阻测试、接地导通测试等。

Jb0004433091　附属于已接地电气装置和生产设施上的哪些金属部分可不接地？（5分）
考核知识点：接地装置安装
难易度：难
标准答案：

（1）安装在配电屏、控制屏和配电装置上的电气测量仪表、继电器和其他低压电器的外壳。
（2）与机床、机座之间有可靠电气接触的电动机和电器的外壳。
（3）额定电压为220V及以下的蓄电池室内的金属支架。

Jb0004432092　简述对通信设备耦合电容器安装进行检查验收的主控项目。（5分）
考核知识点：其他电气设备安装及调整
难易度：中
标准答案：
（1）密封检查。
（2）法兰螺栓连接。
（3）电容三相差值与平均值之比。

Jb0005431093　主（集）控楼、调度楼和通信站应与楼内的哪些装置共用一个接地网？（5分）
考核知识点：接地装置安装
难易度：易
标准答案：
主（集）控楼、调度楼和通信站应与楼内的电气装置、建筑物避雷装置及屏蔽装置共用一个接地网。

Jb0005431094　简述携带式和移动式用电设备接地要求。（5分）
考核知识点：接地装置安装
难易度：易
标准答案：
（1）携带式和移动式用电设备应用专用的绿、黄双色绝缘多股软铜绞线接地。
（2）移动式用电设备的接地线截面积不应小于2.5mm^2。
（3）携带式用电设备的接地线截面积不应小于1.5mm^2。

Jb0005431095　简述接闪器及其接地装置施工的施工程序。（5分）
考核知识点：接地装置安装
难易度：易
标准答案：
先安装接地装置，再安装接地线，最后安装接闪器。

Jb0005431096　简述66kV及以下干式变压器在安装及验收时，“主控”性质的接地有哪些。（5分）
考核知识点：变压器安装及调整
难易度：易
标准答案：
（1）外壳接地。
（2）本体接地。
（3）中性点接地。

Jb0005431097　变压器接地线安装过程中，接地线采用扁钢时，应采用什么工艺进行防腐？铁芯、夹件引出线宜采用什么标识？（5分）

考核知识点：变压器安装及调整

难易度：易

标准答案：

（1）变压器接地线安装过程中，接地线采用扁钢时，应经热镀锌防腐。

（2）铁芯、夹件引出线宜采用黑色标识。

Jb0005431098　变压器、油浸式电抗器安装过程中，冷却器按照制造厂规定的压力值用什么进行密封试验？（5分）

考核知识点：变压器安装及调整

难易度：易

标准答案：

变压器、油浸式电抗器安装过程中，冷却器按照制造厂规定的压力值用气压、油压进行密封试验。

Jb0005431099　户外变压器应加装防雨罩要求是什么？（5分）

考核知识点：变压器安装及调整

难易度：易

标准答案：

（1）户外变压器应加装防雨罩，本体及二次电缆进线50mm应被遮蔽。

（2）45°向下，雨水不能直淋。

Jb0005431100　《电气装置安装工程　电力变压器、油浸电抗器、互感器施工及验收规范》(GB 50148—2010)适用于哪个电压等级的电力变压器、油浸电抗器、互感器的施工及验收？（5分）

考核知识点：电气试验相关规程规范

难易度：易

标准答案：

适用于交流3～750kV电力变压器、油浸电抗器、互感器的施工及验收。

Jb0005431101　GIS装配时，其空气相对湿度应小于多少？（5分）

考核知识点：气体绝缘封闭式组合电器安装及调整

难易度：易

标准答案：

GIS装配时，空气相对湿度应小于80%。

Jb0005431102　简述支撑式管形母线安装的主要危险点。（5分）

考核知识点：其他电气设备安装及调整

难易度：易

标准答案：

支撑式管形母线安装的危险点有高处坠落、落物伤人、起重伤害、机械伤害。

Jb0005432103　简述对隔离开关的均压环外观的要求。（5分）

考核知识点：其他电气设备安装及调整

难易度：中

标准答案：
整齐、无划痕、无毛刺。

Jb0005432104　简述隔离开关应检测分合不到位时的调整方法。（5分）
考核知识点：隔离开关安装及调整
难易度：中
标准答案：
（1）调整小拐臂角度。
（2）调整小连杆角度。
（3）调整联动杠杆的起始位置。

Jb0005432105　中性点避雷器安装时，组立支架后找正过程要控制支架哪两个方向偏差？（5分）
考核知识点：其他电气设备安装及调整
难易度：中
标准答案：
（1）垂直度偏差。
（2）轴线偏差。

Jb0005432106　变压器中性点避雷器安装时，接地部位应与什么可靠连接？（5分）
考核知识点：其他电气设备安装及调整
难易度：中
标准答案：
（1）接地网。
（2）集中接地装置。

Jb0005432107　中性点放电间隙的安装，应满足哪些要求？（5分）
考核知识点：其他电气设备安装及调整
难易度：中
标准答案：
（1）放电间隙宜水平安装。
（2）放电间隙必须安装牢固，其间隙距离应符合设计要求。
（3）接地应符合设计要求，并应采用双根接地引下线与接地网不同接地干线连接。

Jb0005432108　干式电抗器和阻波器主线圈的支柱绝缘子的接地，应满足哪些要求？（5分）
考核知识点：其他电气设备安装及调整
难易度：中
标准答案：
（1）上下重叠安装时，底层的所有支柱绝缘子均应接地，其余的支柱绝缘子不接地。
（2）每相单独安装时，每相支柱绝缘子均应接地。
（3）支柱绝缘子的接地线不应构成闭合回路。

Jb0005432109　多断口断路器为什么要在每一断口处并联电容？（5分）

考核知识点：断路器安装及调整

难易度：中

标准答案：

在多断口断路器中，电压在各断口上的分布是不均匀的，影响断路器的灭弧能力。并联电容后，只要电容量配备合适，各断口上的电压分布就接近相等，从而提高了灭弧能力。

Jb0005432110　简述储压筒活塞上部的航空液压油作用。（5分）

考核知识点：断路器安装及调整

难易度：中

标准答案：

（1）在储压筒活塞上部存在一定高度的航空液压油，可提高活塞上部氮气和下部液压油之间的密封性能。

（2）氮气不会直接作用在橡胶密封圈上，而是作用在油层上，气体不易渗漏至活塞下部。

（3）液压油可改善活塞上氮气侧密封圈与筒壁之间的润滑效果，使密封圈在油中滑动而不易损坏。

Jb0005432111　简述互感器本体的安装要点。（5分）

考核知识点：互感器安装及调整

难易度：中

标准答案：

（1）先将互感器底座安装在设备支架上，校正后用螺栓固定。

（2）电容式电压互感器的安装应按照产品成套供应的组件编号进行组合，不得随意互换。电容分压器元件间有电气连接的，应先进行连线，再拧紧机械连接螺栓。

（3）安装互感器接线板和均压环，三相接线板方向一致，均压环不得歪斜、变形，最低处打滴水孔。

（4）调整三相互感器垂直度，要求其中心在同一直线上。

（5）用力矩扳手紧固所有螺栓。

Jb0005432112　变电站中断路器的工作状态主要有哪些？（5分）

考核知识点：断路器安装及调整

难易度：中

标准答案：

（1）运行状态。

（2）热备用状态。

（3）冷备用状态。

（4）检修状态。

Jb0005432113　分析断路器螺栓预埋不正确的原因。（5分）

考核知识点：断路器安装及调整

难易度：中

标准答案：

（1）螺栓预埋过长、过短。

（2）螺栓预埋位置不正确。

Jb0005432114　分析断路器真空泡真空度降低的原因。（5分）

考核知识点：断路器安装及调整

难易度：中

标准答案：

真空泡或真空泡内的波形管材质或制作工艺存在问题。

Jb0005432115　SF_6全封闭组合电器使用绝缘子的类型有哪几种？（5分）

考核知识点：气体绝缘封闭式组合电器安装及调整

难易度：中

标准答案：

SF_6全封闭组合电器使用绝缘子的类型分为盆式绝缘子和棒式绝缘子两类。其中盆式绝缘子又可以分为密封式盆式绝缘子和非密封式盆式绝缘子两类。

Jb0005432116　SF_6全封闭组合电器运行中的常见故障有哪些？（5分）

考核知识点：气体绝缘封闭式组合电器安装及调整

难易度：中

标准答案：

（1）SF_6气体泄漏。

（2）SF_6气体含水量高。

（3）内部闪络放电和人员误操作。

Jb0005432117　断路器跳、合闸操作完成后，为什么要自动切断对应的操作电路？（5分）

考核知识点：断路器安装及调整

难易度：中

标准答案：

由于断路器的跳、合闸线圈是按短时通过脉冲电流而设计的，所以要求断路器的跳、合闸操作完成后，应自动切断对应的操作电路，以避免跳、合闸线圈因长时间通电而烧毁。

Jb0005432118　真空断路器作业中危险点主要有哪些？（5分）

考核知识点：断路器安装及调整

难易度：中

标准答案：

（1）高处坠落及落物伤人。

（2）起重伤害。

（3）机械伤害。

Jb0005432119　简单描述真空断路器作业中机械伤害控制措施。（5分）

考核知识点：断路器安装及调整

难易度：中

标准答案：

（1）严格执行一般工具的使用规定，使用前严格检查，不合格的工具禁止使用。
（2）调试断路器时专人监护，进行操作时工作人员必须离开断路器传动部位。

Jb0005432120　阐述真空断路器作业中起重伤害控制措施。（5 分）
考核知识点：断路器安装及调整
难易度：中
标准答案：
（1）起重作业专人指挥，信号统一、明确，吊物下严禁站人。
（2）起重工具使用前认真检查，并进行强度核验，严禁使用不合格的工具。
（3）设备必须绑扎牢固，吊物起吊后应系好拉绳，防止摆动碰伤人员。

Jb0005432121　简单描述真空断路器安装作业前的技术准备。（5 分）
考核知识点：断路器安装及调整
难易度：中
标准答案：
（1）编制施工方案，施工前按工序标准和施工方案做好施工技术交底，施工人员应掌握交底内容、安装方法及标准。
（2）熟悉制造厂出厂技术文件，严格执行各类规范。

Jb0005432122　断路器施工过程中导电回路电阻值过大的常用处理方法有哪些？（5 分）
考核知识点：断路器安装及调整
难易度：中
标准答案：
（1）按规定的方式清洁、润滑触头表面，重新装配断路器并检查回路电阻。
（2）如果触头磨损，则对其进行更换。

Jb0005432123　真空断路器安装后，发现真空泡真空度降低，真空度降低的处理方法主要有哪些？（5 分）
考核知识点：断路器安装及调整
难易度：中
标准答案：
（1）对断路器加强观察，必要时使用真空测试仪对真空泡进行真空度定性测试，确保真空泡具有一定的真空度。
（2）当真空度降低时，必须更换真空泡，并做好行程、同期、弹跳等特性试验。

Jb0005432124　断路器安装调试过程中发现储能电动机运转不停止，处理方法主要有哪些？（5 分）
考核知识点：断路器安装及调整
难易度：中
标准答案：
（1）调整行程开关位置，实现电动机准确断电。
（2）如行程开关损坏，应及时更换。

Jb0005432125　断路器安装调试过程中发现分合闸不同期、弹跳数值大，处理方法主要有哪些？（5分）

考核知识点： 断路器安装及调整

难易度： 中

标准答案：

（1）在保证行程、超行程前提下，通过调整三相绝缘拉杆的长度使同期、弹跳测试数据在合格范围内。

（2）如果通过调整无法实现，则必须更换数据不合格相的真空泡，并重新调整到数据合格。

Jb0005432126　简单描述 SF_6 断路器作业中危险点。（5分）

考核知识点： 断路器安装及调整

难易度： 中

标准答案：

高处坠落及落物伤人、起重伤害、机械伤害、瓷件损伤、气体中毒。

Jb0007431127　氧化锌避雷器预试结果与历次比较，阻性电流上升快说明什么？（5分）

考核知识点： 其他电气设备安装及调整

难易度： 易

标准答案：

氧化锌避雷器预试结果与历次比较，阻性电流上升快说明阀片已开始老化。

Jb0007431128　简述高压熔断器的主要作用。（5分）

考核知识点： 其他电气设备安装及调整

难易度： 易

标准答案：

高压熔断器主要作用是保护电气设备免受过载和短路电流的损害。

Jb0007431129　避雷器各连接处的金属接触表面应注意哪些？（5分）

考核知识点： 其他电气设备安装及调整

难易度： 易

标准答案：

（1）去除氧化膜及油漆。

（2）表面清洁导通良好。

Jb0007431130　电容器组安装时，当设计无要求时，三相电容量的差值宜调配到最小，其最大值与最小值的差值有什么要求？（5分）

考核知识点： 其他电气设备安装及调整

难易度： 易

标准答案：

最大值与最小值的差值不应超过三相平均电容值的5%。

Jb0007431131　并联电容器的交流耐压试验应历时多长时间？（5分）

考核知识点： 其他电气设备安装及调整

难易度：易
标准答案：
并联电容器的交流耐压试验应历时 10s。

Jb0007431132　在电网额定电压下，对电力电容器组的冲击合闸试验有什么要求？（5分）
考核知识点：其他电气设备安装及调整
难易度：易
标准答案：
在电网额定电压下，对电力电容器组的冲击合闸试验应进行 3 次，熔断器不应熔断。

Jb0007431133　简述架空避雷线与变电站接地装置的连接要求。（5分）
考核知识点：其他电气设备安装及调整
难易度：易
标准答案：
架空避雷线应与变电站接地装置相连，并设置便于地网电阻测试断开点。

Jb0007431134　简述接地网电气完整性测试要求。（5分）
考核知识点：其他电气设备安装及调整
难易度：易
标准答案：
（1）应测量同一接地网的各相邻设备接地线之间的电气导通情况，以直流电阻表示。
（2）直流电阻不宜大于 0.05Ω。

Jb0007431135　变压器的三相接线组别和单相变压器引出线的极性，应符合哪些规定？（5分）
考核知识点：其他电气设备安装及调整
难易度：易
标准答案：
（1）变压器的三相接线组别和单相变压器引出线的极性应符合设计要求。
（2）变压器的三相接线组别和单相变压器引出线的极性应与铭牌上的标记和外壳上的符号相符。

Jb0007431136　电动工器具的检测维修应符合哪些要求？（5分）
考核知识点：其他电气设备安装及调整
难易度：易
标准答案：
（1）应定期用 500V 的绝缘电阻表测量带电部分与外壳之间的绝缘电阻必须大于 2MΩ。
（2）维修后必须进行绝缘电阻测量及绝缘耐压试验（电压为 380V，时间为 1min）。

Jb0007431137　简述在潮湿、含有酸类的场地上以及在金属容器内使用Ⅱ类绝缘电动工具时的注意事项。（5分）
考核知识点：其他电气设备安装及调整
难易度：易
标准答案：

（1）必须采取可靠的绝缘措施。
（2）必须设专人监护。
（3）电动工具的开关应设在监护人伸手可及的地方。

Jb0007432138　简述避雷器保护间隙的工作原理。（5 分）
考核知识点：其他电气设备安装及调整
难易度：中
标准答案：
（1）保护间隙由两个电极组成，与被保护设备并联于线路。
（2）当雷电波侵入时，间隙首先击穿，线路接地。
（3）避免被保护设备上的电压升高，从而保护了设备。

Jb0007432139　氧化锌避雷器总泄漏电流主要由哪几部分组成？（5 分）
考核知识点：其他电气设备安装及调整
难易度：中
标准答案：
（1）流过阀片的电容电流。
（2）流过阀片的电阻电流。
（3）流过绝缘件的电导电流。

Jb0007432140　按绝缘支柱结构的不同，隔离开关可以分为哪几类？（5 分）
考核知识点：其他电气设备安装及调整
难易度：中
标准答案：
可分为单柱式隔离开关、双柱式隔离开关、三柱式隔离开关。

Jb0007432141　隔离开关的用途有哪些？（5 分）
考核知识点：其他电气设备安装及调整
难易度：中
标准答案：
（1）隔离电源。
（2）切换电路。
（3）接通和断开较小的负荷电流。

Jb0007432142　隔离开关按照触头运动方式可分为哪几类？（5 分）
考核知识点：其他电气设备安装及调整
难易度：中
标准答案：
（1）水平回转式。
（2）垂直回转式。
（3）伸缩式。

第四章　变电一次安装工中级工技能操作

Jc0005451001　变压器（电抗器）附件交接验收。（100 分）

考核知识点：变压器安装及调整

难易度：易

技能等级评价专业技能考核操作工作任务书

一、任务名称

变压器（电抗器）附件交接验收。

二、适用工种

变电一次安装工中级工。

三、具体任务

在规定时间内完成变压器（电抗器）运抵现场后的附件的交接验收工作。

四、工作规范及要求

（1）考生正确填写办理工作票，进行安全、技术交底，合理安排人员分工并明确相应职责。

（2）考生进场后检查确认作业场所装设的围栏、悬挂的标识牌符合安全工作规程要求。

（3）考生正确把握执行现场安全文明施工作业的相关要求。

（4）考试结束完成工器具、安装配件、材料的清理。

五、考核及时间要求

（1）本考核操作时间为 90 分钟，包括安装、调试及报告整理时间，时间到停止考评。

（2）按照技能操作相关要求进行操作，正确记录操作结果。

技能等级评价专业技能考核操作评分标准

工种	变电一次安装工					评价等级	中级工
项目模块	专业技能—变压器（电抗器）附件交接验收				编号	Jc0005451001	
单位			准考证号			姓名	
考试时限	90 分钟		题型	多项操作		题分	100 分
成绩		考评员		考评组长		日期	
试题正文	变压器（电抗器）附件交接验收						
需要说明的问题和要求	（1）采取必要的安全措施，符合电力安全工作规程要求。 （2）在考试规定的时间内按要求完成操作任务。 （3）若操作过程出现不符合安全及劳动保护规定情况，每处扣 2 分						

序号	项目名称	质量要求	满分	扣分标准	扣分原因	得分
1	机械伤害分析与控制措施	严格执行工器具使用规定，使用前严格检查，不完整、不合格的工器具禁止使用	4	缺主要项每处扣 2 分，不完整或不清晰每处扣 1 分，扣完为止		
2	起重伤害分析与控制措施	（1）吊装附件有专人指挥，吊臂下严禁站人。 （2）起重工具使用前认真检查，并进行强度核验，严禁使用不合格的工具。 （3）设备起吊后应系好拉绳，防止摆动碰伤人员	6	缺主要项每处扣 2 分，不完整或不清晰每处扣 1 分，扣完为止		

续表

序号	项目名称	质量要求	满分	扣分标准	扣分原因	得分
3	附件交接验收	（1）检查套管。 （2）检查套管升高座。 （3）检查储油柜、胶囊。 （4）检查压力释放装置。 （5）检查清洗管道及其他附件。 （6）冷却装置检查及试压检漏。 （7）气体继电器、压力继电器、温度表校验	90	缺主要项每处扣13分，不完整或不清晰每处扣3分，扣完为止		
合计			100			

Jc0005441002 油浸式变压器（电抗器）安装真空处理。（100分）

考核知识点：变压器安装及调整

难易度：易

技能等级评价专业技能考核操作工作任务书

一、任务名称

油浸式变压器（电抗器）安装真空处理。

二、适用工种

变电一次安装工中级工。

三、具体任务

在规定时间内完成油浸式变压器（电抗器）安装真空处理。

四、工作规范及要求

（1）考生正确填写办理工作票，进行安全、技术交底，合理安排人员分工并明确相应职责。

（2）考生进场后检查确认作业场所装设的围栏、悬挂的标识牌符合安全工作规程要求。

（3）考生正确把握执行现场安全文明施工作业的相关要求。

（4）考试结束完成工器具、安装配件、材料的清理。

五、考核及时间要求

（1）本考核操作时间为90分钟，包括安装、调试及报告整理时间，时间到停止考评。

（2）按照技能操作相关要求进行操作，正确记录操作结果。

技能等级评价专业技能考核操作评分标准

工种	变电一次安装工				评价等级	中级工
项目模块	专业技能—油浸式变压器（电抗器）安装真空处理			编号	Jc0005441002	
单位		准考证号			姓名	
考试时限	90分钟	题型	多项操作		题分	100分
成绩	考评员		考评组长		日期	
试题正文	油浸式变压器（电抗器）安装真空处理					
需要说明的问题和要求	（1）采取必要的安全措施，符合电力安全工作规程要求。 （2）在考试规定的时间内按要求完成操作任务。 （3）若操作过程出现不符合安全及劳动保护规定情况，每处扣2分					

序号	项目名称	质量要求	满分	扣分标准	扣分原因	得分
1	方案交底	工作前根据施工方案进行交底，使施工人员了解相关工序、注意事项和危险点预控措施	20	缺主要项每处扣4分，不完整或不清晰每处扣1分，扣完为止		

续表

序号	项目名称	质量要求	满分	扣分标准	扣分原因	得分
2	变压器真空处理	（1）抽真空前应将不能承受真空的附件进行隔离。 （2）真空泵开启 1h 左右，停止真空泵，检查变压器本体安装密封情况。 （3）外部检查正常，测量系统泄漏率。 （4）密封检查合格，继续抽真空。 （5）当变压器的真空度达到规定要求后，关闭真空泵和变压器本体间的阀门并进行真空保持	80	缺主要项每处扣 16 分，不完整或不清晰每处扣 5 分，扣完为止		
合计			100			

Jc0006452003　变压器（电抗器）安装施工组织设计的编制。（100 分）

考核知识点：变压器安装及调整

难易度：中

技能等级评价专业技能考核操作工作任务书

一、任务名称

变压器（电抗器）安装施工组织设计的编制。

二、适用工种

变电一次安装工中级工。

三、具体任务

在规定时间内正确完成变压器、电抗器现场安装施工方案的编制。

四、工作规范及要求

（1）考生正确填写办理工作票，进行安全、技术交底，合理安排人员分工并明确相应职责。

（2）考生进场后检查确认作业场所装设的围栏、悬挂的标识牌符合安全工作规程要求。

（3）考生正确把握执行现场安全文明施工作业的相关要求。

五、考核及时间要求

（1）本考核操作时间为 90 分钟，包括安装、调试及报告整理时间，时间到停止考评。

（2）按照技能操作相关要求进行操作，正确记录操作结果。

技能等级评价专业技能考核操作评分标准

工种	变电一次安装工			评价等级	中级工	
项目模块	专业技能—变压器（电抗器）安装施工组织设计的编制			编号	Jc0006452003	
单位		准考证号		姓名		
考试时限	90 分钟	题型	多项操作	题分	100 分	
成绩		考评员	考评组长	日期		
试题正文	变压器（电抗器）安装施工组织设计的编制					
需要说明的问题和要求	（1）采取必要的安全措施，符合电力安全工作规程要求。 （2）在考试规定的时间内按要求完成编制任务。 （3）若操作过程出现不符合安全及劳动保护规定情况，每处扣 2 分					
序号	项目名称	质量要求	满分	扣分标准	扣分原因	得分
1	工程概况	简要阐述此次施工工程设计安装的变压器总容量、安装数量、安装位置等	10	缺主要项每处扣 3 分，不完整或不清晰每处扣 1 分，扣完为止		

续表

序号	项目名称	质量要求	满分	扣分标准	扣分原因	得分
2	编制依据	施工图纸、技术文件、安装施工标准、电力建设安全工作规程	10	缺主要项每处扣 3 分，不完整或不清晰每处扣 1 分，扣完为止		
3	组织措施	明确各岗位职责和安全责任，强调特种作业人员必须持证上岗	10	缺主要项每处扣 3 分，不完整或不清晰每处扣 1 分，扣完为止		
4	工进度和工期安排	制订工程进度计划图，明确各个阶段的具体工作内容	10	缺主要项每处扣 3 分，不完整或不清晰每处扣 1 分，扣完为止		
5	安装工序流程	根据施工流程，依次说明各施工工序的操作步骤、工艺要求和标准	10	缺主要项每处扣 3 分，不完整或不清晰每处扣 1 分，扣完为止		
6	安全措施	编制施工过程需要采取的安全措施和注意事项等	10	缺主要项每处扣 3 分，不完整或不清晰每处扣 1 分，扣完为止		
7	技术措施	编制施工过程需要采取的技术措施等	10	缺主要项每处扣 3 分，不完整或不清晰每处扣 1 分，扣完为止		
8	危险点与预控措施	进行施工全过程危险点分析，并提出相应预控措施	10	缺主要项每处扣 3 分，不完整或不清晰每处扣 1 分，扣完为止		
9	环境保护及文施工	编制施工过程中环境保护、文明施工方面需要采取的措施	10	缺主要项每处扣 3 分，不完整或不清晰每处扣 1 分，扣完为止		
10	附件资料	工器具及设备材料清单、制造厂家技术文件资料	10	缺主要项每处扣 3 分，不完整或不清晰每处扣 1 分，扣完为止		
合计			100			

Jc0006452004　GW4 型隔离开关的安装。（100 分）

考核知识点：隔离开关安装及调整

难易度：中

技能等级评价专业技能考核操作工作任务书

一、任务名称

GW4 型隔离开关的安装。

二、适用工种

变电一次安装工中级工。

三、具体任务

（1）完成 GW4 型隔离开关的安装前准备。

（2）在规定时间内完成 GW4 型隔离开关的安装。

四、工作规范及要求

（1）考生正确填写办理工作票，进行安全、技术交底，合理安排人员分工并明确相应职责。

（2）考生进场后检查确认作业场所装设的围栏、悬挂的标识牌符合安全工作规程要求。

（3）考生正确把握执行现场安全文明施工作业的相关要求。

（4）考试结束完成工器具、安装配件、材料的清理。

五、考核及时间要求

（1）本考核操作时间为 60 分钟，包括安装、调试及报告整理时间，时间到停止考评。

（2）按照技能操作相关要求进行操作，正确记录操作结果。

技能等级评价专业技能考核操作评分标准

工种	变电一次安装工				评价等级	中级工
项目模块	专业技能—GW4 型隔离开关的安装			编号	Jc0006452004	
单位		准考证号			姓名	
考试时限	60 分钟	题型		多项操作	题分	100 分
成绩		考评员		考评组长	日期	
试题正文	GW4 型隔离开关的安装					
需要说明的问题和要求	（1）采取必要的安全措施，符合电力安全工作规程要求。 （2）在考试规定的时间内按要求完成操作任务。 （3）若操作过程出现不符合安全及劳动保护规定情况，每处扣 2 分					

序号	项目名称	质量要求	满分	扣分标准	扣分原因	得分
1	准备工作	（1）准备施工图、说明书、施工方案等。 （2）准备吊车及施工机具等。 （3）办理作业票。 （4）进行安全技术交底。 （5）做好安全措施	20	缺主要项每处扣 4 分，不完整或不清晰每处扣 2 分，扣完为止		
2	基础复测和设备支架	（1）所用钢材的规格及尺寸符合设计要求，焊接及涂漆符合要求。 （2）安全净距符合规范要求，接地可靠	10	不完整或不清晰每处扣 5 分，扣完为止		
3	开箱检查	（1）规格及参数与设计相符，安装孔距与设计相符。 （2）瓷件外观完好、无损伤，底架、附件无锈蚀。 （3）附件、备件齐全，出厂文件完整	10	不完整或不清晰每处扣 2 分，扣完为止		
4	隔离开关本体安装	（1）按出厂编号将底座吊装到支架上，操平找正后用螺栓予以固定。 （2）吊起开关头部，按从上到下顺序依次装好均压环和各节支柱瓷绝缘子及操作瓷绝缘子。 （3）组装好后吊至底座上连接固定。 （4）调整支柱瓷绝缘子的垂直度和操作瓷绝缘子的同心度	10	不完整或不清晰每处扣 3 分，扣完为止		
5	操动机构安装及配制垂直连杆	（1）用垂线法使操动机构主轴与开关操作轴同心后，再将操动机构固定。 （2）在开关和机构均处合闸（或分闸）位置的情况下，配焊垂直连杆；连接管内径与机构轴的直径相配合，二者之间隙应不大于 1mm	10	不完整或不清晰每处扣 5 分，扣完为止		
6	安装静触头	（1）将开关置于合闸位置，根据实际尺寸在母线上固定触静头。 （2）当母线为软母线时，静触头的安装高度应根据当时气温及接触点安装曲线来确定，以保证在不同气温下动、静触头的接触位置都在允许范围内	10	不完整或不清晰每处扣 5 分，扣完为止		
7	验评	（1）外观检查：瓷柱外表清洁无损伤；隔离开关水平、垂直及中心距离误差符合要求。 （2）导电系统：触头接触紧密，两侧压力均匀，触头动作灵活。 （3）传动装置：动作灵活，安装正确，固定牢靠。 （4）安装检验记录、评定记录、合格证件等技术文件齐全	15	不完整或不清晰每处扣 4 分，扣完为止		
8	清理现场	填写施工记录，工器具及设备摆放整齐，工完场清，报告工作结束	15	缺主要项每处扣 3 分，不完整或不清晰每处扣 1 分，扣完为止		
合计			100			

Jc0006452005　GW6 型隔离开关的安装。（100 分）

考核知识点：隔离开关安装及调整

难易度：中

技能等级评价专业技能考核操作工作任务书

一、任务名称

GW6 型隔离开关的安装。

二、适用工种

变电一次安装工中级工。

三、具体任务

（1）完成 GW6 型隔离开关的安装前准备。

（2）在规定时间内完成 GW6 型隔离开关的安装。

四、工作规范及要求

（1）考生正确填写办理工作票，进行安全、技术交底，合理安排人员分工并明确相应职责。

（2）考生进场后检查确认作业场所装设的围栏、悬挂的标识牌符合安全工作规程要求。

（3）考生正确把握执行现场安全文明施工作业的相关要求。

（4）考试结束完成工器具、安装配件、材料的清理。

五、考核及时间要求

（1）本考核操作时间为 60 分钟，包括安装、调试及报告整理时间，时间到停止考评。

（2）按照技能操作相关要求进行操作，正确记录操作结果。

技能等级评价专业技能考核操作评分标准

工种	变电一次安装工				评价等级	中级工
项目模块	专业技能—GW6 型隔离开关的安装			编号	Jc0006452005	
单位		准考证号			姓名	
考试时限	60 分钟	题型	多项操作		题分	100 分
成绩	考评员		考评组长		日期	
试题正文	GW6 型隔离开关的安装					
需要说明的问题和要求	（1）采取必要的安全措施，符合电力安全工作规程要求。 （2）在考试规定的时间内按要求完成操作任务。 （3）若操作过程出现不符合安全及劳动保护规定情况，每处扣 2 分					

序号	项目名称	质量要求	满分	扣分标准	扣分原因	得分
1	准备工作	（1）准备施工图、说明书、施工方案等。 （2）准备吊车及施工机具等。 （3）办理作业票。 （4）进行安全技术交底。 （5）做好安全措施	20	缺主要项每处扣 4 分，不完整或不清晰每处扣 2 分，扣完为止		
2	基础复测和设备支架	（1）所用钢材的规格及尺寸符合设计要求，焊接及涂漆符合要求。 （2）安全净距符合规范要求，接地可靠	10	不完整或不清晰每处扣 5 分，扣完为止		
3	开箱检查	（1）规格及参数与设计相符，安装孔距与设计相符。 （2）瓷件外观完好、无损伤，底架、附件无锈蚀。 （3）附件、备件齐全，出厂文件完整	10	不完整或不清晰每处扣 4 分，扣完为止		

续表

序号	项目名称	质量要求	满分	扣分标准	扣分原因	得分
4	隔离开关本体安装	（1）按出厂编号将底座吊装到支架上，操平找正后用螺栓予以固定。 （2）吊起开关头部，按从上到下顺序依次装好均压环和各节支柱瓷绝缘子及操作瓷绝缘子。 （3）组装好后吊至底座上连接固定。 （4）调整支柱瓷绝缘子的垂直度和操作瓷绝缘子的同心度	10	不完整或不清晰每处扣3分，扣完为止		
5	操动机构安装及配制垂直连杆	（1）用垂线法使操动机构主轴与开关操作轴同心后，再将操动机构固定。 （2）在开关和机构均处合闸（或分闸）位置的情况下，配焊垂直连杆；连接管内径与机构轴的直径相配合，二者之间隙应不大于1mm	10	不完整或不清晰每处扣5分，扣完为止		
6	安装静触头	（1）将开关置于合闸位置，根据实际尺寸在母线上固定触静头。 （2）当母线为软母线时，静触头的安装高度应根据当时气温及接触点安装曲线来确定，以保证在不同气温下动、静触头的接触位置都在允许范围内	10	不完整或不清晰每处扣5分，扣完为止		
7	验评	（1）外观检查：瓷柱外表清洁无损伤；隔离开关水平、垂直及中心距离误差应符合要求。 （2）导电系统：触头接触紧密，两侧压力均匀，触头动作灵活。 （3）传动装置：动作灵活，安装正确，固定牢靠。 （4）安装检验记录、评定记录、合格证件等技术文件齐全	15	不完整或不清晰每处扣4分，扣完为止		
8	清理现场	填写施工记录，工器具及设备摆放整齐，工完场清，报告工作结束	5	缺主要项每处扣3分，不完整或不清晰每处扣1分，扣完为止		
合计			100			

Jc0006452006　GW7 型隔离开关的安装。（100 分）

考核知识点：隔离开关安装及调整

难易度：中

技能等级评价专业技能考核操作工作任务书

一、任务名称

GW7 型隔离开关的安装。

二、适用工种

变电一次安装工中级工。

三、具体任务

（1）完成 GW7 型隔离开关的安装前准备。

（2）在规定时间内完成 GW7 型隔离开关的安装。

四、工作规范及要求

（1）考生正确填写办理工作票，进行安全、技术交底，合理安排人员分工并明确相应职责。

（2）考生进场后检查确认作业场所装设的围栏、悬挂的标识牌符合安全工作规程要求。

（3）考生正确把握执行现场安全文明施工作业的相关要求。

（4）考试结束完成工器具、安装配件、材料的清理。

五、考核及时间要求

（1）本考核操作时间为60分钟，包括安装、调试及报告整理时间，时间到停止考评。

（2）按照技能操作相关要求进行操作，正确记录操作结果。

技能等级评价专业技能考核操作评分标准

工种	变电一次安装工					评价等级	中级工
项目模块	专业技能—隔离开关安装及调整				编号	Jc0006452006	
单位		准考证号				姓名	
考试时限	60分钟	题型	多项操作			题分	100分
成绩		考评员		考评组长		日期	
试题正文	GW7型隔离开关的安装						
需要说明的问题和要求	（1）采取必要的安全措施，符合电力安全工作规程要求。 （2）在考试规定的时间内按要求完成操作任务。 （3）若操作过程出现不符合安全及劳动保护规定情况，每处扣2分						

序号	项目名称	质量要求	满分	扣分标准	扣分原因	得分
1	准备工作	（1）准备施工图、说明书、施工方案等。 （2）准备吊车及施工机具等。 （3）办理作业票。 （4）进行安全技术交底。 （5）做好安全措施	20	缺主要项每处扣4分，不完整或不清晰每处扣2分，扣完为止		
2	基础复测和设备支架	（1）所用钢材的规格及尺寸符合设计要求，焊接及涂漆符合要求。 （2）安全净距符合规范要求，接地可靠	10	不完整或不清晰每处扣5分，扣完为止		
3	开箱检查	（1）规格及参数与设计相符，安装孔距与设计相符。 （2）瓷件外观完好、无损伤，底架、附件无锈蚀。 （3）附件、备件齐全，出厂文件完整	10	不完整或不清晰每处扣4分，扣完为止		
4	隔离开关地面组装	（1）将隔离开关底座按相序平放于基础近旁，检查底座转动部分应灵活。 （2）组装前对所有瓷绝缘子进行测量、编组，使每柱瓷绝缘子高度尽量相同。 （3）将下节支柱瓷绝缘子固定在底座上，并校正加临时支撑，以防倾倒。 （4）组装边柱、中上节瓷绝缘子及静触头。 （5）组装中柱瓷绝缘子及动触杆	15	不完整或不清晰每处扣3分，扣完为止		
5	整体吊装就位	（1）隔离开关的主闸刀打开方向及接地刀位置应符合设计要求。 （2）吊装时为防止倾倒，选用合适绳套将隔离开关整体吊装在基础支架上。 （3）将隔离开关操平找正后予以固定，底座的水平误差应小于1%	15	不完整或不清晰每处扣5分，扣完为止		
6	操动机构安装及配制垂直连杆	（1）将主闸刀传动轴和操动机构主轴与法兰接头相连后钻孔配销。 （2）主闸刀传动机构固定在底座上，用垂线法找正操动机构。 （3）将主闸刀置于合闸位置，可采用焊接法配制垂直连杆。 （4）接地刀垂直连杆的配制方法与主闸刀相同 （5）垂直连杆内径应与轴直径配合，二者间隙不应大于1mm	15	不完整或不清晰每处扣3分，扣完为止		

续表

序号	项目名称	质量要求	满分	扣分标准	扣分原因	得分
7	清理现场	填写施工记录，工器具及设备摆放整齐，工完场清，报告工作结束	15	缺主要项每处扣3分，不完整或不清晰每处扣1分，扣完为止		
	合计		100			

Jc0006442007　隔离开关电动操动机构箱调整。（100分）

考核知识点：隔离开关安装及调整

难易度：中

技能等级评价专业技能考核操作工作任务书

一、任务名称

隔离开关电动操动机构箱调整。

二、适用工种

变电一次安装工中级工。

三、具体任务

（1）进行隔离开关电动操动机构箱调整施工准备。

（2）在规定时间内完成安装检查及调整。

（3）完成质量验评。

四、工作规范及要求

（1）考生正确填写办理工作票，进行安全、技术交底，合理安排人员分工并明确相应职责。

（2）考生进场后检查确认作业场所装设的围栏、悬挂的标识牌符合安全工作规程要求。

（3）考生正确把握执行现场安全文明施工作业的相关要求。

（4）考试结束完成工器具、安装配件、材料的清理。

五、考核及时间要求

（1）本考核操作时间为60分钟，包括安装、调试及报告整理时间，时间到停止考评。

（2）按照技能操作相关要求进行操作，正确记录操作结果。

技能等级评价专业技能考核操作评分标准

工种	变电一次安装工					评价等级	中级工
项目模块	专业技能—隔离开关调整				编号	Jc0006442007	
单位			准考证号			姓名	
考试时限	60分钟	题型		单项操作		题分	100分
成绩		考评员		考评组长		日期	
试题正文	隔离开关电动操动机构箱调整						
需要说明的问题和要求	（1）采取必要的安全措施，符合电力安全工作规程要求。 （2）在考试规定的时间内按要求完成操作任务。 （3）若操作过程出现不符合安全及劳动保护规定情况，每处扣2分						

序号	项目名称	质量要求	满分	扣分标准	扣分原因	得分
1	准备工作	（1）准备施工图、说明书、施工方案等。 （2）准备施工机具等。 （3）办理作业票。 （4）进行安全技术交底。 （5）做好安全措施	20	缺主要项每处扣4分，不完整或不清晰每处扣2分，扣完为止		

续表

序号	项目名称	质量要求	满分	扣分标准	扣分原因	得分
2	检修前外观检查	检查机构箱外部有无变形、腐蚀	15	缺主要项每处扣15分，不完整或不清晰每处扣5分，扣完为止		
3	隔离开关本体与操动机构的连接	（1）检查操动机构支架水平度、垂直度；电动机构与支架可靠连接；调整操动机构的水平度及垂直度；调整操动机构连接轴与隔离开关垂直连杆在同一轴线上。 （2）电动操动机构用连接螺栓将机构与基础连接起来，检查机构水平后，拧紧机构与基础的连接螺栓。 （3）将隔离开关操作轴插入垂直传动杆上接套中，紧固接套定位螺钉，注意平键不要漏装。 （4）将操动机构的进线电缆接入机构箱内端子排紧固螺钉上，并对电缆入口处进行封堵。 （5）拐臂中心线与水平传动杆中心线装配角度符合要求，各种转动轴销及螺纹处均涂润滑油	15	缺主要项每处扣3分，不完整或不清晰每处扣2分，扣完为止		
4	动作检查	（1）旋转方向与切换位置对应，检查行程开关通断是否可靠。 （2）辅助开关切换位置正确，接触可靠。 （3）电动机电源线相序正确，机构密封良好	15	缺主要项每处扣5分，不完整或不清晰每处扣2分，扣完为止		
5	其他检查	以上各步均调整好后，确认电动操动机构电动机运转正常	15	缺主要项每处扣15分，不完整或不清晰每处扣2分，扣完为止		
6	清理现场	填写施工记录，工器具及设备摆放整齐，工完场清，报告工作结束	20	缺主要项每处扣15分，不完整或不清晰每处扣5分，扣完为止		
合计			100			

Jc0006442008 隔离开关缺陷形式分析及处理。(100分)

考核知识点：隔离开关安装及调整

难易度：中

技能等级评价专业技能考核操作工作任务书

一、任务名称

隔离开关缺陷形式分析及处理。

二、适用工种

变电一次安装工中级工。

三、具体任务

进行隔离开关缺陷形式分析，并提出处理方法。

四、工作规范及要求

（1）考生正确填写办理工作票，进行安全、技术交底，合理安排人员分工并明确相应职责。

（2）考生进场后检查确认作业场所装设的围栏、悬挂的标识牌符合安全工作规程要求。

（3）考生正确把握执行现场安全文明施工作业的相关要求。

（4）考试结束完成工器具、安装配件、材料的清理。

五、考核及时间要求

（1）本考核操作时间为60分钟，包括安装、调试及报告整理时间，时间到停止考评。

（2）按照技能操作相关要求进行操作，正确记录操作结果。

技能等级评价专业技能考核操作评分标准

工种	变电一次安装工				评价等级	中级工
项目模块	专业技能—隔离开关调整			编号	Jc0006442008	
单位		准考证号			姓名	
考试时限	60 分钟	题型		单项操作	题分	100 分
成绩		考评员		考评组长	日期	
试题正文	隔离开关缺陷形式分析及处理					
需要说明的问题和要求	（1）采取必要的安全措施，符合电力安全工作规程要求。 （2）在考试规定的时间内按要求完成操作任务。 （3）若操作过程出现不符合安全及劳动保护规定情况，每处扣 2 分					

序号	项目名称	质量要求	满分	扣分标准	扣分原因	得分
1	底座转动部分卡阻、不灵活	处理方法：拆洗、加润滑油	15	不完整或不清晰每处扣 10 分，扣完为止		
2	主要电气回路元件接触部位氧化	处理方法：调整或更换	15	不完整或不清晰每处扣 10 分，扣完为止		
3	操动机构内有机械锈蚀及电气元件受潮	机械部分除去锈蚀进行清洗或更换，电气元件进行干燥处理或更换	25	不完整或不清晰每处扣 10 分，扣完为止		
4	导电杆变形	变形轻微的予以矫正，导电杆弯曲度不超过（5/1000）L，变形严重的更换	30	不完整或不清晰每处扣 10 分，扣完为止		
5	辅助触点动作不可靠	调整	15	不完整或不清晰每处扣 10 分，扣完为止		
合计			100			

Jc0006452009　220～500kV 避雷器安装的施工流程和质量要求。（100 分）

考核知识点：其他电气设备安装及调整

难易度：中

技能等级评价专业技能考核操作工作任务书

一、任务名称

220～500kV 避雷器安装的施工流程和质量要求。

二、适用工种

变电一次安装工中级工。

三、具体任务

（1）完成避雷器安装前准备。

（2）在规定时间内完成避雷器安装。

四、工作规范及要求

（1）考生正确填写办理工作票，进行安全、技术交底，合理安排人员分工并明确相应职责。

（2）考生进场后检查确认作业场所装设的围栏、悬挂的标识牌符合安全工作规程要求。

（3）考生正确把握执行现场安全文明施工作业的相关要求。

（4）考试结束完成工器具、安装配件、材料的清理。

五、考核及时间要求

（1）本考核操作时间为 60 分钟，包括安装、调试及报告整理时间，时间到停止考评。

（2）按照技能操作相关要求进行操作，正确记录操作结果。

技能等级评价专业技能考核操作评分标准

工种	变电一次安装工				评价等级	中级工	
项目模块	专业技能—其他电气设备安装及调整			编号	Jc0006452009		
单位		准考证号			姓名		
考试时限	60分钟	题型	多项操作		题分	100分	
成绩		考评员		考评组长		日期	
试题正文	220～500kV避雷器安装的施工流程和质量要求						
需要说明的问题和要求	（1）采取必要的安全措施，符合电力安全工作规程要求。 （2）在考试规定的时间内按要求完成操作任务。 （3）若操作过程出现不符合安全及劳动保护规定情况，每处扣2分						

序号	项目名称	质量要求	满分	扣分标准	扣分原因	得分
1	准备工作	（1）准备施工图、说明书、施工方案等。 （2）准备吊车及施工机具等。 （3）办理作业票。 （4）进行安全技术交底。 （5）做好安全措施	10	缺主要项每处扣2分，不完整或不清晰每处扣1分，扣完为止		
2	基础复测和设备支架	质量指标：标高偏差、垂直度、相间轴线偏差、顶面水平度	10	缺主要项每处扣2分，不合理或不恰当每处扣1分，扣完为止		
3	设备安装	（1）吊装应选择满足相应设备的钢丝绳或吊带以及卸扣，不得利用瓷裙起吊。 （2）必须根据产品成套供应的组件编号进行安装，不得互换，法兰间连接可靠。 （3）安装时铭牌的朝向应符合设计要求并朝向一致	20	缺主要项每处扣7分，不合理或不恰当每处扣4分，扣完为止		
4	调整、附件安装、检查及接地	（1）避雷器应安装垂直。 （2）铭牌应位于易于观察的一侧。 （3）避雷器压力释放口安装方向合理。 （4）避雷器在线监测装置检查、试验合格；在线监测装置与避雷器连接导体规格符合要求，连接、固定可靠；接地部位一处与接地网可靠接地，一处为辅助接地（集中接地装置）。 （5）均压环应安装牢固、平整，检查均压环无划痕、碰撞产生毛刺，寒冷地区均压环应有水滴孔	20	缺主要项每处扣4分，不合理或不恰当每处扣2分，扣完为止		
5	电气试验	电气试验按照《电气装置安装工程　电气设备交接试验标准》（GB 50150—2016）进行，试验结果必须与产品试验报告进行比对	10	缺项或不合理每处扣2分，扣完为止		
6	质量验评	（1）开箱检查记录、安装检验记录、评定记录，电气试验报告。 （2）制造厂提供的产品说明书、试验记录、合格证件及安装图纸等技术文件。 （3）施工图及变更设计的说明文件。 （4）备品、备件、专用工具及测试仪器清单	20	缺主要项每处扣5分，不完整或不清晰每处扣2分，扣完为止		
7	清理现场	填写施工记录，工器具及设备摆放整齐，工完场清，报告工作结束	10	回答错误每项扣3分，不全面每处扣1分，扣完为止		
合计			100			

Jc0006442010　避雷器在线监测仪安装。（100分）

考核知识点：其他电气设备安装及调整

难易度：中

技能等级评价专业技能考核操作工作任务书

一、任务名称

避雷器在线监测仪安装。

二、适用工种

变电一次安装工中级工。

三、具体任务

（1）进行避雷器在线监测仪安装施工准备。

（2）在规定时间内完成避雷器在线监测仪安装。

四、工作规范及要求

（1）考生正确填写办理工作票，进行安全、技术交底，合理安排人员分工并明确相应职责。

（2）考生进场后检查确认作业场所装设的围栏、悬挂的标识牌符合安全工作规程要求。

（3）考生正确把握执行现场安全文明施工作业的相关要求。

（4）考试结束完成工器具、安装配件、材料的清理。

五、考核及时间要求

（1）本考核操作时间为60分钟，包括安装、调试及报告整理时间，时间到停止考评。

（2）按照技能操作相关要求进行操作，正确记录操作结果。

技能等级评价专业技能考核操作评分标准

工种	变电一次安装工					评价等级	中级工
项目模块	专业技能—其他电气设备安装及调整				编号	Jc0006442010	
单位			准考证号			姓名	
考试时限	60分钟	题型		单项操作		题分	100分
成绩		考评员		考评组长		日期	
试题正文	避雷器在线监测仪安装						
需要说明的问题和要求	（1）采取必要的安全措施，符合电力安全工作规程要求。 （2）在考试规定的时间内按要求完成操作任务。 （3）若操作过程出现不符合安全及劳动保护规定情况，每处扣2分						

序号	项目名称	质量要求	满分	扣分标准	扣分原因	得分
1	准备工作	（1）准备施工图、说明书、施工方案等。 （2）准备检测仪器及施工机具等。 （3）办理作业票。 （4）进行安全技术交底。 （5）做好安全措施	20	缺主要项每处扣4分，不完整或不清晰每处扣2分，扣完为止		
2	现场检查	（1）安全措施完备。 （2）避雷器已安装到位，在线监测仪基础已具备安装条件。 （3）在线监测仪开箱良好，有合格证、试验报告。 （4）在线监测仪外观无损伤	20	缺主要项每处扣5分，不完整或不清晰每处扣2分，扣完为止		
3	在线监测仪安装	（1）用两颗螺栓将在线监测仪固定在底座上，螺栓方向一致。 （2）方便运行观察和监视。 （3）装设水平对称。 （4）地线弧度美观一致。 （5）上部接线为黑色、下部接线为黄绿双色	25	缺主要项每处扣5分，不完整或不清晰每处扣2分，扣完为止		
4	其他检查	（1）电流指针在零位。 （2）接线牢固。 （3）记录好计数器数值	15	缺主要项每处扣5分，不完整或不清晰每处扣2分，扣完为止		
5	清理现场	填写施工记录，工器具及设备摆放整齐，工完场清，报告工作结束	20	缺主要项每处扣10分，不完整或不清晰每处扣5分，扣完为止		
	合计		100			

Jc0006442011　中性点放电间隙调整。（100 分）

考核知识点：其他电气设备安装及调整

难易度：中

技能等级评价专业技能考核操作工作任务书

一、任务名称

中性点放电间隙调整。

二、适用工种

变电一次安装工中级工。

三、具体任务

（1）进行中性点放电间隙调整施工准备。

（2）在规定时间内完成中性点放电间隙调整。

四、工作规范及要求

（1）考生正确填写办理工作票，进行安全、技术交底，合理安排人员分工并明确相应职责。

（2）考生进场后检查确认作业场所装设的围栏、悬挂的标识牌符合安全工作规程要求。

（3）考生正确把握执行现场安全文明施工作业的相关要求。

（4）考试结束完成工器具、安装配件、材料的清理。

五、考核及时间要求

（1）本考核操作时间为 60 分钟，包括安装、调试及报告整理时间，时间到停止考评。

（2）按照技能操作相关要求进行操作，正确记录操作结果。

技能等级评价专业技能考核操作评分标准

工种	变电一次安装工					评价等级	中级工
项目模块	专业技能—其他电气设备安装及调整				编号	Jc0006442011	
单位			准考证号			姓名	
考试时限	60 分钟		题型	单项操作		题分	100 分
成绩		考评员		考评组长		日期	
试题正文	中性点放电间隙调整						
需要说明的问题和要求	（1）采取必要的安全措施，符合电力安全工作规程要求。 （2）在考试规定的时间内按要求完成操作任务。 （3）若操作过程出现不符合安全及劳动保护规定情况，每处扣 2 分						

序号	项目名称	质量要求	满分	扣分标准	扣分原因	得分
1	准备工作	（1）准备施工图、说明书、施工方案等。 （2）准备施工机具等。 （3）办理作业票。 （4）进行安全技术交底。 （5）做好安全措施	20	缺主要项每处扣 4 分，不完整或不清晰每处扣 2 分，扣完为止		
2	现场检查	（1）安全措施完备。 （2）间隙调整要求符合现场条件	20	缺主要项每处扣 10 分，不完整或不清晰每处扣 5 分，扣完为止		
3	棒－棒间隙距离调整	（1）调整中性点间隙半球头圆钢的水平，两根圆钢应正对，高低误差不大于 5mm。 （2）圆钢半球头应光滑，不应有尖角毛刺，导致放电动作电压降低。 （3）圆钢紧固螺栓要得当，防止间隙强度不够而变形。 （4）棒－棒间隙按设计要求调整，确保中心对准一致	20	缺主要项每处扣 5 分，不完整或不清晰每处扣 3 分，扣完为止		

续表

序号	项目名称	质量要求	满分	扣分标准	扣分原因	得分
4	其他检查	（1）螺栓紧固情况。 （2）设备防锈处理	20	缺主要项每处扣10分，不完整或不清晰每处扣5分，扣完为止		
5	清理现场	填写施工记录，工器具及设备摆放整齐，工完场清，报告工作结束	20	缺主要项每处扣10分，不完整或不清晰每处扣5分，扣完为止		
合计			100			

Jc0005441012　电流互感器变比调整施工及工艺质量验评。（100分）

考核知识点：其他电气设备安装及调整

难易度：易

技能等级评价专业技能考核操作工作任务书

一、任务名称

电流互感器变比调整施工及工艺质量验评。

二、适用工种

变电一次安装工中级工。

三、具体任务

（1）进行电流互感器变比调整施工准备。

（2）完成电流互感器等电位连接片的拆除和安装。

四、工作规范及要求

（1）考生正确填写办理工作票，进行安全、技术交底，合理安排人员分工并明确相应职责。

（2）考生进场后检查确认作业场所装设的围栏、悬挂的标识牌符合安全工作规程要求。

（3）考生正确把握执行现场安全文明施工作业的相关要求。

（4）考试结束完成工器具、安装配件、材料的清理。

五、考核及时间要求

（1）本考核操作时间为90分钟，包括安装、调试及报告整理时间，时间到停止考评。

（2）按照技能操作相关要求进行操作，正确记录操作结果。

技能等级评价专业技能考核操作评分标准

工种	变电一次安装工					评价等级	中级工
项目模块	专业技能—电流互感器变比调整				编号	Jc0005441012	
单位			准考证号			姓名	
考试时限	90分钟		题型	单项操作		题分	100分
成绩		考评员		考评组长		日期	
试题正文	电流互感器变比调整施工及工艺质量验评						
需要说明的问题和要求	（1）采取必要的安全措施，符合电力安全工作规程要求。 （2）在考试规定的时间内按要求完成操作任务。 （3）若操作过程出现不符合安全及劳动保护规定情况，每处扣2分						

序号	项目名称	质量要求	满分	扣分标准	扣分原因	得分
1	施工准备	（1）准备施工图、说明书、施工方案等。 （2）准备吊车及施工机具等。 （3）办理作业票。 （4）进行安全技术交底。 （5）做好安全措施	20	缺主要项每处扣4分，不完整或不清晰每处扣2分，扣完为止		

续表

序号	项目名称	质量要求	满分	扣分标准	扣分原因	得分
2	等电位连接片的拆除	(1)现场核对变比，根据厂家说明书确定串、并联连接方式。 (2)拆除等电位连接片。 (3)对连接部位进行氧化物清除、打磨除锈	20	缺主要项每处扣7分，不完整或不清晰每处扣3分，扣完为止		
3	等电位连接片的安装	(1)安装连接片，要求接头应接触良好，无过热现象。 (2)螺栓应拧紧，平垫圈和弹簧垫圈应齐全。 (3)检查连接片与一次端子的贴合情况	20	缺主要项每处扣7分，不完整或不清晰每处扣3分，扣完为止		
4	电流互感器一次端子检查	(1)高压引线及引线端子无松动、变形、开裂现象。 (2)一次接线柱无渗油、漏气，螺栓无锈蚀	20	缺主要项每处扣10分，不完整或不清晰每处扣5分，扣完为止		
5	完工	填写施工记录，工器具及设备摆放整齐，工完场清，报告工作结束	20	缺主要项每处扣10分，不完整或不清晰每处扣5分，扣完为止		
合计			100			

Jc0005442013　矩形母线制作施工及工艺质量验评。（100分）
考核知识点：母线及接地装置安装
难易度：中

技能等级评价专业技能考核操作工作任务书

一、任务名称

矩形母线制作施工及工艺质量验评。

二、适用工种

变电一次安装工中级工。

三、具体任务

（1）完成矩形母线制作前准备。
（2）完成矩形母线制作。

四、工作规范及要求

（1）考生正确填写办理工作票，进行安全、技术交底，合理安排人员分工并明确相应职责。
（2）考生进场后检查确认作业场所装设的围栏、悬挂的标识牌符合安全工作规程要求。
（3）考生正确把握执行现场安全文明施工作业的相关要求。
（4）考试结束完成工器具、安装配件、材料的清理。

五、考核及时间要求

（1）本考核操作时间为90分钟，包括安装、调试及报告整理时间，时间到停止考评。
（2）按照技能操作相关要求进行操作，正确记录操作结果。

技能等级评价专业技能考核操作评分标准

工种	变电一次安装工				评价等级	中级工
项目模块	专业技能—母线制作			编号	Jc0005442013	
单位		准考证号			姓名	
考试时限	90分钟	题型	多项操作		题分	100分
成绩	考评员		考评组长		日期	
试题正文	矩形母线制作施工及工艺质量验评					

续表

需要说明的问题和要求	（1）口述及辅助书写答辩题，本题施工范围指电压等级为35kV及以下配电装置的矩形母线制作，矩形母线规格为LM-100×10，母线连接方式为螺栓搭接，由考评员交代考核内容及要求。 （2）采取必要的安全措施，符合电力安全工作规程要求。 （3）在考试规定的时间内按要求完成操作任务。 （4）若操作过程出现不符合安全及劳动保护规定情况，每处扣2分					
序号	项目名称	质量要求	满分	扣分标准	扣分原因	得分
1	施工准备	（1）准备施工图、说明书、施工方案等。 （2）准备吊车及施工机具等。 （3）办理作业票。 （4）进行安全技术交底。 （5）做好安全措施	20	缺主要项每处扣4分，不完整或不清晰每处扣2分，扣完为止		
2	母线桥架的制作、加工	（1）所用钢材的规格及尺寸符合设计要求，焊接机涂漆符合要求。 （2）安全净距符合规范要求，接地可靠	20	不完整或不清晰每处扣10分，扣完为止		
3	母线加工	（1）母线材质应光洁平整，应按规范要求进行机械性能和电阻率检验。 （2）实测下料尺寸应符合规范要求。 （3）母线弯曲处距母线金具及母线搭接位置不应小于50mm，符合规范要求。 （4）母线搭接连接的尺寸、孔径、螺栓规格应符合规范要求。 （5）母线接触面加工必须平整。 （6）经加工后铝母线截面积减少值符合相关要求	40	不完整或不清晰每处扣2分，扣完为止		
4	完工	填写施工记录，工器具及设备摆放整齐，工完场清，报告工作结束	20	缺主要项每处扣10分，不完整或不清晰每处扣5分，扣完为止		
合计			100			

Jc0005442014　矩形母线安装施工及工艺质量验评。（100分）

考核知识点：母线及接地装置安装

难易度：中

技能等级评价专业技能考核操作工作任务书

一、任务名称

矩形母线安装施工及工艺质量验评。

二、适用工种

变电一次安装工中级工。

三、具体任务

（1）完成矩形母线安装前准备。

（2）完成矩形母线安装。

四、工作规范及要求

（1）考生正确填写办理工作票，进行安全、技术交底，合理安排人员分工并明确相应职责。

（2）考生进场后检查确认作业场所装设的围栏、悬挂的标识牌符合安全工作规程要求。

（3）考生正确把握执行现场安全文明施工作业的相关要求。

（4）考试结束完成工器具、安装配件、材料的清理。

五、考核及时间要求

（1）本考核操作时间为90分钟，包括安装、调试及报告整理时间，时间到停止考评。

（2）按照技能操作相关要求进行操作，正确记录操作结果。

技能等级评价专业技能考核操作评分标准

工种	变电一次安装工			评价等级	中级工
项目模块	专业技能—母线安装		编号	Jc0005442014	
单位		准考证号		姓名	
考试时限	90分钟	题型	多项操作	题分	100分
成绩	考评员		考评组长	日期	
试题正文	矩形母线安装施工及工艺质量验评				
需要说明的问题和要求	（1）口述及辅助书写答辩题，本题施工范围指电压等级为35kV及以下配电装置的矩形母线制作安装，矩形母线规格为LM-100×10，母线连接方式为螺栓搭接，由考评员交代考核内容及要求。 （2）采取必要的安全措施，符合电力安全工作规程要求。 （3）在考试规定的时间内按要求完成操作任务。 （4）若操作过程出现不符合安全及劳动保护规定情况，每处扣2分				

序号	项目名称	质量要求	满分	扣分标准	扣分原因	得分
1	施工准备	（1）准备施工图、说明书、施工方案等。 （2）准备吊车及施工机具等。 （3）办理作业票。 （4）进行安全技术交底。 （5）做好安全措施	20	缺主要项每处扣4分，不完整或不清晰每处扣2分，扣完为止		
2	母线安装	（1）搭接螺栓应用精制或半精制的镀锌螺栓。 （2）两侧加平垫，螺母侧加弹簧垫。 （3）螺栓应由下向上穿，长度宜露出螺母2～3扣。 （4）螺栓应受力均匀，不应使接线端子受到额外应力。 （5）母线的接触面应连接紧密，连接螺栓应用力矩扳手紧固，紧固力矩应符合规范要求。 （6）母线在支柱瓷绝缘子上固定时，固定金具应平整牢固，不应构成闭合磁路，金具上部压板应与母线保持1～1.5mm的间隙。 （7）母线在支柱绝缘子上的固定死点应在两端伸缩节的中点。 （8）母线伸缩节不得有裂纹、断股和折皱现象。 （9）与变压器套管接线板连接应采用铜铝过渡板，并且铜板应搪锡	45	不完整或不清晰每处扣5分，扣完为止		
3	母线涂相色漆	（1）A、B、C三相母线分别涂黄、绿、红色，涂漆应均匀、整齐、无起层皱皮等缺陷。 （2）单片母线的所有面均应涂漆。 （3）距母线连接处10mm以内的地方不应涂漆	15	不完整或不清晰每处扣5分，扣完为止		
4	完工	填写施工记录，工器具及设备摆放整齐，工完场清，报告工作结束	20	缺主要项每处扣10分，不完整或不清晰每处扣5分，扣完为止		
合计			100			

Jc0005442015　悬式绝缘子串及金具组装施工及工艺质量验评。（100分）

考核知识点：其他电气设备安装及调整

难易度：中

技能等级评价专业技能考核操作工作任务书

一、任务名称

悬式绝缘子串及金具组装施工及工艺质量验评。

二、适用工种

变电一次安装工中级工。

三、具体任务

（1）完成悬式绝缘子串及金具安装前准备。

（2）完成悬式绝缘子串及金具安装。

四、工作规范及要求

（1）考生正确填写办理工作票，进行安全、技术交底，合理安排人员分工并明确相应职责。

（2）考生进场后检查确认作业场所装设的围栏、悬挂的标识牌符合安全工作规程要求。

（3）考生正确把握执行现场安全文明施工作业的相关要求。

（4）考试结束完成工器具、安装配件、材料的清理。

五、考核及时间要求

（1）本考核操作时间为90分钟，包括安装、调试及报告整理时间，时间到停止考评。

（2）按照技能操作相关要求进行操作，正确记录操作结果。

技能等级评价专业技能考核操作评分标准

工种	变电一次安装工					评价等级	中级工
项目模块	专业技能—悬式绝缘子串及金具组装				编号	Jc0005442015	
单位			准考证号			姓名	
考试时限	90分钟		题型	单项操作		题分	100分
成绩		考评员		考评组长		日期	
试题正文	悬式绝缘子串及金具组装施工及工艺质量验评						
需要说明的问题和要求	（1）采取必要的安全措施，符合电力安全工作规程要求。 （2）在考试规定的时间内按要求完成操作任务。 （3）若操作过程出现不符合安全及劳动保护规定情况，每处扣2分						

序号	项目名称	质量要求	满分	扣分标准	扣分原因	得分
1	施工准备	（1）准备施工图、说明书、施工方案等。 （2）准备吊车及施工机具等。 （3）办理作业票。 （4）进行安全技术交底。 （5）做好安全措施	20	缺主要项每处扣4分，不完整或不清晰每处扣2分，扣完为止		
2	绝缘试验	（1）绝缘电阻表的正确使用。 （2）逐个进行绝缘电阻测量	20	缺主要项每处扣10分，不完整或不清晰每处扣5分，扣完为止		
3	连接绝缘子串	（1）绝缘子串的球头挂环、碗头挂板及锁钉连接正确。 （2）弹簧锁应有足够弹性。 （3）弹簧销、螺栓及销钉方向正确。 （4）绝缘子碗口一致	20	操作错误、连接错误每项扣5分，扣完为止		
4	均压环、屏蔽环等保护金具组装	（1）附件相互配套。 （2）安装牢固，位置正确	20	操作错误、组装错误或不规范每项扣10分，扣完为止		
5	整体检查	（1）检查连接正确。 （2）牢固可靠	10	检查漏项每项扣5分，扣完为止		
6	完工	填写施工记录，工器具及设备摆放整齐，工完场清，报告工作结束	10	缺主要项每处扣10分，不完整或不清晰每处扣5分，扣完为止		
合计			100			

Jc0005442016　穿墙套管安装施工及工艺质量验评。（100分）

考核知识点：母线及接地装置安装

难易度：中

技能等级评价专业技能考核操作工作任务书

一、任务名称

穿墙套管安装施工及工艺质量验评。

二、适用工种

变电一次安装工中级工。

三、具体任务

（1）完成穿墙套管安装前准备。

（2）在规定时间内完成穿墙套管安装。

四、工作规范及要求

（1）考生正确填写办理工作票，进行安全、技术交底，合理安排人员分工并明确相应职责。

（2）考生进场后检查确认作业场所装设的围栏、悬挂的标识牌符合安全工作规程要求。

（3）考生正确把握执行现场安全文明施工作业的相关要求。

（4）考试结束完成工器具、安装配件、材料的清理。

五、考核及时间要求

（1）本考核操作时间为90分钟，包括安装、调试及报告整理时间，时间到停止考评。

（2）按照技能操作相关要求进行操作，正确记录操作结果。

技能等级评价专业技能考核操作评分标准

工种	变电一次安装工					评价等级	中级工
项目模块	专业技能—穿墙套管的安装				编号	Jc0005442016	
单位			准考证号			姓名	
考试时限	90分钟		题型	单项操作		题分	100分
成绩		考评员		考评组长		日期	
试题正文	穿墙套管安装施工及工艺质量验评						
需要说明的问题和要求	（1）采取必要的安全措施，符合电力安全工作规程要求。 （2）在考试规定的时间内按要求完成操作任务。 （3）若操作过程出现不符合安全及劳动保护规定情况，每处扣2分						

序号	项目名称	质量要求	满分	扣分标准	扣分原因	得分
1	施工准备	（1）准备施工图、说明书、施工方案等。 （2）准备吊车及施工机具等。 （3）办理作业票。 （4）进行安全技术交底。 （5）做好安全措施	15	缺主要项每处扣3分，不完整或不清晰每处扣1分，扣完为止		
2	设备外观检查	（1）瓷件应完好。 （2）充油套管的油位正常	10	缺项每处扣5分，扣完为止		
3	试验	穿墙套管安装前应做好试验，应符合《电气装置安装工程　母线装置施工及验收规范》（GB 50149—2010）	10	缺项每处扣5分，扣完为止		
4	安装	（1）额定电流在1500A及以上的穿墙套管直接固定在钢板上时，套管周围不能构成闭合磁路。 （2）穿墙套管垂直安装时，法兰应向上；水平安装时，法兰应在外	25	缺项、操作方法错误每项扣13分，不规范每项扣5分，扣完为止		
5	油位指示或压力指示	（1）油绝缘套管油位指示清晰，便于观察，注入套管内的油应是合格的油。 （2）气体绝缘套管压力指示正确，气体试验合格	20	缺项、操作方法错误每项扣5分，不规范每项扣2分，扣完为止		
6	接地	（1）套管应可靠接地。 （2）电磁锁或程序锁闭锁可靠	10	漏项或错误每项扣5分，扣完为止		
7	完工	填写施工记录，工器具及设备摆放整齐，工完场清，报告工作结束	10	缺主要项每处扣5分，不完整或不清晰每处扣2分，扣完为止		
	合计		100			

Jc0005442017　电缆头制作。（100分）

考核知识点：钳工工艺及变电设备附件制作技能

难易度：中

技能等级评价专业技能考核操作工作任务书

一、任务名称

电缆头制作。

二、适用工种

变电一次安装工中级工。

三、具体任务

（1）检查工器具、材料。

（2）确保现场布置及操作符合安全要求。

（3）电缆及电缆头外观检查。

（4）完工清理现场。

四、工作规范及要求

（1）考生正确填写办理工作票，进行安全、技术交底，合理安排人员分工并明确相应职责。

（2）考生进场后检查确认作业场所装设的围栏、悬挂的标识牌符合安全工作规程要求。

（3）考生正确把握执行现场安全文明施工作业的相关要求。

（4）考试结束完成工器具、安装配件、材料的清理。

五、考核及时间要求

（1）本考核操作时间为60分钟，包括安装、调试及报告整理时间，时间到停止考评。

（2）按照技能操作相关要求进行操作，正确记录操作结果。

技能等级评价专业技能考核操作评分标准

工种	变电一次安装工			评价等级	中级工
项目模块	专业技能—电缆头制作		编号	Jc0005442017	
单位		准考证号		姓名	
考试时限	60分钟	题型	单项操作	题分	100分
成绩	考评员		考评组长	日期	
试题正文	电缆头制作				
需要说明的问题和要求	（1）采取必要的安全措施，符合电力安全工作规程要求。 （2）在考试规定的时间内按要求完成操作任务。 （3）若操作过程出现不符合安全及劳动保护规定情况，每处扣2分				

序号	项目名称	质量要求	满分	扣分标准	扣分原因	得分
1	施工准备	（1）准备电缆头制作材料及施工机具。 （2）办理作业票。 （3）进行安全技术交底。 （4）做好安全措施	15	缺主要项每处扣5分，不完整或不清晰每处扣2分，扣完为止		
2	电缆剥切	（1）电缆置于预定位置，剥去外护套600mm，留铠装30mm。 （2）清除填充带和内垫层	20	缺主要项每处扣10分，不完整或不清晰每处扣1分，扣完为止		
3	绝缘电阻测试	（1）利用绝缘电阻表测量线芯对地和线芯间绝缘。 （2）500m 以内电缆长度绝缘电阻不应小于200MΩ	20	缺主要项每处扣10分，不完整或不清晰每处扣5分，扣完为止		
4	电缆头安装	（1）安装接地线。清除铠装上的防锈漆，在铜带和铠装上涂抹焊锡膏，用电烙铁和焊锡丝焊接，将尖角部位打磨光滑并用绝缘胶布包扎。 （2）安装分支套。用酒精清洗指套安装位置，在末端缠绕防水胶，套入分支套热缩。	40	缺主要项每处扣10分，不完整或不清晰每处扣3分，扣完为止		

续表

序号	项目名称	质量要求	满分	扣分标准	扣分原因	得分
4	电缆头安装	（3）制作接线端子。按接线端子深度加5mm，剥除线芯绝缘并清除氧化层，套入接线端子压接，打磨尖角。 （4）安装线芯绝缘管。清洗线芯，在接线端子和分支套缠绕防水胶，套入绝缘管，套入分支套深度至少20mm，右下至上均匀热缩	40	缺主要项每处扣10分，不完整或不清晰每处扣3分，扣完为止		
5	完工	填写施工记录，工器具及设备摆放整齐，工完场清，报告工作结束	5	缺主要项每处扣3分，不完整或不清晰每处扣1分，扣完为止		
合计			100			

Jc0005441018　35kV及以上支柱断路器安装。（100分）

考核知识点：断路器安装及调整

难易度：易

技能等级评价专业技能考核操作工作任务书

一、任务名称

35kV及以上支柱断路器安装。

二、适用工种

变电一次安装工中级工。

三、具体任务

（1）完成安装施工准备。

（2）完成35kV及以上支柱断路器安装。

（3）完成安装报告。

（4）完工清理现场。

四、工作规范及要求

（1）考生正确填写办理工作票，进行安全、技术交底，合理安排人员分工并明确相应职责。

（2）考生进场后检查确认作业场所装设的围栏、悬挂的标识牌符合安全工作规程要求。

（3）考生正确把握执行现场安全文明施工作业的相关要求。

（4）考试结束完成工器具、安装配件、材料的清理。

五、考核及时间要求

（1）本考核操作时间为90分钟，包括安装、调试及报告整理时间，时间到停止考评。

（2）按照技能操作相关要求进行操作，正确记录操作结果。

技能等级评价专业技能考核操作评分标准

<table>
<tr><td>工种</td><td colspan="7">变电一次安装工</td><td>评价等级</td><td>中级工</td></tr>
<tr><td>项目模块</td><td colspan="6">专业技能—断路器安装及调整</td><td>编号</td><td colspan="2">Jc0005441018</td></tr>
<tr><td>单位</td><td colspan="3"></td><td colspan="2">准考证号</td><td colspan="2"></td><td>姓名</td><td></td></tr>
<tr><td>考试时限</td><td colspan="2">90分钟</td><td colspan="2">题型</td><td colspan="3">单项操作</td><td>题分</td><td>100分</td></tr>
<tr><td>成绩</td><td></td><td>考评员</td><td colspan="2"></td><td colspan="2">考评组长</td><td></td><td>日期</td><td></td></tr>
<tr><td>试题正文</td><td colspan="9">35kV及以上支柱断路器安装</td></tr>
<tr><td>需要说明的问题和要求</td><td colspan="9">（1）采取必要的安全措施，符合电力安全工作规程要求。
（2）在考试规定的时间内按要求完成操作任务。
（3）若操作过程出现不符合安全及劳动保护规定情况，每处扣2分</td></tr>
</table>

续表

序号	项目名称	质量要求	满分	扣分标准	扣分原因	得分
1	施工准备	（1）准备施工图、说明书、施工方案等。 （2）准备吊车及施工机具。 （3）办理作业票。 （4）进行安全技术交底。 （5）做好安全措施	5	缺主要项每处扣1分，不完整或不清晰每处扣0.5分，扣完为止		
2	基础复测	（1）土建工程基本施工完毕，地面、墙面全部完工，标高、尺寸、结构及预埋件均符合设计要求。 （2）设备基础达到允许安装强度要求。 （3）预埋件、基础地坪标高及水平误差符合设计及制造厂家要求	10	缺主要项每处扣4分，不完整或不清晰每处扣1分，扣完为止		
3	吊装要求	（1）吊装钢丝绳或吊带以及卸扣选择正确。 （2）所有部件的安装位置正确。 （3）保持其应有的水平或垂直位置	10	缺主要项每处扣4分，不完整或不清晰每处扣1分，扣完为止		
4	极柱安装	（1）底部垫实，整个过程吊钩顺起立方向走动。 （2）端部有缆绳保险，侧向有保护措施	10	缺主要项每处扣5分，不完整或不清晰每处扣1分，扣完为止		
5	设备吊装	（1）选用吊装器具、吊点。 （2）密封槽面应清洁，无划伤痕迹。 （3）涂密封脂应均匀。 （4）更换吸附剂。 （5）连接螺栓，紧固力矩	60	缺主要项每处扣12分，不完整或不清晰每处扣4分，扣完为止		
6	完工	填写施工记录，工器具及设备摆放整齐，工完场清，报告工作结束	5	缺主要项每处扣3分，不完整或不清晰每处扣1分，扣完为止		
合计			100			

Jc0005442019　10kV 及 35kV 开关柜的安装。（100 分）

考核知识点：其他电气设备安装及调整

难易度：中

技能等级评价专业技能考核操作工作任务书

一、任务名称

10kV 及 35kV 开关柜的安装。

二、适用工种

变电一次安装工中级工。

三、具体任务

（1）施工准备。

（2）基础复测

（3）开关柜本体安装。

（4）附件安装及调整。

（5）清理现场。

四、工作规范及要求

（1）考生正确填写办理工作票，进行安全、技术交底，合理安排人员分工并明确相应职责。

（2）考生进场后检查确认作业场所装设的围栏、悬挂的标识牌符合安全工作规程要求。

（3）考生正确把握执行现场安全文明施工作业的相关要求。

（4）考试结束完成工器具、安装配件、材料的清理。

五、考核及时间要求

（1）本考核操作时间为 90 分钟，包括安装、调试及报告整理时间，时间到停止考评。

（2）按照技能操作相关要求进行操作，正确记录操作结果。

技能等级评价专业技能考核操作评分标准

工种	变电一次安装工					评价等级	中级工
项目模块	专业技能—其他电气设备安装及调整				编号	Jc0005442019	
单位			准考证号			姓名	
考试时限	90分钟		题型	单项操作		题分	100分
成绩		考评员		考评组长		日期	
试题正文	10kV及35kV开关柜的安装						
需要说明的问题和要求	（1）采取必要的安全措施，符合电力安全工作规程要求。 （2）在考试规定的时间内按要求完成操作任务。 （3）若操作过程出现不符合安全及劳动保护规定情况，每处扣2分						

序号	项目名称	质量要求	满分	扣分标准	扣分原因	得分
1	准备工作	（1）准备施工图、说明书、施工方案等。 （2）准备吊车及施工机具。 （3）办理作业票。 （4）进行安全技术交底。 （5）做好安全措施	15	缺主要项每处扣3分，不完整或不清晰每处扣1.5分，扣完为止		
2	基础复测	（1）与柜安装有关的建筑物、构筑物土建工程已结束并验收合格。 （2）可能影响已安装设备或设备安装后不能再进行修饰的工作全部结束	10	缺主要项每处扣5分，不完整或不清晰每处扣1分，扣完为止		
3	开关柜本体就位及安装	（1）开关柜就位前，对室内地面采取敷设地胶板等措施，做好土建成品的保护工作。 （2）开关柜就位过程中，采用中心向两边或单侧起立方式，确保成套柜的整齐排列。 （3）开关柜可在柜底用“溜滚”拖运，避免柜变形、元件受损，采取防倾倒措施，不得抓住接线端子搬运断路器。 （4）开关柜与基础的固定用螺栓连接，柜间采用螺栓连接。柜体在基础型钢上用螺栓固定。 （5）开关柜就位后调整其垂直度、水平度及柜面不平度，在柜与基础型钢间垫入调整用垫片	35	缺主要项每处扣7分，不完整或不清晰每处扣2分，扣完为止		
4	附件安装及调试	（1）手车推拉应轻便、灵活，无卡阻、碰撞现象。 （2）动触头与静触头的中心线成一列，触头接触紧密，间隙符合产品技术要求。 （3）调整辅助开关、切换开关、限位开关，使其触点动作可靠，接触良好。 （4）防止电气误操作的“五防”装置齐全，动作灵活可靠。 （5）安全隔离板开启灵活。手车与柜体间的接地触头接触紧密	35	缺主要项每处扣7分，不完整或不清晰每处扣2分，扣完为止		
5	完工	填写施工记录，工器具及设备摆放整齐，工完场清，报告工作结束	5	缺主要项每处扣3分，不完整或不清晰每处扣1分，扣完为止		
合计			100			

Jc0005442020　气体封闭开关设备充注 SF_6 气体。（100分）

考核知识点：断路器安装及调整

难易度：中

技能等级评价专业技能考核操作工作任务书

一、任务名称

气体封闭开关设备充注 SF_6 气体。

二、适用工种

变电一次安装工中级工。

三、具体任务

（1）施工准备。

（2）完成充气前检查。

（3）开关设备充注 SF_6 气体。

（4）完工清理现场。

四、工作规范及要求

（1）考生正确填写办理工作票，进行安全、技术交底，合理安排人员分工并明确相应职责。

（2）考生进场后检查确认作业场所装设的围栏、悬挂的标识牌符合安全工作规程要求。

（3）考生正确把握执行现场安全文明施工作业的相关要求。

（4）考试结束完成工器具、安装配件、材料的清理。

五、考核及时间要求

（1）本考核操作时间为 90 分钟，包括安装、调试及报告整理时间，时间到停止考评。

（2）按照技能操作相关要求进行操作，正确记录操作结果。

技能等级评价专业技能考核操作评分标准

工种	变电一次安装工					评价等级	中级工
项目模块	专业技能—其他电气设备安装及调整				编号	Jc0005442020	
单位		准考证号				姓名	
考试时限	90 分钟	题型		单项操作		题分	100 分
成绩		考评员		考评组长		日期	
试题正文	气体封闭开关设备充注 SF_6 气体						
需要说明的问题和要求	（1）采取必要的安全措施，符合电力安全工作规程要求。 （2）在考试规定的时间内按要求完成操作任务。 （3）若操作过程出现不符合安全及劳动保护规定情况，每处扣 2 分						

序号	项目名称	质量要求	满分	扣分标准	扣分原因	得分
1	施工准备	（1）准备施工图、说明书、施工方案等。 （2）准备 SF_6 气体检测仪及施工机具。 （3）办理作业票。 （4）进行安全技术交底。 （5）做好安全措施	5	缺主要项每处扣 1 分，不完整或不清晰每处扣 0.5 分，扣完为止		
2	充气前的检查	（1）应确认充注的 SF_6 气体为检测合格。 （2）测定当前环境湿度小于 80%。 （3）检查充气设备及管路应洁净、无水分、无油污，管路连接无渗漏。 （4）确认被充注设备已抽真空至合格数据或已充注 SF_6 气体并且微水量测试合格。 （5）当气室已充有 SF_6 气体，且含水量检验合格时，可直接补气。 （6）对断路器进行充注时，应对 SF_6 气体进行称重。 （7）充注时应排出管路中的空气	70	缺主要项每处扣 10 分，不完整或不清晰每处扣 3 分，扣完为止		

续表

序号	项目名称	质量要求	满分	扣分标准	扣分原因	得分
3	开关设备充注SF_6气体	（1）将减压阀和软管安装在SF_6钢瓶上。 （2）打开减压阀吹净充气管道。 （3）打开开关设备阀门和气瓶阀门，调节减压阀压力开始充气，使压力保持在小于1.1倍额定压力的范围内。 （4）观察开关SF_6压力表，充气至略大于额定压力约0.03MPa，关闭阀门后检漏	20	缺主要项每处扣5分，不完整或不清晰每处扣2分，扣完为止		
4	完工	填写施工记录，工器具及设备摆放整齐，工完场清，报告工作结束	5	缺主要项每处扣3分，不完整或不清晰每处扣1分，扣完为止		
合计			100			

Jc0005452021　330kV断路器电动操动机构安装及调试。(100分)

考核知识点：断路器安装及调整

难易度：中

技能等级评价专业技能考核操作工作任务书

一、任务名称

330kV断路器电动操动机构安装及调试。

二、适用工种

变电一次安装工中级工。

三、具体任务

（1）检查工器具、材料。

（2）确保现场布置及操作符合安全要求。

（3）做好施工准备工作。

（4）断路器电动操动机构安装。

（5）断路器电动操动机构调试。

（6）完工清理现场。

四、工作规范及要求

（1）考生正确填写办理工作票，进行安全、技术交底，合理安排人员分工并明确相应职责。

（2）考生进场后检查确认作业场所装设的围栏、悬挂的标识牌符合安全工作规程要求。

（3）考生正确把握执行现场安全文明施工作业的相关要求。

（4）考试结束完成工器具、安装配件、材料的清理。

五、考核及时间要求

（1）本考核操作时间为90分钟，包括安装、调试及报告整理时间，时间到停止考评。

（2）按照技能操作相关要求进行操作，正确记录操作结果。

技能等级评价专业技能考核操作评分标准

工种	变电一次安装工				评价等级	中级工
项目模块	专业技能—断路器安装及调整			编号	Jc0005452021	
单位		准考证号			姓名	
考试时限	90分钟	题型	单项操作		题分	100分

续表

成绩		考评员		考评组长		日期	
试题正文	330kV 断路器电动操动机构安装及调试						
需要说明的问题和要求	（1）采取必要的安全措施，符合电力安全工作规程要求 （2）在考试规定的时间内按要求完成操作任务。 （3）若操作过程出现不符合安全及劳动保护规定情况，每处扣2分						

序号	项目名称	质量要求	满分	扣分标准	扣分原因	得分
1	施工准备	（1）准备施工图、说明书、施工方案等。 （2）准备吊车及施工机具。 （3）办理作业票。 （4）进行安全技术交底。 （5）做好安全措施	5	缺主要项每处扣 1 分，不完整或不清晰每处扣 0.5 分，扣完为止		
2	基础复测	（1）与柜安装有关的建筑物、构筑物土建工程已结束并验收合格。 （2）可能影响已安装设备或设备安装后不能再进行修饰的工作全部结束	10	缺主要项每处扣 5 分，不完整或不清晰每处扣 1 分，扣完为止		
3	支架安装	（1）支架底部与基础面之间尺寸、支架上下螺母与垫片放置要求满足设计图纸要求。 （2）支架安装后找正时控制支架垂直度、顶面平整度，相间顶部平整度保持一致	20	缺主要项每处扣 10 分，不完整或不清晰每处扣 3 分，扣完为止		
4	开始安装	（1）选用合适的吊装器具吊装。 （2）已用过的密封垫（圈）不得使用。 （3）涂密封脂时均匀。 （4）紧固连接螺栓	40	缺主要项每处扣 10 分，不完整或不清晰每处扣 2 分，扣完为止		
5	传动装置安装	（1）断路器及其传动机构的联动正常，无卡阻现象。 （2）分、合闸指示正确，辅助开关及电气闭锁动作正确、可靠。 （3）按照产品说明书要求进行机构连接并进行检查和调整。 （4）机构内附件完好，功能正常	20	缺主要项每处扣 5 分，不完整或不清晰每处扣 1 分，扣完为止		
6	完工	填写施工记录，工器具及设备摆放整齐，工完场清，报告工作结束	5	缺主要项每处扣 3 分，不完整或不清晰每处扣 1 分，扣完为止		
合计			100			

Jc0005461022　油浸变压器现场安装危险点分析与控制措施。（100 分）

考核知识点：变压器安装及调整

难易度：易

技能等级评价专业技能考核操作工作任务书

一、任务名称

油浸变压器现场安装危险点分析与控制措施。

二、适用工种

变电一次安装工中级工。

三、具体任务

在规定时间内完成油浸变压器现场安装危险点分析，并阐述对应控制措施。

四、工作规范及要求

（1）考生进场后检查确认作业场所装设的围栏、悬挂的标识牌符合安全工作规程要求。

（2）考生正确把握执行现场安全文明施工作业的相关要求。

（3）考试结束完成工器具、安装配件、材料的清理。

五、考核及时间要求

（1）本考核操作时间为90分钟，包括安装、调试及报告整理时间，时间到停止考评。

（2）按照技能操作相关要求进行操作，正确记录操作结果。

技能等级评价专业技能考核操作评分标准

工种	变电一次安装工						评价等级	中级工
项目模块	专业技能—油浸变压器危险点分析与控制措施					编号	Jc0005461022	
单位			准考证号				姓名	
考试时限	90分钟		题型	多项操作			题分	100分
成绩		考评员		考评组长			日期	
试题正文	油浸变压器现场安装危险点分析与控制措施							
需要说明的问题和要求	（1）采取必要的安全措施，符合电力安全工作规程要求。 （2）在考试规定的时间内按要求完成操作任务。 （3）若操作过程出现不符合安全及劳动保护规定情况，每处扣2分							

序号	项目名称	质量要求	满分	扣分标准	扣分原因	得分
1	机械伤害	（1）严格执行工器具使用规定。 （2）使用前严格检查，不完整、不合格的工器具禁止使用	40	主要错项、缺项每处扣20分，不完整或不清晰每处扣10分，扣完为止		
2	起重伤害	（1）吊装附件有专人指挥，吊臂下严禁站人。 （2）起重工具使用前认真检查，并进行强度核验，严禁使用不合格的工具。 （3）设备起吊后应系好拉绳，防止摆动碰伤人员	60	主要错项、缺项每处扣20分，不完整或不清晰每处扣10分，扣完为止		
合计			100			

Jc0005452023　油浸变压器本体就位。（100分）

考核知识点：变压器安装及调整

难易度：中

技能等级评价专业技能考核操作工作任务书

一、任务名称

油浸变压器本体就位。

二、适用工种

变电一次安装工中级工。

三、具体任务

在规定时间内进行油浸变压器本体就位。

四、工作规范及要求

（1）考生正确填写办理工作票，进行安全、技术交底，合理安排人员分工并明确相应职责。

（2）考生进场后检查确认作业场所装设的围栏、悬挂的标识牌符合安全工作规程要求。

（3）考生正确把握执行现场安全文明施工作业的相关要求。

（4）考试结束完成工器具、安装配件、材料的清理。

五、考核及时间要求

（1）本考核操作时间为90分钟，包括安装、调试及报告整理时间，时间到停止考评。

（2）按照技能操作相关要求进行操作，正确记录操作结果。

技能等级评价专业技能考核操作评分标准

<table>
<tr><td>工种</td><td colspan="6">变电一次安装工</td><td>评价等级</td><td>中级工</td></tr>
<tr><td>项目模块</td><td colspan="5">专业技能—油浸变压器本体就位</td><td>编号</td><td colspan="2">Jc0005452023</td></tr>
<tr><td>单位</td><td colspan="3"></td><td>准考证号</td><td colspan="2"></td><td>姓名</td><td></td></tr>
<tr><td>考试时限</td><td colspan="2">90分钟</td><td>题型</td><td colspan="3">多项操作</td><td>题分</td><td>100分</td></tr>
<tr><td>成绩</td><td></td><td>考评员</td><td></td><td>考评组长</td><td colspan="2"></td><td>日期</td><td></td></tr>
<tr><td>试题正文</td><td colspan="8">油浸变压器本体就位</td></tr>
<tr><td>需要说明的问题和要求</td><td colspan="8">（1）采取必要的安全措施，符合电力安全工作规程要求。
（2）在考试规定的时间内按要求完成操作任务。
（3）若操作过程出现不符合安全及劳动保护规定情况，每处扣2分</td></tr>
<tr><td>序号</td><td>项目名称</td><td colspan="2">质量要求</td><td>满分</td><td colspan="2">扣分标准</td><td>扣分原因</td><td>得分</td></tr>
<tr><td>1</td><td>油浸变压器本体交接验收</td><td colspan="2">（1）检查运输冲击记录仪，冲击值应在制造厂家及合同的规定范围内（制造厂家无规定时，车辆行进方向不大于3g，其他方向不大于2g），并做好记录。
（2）检查充气运输变压器的气体压力，应在0.01～0.03MPa范围内，并做好记录。
（3）检查本体外观无明显损伤</td><td>60</td><td colspan="2">主要错项、缺项每处扣20分，不完整或不清晰每处扣10分，扣完为止</td><td></td><td></td></tr>
<tr><td>2</td><td>油浸变压器本体就位</td><td colspan="2">（1）按照基础轴线，进行变压器本体就位。利用液压顶推时，着力点应固定牢靠，顶推过程应平稳缓慢，运输倾斜角不得超过15°。
（2）用千斤顶顶升变压器时，千斤顶应顶在本体专用支点处，升降过程设专人指挥，同步缓慢升降。本体就位后，应确保顶盖沿气体继电器出口方向升高坡度为1%～1.5%</td><td>40</td><td colspan="2">主要错项、缺项每处扣20分，不完整或不清晰每处扣10分，扣完为止</td><td></td><td></td></tr>
<tr><td colspan="2">合计</td><td colspan="2"></td><td>100</td><td colspan="2"></td><td></td><td></td></tr>
</table>

Jc0005463024　变压器现场滤油危险点分析与控制措施。（100分）

考核知识点：变压器安装及调整

难易度：难

技能等级评价专业技能考核操作工作任务书

一、任务名称

变压器现场滤油危险点分析与控制措施。

二、适用工种

变电一次安装工中级工。

三、具体任务

在规定时间内进行油浸变压器现场滤油危险点分析，并阐述对应控制措施。

四、工作规范及要求

（1）考生正确填写办理工作票，进行安全、技术交底，合理安排人员分工并明确相应职责。

（2）考生进场后检查确认作业场所装设的围栏、悬挂的标识牌符合安全工作规程要求。

（3）考生正确把握执行现场安全文明施工作业的相关要求。

（4）考试结束完成工器具、安装配件、材料的清理。

五、考核及时间要求

（1）本考核操作时间为 90 分钟，包括安装、调试及报告整理时间，时间到停止考评。

（2）按照技能操作相关要求进行操作，正确记录操作结果。

技能等级评价专业技能考核操作评分标准

工种	变电一次安装工			评价等级	中级工	
项目模块	专业技能—油浸变压器滤油		编号	Jc0005463024		
单位		准考证号		姓名		
考试时限	90 分钟	题型	多项操作	题分	100 分	
成绩		考评员		考评组长		日期
试题正文	变压器现场滤油危险点分析与控制措施					
需要说明的问题和要求	（1）阐述油浸变压器现场滤油危险点对应控制措施。 （2）在考试规定的时间内按要求完成操作任务。 （3）若操作过程出现不符合安全及劳动保护规定情况，每处扣 2 分					
序号	项目名称	质量要求	满分	扣分标准	扣分原因	得分
1	危险点 1：施工设备绝缘不良而带电、设备损坏、接线不规范	控制措施：施工前对施工设备绝缘、外观进行检查，并可靠接地	20	主要错项、缺项扣 20 分，不完整或不清晰每处扣 10 分		
2	危险点 2：吊臂回转引起起吊重心偏移和失稳	控制措施：确认吊车完全伸展，支撑牢固	20	主要错项、缺项扣 20 分，不完整或不清晰每处扣 10 分		
3	危险点 3：起重引起设备损坏或人员伤亡	控制措施：起重工作规范并使用工况良好的起重设备	20	主要错项、缺项扣 20 分，不完整或不清晰每处扣 10 分		
4	危险点 4：吊臂回转时相邻设备带电，距离过近，会引起放电	控制措施：吊车进入施工现场后，合理布置其位置，注意吊臂与带电设备保持足够的安全距离：500kV 电压等级不小于 8.5m，330kV 电压等级不小于 7m，220kV 电压等级不小于 6m，110kV 电压等级不小于 5m，35kV 电压等级不小于 4m	20	主要错项、缺项扣 20 分，不完整或不清晰每处扣 10 分		
5	危险点 4：变压器油大量泄漏造成环境污染	控制措施：变压器周围构筑临时围堰，防止变压器油流入下水道、排水沟	20	主要错项、缺项扣 20 分，不完整或不清晰每处扣 10 分		
合计			100			

Jc0005462025　变压器真空滤油处理。（100 分）

考核知识点：变压器安装及调整

难易度：中

技能等级评价专业技能考核操作工作任务书

一、任务名称

变压器真空滤油处理。

二、适用工种

变电一次安装工中级工。

三、具体任务

阐述变压器真空滤油处理步骤。

四、工作规范及要求

（1）考生正确填写办理工作票，进行安全、技术交底，合理安排人员分工并明确相应职责。

（2）考生进场后检查确认作业场所装设的围栏、悬挂的标识牌符合安全工作规程要求。

（3）考生正确把握执行现场安全文明施工作业的相关要求。

（4）考试结束完成工器具、安装配件、材料的清理。

五、考核及时间要求

（1）本考核操作时间为90分钟，包括安装、调试及报告整理时间，时间到停止考评。

（2）按照技能操作相关要求进行操作，正确记录操作结果。

技能等级评价专业技能考核操作评分标准

工种	变电一次安装工					评价等级	中级工
项目模块	专业技能—油浸变压器滤油				编号	Jc0005462025	
单位			准考证号			姓名	
考试时限	90分钟		题型	多项操作		题分	100分
成绩		考评员		考评组长		日期	
试题正文	变压器真空滤油处理						
需要说明的问题和要求	（1）阐述变压器真空滤油处理步骤。 （2）在考试规定的时间内按要求完成操作任务。 （3）若操作过程出现不符合安全及劳动保护规定情况，每处扣2分						

序号	项目名称	质量要求	满分	扣分标准	扣分原因	得分
1	变压器真空滤油处理步骤	（1）油处理前，必须将储油罐、滤油机、输油管道等清洗干净。 （2）压力式滤油机应先裁剪好滤油纸，将滤纸放在温度为（80±5）℃的烘箱内烘干24h后再放入干净的密封箱内备用。 （3）油务系统的布置，根据标准化要求选择合理布置方式，应就近变压器本体，管路应尽量短，便于监视、操作和变换运行方式。油务系统的设备、储油罐与管道应密封良好，防止潮气侵入。 （4）制造厂运抵现场的绝缘油应按验收规范要求进行取样试验。 （5）油罐车运输的绝缘油，通过目测、辨别气味确认绝缘油无异样。 （6）小桶运输的绝缘油应进行商标核对，对每桶进行目测和辨别气味，防止其他油种混入，并按规定抽取足够数量的油样进行试验。 （7）试验合格后用压力式滤油机将绝缘油注入储油罐。 （8）绝缘油处理	100	主要错项、缺项每处扣12.5分，不完整或不清晰每处扣6分，扣完为止		
合计			100			

Jc0005462026　变压器分接开关安装危险点分析及控制措施。（100分）

考核知识点： 变压器安装及调整

难易度： 中

技能等级评价专业技能考核操作工作任务书

一、任务名称

变压器分接开关安装危险点分析及控制措施。

二、适用工种

变电一次安装工中级工。

三、具体任务

在规定时间内完成变压器分接开关安装危险点分析，并阐述对应控制措施。

四、工作规范及要求

（1）考生正确填写办理工作票，进行安全、技术交底，合理安排人员分工并明确相应职责。

（2）考生进场后检查确认作业场所装设的围栏、悬挂的标识牌符合安全工作规程要求。

（3）考生正确把握执行现场安全文明施工作业的相关要求。

（4）考试结束完成工器具、安装配件、材料的清理。

五、考核及时间要求

（1）本考核操作时间为90分钟，包括安装、调试及报告整理时间，时间到停止考评。

（2）按照技能操作相关要求进行操作，正确记录操作结果。

技能等级评价专业技能考核操作评分标准

工种	变电一次安装工					评价等级	中级工
项目模块	专业技能—变压器分接开关安装				编号	Jc0005462026	
单位			准考证号			姓名	
考试时限	90分钟		题型	多项操作		题分	100分
成绩		考评员		考评组长		日期	
试题正文	变压器分接开关安装危险点分析及控制措施						
需要说明的问题和要求	（1）阐述变压器分接开关安装危险点分析对应控制措施。 （2）在考试规定的时间内按要求完成操作任务。 （3）若操作过程出现不符合安全及劳动保护规定情况，每处扣2分						

序号	项目名称	质量要求	满分	扣分标准	扣分原因	得分
1	危险点1：窒息、触电	（1）在器身内部检查过程中，应连续充入露点温度小于−40℃的干燥空气，防止检查人员缺氧窒息。 （2）如是充油运输，在排油后也应向器身内部充入干燥空气。 （3）检查过程中如需要照明，必须使用12V以下带防护罩的行灯，行灯电源线必须使用橡胶软芯电缆。 （4）器身内部检查前后要清点所有物品、工具，发现有物品落入变压器内要及时报告并清除	40	主要错项、缺项每处扣10分，不完整或不清晰每处扣5分，扣完为止		
2	危险点2：起重伤害、高处坠落	（1）在安装升高座、套管、储油柜及顶部油管等时，必须牢固系好安全带，工具等用布带系好。 （2）变压器顶部的油污应预先清理干净。 （3）吊车指挥人员宜站在钟罩顶部进行指挥	30	主要错项、缺项每处扣10分，不完整或不清晰每处扣5分，扣完为止		

续表

序号	项目名称	质量要求	满分	扣分标准	扣分原因	得分
3	危险点3：触电	（1）根据试验项目和要求选择合适的试验电源。 （2）作业人员应与设备运行管理部门联系，避免在试验过程中突然停电，给试验人员和设备带来危害。 （3）试验区域应装设门形组装式安全围栏，挂接地线，专人监护；试验结束后，应将电荷放净，接地装置拆除	30	主要错项、缺项每处扣10分，不完整或不清晰每处扣5分，扣完为止		
合计			100			

Jc0005463027　干式变压器安装危险点分析与控制措施。（100分）

考核知识点：变压器安装及调整

难易度：难

技能等级评价专业技能考核操作工作任务书

一、任务名称

干式变压器安装危险点分析与控制措施。

二、适用工种

变电一次安装工中级工。

三、具体任务

在规定时间内进行干式变压器安装危险点分析，并阐述对应控制措施。

四、工作规范及要求

（1）考生正确填写办理工作票，进行安全、技术交底，合理安排人员分工并明确相应职责。

（2）考生进场后检查确认作业场所装设的围栏、悬挂的标识牌符合安全工作规程要求。

（3）考生正确把握执行现场安全文明施工作业的相关要求。

（4）考试结束完成工器具、安装配件、材料的清理。

五、考核及时间要求

（1）本考核操作时间为90分钟，包括安装、调试及报告整理时间，时间到停止考评。

（2）按照技能操作相关要求进行操作，正确记录操作结果。

技能等级评价专业技能考核操作评分标准

<table>
<tr><td>工种</td><td colspan="4">变电一次安装工</td><td>评价等级</td><td>中级工</td></tr>
<tr><td>项目模块</td><td colspan="3">专业技能—变压器安装</td><td>编号</td><td colspan="2">Jc0005463027</td></tr>
<tr><td>单位</td><td colspan="2"></td><td>准考证号</td><td></td><td>姓名</td><td></td></tr>
<tr><td>考试时限</td><td>90分钟</td><td>题型</td><td colspan="2">多项操作</td><td>题分</td><td>100分</td></tr>
<tr><td>成绩</td><td>考评员</td><td></td><td>考评组长</td><td></td><td>日期</td><td></td></tr>
<tr><td>试题正文</td><td colspan="6">干式变压器安装危险点分析与控制措施</td></tr>
<tr><td>需要说明的问题和要求</td><td colspan="6">（1）阐述干式变压器安装危险点分析对应控制措施。
（2）在考试规定的时间内按要求完成操作任务。
（3）若操作过程出现不符合安全及劳动保护规定情况，每处扣2分</td></tr>
</table>

续表

序号	项目名称	质量要求	满分	扣分标准	扣分原因	得分
1	危险点1：异物伤人	（1）设备开箱时，动作要柔缓，严禁撬棍触及设备。 （2）包装箱拆除后应及时清理干净	25	主要错项、缺项每处扣12.5分，不完整或不清晰每处扣6分，扣完为止		
2	危险点2：起重伤害	（1）吊装有专人指挥，吊臂下严禁站人。 （2）起重工具使用前认真检查，并进行强度核验，严禁使用不合格的工具。 （3）设备起吊后应系好拉绳，防止摆动碰伤人员	37.5	主要错项、缺项每处扣12.5分，不完整或不清晰每处扣6分，扣完为止		
3	危险点3：火灾	电焊施工时，应用石棉布将变压器隔开，现场应配有灭火器材	12.5	主要错项、缺项扣12.5分，不完整或不清晰每处扣6分，扣完为止		
4	危险点4：误入带电间隔（扩建变电站）	（1）工作前向作业人员交代清楚临近带电设备，并加强监护。 （2）工作人员应走指定通道，在遮栏内工作时，不得移动和跨越遮栏	25	主要错项、缺项每处扣12.5分，不完整或不清晰每处扣6分，扣完为止		
合计			100			

Jc0005462028 互感器设备支架安装后的质量要求。（100分）

考核知识点：互感器安装及调整

难易度：中

技能等级评价专业技能考核操作工作任务书

一、任务名称

互感器设备支架安装后的质量要求。

二、适用工种

变电一次安装工中级工。

三、具体任务

掌握互感器设备支架安装后的质量要求。

四、工作规范及要求

（1）考生正确填写办理工作票，进行安全、技术交底，合理安排人员分工并明确相应职责。

（2）考生进场后检查确认作业场所装设的围栏、悬挂的标识牌符合安全工作规程要求。

（3）考生正确把握执行现场安全文明施工作业的相关要求。

（4）考试结束完成工器具、安装配件、材料的清理。

五、考核及时间要求

（1）本考核操作时间为90分钟，包括安装、调试及报告整理时间，时间到停止考评。

（2）按照技能操作相关要求进行操作，正确记录操作结果。

技能等级评价专业技能考核操作评分标准

工种	变电一次安装工					评价等级	中级工
项目模块	专业技能一互感器安装及调整				编号	Jc0005462028	
单位			准考证号			姓名	
考试时限	90分钟		题型	多项操作		题分	100分
成绩		考评员		考评组长		日期	

续表

试题正文	互感器设备支架安装后的质量要求
需要说明的问题和要求	（1）采取必要的安全措施，符合电力安全工作规程要求。 （2）在考试规定的时间内按要求完成操作任务。 （3）若操作过程出现不符合安全及劳动保护规定情况，每处扣 2 分

序号	项目名称	质量要求	满分	扣分标准	扣分原因	得分
1	标高偏差	标高偏差应不超过 5mm	16	错项、缺项扣 16 分		
2	水平误差	水平误差应不超过 2mm	16	错项、缺项扣 16 分		
3	中心误差	中心误差应不超过 5mm	16	错项、缺项扣 16 分		
4	垂直度偏差	垂直度偏差应不超过（1/1000）*H*（支架高度为 *H*）	20	错项、缺项扣 20 分		
5	相间轴线偏差	相间轴线偏差应不超过 10mm	16	错项、缺项扣 16 分		
6	本相间距偏差	本相间距偏差应不超过 5mm	16	错项、缺项扣 16 分		
合计			100			

Jc0005452029　GIS 的附件安装和吸附剂更换。（100 分）

考核知识点：组合电器安装及调整

难易度：中

技能等级评价专业技能考核操作工作任务书

一、任务名称

GIS 的附件安装和吸附剂更换。

二、适用工种

变电一次安装工中级工。

三、具体任务

在规定时间内完成 GIS 的附件安装和吸附剂更换。

四、工作规范及要求

（1）考生正确填写办理工作票，进行安全、技术交底，合理安排人员分工并明确相应职责。

（2）考生进场后检查确认作业场所装设的围栏、悬挂的标识牌符合安全工作规程要求。

（3）考生正确把握执行现场安全文明施工作业的相关要求。

（4）考试结束完成工器具、安装配件、材料的清理。

五、考核及时间要求

（1）本考核操作时间为 90 分钟，包括安装、调试及报告整理时间，时间到停止考评。

（2）按照技能操作相关要求进行操作，正确记录操作结果。

技能等级评价专业技能考核操作评分标准

工种	变电一次安装工				评价等级	中级工
项目模块	专业技能—组合电器安装及调整			编号	Jc0005452029	
单位		准考证号			姓名	
考试时限	90 分钟	题型	多项操作		题分	100 分
成绩		考评员		考评组长		日期	
试题正文	GIS 的附件安装和吸附剂更换					

续表

需要说明的问题和要求	（1）采取必要的安全措施，符合电力安全工作规程要求。 （2）在考试规定的时间内按要求完成操作任务。 （3）若操作过程出现不符合安全及劳动保护规定情况，每处扣 2 分

序号	项目名称	质量要求	满分	扣分标准	扣分原因	得分
1	附件安装	（1）密度继电器的安装：应按产品技术说明书要求安装到规定的位置。 （2）气体管路的安装：要求管路密封良好，走向美观，弯曲半径符合规定。 （3）汇控柜的安装应符合产品说明书和设计文件的要求。 （4）电缆敷设和二次接线应符合产品说明书和设计文件的要求	50	主要错项、缺项每处扣 12.5 分，不完整或不清晰每处扣 6 分，扣完为止		
2	吸附剂更换	（1）应按产品的技术规定更换吸附剂，对预充 SF_6 气体现场不露空、不抽真空的气室可不更换吸附剂，经现场露空的气室必须更换吸附剂。 （2）吸附剂更换应在相对湿度小于 80%的无雨雪的条件下进行。 （3）吸附剂应按产品技术规定进行干燥处理，干燥温度及时间应符合产品技术规定要求。 （4）吸附剂干燥后或从密封装置中取出到装入气室应在产品技术规定的时间内完成	50	主要错项、缺项每处扣 12.5 分，不完整或不清晰每处扣 6 分，扣完为止		
合计			100			

Jc0005452030　变压器器身检查。（100 分）

考核知识点：变压器安装及调整

难易度：中

技能等级评价专业技能考核操作工作任务书

一、任务名称

变压器器身检查。

二、适用工种

变电一次安装工中级工。

三、具体任务

（1）检查工器具、材料。

（2）确保现场布置及操作符合安全要求。

（3）完工清理现场。

四、工作规范及要求

（1）考生正确填写办理工作票，进行安全、技术交底，合理安排人员分工并明确相应职责。

（2）考生进场后检查确认作业场所装设的围栏、悬挂的标识牌符合安全工作规程要求。

（3）考生正确把握执行现场安全文明施工作业的相关要求。

（4）考试结束完成工器具、安装配件、材料的清理。

五、考核及时间要求

（1）本考核操作时间为 60 分钟，包括安装、调试及报告整理时间，时间到停止考评。

（2）按照技能操作相关要求进行操作，正确记录操作结果。

技能等级评价专业技能考核操作评分标准

<table>
<tr><td>工种</td><td colspan="5">变电一次安装工</td><td>评价等级</td><td>中级工</td></tr>
<tr><td>项目模块</td><td colspan="4">专业技能—变压器器身检查</td><td>编号</td><td colspan="2">Jc0005452030</td></tr>
<tr><td>单位</td><td colspan="2"></td><td>准考证号</td><td colspan="2"></td><td>姓名</td><td></td></tr>
<tr><td>考试时限</td><td>60 分钟</td><td>题型</td><td colspan="3">单项操作</td><td>题分</td><td>100 分</td></tr>
<tr><td>成绩</td><td>考评员</td><td></td><td>考评组长</td><td colspan="2"></td><td>日期</td><td></td></tr>
<tr><td>试题正文</td><td colspan="7">变压器器身检查</td></tr>
<tr><td>需要说明的问题和要求</td><td colspan="7">（1）采取必要的安全措施，符合电力安全工作规程要求。
（2）在考试规定的时间内按要求完成操作任务。
（3）若操作过程出现不符合安全及劳动保护规定情况，每处扣 2 分</td></tr>
</table>

序号	项目名称	质量要求	满分	扣分标准	扣分原因	得分
1	准备工作	（1）变压器本体已经具备器身检查条件。 （2）现场布置合理，相应的工具及材料准备齐全、摆放整齐并记录清晰。 （3）技术准备：验收规范，施工作业指导书，技术及质检记录表格	5	缺主要项每处扣 2 分，不完整或不清晰每处扣 0.5 分，扣完为止		
2	变压器器身整体检查	（1）无移动现象。 （2）支架应完整无损。 （3）绝缘螺栓应无损坏。 （4）紧固且防松绑扎良好	20	缺主要项每处扣 5 分，不完整或不清晰每处扣 1 分，扣完为止		
3	铁芯检查	（1）铁芯应无变形、锈蚀，且一点接地。 （2）铁轭与夹件间的绝缘应完好。 （3）打开接地线，铁芯对地绝缘应良好。 （4）打开夹件与铁轭接地片，铁轭与夹件绝缘应良好。 （5）铁芯接地软连接紧固可靠	25	缺主要项每处扣 5 分，不完整或不清晰每处扣 1 分，扣完为止		
4	绕组检查	（1）绝缘层良好。 （2）各绕组排列整齐。 （3）间隙均匀，无异物残留。 （4）绕组压钉应紧固	20	缺主要项每处扣 5 分，不完整或不清晰每处扣 1 分，扣完为止		
5	无载分接开关检查	（1）各分接头应紧固，接触紧密，弹力好。 （2）当切换每挡位置时，用 0.05mm 塞尺检查应塞不进去。 （3）转动接点应正确停留在各挡上，且和指示器位置一致	15	缺主要项每处扣 5 分，不完整或不清晰每处扣 1 分，扣完为止		
6	其他检查	（1）绝缘屏障应良好，固定牢固，无松动现象。 （2）检查各部位，应无油泥、水滴和金属屑末等杂物	10	缺主要项每处扣 5 分，不完整或不清晰每处扣 1 分，扣完为止		
7	完工	填写施工记录，工器具及设备摆放整齐，工完场清，报告工作结束	5	缺主要项扣 5 分，不完整或不清晰每处扣 2 分，扣完为止		
合计			100			

Jc0005441031 锯条安装及锯割。(100 分)

考核知识点：钳工工艺及变电设备附件制作技能

难易度：易

技能等级评价专业技能考核操作工作任务书

一、任务名称

锯条安装及锯割。

二、适用工种

变电一次安装工中级工。

三、具体任务

（1）检查工器具、材料。

（2）确保现场布置及操作符合安全要求。

（3）锯条外观检查。

（4）完工清理现场。

四、工作规范及要求

（1）考生正确填写办理工作票，进行安全、技术交底，合理安排人员分工并明确相应职责。

（2）考生进场后检查确认作业场所装设的围栏、悬挂的标识牌符合安全工作规程要求。

（3）考生正确把握执行现场安全文明施工作业的相关要求。

（4）考试结束完成工器具、安装配件、材料的清理。

五、考核及时间要求

（1）本考核操作时间为30分钟，包括安装、调试及报告整理时间，时间到停止考评。

（2）按照技能操作相关要求进行操作，正确记录操作结果。

技能等级评价专业技能考核操作评分标准

工种	变电一次安装工					评价等级	中级工
项目模块	专业技能—锯条安装及锯割				编号	Jc0005441031	
单位			准考证号			姓名	
考试时限	30分钟		题型		单项操作	题分	100分
成绩		考评员		考评组长		日期	
试题正文	锯条安装及锯割						
需要说明的问题和要求	（1）采取必要的安全措施，符合电力安全工作规程要求。 （2）在考试规定的时间内按要求完成操作任务。 （3）若操作过程出现不符合安全及劳动保护规定情况，每处扣2分						

序号	项目名称	质量要求	满分	扣分标准	扣分原因	得分
1	安装准备	（1）准备锯条安装材料及机具。 （2）办理作业票。 （3）进行安全技术交底。 （4）做好安全措施	10	缺主要项每处扣3分，不完整或不清晰每处扣1分，扣完为止		
2	安装过程	（1）锯齿应朝前进方向。 （2）锯条的松紧应合适	30	缺主要项每处扣15分，不完整或不清晰每处扣1分，扣完为止		
3	锯割操作	（1）锯割前，先要固定工件，锯路要直。如果中途锯条折断需换用新锯条，要改变锯路，或从另一方向锯入。 （2）推时要加力，推的方向要直，动作要平稳，返回应轻轻推回。 （3）操作过程开始要慢，逐步加快并有节奏，快锯完时要放慢速度，以防锯条折断	50	缺主要项扣17分，不完整或不清晰每处扣5分，扣完为止		
4	完工	填写施工记录，工器具及设备摆放整齐，工完场清，报告工作结束	10	缺主要项每处扣3分，不完整或不清晰每处扣1分，扣完为止		
合计			100			

第三部分
高级工

第五章 变电一次安装工高级工技能笔答

Jb0003333001 简述电容器实验的主要项目。（5分）
考核知识点：其他电气设备安装及调整
难易度：难
标准答案：
（1）测量绝缘电阻。
（2）电容器的局部放电试验。
（3）电容器交流耐压试验。
（4）冲击合闸试验。

Jb0003332002 什么叫断路器的"跳跃"？（5分）
考核知识点：断路器安装及调整
难易度：中
标准答案：
当断路器合闸在有故障的线路时，继电保护动作跳闸，此时由于各种原因造成控制开关的触点或自动装置的触点未复归。断路器将再次合闸，而继电保护又会自动跳闸，从而出现多次的跳、合现象，将这种多次的跳、合现象称为断路器的"跳跃"。

Jb0003332003 简述断路器失灵保护的作用。（5分）
考核知识点：断路器安装及调整
难易度：中
标准答案：
当断路器拒绝动作时，能以较短的时限切除与拒动的断路器连接在同一母线上的所有电源支路的断路器，使停电范围缩小到最小限度。

Jb0003333004 试述 SF_6 断路器的压气式灭弧原理。（5分）
考核知识点：断路器安装及调整
难易度：难
标准答案：
（1）采用压气式灭弧室的 SF_6 断路器内的 SF_6 气体只有一种压力。
（2）灭弧所需压力是在分闸过程中由动触杆带动压气缸，将气缸内的 SF_6 气体压缩而建立的。
（3）当动触杆运动至喷口打开时，气缸内的高压力 SF_6 气体经喷口吹拂电弧，使之熄灭。吹弧能量来源于操动机构。

Jb0003332005 SF_6 断路器的 SF_6 气体压力降低报警及闭锁节点有什么作用？（5分）
考核知识点：断路器安装及调整

难易度：中

标准答案：

SF_6气体密度计内设有三对触点，第一对用于压力降低报警，第二对用于合闸闭锁，第三对用于分闸闭锁，当压力低于整定值时，分、合闸闭锁并发出闭锁信号。

Jb0003333006　简述断路器常用的四种缓冲装置。（5分）

考核知识点：断路器安装及调整

难易度：难

标准答案：

（1）油缓冲器。

（2）弹簧缓冲器。

（3）橡胶垫缓冲器。

（4）油或气的同轴缓冲装置。

Jb0003333007　简述断路器的控制回路应满足的要求。（5分）

考核知识点：断路器安装及调整

难易度：难

标准答案：

（1）操动机构分、合闸线圈通电应为短时的，在操作完成后立即断开。

（2）接线不仅应满足手动分、合闸的要求，还应满足继电保护和自动装置实现自动分、合闸的要求。

（3）应有反映断路器分、合闸位置的信号，并在继电保护和自动装置动作使断路器分、合闸后，应有区别于手动操作的信号。

（4）应有防跳装置。

（5）对控制回路是否完好应有监视装置。

Jb0003333008　简述变压器、电抗器及其附件设备到达现场后的外观检查内容。（5分）

考核知识点：变压器安装及调整、其他电气设备安装及调整

难易度：难

标准答案：

（1）油箱及所有附件应齐全，无锈蚀及机械损伤，密封应良好。

（2）油箱箱盖或钟罩法兰及封板的连接螺栓应齐全，紧固良好，无渗漏。充油或充干燥气体运输的附件应密封无渗漏并装有监视压力表。

（3）套管包装应完好，无渗油，瓷体无损伤。运输方式应符合产品技术要求。

（4）充干燥气体运输的变压器、电抗器，油箱内应为正压，其压力为 0.01～0.03MPa，现场应办理交接签证并移交压力监视记录。

（5）检查运输和装卸过程中设备受冲击情况，并应记录冲击值，办理交接签证手续。

Jb0003332009　简述变压器、电抗器在验收时应移交的资料和文件。（5分）

考核知识点：变压器安装及调整、其他电气设备安装及调整

难易度：中

标准答案：

（1）安装技术记录、器身检查记录、干燥记录、质量检验及评定资料、电气交接试验报告等。
（2）施工图纸及设计变更说明文件。
（3）制造厂的产品说明书、试验记录、合格证件及安装图纸等技术文件。
（4）备品、备件、专用工具及测试仪器清单。

Jb0003312010 某三线制供电线路上接入三组电灯负荷，如图 Jb0003312010 所示，线电压为 380V，每组电灯的电阻是 500Ω，试计算在正常工作时，电灯负荷的电压和电流是多少？（5 分）

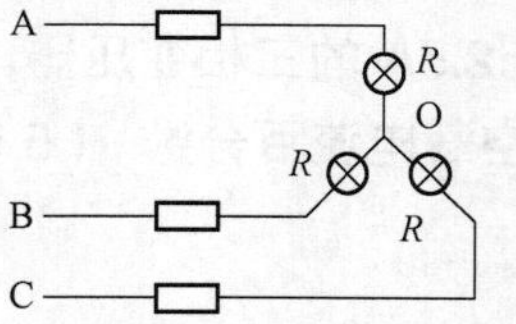

图 Jb0003312010

考核知识点：电工基础
难易度：中
标准答案：
解：在正常情况下，由于对称关系，负荷相电压大小相等，即
$U_{AO}=U_{BO}=U_{CO}=U_{AB}/\sqrt{3}=220$（V）
每相负荷阻抗为 $Z=R=500$（Ω）
每相负荷相电流等于线电流，即
$I_A=I_B=I_C=U_{AO}/R=\frac{220}{500}=0.44$（A）
答：正常工作时，电灯电压为 220V，电流为 0.44A。

Jb0003313011 已知图 Jb0003313011 所示电路中，$E_1=18$V，$r_{01}=1\Omega$，$r_{02}=1\Omega$，$E_3=5$V，$R_1=4\Omega$，$R_2=2\Omega$，$R_3=6\Omega$，$R_4=10\Omega$，电压表的读数是 28V，求电源电动势 E_2，以及 A、B、C、D 各点的电位。（5 分）

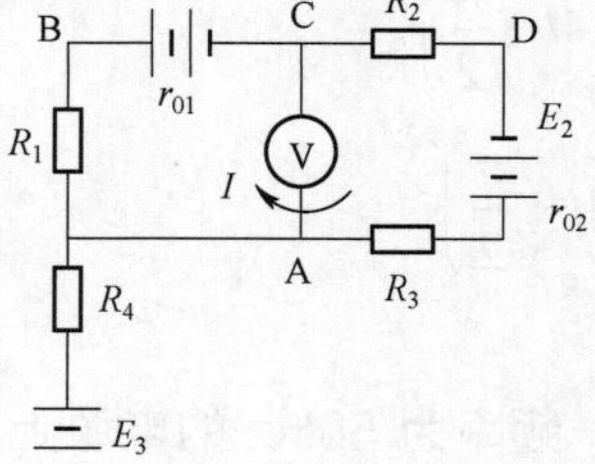

图 Jb0003313011

考核知识点：电工基础
难易度：难
标准答案：
解：（1）求电源电势 E_2：
$$I=\frac{U_{AB}-E_1}{r_{01}+R_1}=\frac{28-18}{1+4}=2\text{（A）}$$
$$E_2=U_{AC}+I(R_2+R_3+r_{02})=28+2\times(2+6+1)=46\text{（V）}$$

（2）求各点电位：

$\varphi_A = E_3 = 5$（V）

$\varphi_B = \varphi_A - IR_1 = 5 - 2\times4 = -3$（V）

$\varphi_C = \varphi_B - E_1 - Ir_{01} = -3 - 18 - 2\times1 = -23$（V）

$\varphi_D = \varphi_C - IR_2 = -23 - 2\times2 = -27$（V）

答：电源电势 E_2 是 46V。A 点电位是 5V。B 点电位是 −3V。C 点电位是 −23V。D 点电位是 −27V。

Jb0003313012　一台额定电流为 52.5A 的三相变压器，空载试验时测得的空载电流三相分别为 2.44A、2.44A、2.75A，计算变压器的空载电流百分数。（5 分）

考核知识点：电工基础

难易度：难

标准答案：

解：$I_0 = [(2.44 + 2.44 + 2.75)/(3\times52.5)]\times100\% = 4.84\%$

答：变压器空载电流为 4.84%。

Jb0003313013　在纯电感电路中，电感 $L = 400$mH，交流电流的瞬时值 $i = 1.75\sqrt{2}\sin314t$，写出交流电压瞬时值的表达式。（5 分）

考核知识点：电工基础

难易度：难

标准答案：

解：

$X_L = 2\pi fL = 2\times3.14\times50\times400\times10^{-3} = 125.6$（Ω）

$I = \dfrac{I_m}{\sqrt{2}} = 1.75$（A）

$U = IX_L = 1.75\times125.6 = 220$（V）

在纯电感电路中电压超前电流 π/2，则交流电压瞬时值表达式为

$$u = U_m\sin(\omega t + \varphi_0) = 220\sqrt{2}\sin\left(314t + \frac{\pi}{2}\right)$$

答：电压表达式 $u = 220\sqrt{2}\sin\left(314t + \dfrac{\pi}{2}\right)$。

Jb0003313014　在电压为 220V，频率为 50Hz 的电源上，接以电感 $L = 10$mH 的线圈，线圈电阻略去不计，试求感抗 X_L、电流函数式 I、无功功率 Q。（5 分）

考核知识点：电工基础

难易度：难

标准答案：

解：感抗 $X_L = 2\pi fL = 2\times3.14\times50\times10\times10^{-3} = 3.14$（Ω）

电流有效值 $I = U/X_L = 220/3.14 \approx 70$（A）

因为纯电感电流相量滞后电压 90°，故

电流函数式 $i = I_m\sin(\omega t - \pi/2) = \sqrt{2}I\sin(2\pi ft - \pi/2) = 1.414\times70\sin(314t - \pi/2) = 98.98\sin(314t - \pi/2)$

无功功率 $Q = UI = 220\times70 = 15\,400$（var）

答：感抗 X_L 为 3.14Ω，电流函数式 $i=98.98\sin(314t-\pi/2)$，无功功率 Q 为 15 400var。

Jb0003313015　已知图 Jb0003313015 所示电路中，$R=110\Omega$，$X_L=183.3\Omega$，$U=110V$，求 I、I_R、I_L、P。（5 分）

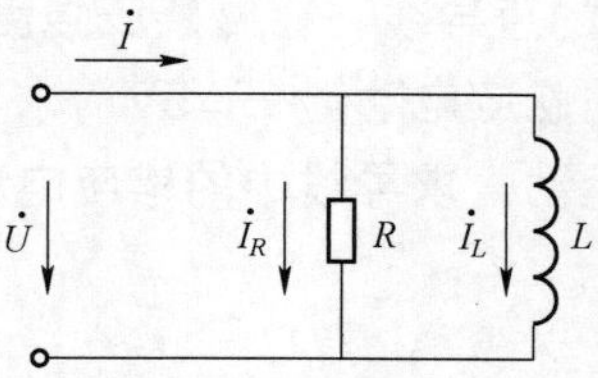

图 Jb0003313015

考核知识点：电工基础

难易度：难

标准答案：

解：

$$I_R=\frac{U}{R}=\frac{110}{110}=1\text{(A)}$$

$$I_L=\frac{U}{X_L}=\frac{110}{183.3}\approx 0.6\text{(A)}$$

$$I=\sqrt{I_R^2+I_L^2}=\sqrt{1^2+0.6^2}\approx 1.17\text{(A)}$$

$$P=I_RU=1\times 110=110\text{(W)}$$

答：I_R 为 1A，I_L 为 0.6A，I 为 1.17A，P 为 110W。

Jb0003313016　在 RLC 串联电路中，$L=500\mu H$，C 为可变电容，变化范围在 10～290pF，$R=10\Omega$，若外加正弦电压的频率 $f=1000kHz$，C 为何值时电路发生谐振？（5 分）

考核知识点：电工基础

难易度：难

标准答案：

解：谐振角频率 $\omega_0=1/\sqrt{LC}=2\pi f_0$，

则有 $C=1/(\omega_0^2L)=1/[(2\pi\times 1000\times 10^3)^2\times 500\times 10^{-6}]\approx 50.7\times 10^{-12}\text{(F)}=50.7\text{(pF)}$

答：当 C 为 50.7pF 时电路发生谐振。

Jb0003313017　一电阻 $R=20\Omega$，与电感线圈串联在交流电源上，线圈电阻 $R_L=30\Omega$，电阻 R 两端电压 $U_R=120V$，线圈端电压 $U_L=294.6V$，求电源电压 U。（5 分）

考核知识点：电工基础

难易度：难

标准答案：

解：电路电流 $I=U_R/R=120/20=6$（A）

线圈阻抗 $Z_L=U_L/I=294.6/6=49.1$（Ω）

$$X_L=\sqrt{Z_L^2-R_L^2}=\sqrt{49.1^2-30^2}\approx 38.86\,(\Omega)$$

电路的总阻抗 $Z=\sqrt{(R+R_L)^2+X_L^2}=\sqrt{(20+30)^2+38.86^2}\approx 63.32$（Ω）

电源电压 $U=IZ=6\times 63.32\approx 380$（V）

答：电源电压为380V。

Jb0003313018 一根长为 50cm 的直导线，在磁感应强度为 B=2T 的磁场中作匀速运行，导线运动方向与磁场方向垂直，若导线中的感应电动势 E=5V，求导线运动的速度 v。若导线运动方向与磁场方向夹角 $\alpha=60°$，仍以该速度运动，求导线中的感应电动势。（5 分）

考核知识点：电工基础

难易度：难

标准答案：

解：

$v=E/BL=5/(2\times 50\times 10^{-2})=5$（m/s）

$E=BLV\sin 60°=2\times 50\times 10^{-2}\times 5\times(\sqrt{3}/2)\approx 4.32$（V）

答：E=5V 时，导线运动的速度为 5m/s。α=60° 时，导线中感应电动势为 4.32V。

Jb0003313019 一个 RLC 串联电路中，R=30Ω，L=127mH，C=40μF，U=1.414×220sin（314t+20°）V，求：

（1）感抗 X_L，容抗 X_c，阻抗 Z。

（2）电流有效值 I。

（3）电容电压。（5 分）

考核知识点：电工基础

难易度：难

标准答案：

解：（1）$X_C=1/2\pi fC=1/(314\times 40\times 10^{-6})\approx 80$（Ω）

$X_L=2\pi fL=314\times 127\times 10^{-3}\approx 40$（Ω）

$Z=\sqrt{R^2+(X_L^2-X_C^2)}=\sqrt{30^2+(40-80)^2}=50$（Ω）

（2）$I=U/Z=220/50=4.4$（A）

（3）$U_C=IX_C=4.4\times 80=352$（V）

答：感抗 X_L 为 40Ω，容抗 X_C 为 80Ω，阻抗 Z 为 50Ω；电流有效值 I 为 4.4A；电容电压 U_C 为 352V。

Jb0003313020 一个电感线圈接到电压 U=220V 的交流电源上，通过的电流 I=2A，若功率因数 $\cos\varphi=0.8$，求该线圈消耗的功率 P 和无功功率 Q。（5 分）

考核知识点：电工基础

难易度：难

标准答案：

解：

有功功率 $P=UI\cos\varphi=220\times 2\times 0.8=352$（W）

$\sin\varphi=\sqrt{1-\cos^2\varphi}=\sqrt{1-0.8^2}=0.6$

无功功率 $Q=UI\sin\varphi=220\times 2\times 0.6=264$（var）

答：该线圈消耗的功率 P 为 352W，无功功率 Q 为 264var。

Jb0003313021 一个日光灯管的规格是 110V、40W，现接到 50Hz、220V 的交流电源上，为保证灯管电压为 110V，求串联镇流器的电感。（5 分）

考核知识点：电工基础

难易度：难

标准答案：

解：灯管上的电压与镇流器上的电压相差 90°，为保证灯管上的电压 $U_1=110V$，则镇流器上的电压 $U_2=\sqrt{220^2-110^2}\approx 190.5$（V）

灯管电流 $I=P/U=\frac{40}{110}=0.364$（A）

镇流器的电感 $L=U_2/I\omega=190.5/(0.364\times 2\pi\times 50)\approx 1.67$（H）

答：串联镇流器的电感为 1.67H。

Jb0003312022 有一个复杂电路，其中一条支路是由电感 $L=0.2H$ 的线圈组成，当该支路接于直流电源时，线圈的电流为 5A，现将该支路从电源切除，设在 0.01s 内线圈电流下降到零，求线圈中产生的感应电动势的大小和方向。（5 分）

考核知识点：电工基础

难易度：中

标准答案：

解：

感应电动势 $e=L\frac{\Delta i}{\Delta t}=-0.2\times\frac{0-5}{0.01}=100$（V）

答：感应电动势大小为 100V，其方向与电流方向相同。

Jb0003313023 有一台三相电阻炉，每相电阻 $R=8.68\Omega$，试计算：在 380V 线电压下，接成三角形或星形时，各相电阻从电网取用多少功率？总功率是多少？在 220V 线电压下，三角形接法的每相功率及三相总功率是多少？（5 分）

考核知识点：电工基础

难易度：难

标准答案：

解：（1）当线电压为 380V，三角形接法时，有

相电流 $I_{ph}=U_{ph}/R=380/8.68\approx 43.78$（A）

相功率 $P_{ph}=I_{ph}^2R=43.78^2\times 8.68\approx 16\,636.9$（W）

三相消耗的总功率 $P=3P_{ph}=3\times 16\,636.9=49\,910.7$（W）

（2）当线电压为 380V，星形接法时，有

线电流 $I=$ 相电流 $I_{ph}=U_{ph}/R=380/(1.732\times 8.68)\approx 25.3$（A）

$P_{ph}=I_{ph}^2R=25.3^2\times 8.68\approx 5556.0$（W）

三相消耗总功率 $P=3P_{ph}=3\times 5556.0=16\,668.0$（W）

（3）当线电压为 220V 时，三角形接线有 $U_{ph}=U$，所以

$I_{ph}=U_{ph}/R=220/8.68\approx 25.3$（A）

$P_{ph}=I_{ph}^2R=25.3^2\times 8.68\approx 5556.0$（W）

三相消耗总功率 $P=3P_{ph}=3\times 5556.0=16\,668.0$（W）

答：线电压为380V，三角形接法时，每相功率为16 636.9W，总功率为49 910.7W；星形接线时，每相功率为5556.0W，总功率为16 668.0W。线电压为220V时，三角形接法每相功率为5556.0W，总功率为16 668.0W。

Jb0003313024　已知图 Jb0003313024 所示电路中，$E=110V$，发电机内阻 $r_0=0.2\Omega$，导线电阻 $r_1=0.4\Omega$。负载电阻 $R=9\Omega$。求：电路正常工作时的电流 I。当负载两端发生短路时，电源中通过的电流 I'。当电源两端发生短路时，电源中通过的电流 I''。（5分）

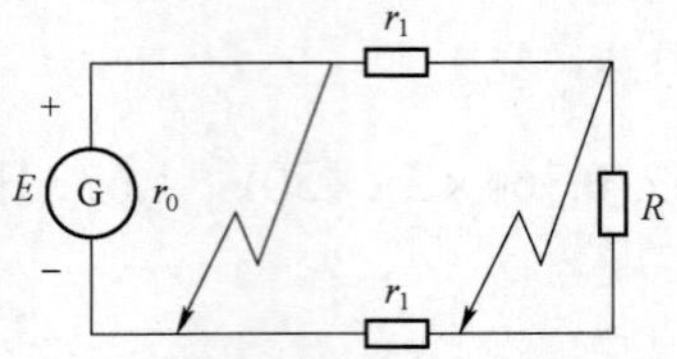

图 Jb0003313024

考核知识点：电工基础
难易度：难
标准答案：
解：由全电路欧姆定律可得：
正常工作时，工作电流为
$I=E/(r_0+r_1+r_1+R)=110/(0.2+2\times0.4+9)=11$（A）
负载两端短路时，通过电源的电流为
$I'=E/(r_0+2r_1)=110/(0.2+2\times0.4)=110$（A）
当电源两端短路时，通过电源的电流为
$I''=E/r_0=110/0.2=550$（A）
答：电路中正常工作电流为11A。负载两端短路时，电流为110A。电源两端短路时，电流为550A。

Jb0003313025　有一简支梁，设 $L=2m$，$a=0.5m$，载荷 $P=20kN$，试求支撑点A、B所受的力。（5分）

考核知识点：力学知识
难易度：难
标准答案：
解：由题作梁的受力图如图 Jb0003313025 所示，则

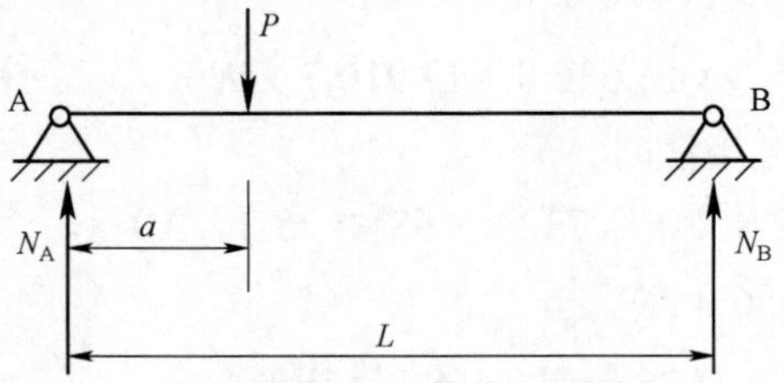

图 Jb0003313025

$N_B=Pa/L=20\times0.5/2=5$（kN）
$N_A=P-N_B=20-5=15$（kN）
答：支撑点A、B所受的力为15kN和5kN。

Jb0003313026 两根材料相同的轴，一根轴的直径为另一根轴直径的 2 倍，即 $d_1=2d_2$，问直径为 d_1 的抗弯强度是直径为 d_2 的轴的抗弯强度的几倍？（5 分）

考核知识点：力学知识

难易度：难

标准答案：

解：抗弯强度与直轴面积 S 成正比，故

$$S_1/S_2=\frac{\frac{\pi(2d_2)^2}{4}}{\frac{\pi d_2^2}{4}}=4$$

答：两轴的抗弯强度相差 4 倍。

Jb0003313027 在图 Jb0003313027 所示倾斜角 $\alpha=30°$ 的斜面上，放置 100kg 的设备，请计算物体下滑力和斜面承受的垂直压力。（5 分）

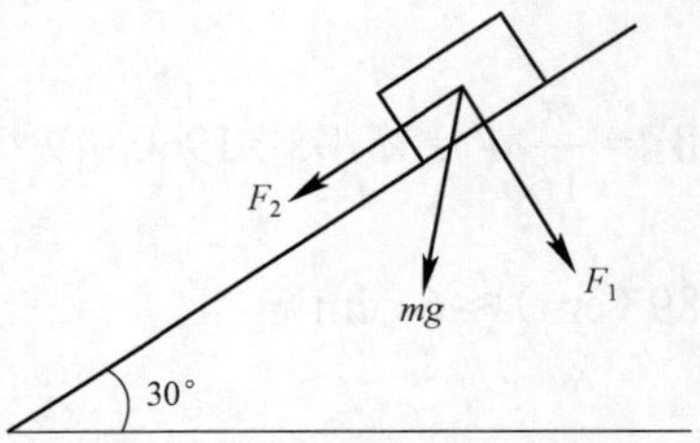

图 Jb0003313027

考核知识点：力学知识

难易度：难

标准答案：

解：垂直压力 $F_1=mg\cos\alpha=100\times\frac{\sqrt{3}}{2}\times9.8=86.5\times9.8=847.7$（N）

沿斜面下滑力 $F_2=mg\sin\alpha=100\times\frac{1}{2}\times9.8=50\times9.8=490$（N）

答：物体下滑力是 490N，斜面承受的垂直压力是 847.7N。

Jb0003313028 有一堆无缝钢管，它的外径 D 为 100mm，壁厚 δ 为 10mm，经逐根测量总长度 L 为 100m，求此堆钢管质量 m 是多少。（钢的密度 ρ 为 7.8t/m^3）（5 分）

考核知识点：力学知识

难易度：难

标准答案：

解：钢管体积 $V=LS=L\pi\{(D/2)^2-[(D-2\delta)/2]^2\}=100\times3.14\times\{(0.1/2)^2-[(0.1-0.02)/2]^2\}=0.282\,6$（m^3）

$m=V\rho=0.2826\times7.8\approx2.2$（t）

答：此堆钢管质量为 2.2t。

Jb0003313029 有一台设备重 389kN，需由厂房外滚运到厂房内安装，采用的滚杠为

ϕ108mm×12mm 的无缝钢管，直接在水泥路面上滚运，求需多大的牵引力。（滚杠在水泥路面上摩擦系数 K_1 为 0.08，与设备的摩擦系数 K_2 为 0.05，启动附加系数 K 为 2.5）（5 分）

考核知识点：力学知识

难易度：难

标准答案：

解：已知 $K=2.5$，$K_1=0.08$，$K_2=0.05$，$G=389\text{kN}$，$d=10.8\text{cm}$

滚动摩擦力矩 $M=Fd=(K_1+K_2)G$

拖动时的牵引力 $F=K(K_1+K_2)G/d=2.5\times(0.08+0.05)\times389/10.8\approx11.7$（kN）

答：拖动时启动牵引力为 11.7kN。

Jb0003313030　一轴受力矩 $M_k=1960\text{N}\cdot\text{m}$ 而扭转，试求轴的直径。（许用应力 $[r]=49\text{MPa}$）（5 分）

考核知识点：力学知识

难易度：难

标准答案：

解：圆轴截面的扭转截面系数 $W_P=\dfrac{\pi}{16}d^3=M_k/[r]=1960/(49\times10^6)\approx40\times10^{-6}$（$\text{m}^3$）$=40$（$\text{cm}^3$）

所以 $d\geqslant\sqrt[3]{\dfrac{16W_P}{\pi}}=\sqrt[3]{\dfrac{16\times40}{3.14}}=5.89$（cm）$\approx6$（cm）

答：轴的直径为 6cm。

Jb0003313031　求图 Jb0003313031（a）所示构件的重心。（构件的各部分厚度一样）（5 分）

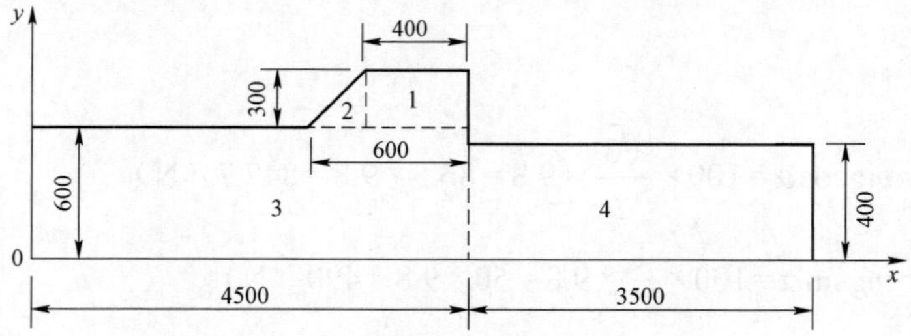

图 Jb0003313031（a）

考核知识点：力学知识

难易度：难

标准答案：

解：将图 Jb0003313031（a）所示构件分解为四部分，如图 Jb0003313031（b）所示。

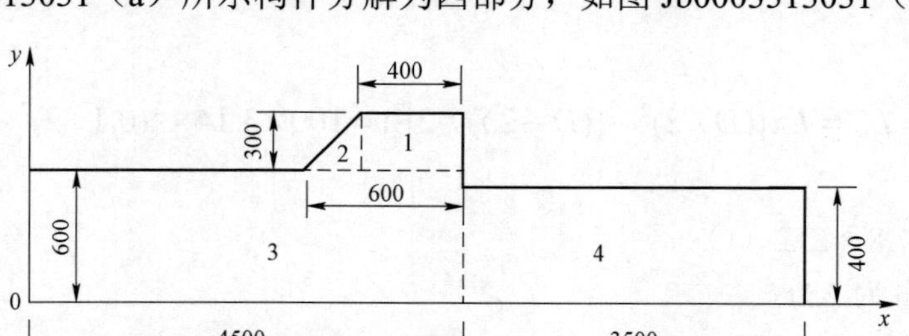

图 Jb0003313031（b）

以 S 代表各部分的面积，x、y 为各部分的重心坐标，则

$S_1=0.3\times0.4=0.12$（m^2）。$x_1=4.3m$，$y_1=0.75m$

$S_2=1/2\times0.3\times0.2=0.03$（$m^2$）。$x_2=4.035m$，$y_2=0.7m$

$S_3=4.5\times0.6=2.7$（m^2）。$x_3=2.25m$，$y_3=0.3m$

$S_4=3.5\times0.4=1.4$（m^2）。$x_4=6.25m$，$y_4=0.2m$

$$x_c=\frac{x_1S_1+x_2S_2+x_3S_3+x_4S_4}{S_1+S_2+S_3+S_4}$$

$$=\frac{4.3\times0.12+4.035\times0.03+2.25\times2.7+6.25\times1.4}{0.12+0.03+2.7+1.4}$$

$$=\frac{0.516+0.121\,05+6.075+8.75}{4325}$$

$$=\frac{15.462\,05}{4.25}\approx3.64\text{(m)}$$

$$y_c=\frac{y_1S_1+y_2S_2+y_3S_3+y_4S_4}{S_1+S_2+S_3+S_4}$$

$$=\frac{0.75\times0.12+0.7\times0.03+0.3\times2.7+0.2\times1.4}{0.12+0.03+2.7+1.4}$$

$$=\frac{1.201}{4.25}\approx0.28\text{(m)}$$

答：该构件的重心 $x_c=3.64m$，$y_c=0.28m$。

Jb0003313032　有一结构如图 Jb0003313032（a）所示，已知载荷 G=20kN，拉杆 BC 为 ϕ30mm 的圆钢，其许用应力$[\sigma]$=12kN/cm²，试校核拉杆 BC 的强度。（5 分）

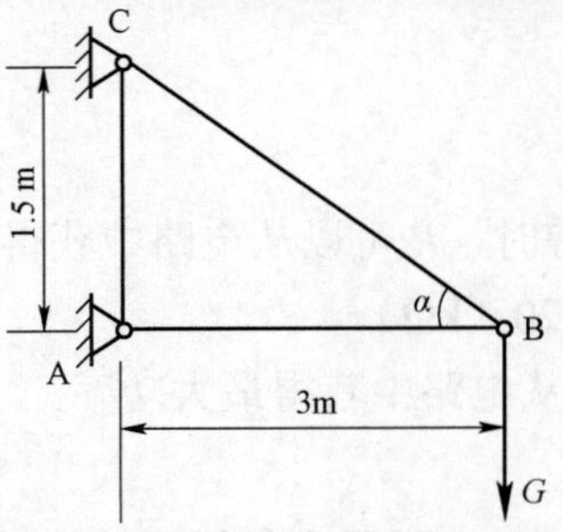

图 Jb0003313032（a）

考核知识点：力学知识

难易度：难

标准答案：

解：由题意，B 点的受力如图 Jb0003313032（b）所示。

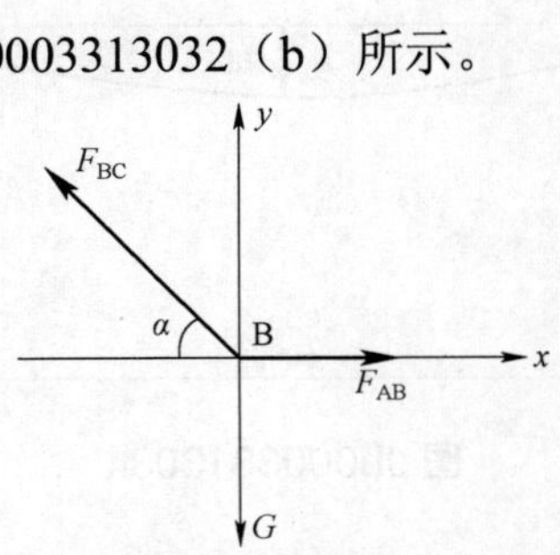

图 Jb0003313032（b）

$\sin\alpha=\frac{\overline{AC}}{BC}=\frac{1.5}{\sqrt{1.5^2+3^2}}\approx0.447$

因为 $F_{BC}\sin\alpha-G=0$,

所以 $F_{BC}=\frac{G}{\sin\alpha}=\frac{20}{0.447}\approx44.7$（kN）

又因拉杆 BC 的截面积 $S=\frac{1}{4}\pi d=\frac{1}{4}\times3.14\times3=7.065$（cm），

所以拉杆 BC 所受的应力 $\sigma=\frac{F_{BC}}{S}=\frac{44.7}{7.065}\approx6.33$（kN/ cm²）$<[\sigma]=12$（kN/ cm²）

答：拉杆 BC 的强度合格。

Jb0003313033　如图 Jb0003313033 所示含源一端口外接可调电阻 *R*，当 *R* 等于多少时，它可以从电路中获得最大功率？（5 分）

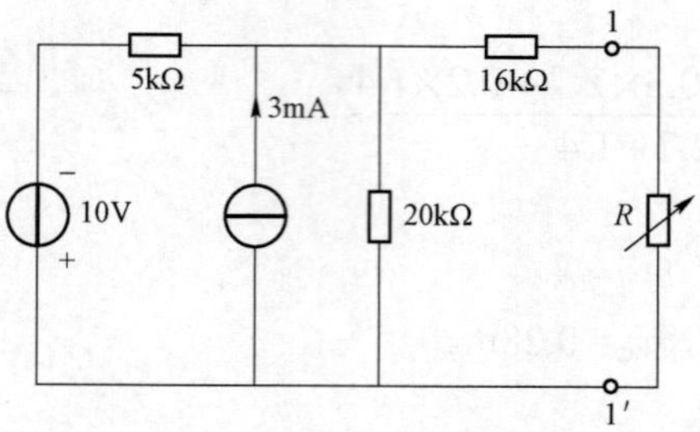

图 Jb0003313033

考核知识点：电工基础
难易度：难
标准答案：
解：当 R 与 11′ 端口输入电阻相等时，R 可以从电路中获得最大功率。
等效电阻 $R_{eq}=1/(1/5+1/20)+16=20$（kΩ）
答：当 $R=R_{eq}=20\text{k}\Omega$ 时，R 可以从电路中获得最大功率。

Jb0003313034　如图 Jb0003313034 所示设备间连接线，跨距 6m，采用导线 2×LGJQT-1400，设计弧垂 0.5m。A、B 为设备端子支撑点，2×LGJQT-1400 导线和间隔棒综合重量按照 10kg/m 考虑，估算接线端子受到的向下垂直力和水平张力。设备端子的向下垂直力和水平拉力允许值均为 1000N，导线安装是否符合要求？如果设计弧垂 0.3m，是否符合要求？（5 分）

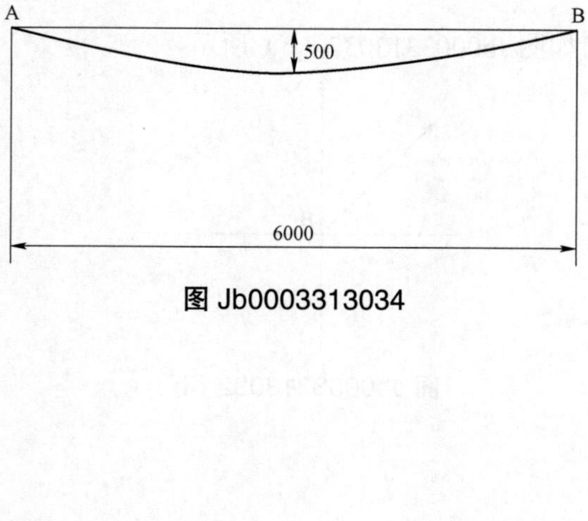

图 Jb0003313034

考核知识点：力学知识

难易度：难

标准答案：

解：方法一：A 与 B 之间 2×LGJQT-1400 导线和间隔棒质量 m 约 60kg。

取 1kg≈10N，所以 A 支点反力 $R_A=(m/2)\times10=300$（N）

最大力矩在 1/2 导线处：

$Q_1=R_A=300$（N），$Q_2=0$

$\Delta M=\Delta L(Q_1+Q_2)/2=3\times(300-0)/2=450$（N·m）

$M=\Delta M=450$（N·m）

设计弧垂 0.5m 时，连接线水平张力 $H=M/F=450/0.5=900$（N）

设计弧垂 0.3m 时，连接线水平张力 $H=M/F=450/0.3=1500$（N）

方法二：取 1kg≈10N，$q=100$N/m，按照公式 $H=ql^2/(8f)$ 计算。

设计弧垂 0.5m 时，连接线水平张力 $H=100\times6^2/(8\times0.5)=900$（N）

设计弧垂 0.3m 时，连接线水平张力 $H=100\times6^2/(8\times0.3)=1500$（N）

答：设计弧垂 0.5m 时，设备端子的向下垂直力约为 300N，水平拉力约为 900N，导线安装符合要求。

设计弧垂 0.3m 时，设备端子的向下垂直力约为 300N，水平拉力约为 1500N，导线安装水平拉力超过允许值 1000N。

Jb0003313035　一台变压器容积为 120m³，现需要放油充干燥空气进行保管，要求最终本体干燥空气压力维持在 0.02MPa。计算满足上述要求至少需要多少瓶干燥空气。（气瓶充气的标称压力 15MPa，气瓶标称容积 0.04m³）（5 分）

考核知识点：力学知识

难易度：难

标准答案：

解：方法 1：充气容量计算

换算到标准大气压（约 0.1MPa）需要充气容量 $=120\times(0.1+0.02)/0.1=144$（m³）

换算到标准大气压（约 0.1MPa）气瓶气体容量 $=15\times0.04/0.1=6$（m³）

需要干燥空气瓶数 $=144/6=24$（瓶）

方法 2：同压力状态容积换算

容积为 120m³，原空气压力状态（0.1+0.02）MPa 换算到 15MPa 压力状态下的容积 V_0 满足

$(0.1+0.02)\times120=15V_0$

$V_0=0.96$（m³）

需要干燥空气瓶数 $=0.96/0.04=24$（瓶）

答：至少需要干燥空气 24 瓶。

Jb0003313036　已知控制电缆回路最大负荷电流 $I_{max}=2.5$A，额定电压为 $U_N=220$V，电缆长度 $L=250$m，铜的电阻率 $\rho=0.0184\Omega\cdot mm^2/m$，导线的允许压降不应超过额定电压的 5%，求控制电缆的截面积。（5 分）

考核知识点：电工基础

难易度：难

标准答案：

解：电缆回路电阻 $R=2L\rho/S=\Delta U/I_{max}$，$\Delta U=220\times5\%=11$（V）

电缆最小截面积 $S\geqslant 2L\rho I_{max}/\Delta U=(2\times0.0184\times250\times2.5)/11\approx2.09$（$mm^2$）

答：应选截面积为 $2.5mm^2$ 的控制电缆。

Jb0003313037　变电站一台三相站用变压器额定电压为 38kV/0.4kV，额定容量为 250kVA。计算变压器的一、二次绕组的额定电流，并选择一次熔断器熔丝规格。（5 分）

考核知识点：电工基础

难易度：难

标准答案：

解：三相变压器一次额定电流为

$$I_{N1}=S/(\sqrt{3}U_N)=250/(1.732\times38)\approx3.8\text{（A）}$$

三相变压器二次额定电流为

$$I_{N2}=S/(\sqrt{3}U_N)=250/(1.732\times0.4)\approx361\text{（A）}$$

或

$$I_{N2}=(38/0.4)I_{N1}\approx361\text{（A）}$$

由于一次侧额定电流为 3.8A，保护熔丝选择 5A 较为适宜。

答：三相变压器一次额定电流为 3.8A，二次额定电流为 361A。一次侧保护熔丝选择 5A 较为适宜。

Jb0003313038　某站用变压器采用 110kV/10kV、10kV/0.4kV 两级变压器串联，110kV/10kV 变压器按 110kV 变压器最小制造容量选择为 5000kVA，10kV/0.4kV 变压器额定容量 2500kVA，两级变压器的短路阻抗电压分别为 10.5%和 8%。试计算 10kV/0.4kV 变压器一、二次额定电流。10kV/0.4kV 变压器二次额定电流情况下，110kV/10kV 变压器一次电流。如果 0.4kV 侧短路电流为 25kA，110kV/10kV 变压器一次电流是多少？（5 分）

考核知识点：电工基础

难易度：难

标准答案：

解：10kV/0.4kV 变压器一次额定电流为

$$I_{N1}=S/(\sqrt{3}U_N)=2500/(1.732\times10)\approx144.3\text{（A）}$$

10kV/0.4kV 变压器二次额定电流为

$$I_{N2}=S/(\sqrt{3}U_N)=2500/(1.732\times0.4)\approx3610\text{（A）}$$

或

$$I_{N2}=(10/0.4)I_{N1}\approx3610\text{（A）}$$

10kV/0.4kV 变压器二次额定电流情况下，110kV/10kV 变压器一次电流为

$I=(0.4/110)I_{N2}\approx13$（A）

如果 0.4kV 侧短路电流 $I_d=25$kA，110/10kV 变压器一次电流为

$I=(0.4/110)I_d=(0.4/110)\times25000=91$（A）

答：10kV/0.4kV 变压器一次额定电流约为 144.3A，二次额定电流约为 3610A。

10kV/0.4kV 变压器二次额定电流情况下，110kV/10kV 变压器一次电流约为 13A。

如果 0.4kV 侧短路电流为 25kA，110kV/10kV 变压器一次电流约为 91A。

Jb0003322039　画出一张悬垂绝缘子串组装图，并指出各种金具的名称。（5 分）

考核知识点：电气识、绘图纸

难易度：中

标准答案：

如图 Jb0003322039 所示。

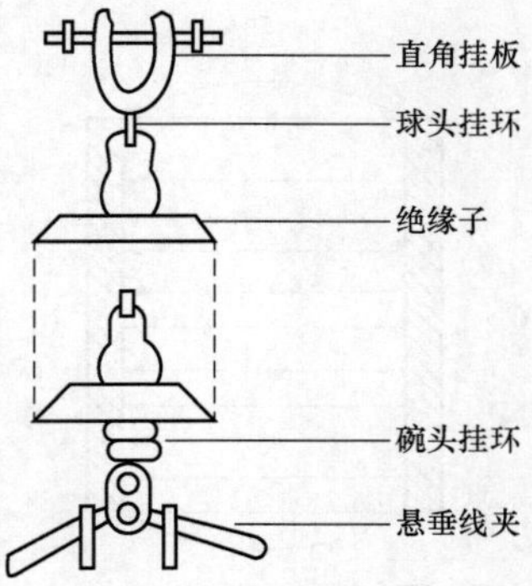

图 Jb0003322039

Jb0003323040　画出两个分别带有正电荷的球体，相互接近时的电力线分布图。（5 分）

考核知识点：电气识、绘图纸

难易度：难

标准答案：

如图 Jb0003323040 所示。

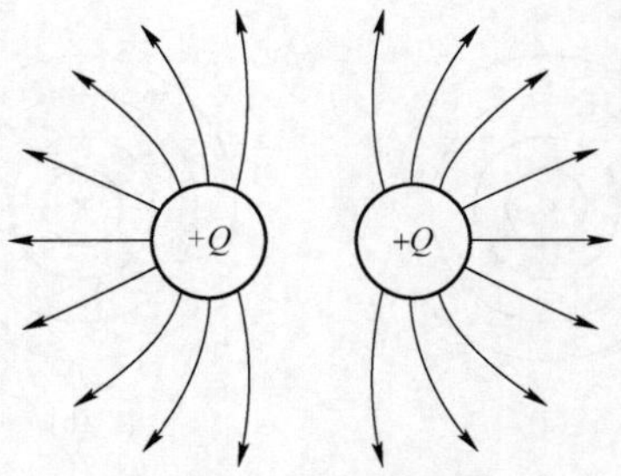

图 Jb0003323040

Jb0003323041　画出两个分别带有正、负电荷的球体，相互接近时的电力线分布图。（5 分）

考核知识点：电气识、绘图纸

难易度：难

标准答案：

如图 Jb0003323041 所示。

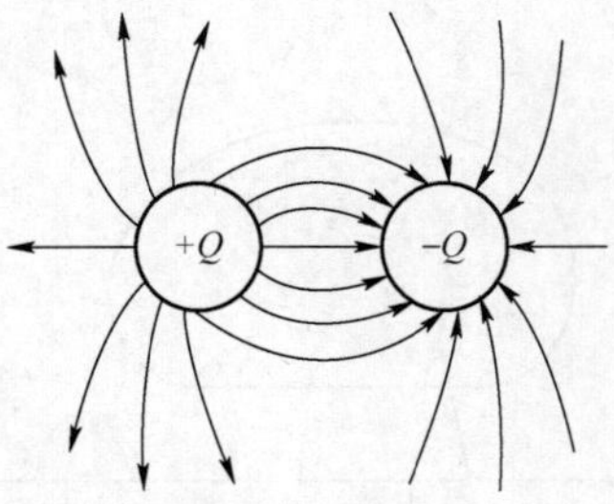

图 Jb0003323041

Jb0003323042　画出两块分别带有正、负电荷的平板平行放置时，两平板之间的电力线的分布图。（5 分）

考核知识点：电气识、绘图纸

难易度：难

标准答案：

如图 Jb0003323042 所示。

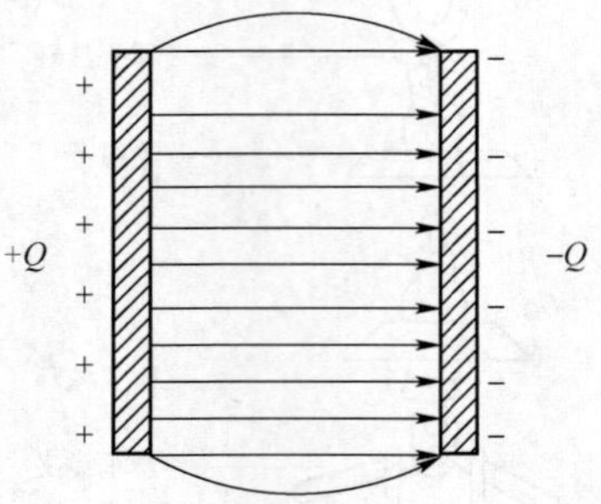

图 Jb0003323042

Jb0003323043　画出一个载流直导体及其周围磁力线方向的示意图。（5分）

考核知识点：电气识、绘图纸

难易度：难

标准答案：

载流直导体电流流出纸面时，见图 Jb0003323043（a）。载流导体电流流入纸面时，见图 Jb0003323043（b）。

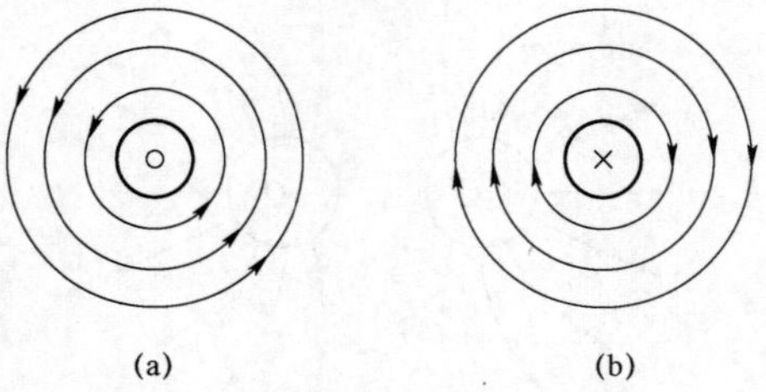

图 Jb0003323043

Jb0003323044　画出一个螺管线圈，其电流逆时针流进时（从左向右看），磁力线的方向示意图。（5分）

考核知识点：电气识、绘图纸

难易度：难

标准答案：

如图 Jb0003323044 所示。

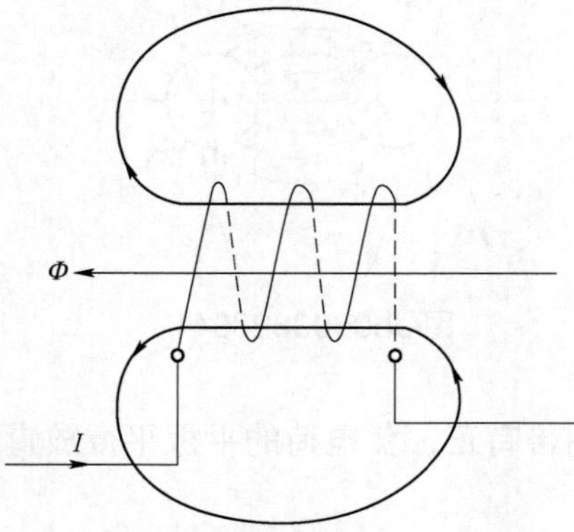

图 Jb0003323044

Jb0003323045　画出两个条形磁铁同性磁极（同 N 极）相互接近时磁力线的分布图。（5 分）

考核知识点：电气识、绘图纸

难易度：难

标准答案：

如图 Jb0003323045 所示。

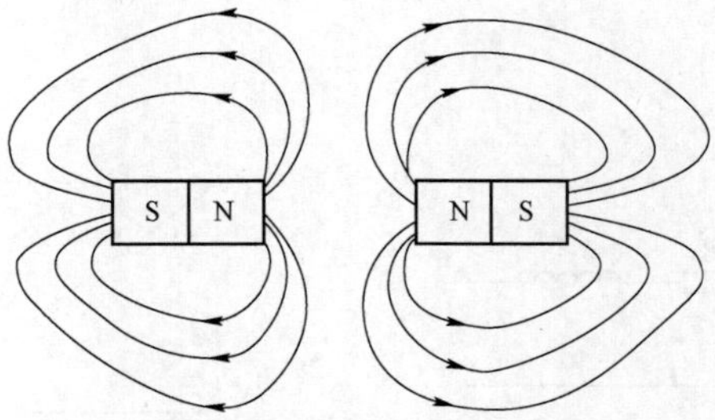

图 Jb0003323045

Jb0003322046　画出两根平行直导线，当同一方向流过电流时，导线受力的方向示意图。（5 分）

考核知识点：电气识、绘图纸

难易度：中

标准答案：

如图 Jb0003322046 所示。

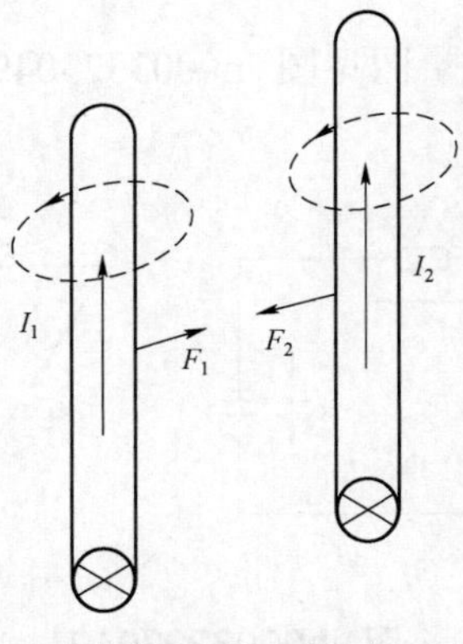

图 Jb0003322046

Jb0003322047　画出一直流导体切割磁场感应电流的示意图。（5 分）

考核知识点：电气识、绘图纸

难易度：中

标准答案：

如图 Jb0003322047 所示。

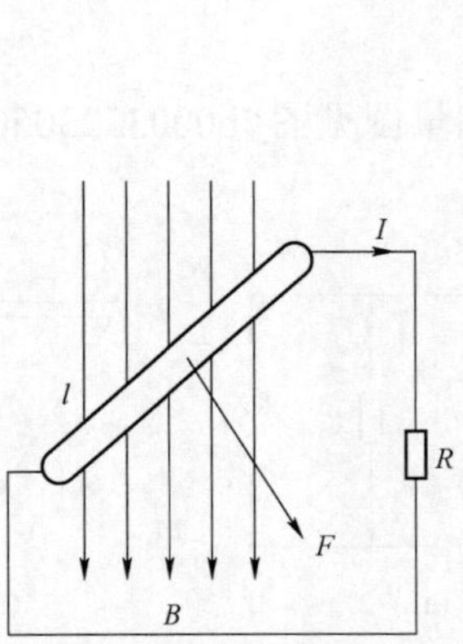

图 Jb0003322047

Jb0003322048　画出电阻、电感串联单相交流电路图及电压、电流相量图。（5 分）

考核知识点：电气识、绘图纸

难易度：中

标准答案：

电路图见图 Jb0003322048（a），相量图见图 Jb0003322048（b）。

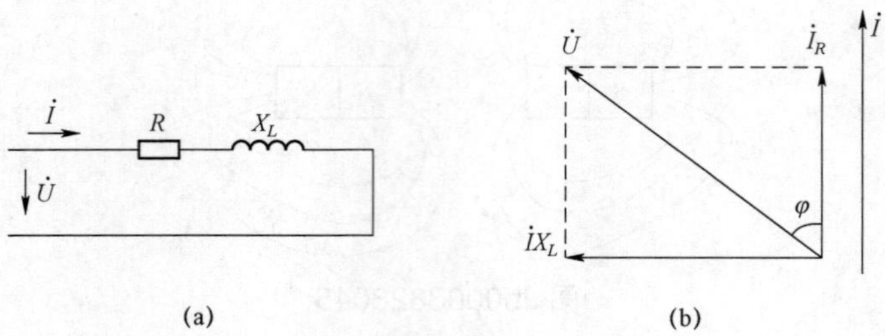

图 Jb0003322048

Jb0003323049　画出电阻、电容串联单相交流电路图及电压、电流相量图。（5 分）

考核知识点：电气识、绘图纸

难易度：难

标准答案：

电路图见图 Jb0003323049（a），相量图见图 Jb0003323049（b）。

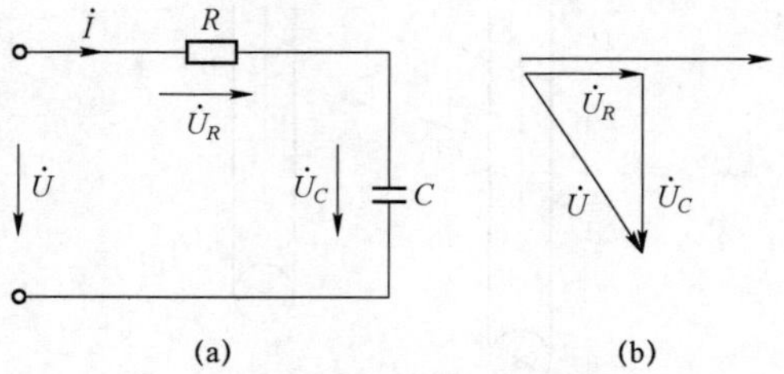

图 Jb0003323049

Jb0003323050　画出电阻、电感并联单相交流电路图及电压、电流相量图。（5 分）

考核知识点：电气识、绘图纸

难易度：难

标准答案：

电路图见图 Jb0003323050（a），相量图见图 Jb0003323050（b）。

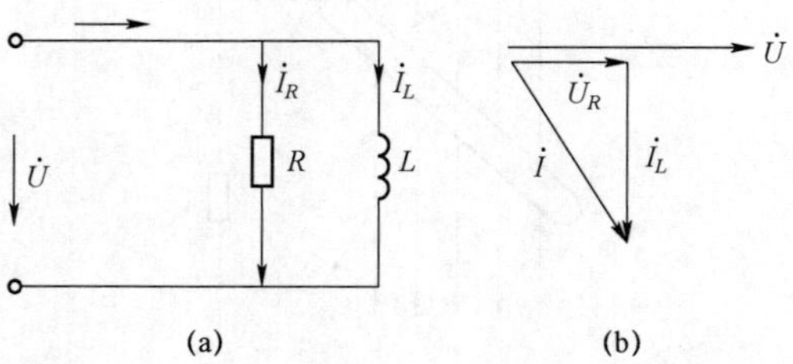

图 Jb0003323050

Jb0003323051　画出三相变压器 Yd11 接线组的相量图和接线图。（5 分）

考核知识点：电气识、绘图纸

难易度：难

标准答案：

Yd11 接线图和相量图如图 Jb0003323051 所示。

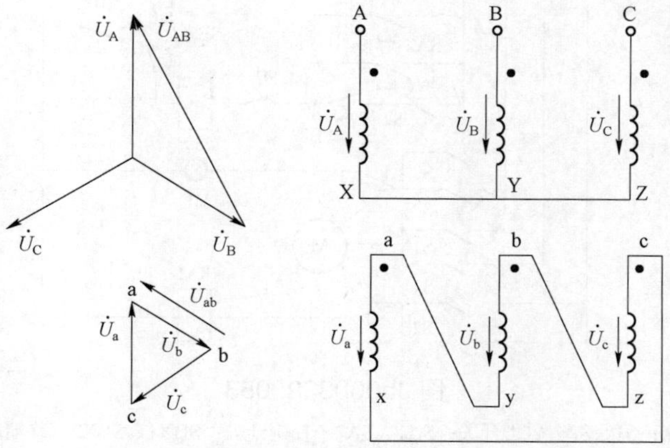

图 Jb0003323051

Jb0003323052　绘出单臂电桥原理图，并写出平衡公式。（5 分）

考核知识点：电气识、绘图纸

难易度：难

标准答案：

如图 Jb0003323052 所示。电桥平衡时 $R_x = RR_2/R_1$。

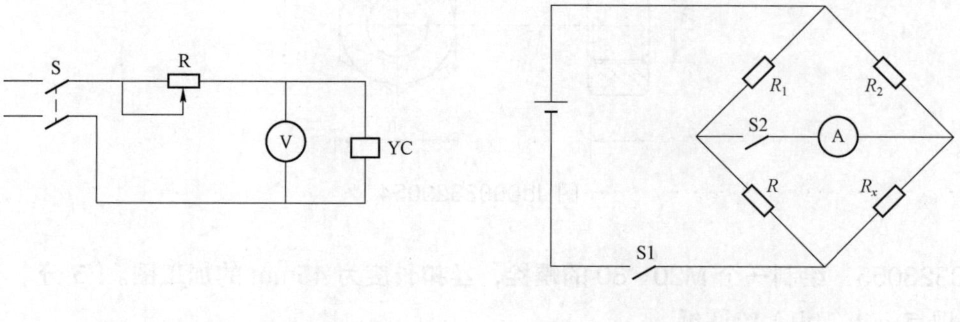

(a)　S—开关；R—可调电阻器；YC—合闸线圈

(b)　S1、S2—开关；R、R_1、R_2、R_x—电阻

图 Jb0003323052

Jb0003323053　画出 S_{YXZ} 型有载分接开关操动机构电气控制原理图。（5 分）

考核知识点：电气识、绘图纸

难易度：难

标准答案：

如图 Jb0003323053 所示。

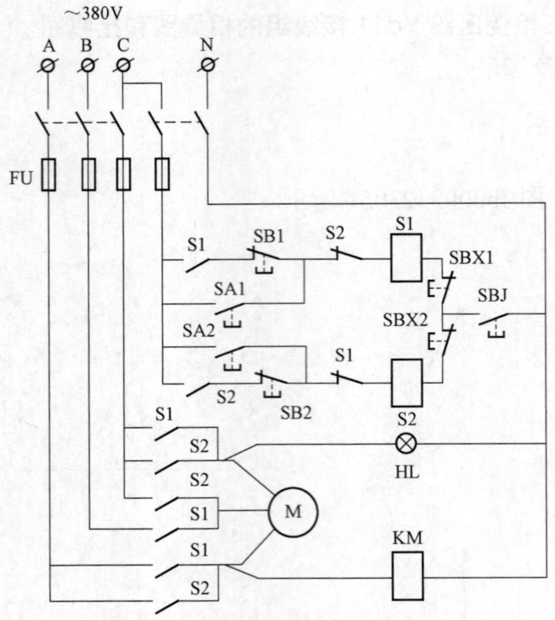

图 Jb0003323053

FU—熔断器；S1、S2—磁力开关；SA1、SA2—控制开关；SBX1、SBX2—终端限位开关；

SB1、SB2—控制开关；SBJ—紧急处理控制开关；HL—信号灯；KM—中间继电器

Jb0003323054　绘制一个 M20 的螺母加工图。（5 分）

考核知识点：电气识、绘图纸

难易度：难

标准答案：

如图 Jb0003323054 所示。

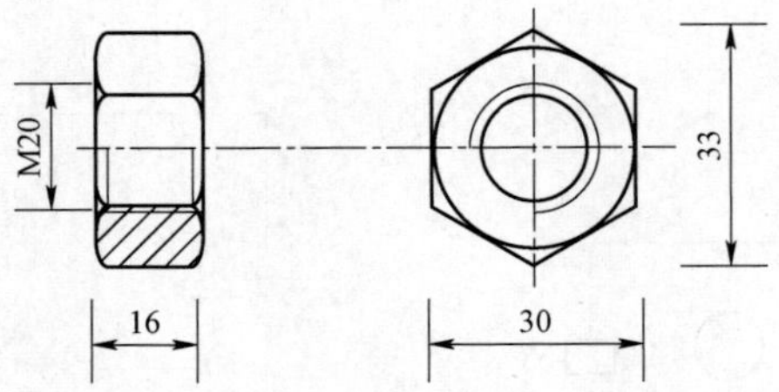

图 Jb0003323054

Jb0003323055　绘制一个 M20×80 的螺栓，丝扣长度为 45mm 的加工图。（5 分）

考核知识点：电气识、绘图纸

难易度：难

标准答案：

如图 Jb0003323055 所示。

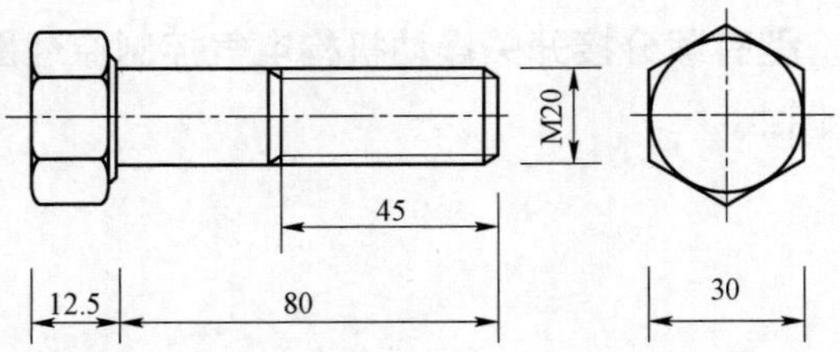

图 Jb0003323055

Jb0003323056 画出图 Jb0003323056 所示实物的三视图。（5 分）

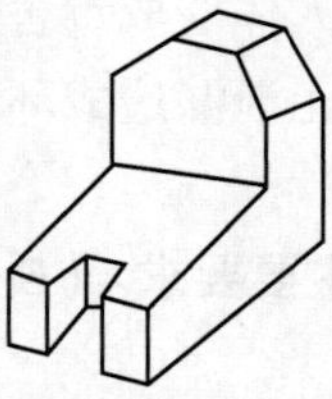

图 Jb0003323056

考核知识点：电气识、绘图纸
难易度：难
标准答案：

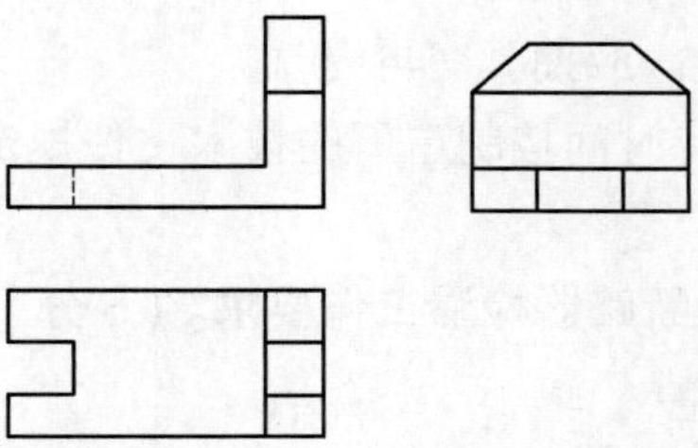

Jb0003323057 画出图 Jb0003323057 所示实物的三视图。（5 分）

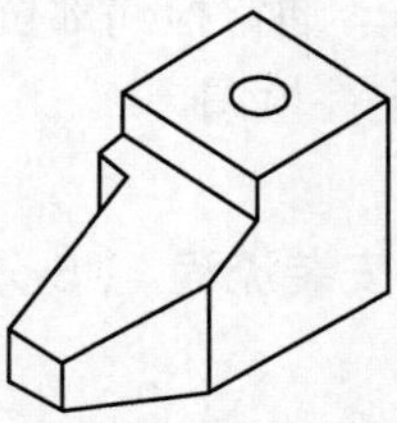

图 Jb0003323057

考核知识点：电气识、绘图纸
难易度：难
标准答案：

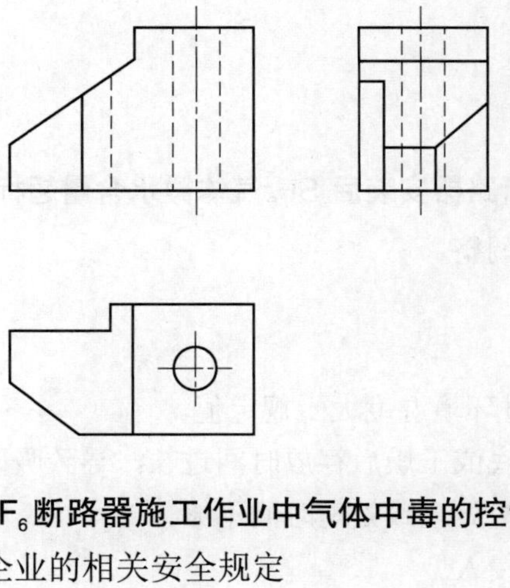

Jb0005332058 简单描述 SF_6 断路器施工作业中气体中毒的控制措施。（5 分）

考核知识点：国家、行业及企业的相关安全规定
难易度：中

标准答案：

（1）施工中应有防止 SF_6 有害分解物对人体造成毒害的措施。

（2）严格遵守 SF_6 气体的管理规定，防止泄漏造成环境污染。

Jb0005332059　阐述 SF_6 断路器充气主要要求。（5分）

考核知识点：断路器安装及调整

难易度：中

标准答案：

（1）充气工艺一般按制造厂家的技术文件规定执行。

（2）当制造厂家对带气运输的部件气体处理有要求时，按制造厂家规定执行。

（3）当无要求时，可按下面规定执行：气体含水量小于 150μL/L（ppm）时，可直接充气。气体含水量大于等于 150μL/L（ppm）时，应抽真空再充气。

（4）到场设备真空度及真空保持时间按制造厂的技术文件规定执行。

Jb0005332060　简单描述 SF_6 断路器检漏工作要求。（5分）

考核知识点：断路器安装及调整

难易度：中

标准答案：

（1）充气 24h 后，可对断路器进行检漏，通常检漏部位为连接法兰、气管接头、气体压力表等处。

（2）现场可根据实际情况进行定量或定性检漏。

Jb0005332061　简要描述 SF_6 断路器安装流程。（5分）

考核知识点：断路器安装及调整

难易度：中

标准答案：

（1）SF_6 断路器支架及支柱绝缘子安装。

（2）灭弧室安装。

（3）附件安装及二次接线。

（4）充气及检漏。

（5）断路器的调整。

Jb0005332062　简要描述断路器安装后 SF_6 气体微水含量超标的主要原因。（5分）

考核知识点：断路器安装及调整

难易度：中

标准答案：

（1）SF_6 新气不合格，注气时环境湿度大于规定值。

（2）吸附剂安装前干燥不彻底或干燥后存放时间过长，导致吸附剂受潮。

（3）断路器注气前未进行真空处理或处理时间不够。

（4）断路器密封不好使潮气侵入。

Jb0005332063　简要描述断路器安装后 SF_6 气体微水含量超标的主要处理方法。(5分)

考核知识点：断路器安装及调整

难易度：中

标准答案：

(1) 充气前对 SF_6 钢瓶新气进行微水试验，合格后注入断路器。

(2) 对断路器内吸附剂进行检查，必要时清洁干燥或更换。

(3) 重新进行抽真空、注入合格的 SF_6 新气。

Jb0005332064　简要描述高压开关柜安装过程中主要危险点。(5分)

考核知识点：其他电气设备安装及调整

难易度：中

标准答案：

人身伤害、起重伤害、机械伤害、触电伤害（扩建变电站）、误入带电间隔（扩建变电站）。

Jb0005332065　简要描述高压开关柜安装过程中起重伤害主要危险点。(5分)

考核知识点：其他电气设备安装及调整

难易度：中

标准答案：

(1) 吊装有专人指挥，吊臂下严禁站人。

(2) 起重工具使用前认真检查，严禁使用不合格的工具。

(3) 设备起吊后应系好拉绳，防止摆动碰伤人员。

Jb0005332066　简要描述高压开关柜安装过程中触电伤害主要危险点。(5分)

考核知识点：其他电气设备安装及调整

难易度：中

标准答案：

(1) 搬动梯子等长物体时，需两人放倒搬运，与带电部位保持足够的安全距离。

(2) 使用电动工具时，按规定接入漏电保护装置、接地线。

Jb0005332067　简要描述高压开关柜安装工作对基础的主要要求。(5分)

考核知识点：其他电气设备安装及调整

难易度：中

标准答案：

(1) 与柜安装有关的建筑物、构筑物土建工程已结束并验收合格。

(2) 可能影响已安装设备或设备安装后不能再进行修饰的工作全部结束。

Jb0005332068　阐述气体绝缘封闭开关设备(GIS)到场后的检查项目。(5分)

考核知识点：GIS 封闭式组合电气安装及调整

难易度：中

标准答案：

(1) 包装应无破损，密封应良好。

（2）到货数量与规格应与合同、装箱清单和设计要求相符，无损伤、变形及锈蚀。
（3）瓷件及绝缘件应无裂纹及破损。
（4）产品的技术文件应齐全，并应符合合同规定。
（5）应检查设备外观。

Jb0005332069　阐述气体绝缘封闭开关设备（GIS）安装前，建筑工程应具备的主要条件。（5分）
考核知识点：GIS 封闭式组合电气安装及调整
难易度：中
标准答案：
（1）预埋件及预留孔应符合设计要求，预埋件应牢固，预埋件的接地应良好。
（2）混凝土基础及构支架应达到允许安装的强度和刚度。
（3）无关的施工设施及杂物应清除干净，并应有足够的施工场地，施工道路应通畅。
（4）高层构架的走道板、栏杆、平台及爬梯等应齐全、牢固。
（5）基坑应已回填并夯实。

Jb0005332070　简要描述气体绝缘金属封闭开关设备（GIS）的接地要求。（5分）
考核知识点：GIS 封闭式组合电气安装及调整
难易度：中
标准答案：
（1）气体绝缘金属封闭开关设备（GIS）底座、机构箱和爬梯必须可靠接地。
（2）外接等电位连接必须可靠，并标识清晰。
（3）内接等电位连接必须可靠，并必须有隐蔽工程验收记录。

Jb0005332071　简述电容器验收时的检查内容。（5分）
考核知识点：其他电气设备安装及调整
难易度：中
标准答案：
（1）电容器组的布置与接线应正确。
（2）三相电容量偏差值应符合设计要求。
（3）交接试验应合格。
（4）电容器室内的通风装置应良好。

Jb0005332072　简述电容器端子箱内加热器设置要求。（5分）
考核知识点：其他电气设备安装及调整
难易度：中
标准答案：
（1）加热元件应安装在二次盘（柜）下部。
（2）与盘（柜）下部其他电气元件和二次电缆的距离不宜小于 80mm，若距离无法满足要求，应增加热隔离措施。
（3）加热器的电源线应使用耐热绝缘导线。

Jb0005332073 简述并联电容器绝缘电阻测量要求。（5分）

考核知识点：其他电气设备安装及调整

难易度：中

标准答案：

（1）应在电极对外壳之间进行测量。

（2）采用1000V绝缘电阻表测量小套管对地绝缘电阻。

（3）绝缘电阻均不应低于500MΩ。

Jb0005332074 当无具体规定时，接地网的埋设深度与间距应符合哪些要求？（5分）

考核知识点：母线及接地装置安装

难易度：中

标准答案：

（1）接地网的埋设深度与间距应符合设计要求。

（2）当无具体规定时，接地极顶面埋设深度不宜小于0.8m。水平接地极的间距不宜小于5m，垂直接地极的间距不宜小于其长度的2倍。

Jb0005332075 简述电压互感器、电流互感器的二次回路接地要求。（5分）

考核知识点：其他电气设备安装及调整

难易度：中

标准答案：

（1）公用电压互感器的二次回路应只在控制室内一点接地。

（2）公用电流互感器二次绕组及其回路应在相关保护屏柜内一点接地。

（3）独立的、与其他电压互感器和电流互感器的二次回路没有电气联系的二次回路应在开关场一点接地。

Jb0005332076 简述电气设备和防雷设施的接地装置的试验项目。（5分）

难易度：中

考核知识点：电气试验相关规程规范

标准答案：

（1）接地网电气完整性测试。

（2）接地阻抗。

（3）场区地表电位梯度、接触电位差、跨步电压和转移电位测量。

Jb0005332077 户外主变压器、油浸式电抗器，哪些附件应安装防雨罩？（5分）

考核知识点：变压器安装及调整

难易度：中

标准答案：

（1）气体继电器。

（2）压力释放阀。

（3）油温度计。

（4）绕组温度计。

Jb0005332078　变压器（电抗器）在装卸和运输过程中，不应有严重冲击和振动，什么情况下应装设三维冲撞记录仪？（5分）

考核知识点：变压器安装及调整

难易度：中

标准答案：

（1）电压在3～750kV及以上且容量在150MVA及以上的变压器应装设三维冲撞记录仪。

（2）电压为330kV及以上的电抗器应装设三维冲撞记录仪。

Jb0005332079　什么情况下，应对变压器、电抗器进行器身检查？（5分）

考核知识点：电气试验相关规程规范

难易度：中

标准答案：

（1）制造厂或建设单位认为应进行器身检查。

（2）变压器、电抗器运输和装卸过程中冲撞加速度出现大于3*g*或冲撞加速度监视装置出现异常情况时，应由建设、监理、施工、运输和制造厂等单位代表共同分析原因并出具正式报告。必须进行运输和装卸过程分析，明确相关责任，并确定进行现场器身检查或返厂进行检查和处理。

Jb0005332080　简述GIS中断路器和操动机构的联合动作应符合的规定。（5分）

考核知识点：断路器安装及调整

难易度：中

标准答案：

（1）在联合动作前，断路器内应充有额定压力的六氟化硫气体。

（2）位置指示器动作正确可靠，应与断路器的实际分、合位置一致。

Jb0005332081　简单描述GIS/HGIS导体的连接要求。（5分）

考核知识点：电气试验相关规程规范

难易度：中

标准答案：

（1）连接插件的触头中心应对准插门，不得出现卡阻，插入深度及接触电阻应符合产品技术文件要求。

（2）应在触头对应的设备外壳处进行标识。

（3）应检查并确认限位螺栓安装牢固。

Jb0005332082　简单描述GIS/HGIS中六氟化硫断路器的安装调整要求。（5分）

考核知识点：断路器安装及调整

难易度：中

标准答案：

（1）所有部件的安装位置正确，并符合制造厂规定。

（2）断路器调整后的各项动作参数，应符合产品的技术要求。

（3）断路器的油缓冲器应调整适当，低温地区使用的油缓冲器应采用适合低温条件的缓冲油。

Jb0005332083 简单描述 HGIS/GIS 六氟化硫断路器和操动机构的联合动作要求。(5 分)

考核知识点：断路器安装及调整

难易度：中

标准答案：

（1）在联合动作前，断路器内必须充有额定压力的六氟化硫气体。

（2）位置指示器动作应正确可靠，共分、合位置应符合断路器的实际分、合状态。

（3）具慢分、慢合装置者，在进行快速分、合闸前，必须先进行慢分、慢合操作，检查无卡涩。

Jb0005332084 阐述 GIS/HGIS 操动机构的安装要求。(5 分)

考核知识点：封闭式组合电器安装及调整

难易度：中

标准答案：

（1）操动机构的零部件应齐全，各转动部分应涂以适合当地气候条件的润滑脂。

（2）电动机转向应正确。

（3）各种接触器、继电器、微动开关、压力开关和辅助开关的动作应准确可靠，触点应接触良好，无烧损或锈蚀。

（4）分、合闸线圈的铁芯应动作灵活，无卡阻。

（5）控制元件的绝缘及加热装置的绝缘应良好。

Jb0005332085 阐述 GIS/HGIS 液压机构的安装要求。(5 分)

考核知识点：封闭式组合电器安装及调整

难易度：中

标准答案：

（1）油箱内部应洁净，液压油的标号应符合产品的技术要求，液压油应洁净杂质，油位指示应正常。

（2）连接管路应清洁，连接处应密封良好且牢固可靠，防失压慢分装置应可靠。

（3）补充的氮气及其预充压力应符合产品的技术要求，补充的氮气应采用高纯氮，高纯氮符合《纯氮、高纯氮和超纯氮》（GB/T 8979—2008）中对高纯氮的技术要求。

（4）液压回路在额定油压时，外观检查应无渗油。

（5）机构在慢分、慢合时，工作缸活塞杆的运动应无卡阻和跳动现象，其行程应符合产品的技术要求。微动开关、接触器的动作应准确可靠，接触良好。电接点压力表、安全阀应校验合格，压力释放间动作应可靠，关闭严密，联动闭锁压力值应按产品的技术要求予以整定。

Jb0005332086 简单描述 GIS/HGIS 弹簧机构的安装要求。(5 分)

考核知识点：封闭式组合电器安装及调整

难易度：中

标准答案：

（1）储能正常，分合闸正常，试验合格，辅助开关切换正常可靠。

（2）分、合闸装置动作应灵活，复位应准确而迅速，并应扣合可靠。

（3）弹簧机构缓冲器的行程应符合产品的技术要求。

Jb0005332087　阐述避雷器安装前的检查要求。（5分）

考核知识点：其他电气设备安装及调整

难易度：中

标准答案：

（1）瓷件应无裂纹、破损，瓷套与铁法兰间应黏合牢固，法兰泄水孔应通畅。

（2）组合单元应经试验合格，底座绝缘应良好。

（3）运输时用以保护避雷器防爆片的上下盖子应取下，防爆片应完整无损。

（4）避雷器安全装置应完整无损。

（5）避雷器复合套管运输、安装应符合技术文件要求。

Jb0005332088　简单描述避雷器放电计数器及其他表计安装要求。（5分）

考核知识点：施工技术管理

难易度：中

标准答案：

放电计数器、泄漏电流表、照测仪应密封良好、动作可靠，并应按产品的技术要求连接，安装位置应便于观察。接地应可靠，紧固件不应作为导流通道。放电计数器应统一至某一位置。

Jb0005332089　简述避雷器设备接线端子安装要求。（5分）

考核知识点：施工技术管理

难易度：中

标准答案：

（1）设备接线端子的接触表面应平整、清洁、无氧化膜、无凹陷及毛刺。

（2）应涂以薄层电力复合脂。

（3）连接螺栓应齐全、紧固，紧固力矩应符合现行国家标准。

（4）避雷器引线的连接不应使设备端子受到超过允许的承受应力。

Jb0005333090　简述互感器的开箱检查内容。（5分）

考核知识点：施工安全管理

难易度：难

标准答案：

（1）附件数量、规格应与设计相符，出厂文件、试验报告齐全。

（2）核对互感器型号、规格应符合设计要求。

（3）外观检查，外观应完整，无锈蚀或机械损伤。

Jb0005333091　简述互感器接地施工要求。（5分）

考核知识点：施工技术管理

难易度：难

标准答案：

（1）互感器本体按照设计要求采用扁铁或铜绞线两点分别与主接地网可靠相连。

（2）互感器二次回路的接地端与主接地网可靠连接。

Jb0005333092 简述悬吊式管形母线安装时的安装工艺要求。（5分）

考核知识点：电气试验相关规程规范

难易度：难

标准答案：

（1）母线平直，端部整齐，挠度小于 $D/2$（D 为管形母线的直径）。

（2）三相平行，相距一致。

（3）跳线走向自然，三相一致。

（4）金具规格应与管形母线相匹配。

（5）均压环安装应无划痕、毛刺，安装牢固、平整、无变形。均压环宜在最低处打泄水孔。

Jb0005333093 简述支撑式管形母线安装时，轴线误差、基础杯底误差要求。（5分）

考核知识点：施工技术管理

难易度：难

标准答案：

轴线误差不超过10mm，基础杯底误差为0～–10mm。

Jb0005333094 简述金属构件及母线的防腐处理要求。（5分）

考核知识点：施工技术管理

难易度：难

标准答案：

（1）金属构件除锈应彻底，防腐漆涂刷应均匀，黏合应牢固，不得有起层、皱皮等缺陷。

（2）母线涂漆应均匀，不得有起层、皱皮等缺陷。室外金属构件应采用热镀锌制品。

（3）在有盐雾及含有腐蚀性气体的场所，母线应涂防腐层。

Jb0007332095 简述隔离开关运行中的主要异常。（5分）

考核知识点：电气设备相关知识

难易度：中

标准答案：

（1）接头部位过热。

（2）绝缘子绝缘降低导致发热。

（3）隔离开关自动分闸现象。

（4）隔离开关远控失败。

Jb0007332096 简述 SF_6 式高压负荷开关的优缺点及适用范围。（5分）

考核知识点：电气设备相关知识

难易度：中

标准答案：

（1）开断电流大。

（2）开断电容电流性能好。

（3）结构较为复杂。

（4）适用于35kV及以上产品。

Jb0007332097　简述 GIS 防尘车间净化要求。(5 分)

考核知识点：施工技术管理

难易度：中

标准答案：

（1）空气净化：1 台空调带有新风功能，新风量为 1000m^3/（h・台），空调运行时对室内形成增压，防止厂房与外界未被密封的局部缝隙等的灰尘进入，空调新风入口装有高性能过滤器以保证新入空气的洁净度，防尘室安装区域地面需要铺设地板革。

（2）人员净化：人员进入净化间必须穿戴防尘服、鞋套、防尘帽或连体服等专用服装，并且通过风淋室进行吹淋。

Jb0007332098　简单描述 GIS 风淋室要求。(5 分)

考核知识点：施工技术管理

难易度：中

标准答案：

（1）风淋室与车间设计为一体，风淋室门控开关采用单开延时可控开关。

（2）根据现场所处环境进行吹风时间设置。

（3）进入风淋室后自动上锁，关闭入口门进行风淋，风淋设置时间结束后方可开启进入厂房内。

Jb0007332099　简单描述避雷器安装排气通道的要求。(5 分)

考核知识点：施工技术管理

难易度：中

标准答案：

避雷器的排气通道应通畅，排气通道口不得朝向巡检通道，排出的气体不致引起相间或对地闪络，并不得喷及其他电气设备。

Jb0007332100　简述电容器的交接试验项目。(5 分)

考核知识点：电气试验相关规程规范

难易度：中

标准答案：

（1）测量绝缘电阻。

（2）测量耦合电容器、断路器电容器的介质损耗因数（tanδ）。

（3）电容测量。

（3）并联电容器交流耐压试验。

（4）冲击合闸试验。

Jb0007332101　简述变压器检查签证项目。(5 分)

考核知识点：施工技术管理

难易度：中

标准答案：

（1）器身有无位移。

（2）绕组排列。

（3）铁芯对地绝缘。
（4）出线与套管连接。

Jb0007332102　简述避雷器的作用。（5分）
考核知识点：电气设备相关知识
难易度：中
标准答案：
（1）限制过电压。
（2）保护电气设备的绝缘免受雷电或操作过电压的危害。

Jb0007332103　简述避雷器有哪几种类型。（5分）
考核知识点：电气设备相关知识
难易度：中
标准答案：
（1）管型避雷器。
（2）阀型避雷器。
（3）氧化锌避雷器。

Jb0007332104　简述低压负荷开关的适用范围。（5分）
考核知识点：电气设备相关知识
难易度：中
标准答案：
低压负荷开关适用于交流工频电路，以手动不频繁地通断有载电路，也可用于线路的过载与短路保护。

Jb0007332105　简述负荷开关的主要作用。（5分）
考核知识点：电气设备相关知识
难易度：中
标准答案：
负荷开关主要用于开断和关合负荷电流，也可以将负荷开关与高压熔断器配合使用代替断路器。

Jb0007332106　简述中性点的各类运行方式。（5分）
考核知识点：电气设备相关知识
难易度：中
标准答案：
（1）中性点直接接地。
（2）中性点不接地。
（3）中性点经消弧线圈接地。

Jb0007332107　简述电容型设备介质损耗因素测量方法。（5分）
考核知识点：电气设备相关知识
难易度：中

标准答案：
（1）谐波分析法。
（2）过零比较法。
（3）正弦波参数法。

Jb0007332108　简述干式电抗器安装可以使用的材料。（5分）
考核知识点：施工技术管理
难易度：中
标准答案：
环氧树脂、铝、非磁性不锈钢。

第六章 变电一次安装工高级工技能操作

Jc0005352001 变压器（电抗器）交接验收及保管。（100分）

考核知识点：变压器安装及调整

难易度：中

技能等级评价专业技能考核操作工作任务书

一、任务名称

变压器（电抗器）交接验收及保管。

二、适用工种

变电一次安装工高级工。

三、具体任务

在规定时间内完成变压器（电抗器）运抵现场后的交接验收、附件开箱检查、现场保管等工作。

四、工作规范及要求

（1）考生正确填写办理工作票，进行安全、技术交底，合理安排人员分工并明确相应职责。

（2）考生进场后检查确认作业场所装设的围栏、悬挂的标识牌符合安全工作规程要求。

（3）考生正确把握执行现场安全文明施工作业的相关要求。

（4）考试结束完成工器具、安装配件、材料的清理。

五、考核及时间要求

（1）本考核操作时间为90分钟，包括安装、调试及报告整理时间，时间到停止考评。

（2）按照技能操作相关要求进行操作，正确记录操作结果。

技能等级评价专业技能考核操作评分标准

工种	变电一次安装工					评价等级	高级工
项目模块	专业技能—变压器（电抗器）交接验收及保管				编号	Jc0005352001	
单位			准考证号			姓名	
考试时限	90分钟		题型	多项操作		题分	100分
成绩		考评员		考评组长		日期	
试题正文	变压器（电抗器）交接验收及保管						
需要说明的问题和要求	（1）采取必要的安全措施，符合电力安全工作规程要求。 （2）在考试规定的时间内按要求完成操作任务。 （3）若操作过程出现不符合安全及劳动保护规定情况，每处扣2分						

序号	项目名称	质量要求	满分	扣分标准	扣分原因	得分
1	机械伤害	严格执行工器具使用规定，使用前严格检查，不完整、不合格的工器具禁止使用	4	缺主要项每处扣2分，不完整或不清晰每处扣1分，扣完为止		

续表

序号	项目名称	质量要求	满分	扣分标准	扣分原因	得分
2	起重伤害	（1）吊装附件有专人指挥，吊臂下严禁站人。 （2）起重工具使用前认真检查，并进行强度核验，严禁使用不合格的工具。 （3）设备起吊后应系好拉绳，防止摆动碰伤人员	6	缺主要项每处扣 2 分，不完整或不清晰每处扣 1 分，扣完为止		
3	基础复测和本体就位	基础复测检查，基础轴线定位、地坪标高及水平误差应符合设计及制造厂家要求	10	缺主要项每处扣 2 分，不完整或不清晰每处扣 1 分，扣完为止		
4	附件开箱检查	（1）安装前应按照装箱单检查零部件及附件、备件是否齐全。 （2）检查制造厂家提供的安装使用说明书、合格证、出厂试验报告、安装图纸等文件资料是否齐全	20	缺主要项每处扣 10 分，不完整或不清晰每处扣 5 分，扣完为止		
5	本体交接验收	（1）检查运输冲击记录仪，冲击值应在制造厂家及合同的规定范围内，并做好记录。 （2）检查充气运输变压器的气体压力，应在 0.01～0.03MPa 范围内，并做好记录。 （3）检查本体外观无明显损伤	20	缺主要项每处扣 7 分，不完整或不清晰每处扣 3 分，扣完为止		
6	附件交接验收	（1）检查套管。 （2）检查套管升高座。 （3）检查储油柜、胶囊。 （4）检查压力释放装置。 （5）检查清洗管道及其他附件。 （6）冷却装置检查及试压检漏。 （7）气体继电器、压力继电器、温度表校验	20	缺主要项每处扣 3 分，不完整或不清晰每处扣 3 分，扣完为止		
7	本体现场保管	注油保管期间应将变压器、电抗器的外壳专用接地点与接地网连接牢靠	10	缺主要项每处扣 2 分，叙述不完整或不清晰每处扣 1 分，扣完为止		
8	附件保管	（1）风扇、潜油泵、气体继电器、压力释放装置、温度表、油位表以及绝缘材料等，应放置于干燥的室内。 （2）充油或充干燥气体的套管存放妥当，应采取防潮措施。 （3）散热器底部应垫高、垫平，做好防潮措施	10	缺主要项每处扣 4 分，叙述不完整或不清晰每处扣 1 分，扣完为止		
合计			100			

Jc0004352002　330kV 变压器安装工器具准备。（100 分）

考核知识点：变压器安装及调整

难易度：中

技能等级评价专业技能考核操作工作任务书

一、任务名称

330kV 变压器安装工器具准备。

二、适用工种

变电一次安装工高级工。

三、具体任务

在规定时间内完成 330kV 变压器安装工器具准备。

四、工作规范及要求

（1）考生正确填写办理工作票，进行安全、技术交底，合理安排人员分工并明确相应职责。
（2）考生进场后检查确认作业场所装设的围栏、悬挂的标识牌符合安全工作规程要求。
（3）考生正确把握执行现场安全文明施工作业的相关要求。
（4）考试结束完成工器具、安装配件、材料的清理。

五、考核及时间要求

（1）本考核操作时间为90分钟，包括安装、调试及报告整理时间，时间到停止考评。
（2）按照技能操作相关要求进行操作，正确记录操作结果。

技能等级评价专业技能考核操作评分标准

工种	变电一次安装工				评价等级	高级工
项目模块	专业技能—变压器安装			编号	Jc0005352002	
单位		准考证号			姓名	
考试时限	90分钟	题型	多项操作		题分	100分
成绩		考评员		考评组长	日期	
试题正文	330kV变压器安装工器具准备					
需要说明的问题和要求	（1）采取必要的安全措施，符合电力安全工作规程要求。 （2）在考试规定的时间内按要求完成操作任务。 （3）若操作过程出现不符合安全及劳动保护规定情况，每处扣2分					

序号	项目名称	质量要求	满分	扣分标准	扣分原因	得分
1	油浸式变压器安装工器具清单	汽车吊、储油罐、升降车、真空滤油机、压力式滤油机、真空泵、干燥空气发生器、电焊机、油压千斤顶、大功率吸尘器等	20	主要工器具每处加2分，不得超过20分		
2	油浸式变压器安装材料清单	无水酒精、丙酮、擦拭纸、白布带、砂纸、变压器油、扁钢、棉纱、消防器材等	20	主要工器具每处加2分，不得超过20分		
3	相关设施的配置	按施工需要配备完好的安装工具、机械设备、起重设备、消防设施和劳动保护设施，检查施工用电容量应满足安装要求	15	缺主要项每处扣3分，不完整或不清晰每处扣1分，扣完为止		
4	变压器安装油务系统的配备	（1）储油罐容量不小于变压器总油量的120%，罐内应清洁干净，吸潮剂良好，并做好防雨、防潮措施。 （2）搭设滤油房，应有防雨措施。 （3）配备足够的滤油管，使用前用洁净的变压器油循环冲洗干净。 （4）连接储油罐与滤油设备，滤油设备试运行正常，机内存油和污垢应清除干净。 （5）干燥空气发生器试运转正常，露点温度不高于−40°	15	缺主要项每处扣3分，不完整或不清晰每处扣1.5分，扣完为止		
5	变压器安装真空系统的准备	（1）真空管路应清洁、密封良好。 （2）真空表（计）校验合格并选型正确。 （3）真空泵试运转应正常	15	缺主要项每处扣5分，不完整或不清晰每处扣2.5分，扣完为止		
6	文明施工现场布置	（1）施工必须使用专用工具台。 （2）变压器瓷套管必须做好瓷件保护措施。 （3）吊装区域必须进行安全隔离，并放置起重作业区的标识牌	15	缺主要项每处扣5分，不完整或不清晰每处扣2.5分，扣完为止		
合计			100			

Jc0005352003　干式电抗器安装质量验评及常见问题处理。(100分)

考核知识点：其他电气设备安装及调整

难易度：中

技能等级评价专业技能考核操作工作任务书

一、任务名称

干式电抗器安装质量验评及常见问题处理。

二、适用工种

变电一次安装工高级工。

三、具体任务

在规定时间内完成干式电抗器安装质量验评及常见问题处理。

四、工作规范及要求

（1）考生正确填写办理工作票，进行安全、技术交底，合理安排人员分工并明确相应职责。

（2）考生进场后检查确认作业场所装设的围栏、悬挂的标识牌符合安全工作规程要求。

（3）考生正确把握执行现场安全文明施工作业的相关要求。

（4）考试结束完成工器具、安装配件、材料的清理。

五、考核及时间要求

（1）本考核操作时间为90分钟，包括安装、调试及报告整理时间，时间到停止考评。

（2）按照技能操作相关要求进行操作，正确记录操作结果。

技能等级评价专业技能考核操作评分标准

<table>
<tr><td>工种</td><td colspan="5">变电一次安装工</td><td>评价等级</td><td>高级工</td></tr>
<tr><td>项目模块</td><td colspan="4">专业技能—干式电抗器安装质量验评及常见问题处理</td><td colspan="2">编号</td><td>Jc0005352003</td></tr>
<tr><td>单位</td><td colspan="2"></td><td>准考证号</td><td colspan="2"></td><td>姓名</td><td></td></tr>
<tr><td>考试时限</td><td colspan="2">90分钟</td><td>题型</td><td colspan="2">多项操作</td><td>题分</td><td>100分</td></tr>
<tr><td>成绩</td><td></td><td>考评员</td><td></td><td>考评组长</td><td></td><td>日期</td><td></td></tr>
<tr><td>试题正文</td><td colspan="7">干式电抗器安装质量验评及常见问题处理</td></tr>
<tr><td>需要说明的问题和要求</td><td colspan="7">（1）采取必要的安全措施，符合电力安全工作规程要求。
（2）在考试规定的时间内按要求完成操作任务。
（3）若操作过程出现不符合安全及劳动保护规定情况，每处扣2分</td></tr>
</table>

序号	项目名称	质量要求	满分	扣分标准	扣分原因	得分
1	干式电抗器安装质量验评	（1）支柱应完整、无裂纹，线圈应无变形。 （2）线圈外部的绝缘漆应完好。 （3）支柱绝缘子的接地应良好。 （4）各部油漆应完整。 （5）干式空心电抗器的基础内钢筋、底层绝缘子的接地线以及所采用的金属围栏，不应通过自身和接地线构成闭合回路。 （6）干式铁芯电抗器的铁芯应一点接地。 （7）交接试验应合格。 （8）相位标示清晰、正确	70	缺主要项每处扣9分，不完整或不清晰每处扣4.5分，扣完为止		

续表

序号	项目名称	质量要求	满分	扣分标准	扣分原因	得分
2	干式电抗器安装常见问题处理	干式电抗器安装不当会造成漏磁。安装过程中需注意以下几点： （1）干式电抗器安装使用非磁性材料。电抗器与防雨罩、支柱绝缘子连接使用非磁性不锈钢螺栓。 （2）设备支架安装做好隔磁措施。 （3）设备支架的接地线不应成闭合环路，同时不得与地网形成闭合环路	30	缺主要项每处扣10分，不完整或不清晰每处扣3分，扣完为止		
合计			100			

Jc0005352004　电容器安装质量验评及常见问题处理。（100分）

考核知识点：其他电气设备安装及调整

难易度：中

技能等级评价专业技能考核操作工作任务书

一、任务名称

电容器安装质量验评及常见问题处理。

二、适用工种

变电一次安装工高级工。

三、具体任务

在规定时间内完成电容器安装质量验评及常见问题处理。

四、工作规范及要求

（1）考生正确填写办理工作票，进行安全、技术交底，合理安排人员分工并明确相应职责。

（2）考生进场后检查确认作业场所装设的围栏、悬挂的标识牌符合安全工作规程要求。

（3）考生正确把握执行现场安全文明施工作业的相关要求。

（4）考试结束完成工器具、安装配件、材料的清理。

五、考核及时间要求

（1）本考核操作时间为90分钟，包括安装、调试及报告整理时间，时间到停止考评。

（2）按照技能操作相关要求进行操作，正确记录操作结果。

技能等级评价专业技能考核操作评分标准

工种	变电一次安装工					评价等级	高级工
项目模块	专业技能—电容器安装质量验评及常见问题处理				编号	Jc0005352004	
单位			准考证号			姓名	
考试时限	90分钟	题型		多项操作		题分	100分
成绩		考评员		考评组长		日期	
试题正文	电容器安装质量验评及常见问题处理						
需要说明的问题和要求	（1）采取必要的安全措施，符合电力安全工作规程要求。 （2）在考试规定的时间内按要求完成操作任务。 （3）若操作过程出现不符合安全及劳动保护规定情况，每处扣2分						

续表

序号	项目名称	质量要求	满分	扣分标准	扣分原因	得分
1	电容器安装质量验评	（1）电容器组的布置与接线应正确，电容器组的保护回路应完整。 （2）三相电容量偏差值应符合设计要求。 （3）外壳应无凹凸或渗油现象，引出线端子连接应牢固，垫圈、螺母应齐全。 （4）熔断器的安装、熔体的额定电流应符合设计要求。 （5）放电线圈瓷套应无损伤，放电回路应完整，接地开关操作应灵活。 （6）电容器支架应无明显变形。 （7）电容器外壳及支架的接地应可靠、防腐完好。 （8）支柱绝缘子外表清洁，完好无破损。 （9）串联补偿装置平台稳定性应良好，平台上设备连接应正确、可靠。 （10）交接试验应合格。 （11）室内电容器的通风装置应良好	66	缺主要项每处扣 6 分，不完整或不清晰每处扣 3 分，扣完为止		
2	电容器安装串、并联接线方式不正确	根据厂家技术文件和设计图纸安装	11	缺主要项扣 11 分，不完整或不清晰每处扣 6 分		
3	电容、哈弗线夹、铜绞线安装方式不正确，造成电容上瓷套破损或连接不可靠发热	电容、哈弗线夹、铜绞线连接可靠，搭接处均匀涂电力复合脂，哈弗线夹上下安装平垫片，用双螺母按厂家技术文件规定的扭力拧紧	12	缺主要项扣 12 分，不完整或不清晰每处扣 6 分		
4	安装的电容器三相电容不平衡	安装前对每只电容进行电容量试验，根据实验数据进行电容搭配，保证三相电容量平衡	11	缺主要项扣 11 分，不完整或不清晰每处扣 6 分		
合计			100			

Jc0005352005　接地装置常见问题处理。（100 分）

考核知识点：母线及接地装置安装

难易度：中

技能等级评价专业技能考核操作工作任务书

一、任务名称

接地装置常见问题处理。

二、适用工种

变电一次安装工高级工。

三、具体任务

在规定时间内完成接地装置常见问题处理。

四、工作规范及要求

（1）考生正确填写办理工作票，进行安全、技术交底，合理安排人员分工并明确相应职责。

（2）考生进场后检查确认作业场所装设的围栏、悬挂的标识牌符合安全工作规程要求。

（3）考生正确把握执行现场安全文明施工作业的相关要求。

（4）考试结束完成工器具、安装配件、材料的清理。

五、考核及时间要求

（1）本考核操作时间为 90 分钟，包括安装、调试及报告整理时间，时间到停止考评。

（2）按照技能操作相关要求进行操作，正确记录操作结果。

技能等级评价专业技能考核操作评分标准

<table>
<tr><td>工种</td><td colspan="5">变电一次安装工</td><td>评价等级</td><td>高级工</td></tr>
<tr><td>项目模块</td><td colspan="4">专业技能—接地装置常见问题处理</td><td>编号</td><td colspan="2">Jc0005352005</td></tr>
<tr><td>单位</td><td colspan="3"></td><td>准考证号</td><td></td><td>姓名</td><td></td></tr>
<tr><td>考试时限</td><td>90 分钟</td><td>题型</td><td colspan="3">多项操作</td><td>题分</td><td>100 分</td></tr>
<tr><td>成绩</td><td></td><td>考评员</td><td></td><td>考评组长</td><td></td><td>日期</td><td></td></tr>
<tr><td>试题正文</td><td colspan="7">接地装置常见问题处理</td></tr>
<tr><td>需要说明的问题和要求</td><td colspan="7">（1）采取必要的安全措施，符合电力安全工作规程要求。
（2）在考试规定的时间内按要求完成操作任务。
（3）若操作过程出现不符合安全及劳动保护规定情况，每处扣 2 分</td></tr>
</table>

序号	项目名称	质量要求	满分	扣分标准	扣分原因	得分
1	不同设备的接地	（1）变压器、避雷器、电压互感器、电流互感器、断路器支架采用单接地。 （2）变压器铁芯、夹件要单独接地，本体单独接地数量满足设计要求，一般不少于 2 根。 （3）避雷器支架要求双接地，设备杆四周做均压屏蔽环。 （4）电压互感器、电流互感器、断路器等带二次回路的设备要求双接地	32	缺主要项每处扣 8 分，不完整或不清晰每处扣 4 分，扣完为止		
2	多台电气设备串接	多台电气设备串接在一根接地线上时，多台电气设备并联接入接地网	10	缺主要项扣 10 分，不完整或不清晰每处扣 5 分，扣完为止		
3	设备本体接地与二次屏蔽接地	设备本体接地与二次屏蔽接地接在同一根接地引线上时，设备本体与二次屏蔽要分别单独接地	10	缺主要项扣 10 分，不完整或不清晰每处扣 5 分，扣完为止		
4	焊接要求	（1）圆钢焊接时，焊接长度不少于圆钢直径的 6 倍。 （2）扁钢焊接时，焊接长度不少于扁钢宽度的 2 倍，三面焊接	16	缺主要项每处扣 8 分，不完整或不清晰每处扣 4 分，扣完为止		
5	接地线鼻子	（1）一个接地螺栓上安装超过 2 个接地线鼻子，每个接线鼻子压屏蔽线多于 5 根。 （2）一个接地螺栓上安装不多于 2 个接地线鼻子，每个接线鼻子压屏蔽线最多 5 根	16	缺主要项每处扣 8 分，不完整或不清晰每处扣 4 分，扣完为止		
6	铜绞线焊接未焰透	铜绞线接地体焊接采用热焰焊，焊接时应预热模具，模具内热熔剂填充密实，点火过程安全防护可靠。接头内导体应焰透，保证有足够的导电截面积。铜焊接头表面光滑、无气泡	8	缺主要项扣 8 分，不完整或不清晰每处扣 4 分，扣完为止		
7	焊接后未做防腐处理	焊接后及时进行防腐处理	8	缺主要项扣 8 分，不完整或不清晰每处扣 4 分，扣完为止		
合计			100			

Jc0006353006 GW4 型隔离开关的安装与调整。（100 分）

考核知识点：隔离开关安装及调整

难易度：难

技能等级评价专业技能考核操作工作任务书

一、任务名称

GW4 型隔离开关的安装与调整。

二、适用工种

变电一次安装工高级工。

三、具体任务

（1）完成 GW4 型隔离开关的安装前准备。

（2）在规定时间内完成 GW4 型隔离开关的安装。

（3）在规定时间内完成 GW4 型隔离开关的调整。

（4）进行质量验评。

四、工作规范及要求

工器具、安全及劳动保护用品规范使用，安全措施符合电力安全工作规程要求。

五、考核及时间要求

（1）本考核操作时间为 90 分钟，包括安装时间和报告整理时间，时间到停止考评。

（2）按照操作技能操作记录单的操作要求进行操作，正确记录操作结果。

技能等级评价专业技能考核操作评分标准

工种	变电一次安装工					评价等级	高级工
项目模块	专业技能—隔离开关安装与调整				编号	Jc0006353006	
单位		准考证号				姓名	
考试时限	90 分钟	题型	多项操作			题分	100 分
成绩		考评员		考评组长		日期	
试题正文	GW4 型隔离开关的安装与调整						
需要说明的问题和要求	（1）采取必要的安全措施，符合电力安全工作规程要求。 （2）在考试规定的时间内按要求完成操作任务。 （3）若操作过程出现不符合安全及劳动保护规定情况，每处扣 2 分						

序号	项目名称	质量要求	满分	扣分标准	扣分原因	得分
1	准备工作	（1）准备施工图、说明书、施工方案等。 （2）准备施工机具等。 （3）办理作业票。 （4）进行安全技术交底。 （5）做好安全措施	10	缺主要项每处扣 2 分，叙述不完整或不清晰每处扣 1 分，扣完为止		
2	基础复测和设备支架	（1）所用钢材的规格及尺寸符合设计要求，焊接及涂漆符合要求。 （2）安全净距符合规范要求，接地可靠	10	叙述不完整或不清晰每处扣 5 分，扣完为止		
3	开箱检查	（1）规格及参数与设计相符，安装孔距与设计相符。 （2）瓷件外观完好、无损伤，底架、附件无锈蚀。 （3）附件、备件齐全，出厂文件完整	10	叙述不完整或不清晰每处扣 4 分，扣完为止		

续表

序号	项目名称	质量要求	满分	扣分标准	扣分原因	得分
4	隔离开关地面组装	（1）将隔离开关底座按相序平放置于基础近旁，检查底座转动部分应灵活，并涂以适合当地气候的润滑脂。 （2）组装前对所有瓷绝缘子进行测量、编组，使每柱瓷绝缘子高度尽量相同。 （3）将下节支柱瓷绝缘子固定在底座上，并校正加临时支撑，以防倾倒。 （4）组装边柱、中上节瓷绝缘子及静触头。 （5）组装中柱瓷绝缘子及动触杆	10	叙述不完整或不清晰每处扣 2 分，扣完为止		
5	整体吊装就位	（1）隔离开关的主闸刀打开方向及接地刀位置应符合设计要求。 （2）吊装时为防止倾倒，应将两端磁柱间绑以木棒，并绑好平衡绳，选用合适绳套将隔离开关整体吊装在基础支架上。 （3）将隔离开关操平找正后予以固定，底座的水平误差应小于 1%	10	叙述不完整或不清晰每处扣 4 分，扣完为止		
6	操动机构安装及配制垂直连杆	（1）将主闸刀传动轴和操动机构主轴与法兰接头相连后钻孔配销，孔径应与销钉直径相配合，销钉打入后应牢固。 （2）主闸刀传动机构固定在底座上，用垂线法找正操动机构，使主闸刀传动轴与操动机构主轴同心后将操动机构固定在支架上。 （3）将主闸刀置于合闸位置，配制垂直连杆；垂直连杆的法兰接头可先电焊固定，待试操作无误后再焊牢。 （4）接地刀垂直连杆的配制方法与主闸刀相同。 （5）垂直连杆内径应与轴直径配合，二者间隙不应大于 1mm	10	叙述不完整或不清晰每处扣 2 分，扣完为止		
7	隔离开关的调整及操作	（1）主闸刀合闸后，同极两断口应能同时合好，两静触头与动触杆成一直线，动触头与静触头之间隙为 30～50mm，动触头与静触头中心高度误差应小于 2mm。 （2）检查动触头与静触头的接触情况，其导电回路电阻符合产品要求（通以直流 100A 时）。 （3）主闸刀于分闸位置，接地刀机构于合闸位置，接地刀动触杆进入静触头中处于完全合位位置并固定，调整好平衡弹簧，试合正常。 （4）手动分、合隔离开关，调整主闸刀水平连杆，使分、合闸结束时距止钉间隙为 1～2mm，同时操动机构的行程开关应动作，辅助开关应正确切换。 （5）电动分、合隔离开关；接通电源前应检查二次回路，应完好、正确无误，各转动部件灵活，润滑良好，紧固件齐全牢固，限位装置可靠；将主闸刀置于分、合的中间位置，点动分、合闸开关，检查电动机转向正确后再进行分、合闸操作，位置正确。 （6）检查主闸刀与接地刀的联锁应正确可靠	15	叙述不完整或不清晰每处扣 3 分，扣完为止		
8	验评	（1）外观检查：瓷柱外表清洁无损伤，设备外表无锈蚀；隔离开关水平、垂直及中心距离误差应符合要求；螺栓紧固，接地可靠。 （2）导电系统：触头接触紧密，两侧压力均匀，接触面清洁并涂有电力复合脂，触头动作灵活，触头底部间隙及开闸角度符合要求。	10	叙述不完整或不清晰每处扣 2 分，扣完为止		

续表

序号	项目名称	质量要求	满分	扣分标准	扣分原因	得分
8	验评	（3）传动装置：传动部件清洁无锈蚀，动作灵活，安装正确，固定牢靠。 （4）操动机构：操作轻松无卡阻，分、合闸限位正确可靠，固定牢靠，二次回路完好。 （5）安装检验记录、评定记录、合格证件等技术文件。 （6）施工图及变更设计的证明文件。 （7）备品、备件及专用工具清单	10	叙述不完整或不清晰每处扣 2 分，扣完为止		
9	收尾及清理现场	对现场进行清理，清扫现场，工器具摆放整齐	5	叙述不完整或不清晰每处扣 2 分，扣完为止		
10	过程提问答辩	回答问题清晰、准确	10	回答错误每处扣 3 分，不全面每处扣 1 分，扣完为止		
	合计		100			

Jc0006353007　GW6 型隔离开关的安装与调整。（100 分）

考核知识点：隔离开关安装及调整

难易度：难

技能等级评价专业技能考核操作工作任务书

一、任务名称

GW6 型隔离开关的安装与调整。

二、适用工种

变电一次安装工高级工。

三、具体任务

（1）完成 GW6 型隔离开关的安装前准备。

（2）在规定时间内完成 GW6 型隔离开关的安装。

（3）在规定时间内完成 GW6 型隔离开关的调整。

（4）进行质量验评。

四、工作规范及要求

工器具、安全及劳动保护用品规范使用，安全措施符合电力安全工作规程要求。

五、考核及时间要求

（1）本考核操作时间为 90 分钟，包括安装时间和报告整理时间，时间到停止考评。

（2）按照操作技能操作记录单的操作要求进行操作，正确记录操作结果。

技能等级评价专业技能考核操作评分标准

工种	变电一次安装工					评价等级	高级工
项目模块	专业技能—隔离开关安装与调整				编号	Jc0006353007	
单位			准考证号			姓名	
考试时限	90 分钟		题型	多项操作		题分	100 分
成绩		考评员		考评组长		日期	

续表

试题正文	GW6 型隔离开关的安装与调整
需要说明的问题和要求	（1）采取必要的安全措施，符合电力安全工作规程要求。 （2）在考试规定的时间内按要求完成操作任务。 （3）若操作过程出现不符合安全及劳动保护规定情况，每处扣 2 分

序号	项目名称	质量要求	满分	扣分标准	扣分原因	得分
1	准备工作	（1）准备施工图、说明书、施工方案等。 （2）准备施工机具等。 （3）办理作业票。 （4）进行安全技术交底。 （5）做好安全措施	10	缺主要项每处扣 2 分，叙述不完整或不清晰每处扣 1 分，扣完为止		
2	基础复测和设备支架	（1）所用钢材的规格及尺寸符合设计要求，焊接及涂漆符合要求。 （2）安全净距符合规范要求，接地可靠	10	叙述不完整或不清晰每处扣 5 分，扣完为止		
3	开箱检查	（1）规格及参数与设计相符，安装孔距与设计相符。 （2）瓷件外观完好、无损伤，底架、附件无锈蚀。 （3）附件、备件齐全，出厂文件完整	10	叙述不完整或不清晰每处扣 4 分，扣完为止		
4	隔离开关地面组装	（1）将隔离开关底座按相序平放置于基础近旁，检查底座转动部分应灵活，并涂以适合当地气候的润滑脂。 （2）组装前对所有瓷绝缘子进行测量、编组，使每柱瓷绝缘子高度尽量相同。 （3）将下节支柱瓷绝缘子固定在底座上，并校正加临时支撑，以防倾倒。 （4）组装边柱、中上节瓷绝缘子及静触头。 （5）组装中柱瓷绝缘子及动触杆	10	叙述不完整或不清晰每处扣 2 分，扣完为止		
5	整体吊装就位	（1）隔离开关的主闸刀打开方向及接地刀位置应符合设计要求。 （2）吊装时为防止倾倒，应将两端磁柱间绑以木棒，并绑好平衡绳，选用合适绳套将隔离开关整体吊装在基础支架上。 （3）将隔离开关操平找正后予以固定，底座的水平误差应小于 1%	10	叙述不完整或不清晰每处扣 4 分，扣完为止		
6	操动机构安装及配制垂直连杆	（1）将主闸刀传动轴和操动机构主轴与法兰接头相连后钻孔配销，孔径应与销钉直径相配合，销钉打入后应牢固。 （2）主闸刀传动机构固定在底座上，用垂线法找正操动机构，使主闸刀传动轴与操动机构主轴同心后将操动机构固定在支架上。 （3）将主闸刀置于合闸位置，配制垂直连杆；垂直连杆的法兰接头可先电焊固定，待试操作无误后再焊牢。 （4）接地刀垂直连杆的配制方法与主闸刀相同。 （5）垂直连杆内径应与轴直径配合，二者间隙不应大于 1mm	10	叙述不完整或不清晰每处扣 2 分，扣完为止		
7	隔离开关的调整及操作	（1）主闸刀合闸后，同极两断口应能同时合好，两静触头与动触杆成一直线，动触头与静触头之间隙为 30～50mm，动触头与静触头中心高度误差应小于 2mm。 （2）检查动触头与静触头的接触情况，其导电回路电阻符合产品要求（通以直流 100A 时）。	15	叙述不完整或不清晰每处扣 3 分，扣完为止		

续表

序号	项目名称	质量要求	满分	扣分标准	扣分原因	得分
7	隔离开关的调整及操作	（3）主闸刀于分闸位置，接地刀机构于合闸位置，接地刀动触杆进入静触头中处于完全合位位置并固定，调整好平衡弹簧，试合正常。 （4）手动分、合隔离开关，调整主闸刀水平连杆，使分、合闸结束时距止钉间隙为1～2mm，同时操动机构的行程开关应动作，辅助开关应正确切换。 （5）电动分、合隔离开关；接通电源前应检查二次回路，应完好，正确无误，各转动部件灵活，润滑良好，紧固件齐全牢固，限位装置可靠；将主闸刀置于分、合的中间位置，点动分、合闸开关，检查电动机转向正确后再进行分、合闸操作，位置正确。 （6）检查主闸刀与接地刀的联锁应正确可靠	15	叙述不完整或不清晰每处扣3分，扣完为止		
8	验评	（1）外观检查：瓷柱外表清洁无损伤，设备外表无锈蚀；隔离开关水平、垂直及中心距离误差应符合要求；螺栓紧固，接地可靠。 （2）导电系统：触头接触紧密，两侧压力均匀，接触面清洁并涂有电力复合脂，触头动作灵活，触头底部间隙及开闸角度符合要求。 （3）传动装置：传动部件清洁无锈蚀，动作灵活，安装正确，固定牢靠。 （4）操动机构：操作轻松无卡阻，分、合闸限位正确可靠，固定牢靠，二次回路完好。 （5）安装检验记录、评定记录、合格证件等技术文件。 （6）施工图及变更设计的证明文件。 （7）备品、备件及专用工具清单	10	叙述不完整或不清晰每处扣2分，扣完为止		
9	收尾及清理现场	对现场进行清理，清扫现场，工器具摆放整齐	5	叙述不完整或不清晰每处扣2分，扣完为止		
10	过程提问答辩	回答问题清晰、准确	10	回答错误每处扣3分，不全面每处扣1分，扣完为止		
	合计		100			

Jc0006353008　GW7型隔离开关的安装与调整。（100分）

考核知识点：隔离开关安装及调整

难易度：难

技能等级评价专业技能考核操作工作任务书

一、任务名称

GW7型隔离开关的安装与调整。

二、适用工种

变电一次安装工高级工。

三、具体任务

（1）完成GW7型隔离开关的安装前准备。

（2）在规定时间内完成GW7型隔离开关的安装。

（3）在规定时间内完成 GW7 型隔离开关的调整。

（4）进行质量验评。

四、工作规范及要求

工器具、安全及劳动保护用品规范使用，安全措施符合电力安全工作规程要求。

五、考核及时间要求

（1）本考核操作时间为 90 分钟，包括安装时间和报告整理时间，时间到停止考评。

（2）按照操作技能操作记录单的操作要求进行操作，正确记录操作结果。

技能等级评价专业技能考核操作评分标准

工种	变电一次安装工			评价等级	高级工
项目模块	专业技能—隔离开关安装与调整		编号	Jc0006353008	
单位		准考证号		姓名	
考试时限	90 分钟	题型	多项操作	题分	100 分
成绩	考评员		考评组长	日期	
试题正文	GW7 型隔离开关的安装与调整				
需要说明的问题和要求	（1）采取必要的安全措施，符合电力安全工作规程要求。 （2）在考试规定的时间内按要求完成操作任务。 （3）若操作过程出现不符合安全及劳动保护规定情况，每处扣 2 分				

序号	项目名称	质量要求	满分	扣分标准	扣分原因	得分
1	准备工作	（1）准备施工图、说明书、施工方案等。 （2）准备施工机具等。 （3）办理作业票。 （4）进行安全技术交底。 （5）做好安全措施	10	缺主要项每处扣 2 分，叙述不完整或不清晰每处扣 1 分，扣完为止		
2	基础复测和设备支架	（1）所用钢材的规格及尺寸符合设计要求，焊接及涂漆符合要求。 （2）安全净距符合规范要求，接地可靠	10	叙述不完整或不清晰每处扣 5 分，扣完为止		
3	开箱检查	（1）规格及参数与设计相符，安装孔距与设计相符。 （2）瓷件外观完好、无损伤，底架、附件无锈蚀。 （3）附件、备件齐全，出厂文件完整	10	叙述不完整或不清晰每处扣 4 分，扣完为止		
4	隔离开关地面组装	（1）将隔离开关底座按相序平放置于基础近旁，检查底座转动部分应灵活，并涂以适合当地气候的润滑脂。 （2）组装前对所有瓷绝缘子进行测量、编组，使每柱瓷绝缘子高度尽量相同。 （3）将下节支柱瓷绝缘子固定在底座上，并校正加临时支撑，以防倾倒。 （4）组装边柱、中上节瓷绝缘子及静触头。 （5）组装中柱瓷绝缘子及动触杆	10	叙述不完整或不清晰每处扣 2 分，扣完为止		
5	整体吊装就位	（1）隔离开关的主闸刀打开方向及接地刀位置应符合设计要求。 （2）吊装时为防止倾倒，应将两端磁柱间绑以木棒，并绑好平衡绳，选用合适绳套将隔离开关整体吊装在基础支架上。 （3）将隔离开关操平找正后予以固定，底座的水平误差应小于 1%	10	叙述不完整或不清晰每处扣 4 分，扣完为止		

续表

序号	项目名称	质量要求	满分	扣分标准	扣分原因	得分
6	操动机构安装及配制垂直连杆	（1）将主闸刀传动轴和操动机构主轴与法兰接头相连后钻孔配销，孔径应与销钉直径相配合，销钉打入后应牢固。 （2）主闸刀传动机构固定在底座上，用垂线法找正操动机构，使主闸刀传动轴与操动机构主轴同心后将操动机构固定在支架上。 （3）将主闸刀置于合闸位置，配制垂直连杆；垂直连杆的法兰接头可先电焊固定，待试操作无误后再焊牢。 （4）接地刀垂直连杆的配制方法与主闸刀相同。 （5）垂直连杆内径应与轴直径配合，二者间隙不应大于 1mm	10	叙述不完整或不清晰每处扣 2 分，扣完为止		
7	隔离开关的调整及操作	（1）主闸刀合闸后，同极两断口应能同时合好，两静触头与动触杆成一直线，动触头与静触头之间隙为 30～50mm，动触头与静触头中心高度误差应小于 2mm。 （2）检查动触头与静触头的接触情况，其导电回路电阻符合产品要求（通以直流 100A 时）。 （3）主闸刀于分闸位置，接地刀机构于合闸位置，接地刀动触杆进入静触头中处于完全合位位置并固定，调整好平衡弹簧，试合正常。 （4）手动分、合隔离开关，调整主刀水平连杆，使分、合闸结束时距止钉间隙为 1～2mm，同时操动机构的行程开关应动作，辅助开关应正确切换。 （5）电动分、合隔离开关；接通电源前应检查二次回路，应完好正确无误，各转动部件灵活，润滑良好，紧固件齐全牢固，限位装置可靠；将主闸刀置于分、合的中间位置，点动分、合闸开关，检查电动机转向正确后再进行分、合闸操作，位置正确。 （6）检查主闸刀与接地刀的联锁应正确可靠	15	叙述不完整或不清晰每处扣 3 分，扣完为止		
8	验评	（1）外观检查：瓷柱外表清洁无损伤，设备外表无锈蚀；隔离开关水平、垂直及中心距离误差应符合要求；螺栓紧固，接地可靠. （2）导电系统：触头接触紧密，两侧压力均匀，接触面清洁并涂有电力复合脂，触头动作灵活，触头底部间隙及开闸角度符合要求。 （3）传动装置：传动部件清洁无锈蚀，动作灵活，安装正确，固定牢靠。 （4）操动机构：操作轻松无卡阻，分、合闸限位正确可靠，固定牢靠，二次回路完好。 （5）安装检验记录、评定记录、合格证件等技术文件。 （6）施工图及变更设计的证明文件。 （7）备品、备件及专用工具清单	10	叙述不完整或不清晰每处扣 2 分，扣完为止		
9	收尾及清理现场	对现场进行清理，清扫现场，工器具摆放整齐	5	叙述不完整或不清晰每处扣 2 分，扣完为止		
10	过程提问答辩	回答问题清晰、准确	10	回答错误每处扣 3 分，不全面每处扣 1 分，扣完为止		
合计			100			

Jc0006353009　220～500kV 避雷器及在线监测仪安装的施工流程和质量要求。（100 分）

考核知识点：其他电气设备安装及调整

难易度：难

技能等级评价专业技能考核操作工作任务书

一、任务名称

220～500kV 避雷器及在线监测仪安装的施工流程和质量要求。

二、适用工种

变电一次安装工高级工。

三、具体任务

（1）完成避雷器安装前准备。

（2）在规定时间内完成避雷器安装。

（3）在规定时间内完成在线监测仪安装。

四、工作规范及要求

（1）考生正确填写办理工作票，进行安全、技术交底，合理安排人员分工并明确相应职责。

（2）考生进场后检查确认作业场所装设的围栏、悬挂的标识牌符合安全工作规程要求。

（3）考生正确把握执行现场安全文明施工作业的相关要求。

（4）考试结束完成工器具、安装配件、材料的清理。

五、考核及时间要求

（1）本考核操作时间为 90 分钟，包括安装、调试及报告整理时间，时间到停止考评。

（2）按照技能操作相关要求进行操作，正确记录操作结果。

技能等级评价专业技能考核操作评分标准

工种	变电一次安装工					评价等级	高级工
项目模块	专业技能—其他电气设备安装及调整				编号	Jc0006353009	
单位			准考证号			姓名	
考试时限	90 分钟		题型	多项操作		题分	100 分
成绩		考评员		考评组长		日期	
试题正文	220～500kV 避雷器及在线监测仪安装的施工流程和质量要求						
需要说明的问题和要求	（1）采取必要的安全措施，符合电力安全工作规程要求。 （2）在考试规定的时间内按要求完成操作任务。 （3）若操作过程出现不符合安全及劳动保护规定情况，每处扣 2 分						

序号	项目名称	质量要求	满分	扣分标准	扣分原因	得分
1	准备工作	（1）准备施工图、说明书、施工方案等。 （2）准备吊车及施工机具等。 （3）办理作业票。 （4）做好安全措施安全技术交底。 （5）完成设备开箱前检查	10	缺主要项每处扣 2 分，叙述不完整或不清晰每处扣 1 分，扣完为止		

续表

序号	项目名称	质量要求	满分	扣分标准	扣分原因	得分
2	基础复测和设备支架	（1）基础复测：基础的标高、尺寸及位置应符合设计及有关标准，设备支柱接地极应统一朝向。 （2）设备支架安装：矫正、找平设备杆。设备杆采用两次灌浆，第一次灌浆后混凝土高度距基础杯口 10～20cm，24h 后进行第二次灌浆，用混凝土填平基础杯口	10	缺主要项每处扣 5 分，不合理或不恰当每处扣 2 分，扣完为止		
3	避雷器本体安装	（1）先将绝缘合格的避雷器底座安装在设备支架上，矫正后用螺栓固定。 （2）依次安装试验合格的组合单元，喷口朝向合理。 （3）安装避雷器接线板和均压环，三相接线板方向一致，均压环不得歪斜、变形，最低处打滴水孔。 （4）调整三相避雷器垂直度，要求其中心在同一直线上。 （5）用力矩扳手紧固所有螺栓	25	缺主要项每处扣 5 分，不合理或不恰当每处扣 2 分，扣完为止		
4	在线监测仪安装	（1）检查在线监测仪的额定电压、型号与避雷器配套，符合设计要求。 （2）检查在线监测仪外壳无破损、密封良好，动作可靠。 （3）安装在线监测仪，位置朝向一致便于观察，接地可靠，计数器调至同一值	15	缺主要项每处扣 5 分，不合理或不恰当每处扣 2 分，扣完为止		
5	接地施工	（1）避雷器本体按照设计要求采用扁铁或铜绞线，两点分别与主接地网可靠相连。 （2）避雷器在线监测仪的接地端与主接地网可靠相连	10	缺主要项每处扣 5 分，不合理或不恰当每处扣 2 分，扣完为止		
6	电气试验	电气试验按照《电气装置安装工程　电气设备交接试验标准》（GB 50150—2006）进行，试验结果必须与产品试验报告进行比对	10	缺项或不合理每处扣 2 分，扣完为止		
7	质量验评	（1）开箱检查记录、安装检验记录、评定记录、电气试验报告。 （2）制造厂提供的产品说明书、试验记录、合格证件及安装图纸等技术文件。 （3）施工图及变更设计的说明文件。 （4）备品、备件、专用工具及测试仪器清单	10	主要缺项每处扣 3 分，不完整每处扣 1 分，扣完为止		
8	清理现场	填写施工记录，工器具及设备摆放整齐，工完场清，报告工作结束	10	回答错误每项扣 3 分，不全面每处扣 1 分，扣完为止		
合计			100			

Jc0006352010　35kV 及以上支柱断路器安装。（100 分）

考核知识点：断路器安装及调整

难易度：中

技能等级评价专业技能考核操作工作任务书

一、任务名称

35kV 及以上支柱断路器安装。

二、适用工种

变电一次安装工高级工。

三、具体任务

（1）完成安装施工准备。

（2）完成 35kV 及以上支柱断路器安装。

（3）完成安装报告。

（4）完工清理现场。

四、工作规范及要求

（1）考生正确填写办理工作票，进行安全、技术交底，合理安排人员分工并明确相应职责。

（2）考生进场后检查确认作业场所装设的围栏、悬挂的标识牌符合安全工作规程要求。

（3）考生正确把握执行现场安全文明施工作业的相关要求。

（4）考试结束完成工器具、安装配件、材料的清理。

五、考核及时间要求

（1）本考核操作时间为 90 分钟，包括安装、调试及报告整理时间，时间到停止考评。

（2）按照技能操作相关要求进行操作，正确记录操作结果。

技能等级评价专业技能考核操作评分标准

工种	变电一次安装工			评价等级	高级工
项目模块	专业技能—断路器安装及调整		编号	Jc0006352010	
单位		准考证号		姓名	
考试时限	90 分钟	题型	单项操作	题分	100 分
成绩	考评员		考评组长		日期
试题正文	35kV 及以上支柱断路器安装				
需要说明的问题和要求	（1）采取必要的安全措施，符合电力安全工作规程要求。 （2）在考试规定的时间内按要求完成操作任务。 （3）若操作过程出现不符合安全及劳动保护规定情况，每处扣 2 分				

序号	项目名称	质量要求	满分	扣分标准	扣分原因	得分
1	施工准备	（1）准备施工图、说明书、施工方案等。 （2）准备吊车及施工机具。 （3）办理作业票。 （4）进行安全技术交底。 （5）做好安全措施	5	缺主要项每处扣 2 分，不完整或不清晰每处扣 1 分，扣完为止		

续表

序号	项目名称	质量要求	满分	扣分标准	扣分原因	得分
2	基础复测	（1）土建工程基本施工完毕，地面、墙面全部完工，标高、尺寸、结构及预埋件均符合设计要求。 （2）设备基础达到允许安装强度要求。 （3）预埋件、基础地坪标高及水平误差符合设计及制造厂家要求	10	缺主要项每处扣 4 分，不完整或不清晰每处扣 1 分，扣完为止		
3	吊装要求	（1）吊装钢丝绳或吊带以及卸扣选择正确。 （2）所有部件的安装位置正确。 （3）保持其应有的水平或垂直位置	10	缺主要项每处扣 4 分，不完整或不清晰每处扣 1 分，扣完为止		
4	极柱安装	（1）底部垫实，整个过程吊钩顺起立方向走动。 （2）端部有缆绳保险，侧向有保护措施	10	缺主要项每处扣 5 分，不完整或不清晰每处扣 1 分，扣完为止		
5	设备吊装	（1）选用吊装器具、吊点。 （2）密封槽面应清洁，无划伤痕迹。 （3）涂密封脂应均匀。 （4）更换吸附剂。 （5）连接螺栓，紧固力矩	60	缺主要项每处扣 12 分，不完整或不清晰每处扣 4 分，扣完为止		
6	完工	填写施工记录，工器具及设备摆放整齐，工完场清，报告工作结束	5	缺主要项每处扣 3 分，不完整或不清晰每处扣 1 分，扣完为止		
合计			100			

Jc0005343011　110kV 支撑式管形母线焊接施工及工艺质量验评。（100 分）

考核知识点：母线及接地装置安装

难易度：难

技能等级评价专业技能考核操作工作任务书

一、任务名称

110kV 支撑式管形母线焊接施工及工艺质量验评。

二、适用工种

变电一次安装工高级工。

三、具体任务

（1）完成支撑式管形母线焊接施工准备。

（2）完成支撑式管形母线焊接及调整。

（3）完成质量验评。

四、工作规范及要求

（1）考生正确填写办理工作票，进行安全、技术交底，合理安排人员分工并明确相应职责。

（2）考生进场后检查确认作业场所装设的围栏、悬挂的标识牌符合安全工作规程要求。

（3）考生正确把握执行现场安全文明施工作业的相关要求。

（4）考试结束完成工器具、安装配件、材料的清理。

五、考核及时间要求

（1）本考核操作时间为 90 分钟，包括安装、调试及报告整理时间，时间到停止考评。

（2）按照技能操作相关要求进行操作，正确记录操作结果。

技能等级评价专业技能考核操作评分标准

工种	变电一次安装工				评价等级	高级工
项目模块	专业技能—110kV 支撑式管形母线焊接			编号	Jc0005343011	
单位		准考证号			姓名	
考试时限	90 分钟	题型	单项操作		题分	100 分
成绩		考评员		考评组长	日期	
试题正文	110kV 支撑式管形母线焊接施工及工艺质量验评					
需要说明的问题和要求	（1）采取必要的安全措施，符合电力安全工作规程要求。 （2）在考试规定的时间内按要求完成操作任务。 （3）若操作过程出现不符合安全及劳动保护规定情况，每处扣 2 分					

序号	项目名称	质量要求	满分	扣分标准	扣分原因	得分
1	施工准备	（1）准备施工图、说明书、施工方案等。 （2）准备吊车及施工机具等。 （3）办理作业票。 （4）进行安全技术交底。 （5）做好安全措施	10	缺主要项每处扣 2 分，不完整或不清晰每处扣 1 分，扣完为止		
2	基础与支架	（1）对基础轴线和标高进行复测。 （2）支架和管形母线钢梁安装后，再用水平仪测量	10	缺主要项每处扣 5 分，不完整或不清晰每处扣 2 分，扣完为止		
3	管形母线和衬管检查	（1）型号和材质必须符合设计要求，并有产品合格证。 （2）表面平直光洁，不得有裂纹和损伤。 （3）轴线弯曲挠度控制在规范要求之内	5	缺主要项每处扣 2 分，不完整或不清晰每处扣 1 分，扣完为止		
4	焊接检查	（1）所选焊丝必须与管形母线的材质匹配。 （2）合格证件和试验报告齐全	5	缺主要项每处扣 3 分，不完整或不清晰每处扣 1 分，扣完为止		
5	绝缘子检查	（1）检查绝缘子应完整，无裂纹。 （2）胶合处填料应完整，接合牢固	5	缺主要项每处扣 3 分，不完整或不清晰每处扣 1 分，扣完为止		
6	金具检查	（1）规格和型号符合。 （2）合格证齐全。 （3）表面应光洁，无毛刺	5	缺主要项每处扣 3 分，不完整或不清晰每处扣 1 分，扣完为止		
7	管形母线加工	（1）管形母线接头必须避开管形母线固定金具和隔离开关静触头固定金具。 （2）管形母线接头加工必须按照规范要求加工坡口。 （3）管形母线接头处应按照设计要求加装衬管。 （4）管形母线接头处应按照设计要求加工补强孔	20	缺主要项每处扣 5 分，不完整或不清晰每处扣 2 分，扣完为止		
8	焊接准备	（1）提前完成试件制作及校验。 （2）管形母线焊接可在现场选择满足相关规范要求的场地。 （3）焊接前，管形母线用校正平台逐根校直，挠度控制在规范要求之内。 （4）对管形母线及焊丝进行清洗	10	缺主要项每处扣 3 分，不完整或不清晰每处扣 1 分，扣完为止		

续表

序号	项目名称	质量要求	满分	扣分标准	扣分原因	得分
9	焊接要求	（1）焊丝要求去除氧化层，清洗后应及时焊接，以免重新氧化。 （2）接前对口应平直，其弯折偏移、中心线偏移满足要求。 （3）管形母线对接间隙必须符合规范要求。 （4）管形母线的焊接点应采取防风措施，衬管位于焊口中央，焊接过程符合规程要求。 （5）母线焊完未冷却前，不得移动或受力	20	缺主要项每处扣 4 分，不完整或不清晰每处扣 1 分，扣完为止		
10	完工	填写施工记录，工器具及设备摆放整齐，工完场清，报告工作结束	10	缺主要项每处扣 5 分，不完整或不清晰每处扣 2 分，扣完为止		
合计			100			

Jc0005343012　悬吊式管形母线吊装施工及工艺质量要求。（100 分）

考核知识点：母线及接地装置安装

难易度：难

技能等级评价专业技能考核操作工作任务书

一、任务名称

悬吊式管形母线吊装施工及工艺质量要求。

二、适用工种

变电一次安装工高级工。

三、具体任务

（1）完成悬吊式管形母线吊装施工准备。

（2）完成悬吊式管形母线吊装及调整。

（3）完成质量验评。

四、工作规范及要求

（1）考生正确填写办理工作票，进行安全、技术交底，合理安排人员分工并明确相应职责。

（2）考生进场后检查确认作业场所装设的围栏、悬挂的标识牌符合安全工作规程要求。

（3）考生正确把握执行现场安全文明施工作业的相关要求。

（4）考试结束完成工器具、安装配件、材料的清理。

五、考核及时间要求

（1）本考核操作时间为 90 分钟，包括安装、调试及报告整理时间，时间到停止考评。

（2）按照技能操作相关要求进行操作，正确记录操作结果。

技能等级评价专业技能考核操作评分标准

工种	变电一次安装工			评价等级	高级工
项目模块	专业技能—悬吊式管形母线吊装施工		编号	Jc0005343012	
单位		准考证号		姓名	
考试时限	90 分钟	题型	单项操作	题分	100 分
成绩		考评员		考评组长		日期	

续表

试题正文	悬吊式管形母线吊装施工及工艺质量要求					
需要说明的问题和要求	（1）采取必要的安全措施，符合电力安全工作规程要求。 （2）在考试规定的时间内按要求完成操作任务。 （3）若操作过程出现不符合安全及劳动保护规定情况，每处扣2分					
序号	项目名称	质量要求	满分	扣分标准	扣分原因	得分
1	施工准备	（1）准备施工图、说明书、施工方案等。 （2）准备吊车及施工机具等。 （3）办理作业票。 （4）进行安全技术交底。 （5）做好安全措施	20	缺主要项每处扣4分，不完整或不清晰每处扣2分，扣完为止		
2	地面组装	（1）先将绝缘子串进行组装。 （2）在地面安装好金具、封端球，注意封端球的滴水孔应向下	15	缺主要项每处扣8分，不完整或不清晰每处扣4分，扣完为止		
3	管形母线吊装	（1）管形母线应采用多点吊装，使其受力均匀，以提高吊装的精确度。 （2）当管形母线吊离地面时，再次清洁管形母线，并在各间隔管形母线的最低点附近（避开隔离开关静触头和焊接处）钻一个ϕ6mm滴水孔。 起吊时必须时刻注意管形母线水平，管形母线起吊时上下高差不宜大于500mm，平稳吊到安装位	25	缺主要项每处扣13分，不完整或不清晰每处扣5分，扣完为止		
4	管形母线调整	管形母线固定位置满足设计图纸要求，按照设计图纸安装跳线并进行轴线和标高的调整	20	不合理或不恰当每处扣5分，扣完为止		
5	完工	填写施工记录，工器具及设备摆放整齐，工完场清，报告工作结束	20	缺主要项每处扣5分，不完整或不清晰每处扣2分，扣完为止		
合计			100			

Jc0005353013　10kV及35kV开关柜的安装。（100分）

考核知识点：其他电气设备安装及调整

难易度：难

技能等级评价专业技能考核操作工作任务书

一、任务名称

10kV及35kV开关柜的安装。

二、适用工种

变电一次安装工高级工。

三、具体任务

（1）施工准备。

（2）基础复测。

（3）开关柜本体安装。

（4）母线连接。

（5）附件安装及调整。

（6）完工清理现场。

四、工作规范及要求

（1）考生正确填写办理工作票，进行安全、技术交底，合理安排人员分工并明确相应职责。

（2）考生进场后检查确认作业场所装设的围栏、悬挂的标识牌符合安全工作规程要求。

（3）考生正确把握执行现场安全文明施工作业的相关要求。

（4）考试结束完成工器具、安装配件、材料的清理。

五、考核及时间要求

（1）本考核操作时间为90分钟，包括安装、调试及报告整理时间，时间到停止考评。

（2）按照技能操作相关要求进行操作，正确记录操作结果。

技能等级评价专业技能考核操作评分标准

工种	变电一次安装工					评价等级	高级工
项目模块	专业技能—其他电气设备安装及调整				编号	Jc0005353013	
单位		准考证号				姓名	
考试时限	90分钟	题型		单项操作		题分	100分
成绩		考评员		考评组长		日期	
试题正文	10kV及35kV开关柜的安装						
需要说明的问题和要求	（1）采取必要的安全措施，符合电力安全工作规程要求。 （2）在考试规定的时间内按要求完成操作任务。 （3）若操作过程出现不符合安全及劳动保护规定情况，每处扣2分						

序号	项目名称	质量要求	满分	扣分标准	扣分原因	得分
1	施工准备	（1）准备施工图、说明书、施工方案等。 （2）准备吊车及施工机具。 （3）办理作业票。 （4）进行安全技术交底。 （5）做好安全措施	5	缺主要项每处扣1分，不完整或不清晰每处扣0.5分，扣完为止		
2	基础复测	（1）土建工程基本施工完毕，地面、墙面全部完工，标高、尺寸、结构及预埋件均符合设计要求。 （2）设备基础达到允许安装强度要求。 （3）预埋件、基础地坪标高及水平误差符合设计及制造厂家要求	10	缺主要项每处扣4分，不完整或不清晰每处扣1分，扣完为止		
3	开关柜本体就位及安装	（1）开关柜就位前，对室内地面采取敷设地胶板等措施，做好土建成品保护工作。 （2）开关柜就位过程中，采用中心向两边或单侧起立方式，确保成套柜整齐排列。 （3）开关柜可在柜底用“溜滚”拖运，避免柜体变形、元件受损，采取防倾倒措施，不得抓住断路器的接线端子搬运断路器。 （4）开关柜与基础的固定用螺栓连接，柜间采用螺栓连接。柜体在基础型钢上安装前，按实际尺寸画印、开孔、攻丝后再用螺栓固定。 （5）开关柜就位后调整其垂直度、水平度及柜面不平度，在柜与基础型钢间垫入调整用垫片，最多不超过三片，垫片与垫片间、垫片与型钢间用电焊固定	30	缺主要项每处扣6分，不完整或不清晰每处扣1分，扣完为止		

续表

序号	项目名称	质量要求	满分	扣分标准	扣分原因	得分
4	附件安装及调试	（1）手车推拉应轻便、灵活，无卡阻、无碰撞现象。 （2）动触头与静触头的中心线成一列，触头接触紧密，间隙符合产品技术要求。 （3）调整辅助开关、切换开关、限位开关，使其触点动作可靠，接触良好。 （4）防止电气误操作的"五防"装置齐全，动作灵活可靠。 （5）安全隔离板开启灵活。手车与柜体间的接地触头接触紧密	30	缺主要项每处扣 6 分，不完整或不清晰每处扣 1 分，扣完为止		
5	母线连接	（1）开关柜的接地母线，应有两处明显的与接地网可靠连接点。 （2）金属柜门应以铜软线与接地的金属构架可靠连接。 （3）成套柜应装有供检修用的接地装置	10	缺主要项每处扣 4 分，不完整或不清晰每处扣 1 分，扣完为止		
6	后续工作	（1）基础型钢与接地网可靠连接，避雷器接地与主地网引上线可靠连接。 （2）开关柜的接地牢固、良好。装有电器的可开启柜门，用软导线可靠接地。 （3）对开关柜进行分项及整体耐压试验	10	缺主要项每处扣 4 分，不完整或不清晰每处扣 1 分，扣完为止		
7	完工	填写施工记录，工器具及设备摆放整齐，工完场清，报告工作结束	5	缺主要项每处扣 3 分，不完整或不清晰每处扣 1 分，扣完为止		
合计			100			

Jc0005353014　330kV 断路器电动操动机构安装及调试。（100 分）

考核知识点：断路器安装及调整

难易度：难

技能等级评价专业技能考核操作工作任务书

一、任务名称

330kV 断路器电动操动机构安装及调试。

二、适用工种

变电一次安装工高级工。

三、具体任务

（1）检查工器具、材料。

（2）确保现场布置及操作符合安全要求。

（3）做好施工准备工作。

（4）断路器电动操动机构安装。

（5）断路器电动操动机构调试。

（6）完工清理现场。

四、工作规范及要求

（1）考生正确填写办理工作票，进行安全、技术交底，合理安排人员分工并明确相应职责。

（2）考生进场后检查确认作业场所装设的围栏、悬挂的标识牌符合安全工作规程要求。

（3）考生正确把握执行现场安全文明施工作业的相关要求。

（4）考试结束完成工器具、安装配件、材料的清理。

五、考核及时间要求

（1）本考核操作时间为90分钟，包括安装、调试及报告整理时间，时间到停止考评。

（2）按照技能操作相关要求进行操作，正确记录操作结果。

技能等级评价专业技能考核操作评分标准

工种	变电一次安装工				评价等级	高级工
项目模块	专业技能—断路器安装及调整			编号	Jc0005353014	
单位		准考证号			姓名	
考试时限	90分钟	题型	单项操作		题分	100分
成绩		考评员		考评组长	日期	
试题正文	330kV断路器电动操动机构安装及调试					
需要说明的问题和要求	（1）采取必要的安全措施，符合电力安全工作规程要求。 （2）在考试规定的时间内按要求完成操作任务。 （3）若操作过程出现不符合安全及劳动保护规定情况，每处扣2分					

序号	项目名称	质量要求	满分	扣分标准	扣分原因	得分
1	施工准备	（1）准备施工图、说明书、施工方案等。 （2）准备吊车及施工机具。 （3）办理作业票。 （4）进行安全技术交底。 （5）做好安全措施	5	缺主要项每处扣1分，不完整或不清晰每处扣0.5分，扣完为止		
2	基础复测	（1）与柜安装有关的建筑物、构筑物土建工程已结束并验收合格。 （2）可能影响已安装设备或设备安装后不能再进行修饰的工作全部结束	10	缺主要项每处扣5分，不完整或不清晰每处扣1分，扣完为止		
3	支架安装	（1）支架底部与基础面之间尺寸、支架上下螺母与垫片放置要求满足设计图纸要求。 （2）支架安装后找正时控制支架垂直度、顶面平整度，相间顶部平整度保持一致	20	缺主要项每处扣10分，不完整或不清晰每处扣5分，扣完为止		
4	断路器安装	（1）应按产品的技术规定选用合适的吊装器具吊装。 （2）密封槽面应清洁，无划伤痕迹。 （3）已用过的密封垫（圈）不得再使用。 （4）涂密封脂时，不得使其流入密封垫（圈）内侧而与SF_6气体接触。 （5）均匀对称紧固断口与支柱连接螺栓，紧固力矩符合产品要求	35	缺主要项每处扣7分，不完整或不清晰每处扣2分，扣完为止		
5	传动装置安装	（1）断路器及其传动机构的联动正常，无卡阻现象。 （2）分、合闸指示正确，辅助开关及电气闭锁动作正确、可靠。 （3）按照产品说明书要求进行机构连接并进行检查和调整。 （4）机构内附件完好，功能正常	15	缺主要项每处扣4分，不完整或不清晰每处扣1分，扣完为止		
6	机构箱安装	（1）按照产品说明书要求进行机构连接并进行检查和调整。 （2）机构内附件完好，功能正常	5	缺主要项每处扣2.5分，不完整或不清晰每处扣1分，扣完为止		
7	附件安装	（1）均压环安装应无划痕、毛刺，安装牢固、平整、无变形。 （2）均压环宜在最低处打水孔	5	缺主要项每处扣2.5分，不完整或不清晰每处扣1，扣完为止分		

续表

序号	项目名称	质量要求	满分	扣分标准	扣分原因	得分
8	完工	填写施工记录，工器具及设备摆放整齐，工完场清，报告工作结束	5	缺主要项每处扣 3 分，不完整或不清晰每处扣 1 分，扣完为止		
合计			100			

Jc0005353015　110kV HGIS（GIS）抽真空与充注 SF_6 气体。（100 分）

考核知识点： 气体绝缘封闭式组合电器安装及调整

难易度： 难

技能等级评价专业技能考核操作工作任务书

一、任务名称

110kV HGIS（GIS）抽真空与充注 SF_6 气体。

二、适用工种

变电一次安装工高级工。

三、具体任务

（1）检查工器具、材料。

（2）确保现场布置及操作符合安全要求。

（3）抽真空与充注 SF_6 气体。

（4）检漏。

（5）完工清理现场。

四、工作规范及要求

（1）考生正确填写办理工作票，进行安全、技术交底，合理安排人员分工并明确相应职责。

（2）考生进场后检查确认作业场所装设的围栏、悬挂的标识牌符合安全工作规程要求。

（3）考生正确把握执行现场安全文明施工作业的相关要求。

（4）考试结束完成工器具、安装配件、材料的清理。

五、考核及时间要求

（1）本考核操作时间为 90 分钟，包括安装、调试及报告整理时间，时间到停止考评。

（2）按照技能操作相关要求进行操作，正确记录操作结果。

技能等级评价专业技能考核操作评分标准

工种	变电一次安装工					评价等级	高级工
项目模块	专业技能—其他电气设备安装及调整				编号	Jc0005353015	
单位			准考证号			姓名	
考试时限	90 分钟	题型	单项操作			题分	100 分
成绩		考评员		考评组长		日期	
试题正文	110kV HGIS（GIS）抽真空与充注 SF_6 气体						
需要说明的问题和要求	（1）采取必要的安全措施，符合电力安全工作规程要求。 （2）在考试规定的时间内按要求完成操作任务。 （3）若操作过程出现不符合安全及劳动保护规定情况，每处扣 2 分						

续表

序号	项目名称	质量要求	满分	扣分标准	扣分原因	得分
1	施工准备	（1）准备施工图、说明书、施工方案等。 （2）准备 SF_6 气体检测仪器及施工机具。 （3）办理作业票。 （4）进行安全技术交底。 （5）做好安全措施	5	缺主要项每处扣 1 分，不完整或不清晰每处扣 0.5 分，扣完为止		
2	抽真空与充气前的检查	（1）应确认充注的 SF_6 气体为检测合格。 （2）测定当前环境是否符合充注条件，湿度小于 80%。 （3）检查充气设备及管路应洁净、无水分、无渗漏。 （4）充注 SF_6 气体并且微水量测试合格。 （5）充注时应排出管路中的空气	30	缺主要项每处扣 6 分，不完整或不清晰每处扣 3 分，扣完为止		
3	抽真空	（1）抽取真空选用带有抽气逆止阀的真空泵。 （2）抽真空的管道连接应正确，不得弯折。 （3）抽取真空到气压降至 133Pa 时继续保持不少于 30min 的抽真空时间。 （4）静置 4h 后，若真空度下降到 133Pa 以下，应重新抽到 133Pa，并保持超过 30min，重新进行泄漏检查。 （5）真空度测量不得使用麦氏真空计	30	缺主要项每处扣 6 分，不完整或不清晰每处扣 3 分，扣完为止		
4	充注 SF_6 气体	（1）将减压阀和软管安装在 SF_6 钢瓶上。 （2）打开减压阀吹净充气管道。 （3）打开开关设备阀门和气瓶阀门，调节减压阀压力开始充气，使减压阀出口压力保持在小于 1.1 倍额定压力的范围内。 （4）观察开关 SF_6 压力表，充气至略大于额定压力约 0.03MPa，关闭阀门后检漏	20	缺主要项每处扣 5 分，不完整或不清晰每处扣 2.5 分，扣完为止		
5	检漏	充注 SF_6 气体 24h 后进行检漏，检漏仪不应报警	10	缺主要项每处扣 5 分，不完整或不清晰每处扣 2.5 分，扣完为止		
6	完工	填写施工记录，工器具及设备摆放整齐，工完场清，报告工作结束	5	缺主要项扣 5 分，不完整或不清晰每处扣 2.5 分，扣完为止		
合计			100			

Jc0005343016　串联电容补偿装置平台安装。（100 分）

考核知识点：其他电气设备安装及调整

难易度：难

技能等级评价专业技能考核操作工作任务书

一、任务名称

串联电容补偿装置平台安装。

二、适用工种

变电一次安装工高级工。

三、具体任务

（1）检查工器具、材料。

（2）确保现场布置及操作符合安全要求。

（3）串联电容补偿装置外观检查。

（4）完工清理现场。

四、工作规范及要求

（1）考生正确填写办理工作票，进行安全、技术交底，合理安排人员分工并明确相应职责。

（2）考生进场后检查确认作业场所装设的围栏、悬挂的标识牌符合安全工作规程要求。

（3）考生正确把握执行现场安全文明施工作业的相关要求。

（4）考试结束完成工器具、安装配件、材料的清理。

五、考核及时间要求

（1）本考核操作时间为90分钟，包括安装、调试及报告整理时间，时间到停止考评。

（2）按照技能操作相关要求进行操作，正确记录操作结果。

技能等级评价专业技能考核操作评分标准

工种	变电一次安装工			评价等级	高级工
项目模块	专业技能—串联电容补偿装置平台安装		编号	Jc0005343016	
单位		准考证号		姓名	
考试时限	90分钟	题型	单项操作	题分	100分
成绩		考评员		考评组长	日期
试题正文	串联电容补偿装置平台安装				
需要说明的问题和要求	（1）采取必要的安全措施，符合电力安全工作规程要求。 （2）在考试规定的时间内按要求完成操作任务。 （3）若操作过程出现不符合安全及劳动保护规定情况，每处扣2分				

序号	项目名称	质量要求	满分	扣分标准	扣分原因	得分
1	施工准备	（1）准备施工图、说明书、施工方案等。 （2）准备串联电容补偿装置安装材料及施工机具。 （3）办理作业票。 （4）进行安全技术交底。 （5）做好安全措施	5	缺主要项每处扣1分，不完整或不清晰每处扣0.5分，扣完为止		
2	支柱绝缘子安装前的检查	（1）绝缘子与金属法兰胶装部位应密实牢固、涂有性能良好的防水胶；法兰接合面应平整、无外伤或铸造砂眼；支柱绝缘子外观不得有裂纹、损伤；有怀疑时应经探伤试验。 （2）测量每节绝缘子的长度，并根据基础实测标高进行选配	30	缺主要项每处扣15分，不完整或不清晰每处扣5分，扣完为止		
3	串联补偿装置平台金属构件安装前检查	应无变形、锈蚀，热镀锌质量良好	20	缺项扣20分，不完整或不清晰每处扣5分，扣完为止		
4	串联补偿装置平台安装	（1）所有部件应齐全、完整。 （2）安装螺栓应齐全、紧固，紧固力矩应符合产品技术文件要求。 （3）在平台上设备安装前、安装后，应调整串联补偿装置平台斜拉绝缘子，使平台支柱绝缘子保持垂直，并检查斜拉绝缘子的预拉力，满足技术文件要求	40	缺主要项每处扣15分，不完整或不清晰每处扣1分，扣完为止		
5	完工	填写施工记录，工器具及设备摆放整齐，工完场清，报告工作结束	5	缺主要项每处扣3分，不完整或不清晰每处扣1分，扣完为止		
合计			100			

Jc0005343017 电容器安装。（100 分）

考核知识点：其他电气设备安装及调整

难易度：难

技能等级评价专业技能考核操作工作任务书

一、任务名称

电容器安装。

二、适用工种

变电一次安装工高级工。

三、具体任务

（1）检查工器具、材料。

（2）确保现场布置及操作符合安全要求。

（3）电容器外观检查。

（4）完工清理现场。

四、工作规范及要求

（1）考生正确填写办理工作票，进行安全、技术交底，合理安排人员分工并明确相应职责。

（2）考生进场后检查确认作业场所装设的围栏、悬挂的标识牌符合安全工作规程要求。

（3）考生正确把握执行现场安全文明施工作业的相关要求。

（4）考试结束完成工器具、安装配件、材料的清理。

五、考核及时间要求

（1）本考核操作时间为 90 分钟，包括安装、调试及报告整理时间，时间到停止考评。

（2）按照技能操作相关要求进行操作，正确记录操作结果。

技能等级评价专业技能考核操作评分标准

工种	变电一次安装工					评价等级	高级工
项目模块	专业技能—电容器安装				编号	Jc0005343017	
单位			准考证号			姓名	
考试时限	90 分钟		题型	单项操作		题分	100 分
成绩		考评员		考评组长		日期	
试题正文	电容器安装						
需要说明的问题和要求	（1）采取必要的安全措施，符合电力安全工作规程要求。 （2）在考试规定的时间内按要求完成操作任务。 （3）若操作过程出现不符合安全及劳动保护规定情况，每处扣 2 分						

序号	项目名称	质量要求	满分	扣分标准	扣分原因	得分
1	施工准备	（1）准备施工图、说明书、施工方案等。 （2）准备电容器安装材料及施工机具。 （3）办理作业票。 （4）进行安全技术交底。 （5）做好安全措施	5	缺主要项每处扣 1 分，不完整或不清晰每处扣 0.5 分，扣完为止		

续表

序号	项目名称	质量要求	满分	扣分标准	扣分原因	得分
2	外观及附件的检查及调试	（1）套管芯棒应无弯曲、滑扣。 （2）电容器引出线端连接用的螺母、垫圈应齐全。 （3）外壳无变形、无锈蚀，所有接缝不应有裂缝或渗油。 （4）支柱绝缘子应完好、无破损。 （5）电容器（组）支架应无变形，加工工艺、防腐应良好；各种紧固件齐全。全部采用热镀锌制品。 （6）集合式并联电容器的油箱、储油柜、瓷套、出线导杆、压力释放阀、温度计等应完好无损，油箱及充油部件不得有渗漏油现象。 （7）安装前试验应合格，成组安装的电容器的电容量应按要求进行试验调配	20	缺主要项每处扣 3 分，不完整或不清晰每处扣 1 分，扣完为止		
3	支架安装	（1）金属构件无明显变形、锈蚀，尤其应完整。 （2）绝缘子无破损，金属法兰无锈蚀。 （3）支架安装水平允许偏差为 3mm/m	30	缺主要项每处扣 10 分，不完整或不清晰每处扣 3 分，扣完为止		
4	电容器组安装	（1）三相电容量的差值调配至最小，其最大与最小的差值不应超过三相平均电容值的 5%。 （2）电容器组支架应保持其应有的水平及垂直位置，应无明显变形，固定牢靠，防腐完好。 （3）电容器的配置应使其铭牌面向通道一侧，并有顺序编号。 （4）电容器一次接线应正确、符合设计要求，接线应对称一致、完整美观，母线及分支线应标以相色。 （5）凡不与地绝缘的每个电容器的外壳及电容器的支架均接地；凡与地绝缘的电容器的外壳均应与支架可靠连接到规定的电位上。 （6）电容器的接线端子与连接线采用不同材料的金属，应采取增加过渡接头的措施。 （7）采用外熔断器时，其安装应排列整齐，倾斜角度应符合设计，指示位置应正确。 （8）放电线圈瓷套应无损伤、相色正确、接线牢固美观。 （9）接地开关操作应灵活。 （10）避雷器在线监测仪接线应正确	40	缺主要项每处扣 4 分，不完整或不清晰每处扣 1 分，扣完为止		
5	完工	填写施工记录，工器具及设备摆放整齐，工完场清，报告工作结束	5	缺主要项每处扣 3 分，不完整或不清晰每处扣 1 分，扣完为止		
	合计		100			

Jc0005341018　绝缘油处理。（100 分）

考核知识点：变压器安装及调整

难易度：易

技能等级评价专业技能考核操作工作任务书

一、任务名称

绝缘油处理。

二、适用工种

变电一次安装工高级工。

三、具体任务

（1）检查工器具、材料。

（2）确保现场布置及操作符合安全要求。

（3）完工清理现场。

四、工作规范及要求

（1）考生正确填写办理工作票，进行安全、技术交底，合理安排人员分工并明确相应职责。

（2）考生进场后检查确认作业场所装设的围栏、悬挂的标识牌符合安全工作规程要求。

（3）考生正确把握执行现场安全文明施工作业的相关要求。

（4）考试结束完成工器具、安装配件、材料的清理。

五、考核及时间要求

（1）本考核操作时间为60分钟，包括安装、调试及报告整理时间，时间到停止考评。

（2）按照技能操作相关要求进行操作，正确记录操作结果。

技能等级评价专业技能考核操作评分标准

工种	变电一次安装工					评价等级	高级工
项目模块	专业技能—绝缘油处理				编号	Jc0005341018	
单位			准考证号			姓名	
考试时限	60分钟		题型	单项操作		题分	100分
成绩		考评员		考评组长		日期	
试题正文	绝缘油处理						
需要说明的问题和要求	（1）采取必要的安全措施，符合电力安全工作规程要求。 （2）在考试规定的时间内按要求完成操作任务。 （3）若操作过程出现不符合安全及劳动保护规定情况，每处扣2分						

序号	项目名称	质量要求	满分	扣分标准	扣分原因	得分
1	施工准备	（1）准备施工图、说明书、施工方案等。 （2）准备绝缘油处理材料及施工机具。 （3）办理作业票。 （4）进行安全技术交底。 （5）做好安全措施	10	缺主要项每处扣2分，不完整或不清晰每处扣1分，扣完为止		
2	绝缘油处理的准备过程	（1）电源系统符合要求。 （2）油罐储油量满足要求，清洁，不渗漏。 （3）净油机和储油罐布置合理，油管路清洁无油垢，密封良好，设备可靠接地，电源相序正确，各装置运行正常。 （4）检查绝缘油质量状况应符合标准要求（核对绝缘油化验报告）。 （5）消防设施、安全措施完善	20	缺主要项每处扣4分，不完整或不清晰每处扣2分，扣完为止		
3	真空净油机启动操作	（1）操作程序正确，满足使用说明书要求。 （2）主要内容包括：启动真空泵，开启真空阀门，启动1、2级增压泵，开启进油阀门和排油泵，内循环20～30min，保持真空度，控制油温等	30	缺主要项每处扣15分，不完整或不清晰每处扣3分，扣完为止		
4	净化处理后的绝缘油检查	（1）滤油机出口取样方法正确。 （2）经过高真空净化处理的绝缘油，应达到电气设备交接试验标准	30	缺主要项每处扣15分，不完整或不清晰每处扣3分，扣完为止		

续表

序号	项目名称	质量要求	满分	扣分标准	扣分原因	得分
5	完工	填写施工记录，工器具及设备摆放整齐，工完场清，报告工作结束	10	缺主要项每处扣 3 分，不完整或不清晰每处扣 1 分，扣完为止		
	合计		100			

Jc0005342019 大型变压器附件安装。(100 分)

考核知识点：变压器安装及调整

难易度：中

技能等级评价专业技能考核操作工作任务书

一、任务名称

大型变压器附件安装。

二、适用工种

变电一次安装工高级工。

三、具体任务

(1) 检查工器具、材料。

(2) 确保现场布置及操作符合安全要求。

(3) 主变压器附件外观检查。

(4) 完工清理现场。

四、工作规范及要求

(1) 考生正确填写办理工作票，进行安全、技术交底，合理安排人员分工并明确相应职责。

(2) 考生进场后检查确认作业场所装设的围栏、悬挂的标识牌符合安全工作规程要求。

(3) 考生正确把握执行现场安全文明施工作业的相关要求。

(4) 考试结束完成工器具、安装配件、材料的清理。

五、考核及时间要求

(1) 本考核操作时间为 60 分钟，包括安装、调试及报告整理时间，时间到停止考评。

(2) 按照技能操作相关要求进行操作，正确记录操作结果。

技能等级评价专业技能考核操作评分标准

<table>
<tr><td>工种</td><td colspan="5">变电一次安装工</td><td>评价等级</td><td>高级工</td></tr>
<tr><td>项目模块</td><td colspan="4">专业技能—大型变压器附件安装</td><td>编号</td><td colspan="2">Jc0005342019</td></tr>
<tr><td>单位</td><td colspan="2"></td><td>准考证号</td><td colspan="2"></td><td>姓名</td><td></td></tr>
<tr><td>考试时限</td><td>60 分钟</td><td>题型</td><td colspan="3">单项操作</td><td>题分</td><td>100 分</td></tr>
<tr><td>成绩</td><td>考评员</td><td></td><td>考评组长</td><td colspan="2"></td><td>日期</td><td></td></tr>
<tr><td>试题正文</td><td colspan="7">大型变压器附件安装</td></tr>
<tr><td>需要说明的问题和要求</td><td colspan="7">(1) 采取必要的安全措施，符合电力安全工作规程要求。
(2) 在考试规定的时间内按要求完成操作任务。
(3) 若操作过程出现不符合安全及劳动保护规定情况，每处扣 2 分</td></tr>
</table>

续表

序号	项目名称	质量要求	满分	扣分标准	扣分原因	得分
1	施工准备	（1）准备施工图、说明书、施工方案等。 （2）准备主变压器附件材料及施工机具。 （3）办理作业票。 （4）进行安全技术交底。 （5）做好安全措施	5	缺主要项每处扣 1 分，不完整或不清晰每处扣 0.5 分，扣完为止		
2	附件清洗、检查	（1）散热器按照制造厂规定值做密封试验。 （2）冲洗散热器、油管路净油器、储油柜、升高座等。 （3）清理高低压套管内外部。 （4）检查所有阀门转动应灵活，指示正确	20	缺主要项每处扣 5 分，不完整或不清晰每处扣 1 分，扣完为止		
3	附件依次安装	（1）变压器本体内部油或氮气排放完毕。 （2）安装过程中严禁将任何物件掉入变压器内。 （3）所有密封面平整、光滑，密封圈无损且使用规格正确、紧固均匀。 （4）套管油位指示正确，内部引线无弯曲。 （5）储油柜油位指示正确。 （6）有载分接开关转动灵活	30	缺主要项每处扣 5 分，不完整或不清晰每处扣 1 分，扣完为止		
4	真空注油、密封试验	（1）严格按安装程序及方案要求完成真空注油。 （2）用气压法或油压法进行整体密封试验。 （3）油箱上部能承受 0.03MPa 压力，持续 24h 无渗漏	20	缺主要项每处扣 7 分，不完整或不清晰每处扣 2 分，扣完为止		
5	补漆、收尾及清理现场	（1）补漆或整体喷漆。 （2）现场收尾，对现场进行清理，清扫现场，工器具摆放整齐	20	缺主要项每处扣 10 分，不完整或不清晰每处扣 2 分，扣完为止		
6	完工	填写施工记录，工器具及设备摆放整齐，工完场清，报告工作结束	5	缺主要项每处扣 3 分，不完整或不清晰每处扣 1 分，扣完为止		
合计			100			

Jc0005342020　支撑式管形母线安装。（100 分）

考核知识点：母线及接地装置安装

难易度：中

技能等级评价专业技能考核操作工作任务书

一、任务名称

支撑式管形母线安装。

二、适用工种

变电一次安装工高级工。

三、具体任务

（1）检查工器具、材料。

（2）确保现场布置及操作符合安全要求。

（3）管形母线外观检查。

（4）完工清理现场。

四、工作规范及要求

（1）考生正确填写办理工作票，进行安全、技术交底，合理安排人员分工并明确相应职责。

（2）考生进场后检查确认作业场所装设的围栏、悬挂的标识牌符合安全工作规程要求。

（3）考生正确把握执行现场安全文明施工作业的相关要求。

（4）考试结束完成工器具、安装配件、材料的清理。

五、考核及时间要求

（1）本考核操作时间为60分钟，包括安装、调试及报告整理时间，时间到停止考评。

（2）按照技能操作相关要求进行操作，正确记录操作结果。

技能等级评价专业技能考核操作评分标准

工种	变电一次安装工			评价等级	高级工
项目模块	专业技能—支撑式管形母线安装		编号	Jc0005342020	
单位		准考证号		姓名	
考试时限	60分钟	题型	单项操作	题分	100分
成绩	考评员		考评组长		日期
试题正文	支撑式管形母线安装				
需要说明的问题和要求	（1）采取必要的安全措施，符合电力安全工作规程要求。 （2）在考试规定的时间内按要求完成操作任务。 （3）若操作过程出现不符合安全及劳动保护规定情况，每处扣2分				

序号	项目名称	质量要求	满分	扣分标准	扣分原因	得分
1	施工准备	（1）准备施工图、说明书、施工方案等。 （2）准备母线、金具材料及施工机具。 （3）办理作业票。 （4）进行安全技术交底。 （5）做好安全措施	5	缺主要项每处扣1分，不完整或不清晰每处扣0.5分，扣完为止		
2	支柱绝缘子安装	（1）按照设计图要求配置支柱绝缘子。 （2）支柱绝缘子应完好无损。 （3）支柱绝缘子应在同一平面上且中心线应在同一直线上	20	缺主要项每处扣7分，不完整或不清晰每处扣2分，扣完为止		
3	管形母线的加工制作	（1）坡口应光滑均匀，无毛刺。 （2）允许弯曲度值不超过2mm/m	20	缺主要项每处扣10分，不完整或不清晰每处扣2分，扣完为止		
4	管形母线的焊接	（1）焊接均匀、无气泡。 （2）母线坡口两侧表面各500mm范围内不得有氧化膜、水分和油污。 （3）母线对口应平直，中心线偏移不应大于0.5mm。 （4）母线对接焊缝上部应有2～4mm的加强高度，咬边深度不得超过母线壁厚的10%，且总长不得超过焊缝总长的20%。 （5）焊件按要求进行试验	30	缺主要项每处扣6分，不完整或不清晰每处扣1分，扣完为止		
5	管形母线的吊装及标识相色	（1）采用多点吊装，不得伤及母线。 （2）同相管段轴线应处于一个平直面上，三相母线管段轴线应互相平行。 （3）管形母线的金具安装正确、牢固。 （4）按相序要求对管形母线涂以相应的相色标志	20	缺主要项每处扣5分，不完整或不清晰每处扣1分，扣完为止		
6	完工	填写施工记录，工器具及设备摆放整齐，工完场清，报告工作结束	5	缺主要项每处扣3分，不完整或不清晰每处扣1分，扣完为止		
合计			100			

Jc0005341021　构支架接地引线安装。（100 分）

考核知识点：母线及接地装置安装

难易度：易

技能等级评价专业技能考核操作工作任务书

一、任务名称

构支架接地引线安装。

二、适用工种

变电一次安装工高级工。

三、具体任务

（1）检查工器具、材料。

（2）确保现场布置及操作符合安全要求。

（3）接地线外观检查。

（4）完工清理现场。

四、工作规范及要求

（1）考生正确填写办理工作票，进行安全、技术交底，合理安排人员分工并明确相应职责。

（2）考生进场后检查确认作业场所装设的围栏、悬挂的标识牌符合安全工作规程要求。

（3）考生正确把握执行现场安全文明施工作业的相关要求。

（4）考试结束完成工器具、安装配件、材料的清理。

五、考核及时间要求

（1）本考核操作时间为 60 分钟，包括安装、调试及报告整理时间，时间到停止考评。

（2）按照技能操作相关要求进行操作，正确记录操作结果。

技能等级评价专业技能考核操作评分标准

工种	变电一次安装工					评价等级	高级工
项目模块	专业技能—构支架接地引线安装				编号	Jc0005341021	
单位			准考证号			姓名	
考试时限	60 分钟		题型	单项操作		题分	100 分
成绩		考评员		考评组长		日期	
试题正文	构支架接地引线安装						
需要说明的问题和要求	（1）采取必要的安全措施，符合电力安全工作规程要求。 （2）在考试规定的时间内按要求完成操作任务。 （3）若操作过程出现不符合安全及劳动保护规定情况，每处扣 2 分						

序号	项目名称	质量要求	满分	扣分标准	扣分原因	得分
1	施工准备	（1）准备施工图、说明书、施工方案等。 （2）准备接地线材料及施工机具。 （3）办理作业票。 （4）进行安全技术交底。 （5）做好安全措施	5	缺主要项每处扣 1 分，不完整或不清晰每处扣 0.5 分，扣完为止		

续表

序号	项目名称	质量要求	满分	扣分标准	扣分原因	得分
2	构支架接地引线安装方法	（1）变压器、避雷器、电压互感器、电流互感器、断路器支架均要双接地。对铜质接地网，原则上除变压器采用双接地引下线外，其余设备可采用单根接地线引下。每台电气设备应以单独的接地体与接地网连接，不得串接在一根引下线上。 （2）混凝土构架接地材料宜采用镀锌圆钢或镀锌扁钢，钢管构支架宜采用镀锌扁钢，型号符合设计要求。 （3）接地线弯制前应先校平、校直，校正时不得用金属体直接敲打接地线，以免破坏镀锌层。弯制采取冷弯制作，镀锌层遭破坏处要重新进行防腐处理。 （4）钢管构支架接地引线与钢管壁之间应适当留有间隙，便于测量接地阻抗。 （5）混凝土构架接地线应采用焊接方式，应从杆顶钢箍处焊接，在构架中间钢箍处采用折弯方式对接，焊接长度均不少于圆钢直径的 6 倍、扁钢宽度的 2 倍。 （6）接地标识涂刷应一致	90	缺主要项每处扣 15 分，不完整或不清晰每处扣 6 分，扣完为止		
4	完工	填写施工记录，工器具及设备摆放整齐，工完场清，报告工作结束	5	缺主要项每处扣 3 分，不完整或不清晰每处扣 1 分，扣完为止		
合计			100			

Jc0005341022　爬梯接地安装。（100 分）

考核知识点：母线及接地装置安装

难易度：易

技能等级评价专业技能考核操作工作任务书

一、任务名称

爬梯接地安装。

二、适用工种

变电一次安装工高级工。

三、具体任务

（1）检查工器具、材料。

（2）确保现场布置及操作符合安全要求。

（3）爬梯绝缘外观检查。

（4）完工清理现场。

四、工作规范及要求

（1）考生正确填写办理工作票，进行安全、技术交底，合理安排人员分工并明确相应职责。

（2）考生进场后检查确认作业场所装设的围栏、悬挂的标识牌符合安全工作规程要求。

（3）考生正确把握执行现场安全文明施工作业的相关要求。

（4）考试结束完成工器具、安装配件、材料的清理。

五、考核及时间要求

（1）本考核操作时间为 60 分钟，包括安装、调试及报告整理时间，时间到停止考评。

（2）按照技能操作相关要求进行操作，正确记录操作结果。

技能等级评价专业技能考核操作评分标准

工种	变电一次安装工					评价等级	高级工
项目模块	专业技能—爬梯接地安装				编号	Jc0005341022	
单位			准考证号			姓名	
考试时限	60分钟	题型		单项操作		题分	100分
成绩		考评员		考评组长		日期	
试题正文	爬梯接地安装						
需要说明的问题和要求	（1）采取必要的安全措施，符合电力安全工作规程要求。 （2）在考试规定的时间内按要求完成操作任务。 （3）若操作过程出现不符合安全及劳动保护规定情况，每处扣2分						

序号	项目名称	质量要求	满分	扣分标准	扣分原因	得分
1	施工准备	（1）准备施工图、说明书、施工方案等。 （2）准备爬梯及施工机具。 （3）办理作业票。 （4）进行安全技术交底。 （5）做好安全措施	10	缺主要项每处扣2分，不完整或不清晰每处扣1分，扣完为止		
2	爬梯安装	（1）变电站内爬梯应可靠接地。可采取直接连接主接地网或通过接地端子与主接地网连接的方式。 （2）爬梯接地线材料采用镀锌圆钢或镀锌扁钢，表面锌层完好，无损伤。 （3）爬梯接地线搭接可采用焊接和螺栓连接两种方式。 （4）采用焊接时焊接长度均不少于圆钢直径的6倍、扁钢宽度的2倍，三面焊接。 （5）采用螺栓连接时，可采用直线连接和垂直连接两种方式。 （6）接地线弯制应采用冷弯制作。 （7）接地标识涂刷应一致	80	缺主要项每处扣12分，不完整或不清晰每处扣3分，扣完为止		
3	完工	填写施工记录，工器具及设备摆放整齐，工完场清，报告工作结束	10	缺主要项每处扣5分，不完整或不清晰每处扣2分，扣完为止		
合计			100			

Jc0005341023　户外设备接地引线安装。（100分）

考核知识点：母线及接地装置安装

难易度：易

技能等级评价专业技能考核操作工作任务书

一、任务名称

户外设备接地引线安装。

二、适用工种

变电一次安装工高级工。

三、具体任务

（1）检查工器具、材料。

（2）确保现场布置及操作符合安全要求。
（3）接地线外观检查。
（4）完工清理现场。

四、工作规范及要求

（1）考生正确填写办理工作票，进行安全、技术交底，合理安排人员分工并明确相应职责。
（2）考生进场后检查确认作业场所装设的围栏、悬挂的标识牌符合安全工作规程要求。
（3）考生正确把握执行现场安全文明施工作业的相关要求。
（4）考试结束完成工器具、安装配件、材料的清理。

五、考核及时间要求

（1）本考核操作时间为60分钟，包括安装、调试及报告整理时间，时间到停止考评。
（2）按照技能操作相关要求进行操作，正确记录操作结果。

技能等级评价专业技能考核操作评分标准

工种	变电一次安装工				评价等级	高级工
项目模块	专业技能—户外设备接地引线安装			编号	Jc0005341023	
单位			准考证号		姓名	
考试时限	60分钟	题型		单项操作	题分	100分
成绩		考评员		考评组长		日期
试题正文	户外设备接地引线安装					
需要说明的问题和要求	（1）采取必要的安全措施，符合电力安全工作规程要求。 （2）在考试规定的时间内按要求完成操作任务。 （3）若操作过程出现不符合安全及劳动保护规定情况，每处扣2分					

序号	项目名称	质量要求	满分	扣分标准	扣分原因	得分
1	施工准备	（1）准备施工图、说明书、施工方案等。 （2）准备爬梯及施工机具。 （3）办理作业票。 （4）进行安全技术交底。 （5）做好安全措施	10	缺主要项每处扣2分，不完整或不清晰每处扣1分，扣完为止		
2	户外设备接地引线安装	（1）断路器、隔离开关、互感器、电容器等一次设备底座（外壳）均需接地。 （2）接地线材料宜采用铜排、镀锌扁钢和软铜线。 （3）接地铜排两端搭接面应搪锡。 （4）接地引线与设备本体采用螺栓搭接，搭接面紧密。 （5）机构箱可开启门应用，$4mm^2$ 软铜导线可靠连接接地。 （6）机构箱箱体接地线连接点应连接在最靠近接地体侧。 （7）隔离开关垂直连杆应用软铜线与最靠近接地体侧连接	80	缺主要项每处扣12分，不完整或不清晰每处扣3分，扣完为止		
3	完工	填写施工记录，工器具及设备摆放整齐，工完场清，报告工作结束	10	缺主要项每处扣5分，不完整或不清晰每处扣2分，扣完为止		
合计			100			

Jc0005341024　户内设备接地引线安装。(100分)

考核知识点：母线及接地装置安装

难易度：易

技能等级评价专业技能考核操作工作任务书

一、任务名称

户内设备接地引线安装。

二、适用工种

变电一次安装工高级工。

三、具体任务

(1) 检查工器具、材料。

(2) 确保现场布置及操作符合安全要求。

(3) 接地线外观检查。

(4) 完工清理现场。

四、工作规范及要求

(1) 考生正确填写办理工作票，进行安全、技术交底，合理安排人员分工并明确相应职责。

(2) 考生进场后检查确认作业场所装设的围栏、悬挂的标识牌符合安全工作规程要求。

(3) 考生正确把握执行现场安全文明施工作业的相关要求。

(4) 考试结束完成工器具、安装配件、材料的清理。

五、考核及时间要求

(1) 本考核操作时间为60分钟，包括安装、调试及报告整理时间，时间到停止考评。

(2) 按照技能操作相关要求进行操作，正确记录操作结果。

技能等级评价专业技能考核操作评分标准

工种	变电一次安装工			评价等级	高级工
项目模块	专业技能—户内设备接地引线安装		编号	Jc0005341024	
单位		准考证号		姓名	
考试时限	60分钟	题型	单项操作	题分	100分
成绩		考评员		考评组长		日期	
试题正文	户内设备接地引线安装				
需要说明的问题和要求	(1) 采取必要的安全措施，符合电力安全工作规程要求。 (2) 在考试规定的时间内按要求完成操作任务。 (3) 若操作过程出现不符合安全及劳动保护规定情况，每处扣2分				

序号	项目名称	质量要求	满分	扣分标准	扣分原因	得分
1	施工准备	(1) 准备施工图、说明书、施工方案等。 (2) 准备爬梯及施工机具。 (3) 办理作业票。 (4) 进行安全技术交底。 (5) 做好安全措施	10	缺主要项每处扣2分，不完整或不清晰每处扣1分，扣完为止		

续表

序号	项目名称	质量要求	满分	扣分标准	扣分原因	得分
2	户内设备接地引线安装	（1）接地线的安装位置应合理，便于检查，不影响设备检修和运行巡视，接地线的安装应美观，防止因加工方式不当造成接地线截面积减小、强度减弱、容易生锈。 （2）接地体宜采用热镀锌扁钢。可采用明敷与暗敷两种方式。明敷的镀锌扁钢应进行校直，工艺美观。 （3）接地线弯制前应先校平、校直，校正时不得用金属体直接敲打接地线，以免破坏镀锌层。弯制采取冷弯制作，镀锌层遭破坏处要重新进行防腐处理。 （4）建筑物接地应和主接地网进行有效连接，暗敷在建筑物抹灰层内的引下线应有卡钉分段固定，主控室、高压室应设置不少于2个与主网相连的检修接地端子。 （5）接地网遇门处拐角埋入地下敷设，埋深250～300mm，接地线与建筑物墙壁间的间隙宜为10～15mm，接地干线敷设时，注意土建结构及装饰面。当接地线跨越建筑物变形缝时应设补偿装置，补偿装置可用接地线本身弯成弧状代替。 （6）焊接位置（焊缝100mm范围内）及锌层破损处应防腐。 （7）接地引线颜色标识应符合规范	80	缺主要项每处扣12分，不完整或不清晰每处扣3分，扣完为止		
3	完工	填写施工记录，工器具及设备摆放整齐，工完场清，报告工作结束	10	缺主要项每处扣5分，不完整或不清晰每处扣2分，扣完为止		
合计			100			

Jc0005341025　屏柜内接地安装。（100分）

考核知识点：母线及接地装置安装

难易度：易

技能等级评价专业技能考核操作工作任务书

一、任务名称

屏柜内接地安装。

二、适用工种

变电一次安装工高级工。

三、具体任务

（1）检查工器具、材料。

（2）确保现场布置及操作符合安全要求。

（3）接地外观检查。

（4）完工清理现场。

四、工作规范及要求

（1）考生正确填写办理工作票，进行安全、技术交底，合理安排人员分工并明确相应职责。

（2）考生进场后检查确认作业场所装设的围栏、悬挂的标识牌符合安全工作规程要求。

（3）考生正确把握执行现场安全文明施工作业的相关要求。

（4）考试结束完成工器具、安装配件、材料的清理。

五、考核及时间要求

（1）本考核操作时间为60分钟，包括安装、调试及报告整理时间，时间到停止考评。

（2）按照技能操作相关要求进行操作，正确记录操作结果。

技能等级评价专业技能考核操作评分标准

<table>
<tr><td>工种</td><td colspan="5">变电一次安装工</td><td>评价等级</td><td>高级工</td></tr>
<tr><td>项目模块</td><td colspan="4">专业技能—屏柜内接地安装</td><td>编号</td><td colspan="2">Jc0005341025</td></tr>
<tr><td>单位</td><td colspan="2"></td><td>准考证号</td><td colspan="2"></td><td>姓名</td><td></td></tr>
<tr><td>考试时限</td><td>60 分钟</td><td>题型</td><td colspan="3">单项操作</td><td>题分</td><td>100 分</td></tr>
<tr><td>成绩</td><td></td><td>考评员</td><td></td><td>考评组长</td><td></td><td>日期</td><td></td></tr>
<tr><td>试题正文</td><td colspan="7">屏柜内接地安装</td></tr>
<tr><td>需要说明的问题和要求</td><td colspan="7">（1）采取必要的安全措施，符合电力安全工作规程要求。
（2）在考试规定的时间内按要求完成操作任务。
（3）若操作过程出现不符合安全及劳动保护规定情况，每处扣 2 分</td></tr>
</table>

序号	项目名称	质量要求	满分	扣分标准	扣分原因	得分
1	施工准备	（1）准备施工图、说明书、施工方案等。 （2）准备爬梯及施工机具。 （3）办理作业票。 （4）进行安全技术交底。 （5）做好安全措施	10	缺主要项每处扣 2 分，不完整或不清晰每处扣 1 分，扣完为止		
2	屏柜内接地安装	（1）屏柜（箱）框架和底座接地良好。 （2）有防震垫的屏柜，每列屏有两点以上明显接地。 （3）屏柜（箱）应装有接地端子，并用截面积不小于 $4mm^2$ 的多股铜线和接地网直接连通。 （4）静态保护和控制装置的屏柜下部应设有截面积不小 $100mm^2$ 的接地铜排。屏柜上装置的接地端子应用截面积不小于 $4mm^2$ 的多股铜线和接地铜排相连。屏柜内的接地铜排应用截面积不小于 $50mm^2$ 的铜缆与保护室内的等电位接地网相连。开关场的接地端子箱内应设置截面积不小于 $100mm^2$ 的裸铜排，并使用截面积不小于 $100mm^2$ 的铜缆与电缆沟道内的等电位接地网连接。 （5）屏柜（箱）内应分别设置接地母线和等电位屏蔽母线，并由厂家制作接地标识。 （6）屏柜（箱）可开启门应用软铜导线可靠连接接地。 （7）电缆屏蔽接地线采用 $4mm^2$ 黄绿相间的多股软铜线与电缆屏蔽层紧密连接，接至专用接地铜排。 （8）接地线采用多股软铜线连接时应压接专用接线鼻，每个接线鼻子最多压 5 根屏蔽线	80	缺主要项每处扣 10 分，不完整或不清晰每处扣 3 分，扣完为止		
3	完工	填写施工记录，工器具及设备摆放整齐，工完场清，报告工作结束	10	缺主要项每处扣 5 分，不完整或不清晰每处扣 2 分，扣完为止		
合计			100			

Jc0005341026　高压开关柜安装常见问题处理。（100 分）

考核知识点：其他电气设备安装及调整

难易度：易

技能等级评价专业技能考核操作工作任务书

一、任务名称

高压开关柜安装常见问题处理。

二、适用工种

变电一次安装工高级工。

三、具体任务

（1）检查工器具、材料。

（2）确保现场布置及操作符合安全要求。

（3）开关柜外观检查。

（4）完工清理现场。

四、工作规范及要求

（1）考生正确填写办理工作票，进行安全、技术交底，合理安排人员分工并明确相应职责。

（2）考生进场后检查确认作业场所装设的围栏、悬挂的标识牌符合安全工作规程要求。

（3）考生正确把握执行现场安全文明施工作业的相关要求。

（4）考试结束完成工器具、安装配件、材料的清理。

五、考核及时间要求

（1）本考核操作时间为 60 分钟，包括安装、调试及报告整理时间，时间到停止考评。

（2）按照技能操作相关要求进行操作，正确记录操作结果。

技能等级评价专业技能考核操作评分标准

工种	变电一次安装工					评价等级	高级工
项目模块	专业技能—高压开关柜安装常见问题处理				编号	Jc0005341026	
单位			准考证号			姓名	
考试时限	60 分钟		题型	单项操作		题分	100 分
成绩		考评员		考评组长		日期	
试题正文	高压开关柜安装常见问题处理						
需要说明的问题和要求	（1）采取必要的安全措施，符合电力安全工作规程要求。 （2）在考试规定的时间内按要求完成操作任务。 （3）若操作过程出现不符合安全及劳动保护规定情况，每处扣 2 分						

序号	项目名称	质量要求	满分	扣分标准	扣分原因	得分
1	高压开关柜基础误差不满足要求	（1）高压开关柜体前后基础误差不满足要求。手车或抽屉单元的推拉卡阻；动触头与静触头的中心线出现高低偏差，触头接触不紧密。 （2）高压开关柜间基础误差不满足要求。主母线在柜间安装时出现高低偏差，导致主母线搭接处受力变形	30	缺主要项每处扣 15 分，不完整或不清晰每处扣 3 分，扣完为止		

续表

序号	项目名称	质量要求	满分	扣分标准	扣分原因	得分
2	主母线相间或与柜体间的距离未满足最小电气安全距离的要求	（1）安装时主母线相间或与柜体间的距离满足最小电气安全距离的要求。 （2）如果主母线相间或与柜体间的距离小于最小电气安全距离，应在主母线相间、与柜体间采用绝缘隔板，绝缘隔板应使用防火材料，绝缘性能好、不易受环境（高温、潮气）影响	30	缺主要项每处扣15分，不完整或不清晰每处扣3分，扣完为止		
3	行程开关调节不当	（1）行程开关限位调节过高。机构储能已满，电动机空转，储能指示灯不亮，只有打开控制开关才能使电动机停止。 （2）行程开关限位调节过低。机构储能未满提前停机，由于储能不到位，开关不能合闸，只能手动慢慢储能找到正确位置，并且紧固	30	缺主要项每处扣15分，不完整或不清晰每处扣3分，扣完为止		
4	完工	填写施工记录，工器具及设备摆放整齐，工完场清，报告工作结束	10	缺主要项每处扣5分，不完整或不清晰每处扣2分，扣完为止		
合计			100			

Jc0005341027　干式电抗器安装常见问题处理。（100分）

考核知识点：其他电气设备安装及调整

难易度：易

技能等级评价专业技能考核操作工作任务书

一、任务名称

干式电抗器安装常见问题处理。

二、适用工种

变电一次安装工高级工。

三、具体任务

（1）检查工器具、材料。

（2）确保现场布置及操作符合安全要求。

（3）干式电抗器外观检查。

（4）完工清理现场。

四、工作规范及要求

（1）考生正确填写办理工作票，进行安全、技术交底，合理安排人员分工并明确相应职责。

（2）考生进场后检查确认作业场所装设的围栏、悬挂的标识牌符合安全工作规程要求。

（3）考生正确把握执行现场安全文明施工作业的相关要求。

（4）考试结束完成工器具、安装配件、材料的清理。

五、考核及时间要求

（1）本考核操作时间为60分钟，包括安装、调试及报告整理时间，时间到停止考评。

（2）按照技能操作相关要求进行操作，正确记录操作结果。

技能等级评价专业技能考核操作评分标准

<table>
<tr><td>工种</td><td colspan="5">变电一次安装工</td><td>评价等级</td><td colspan="2">高级工</td></tr>
<tr><td>项目模块</td><td colspan="4">专业技能—干式电抗器安装常见问题处理</td><td>编号</td><td colspan="3">Jc0005341027</td></tr>
<tr><td>单位</td><td colspan="3"></td><td>准考证号</td><td colspan="1"></td><td>姓名</td><td colspan="2"></td></tr>
<tr><td>考试时限</td><td colspan="2">60 分钟</td><td>题型</td><td colspan="2">单项操作</td><td>题分</td><td colspan="2">100 分</td></tr>
<tr><td>成绩</td><td></td><td>考评员</td><td></td><td>考评组长</td><td></td><td>日期</td><td colspan="2"></td></tr>
<tr><td>试题正文</td><td colspan="8">干式电抗器安装常见问题处理</td></tr>
<tr><td>需要说明的问题和要求</td><td colspan="8">（1）采取必要的安全措施，符合电力安全工作规程要求。
（2）在考试规定的时间内按要求完成操作任务。
（3）若操作过程出现不符合安全及劳动保护规定情况，每处扣 2 分</td></tr>
<tr><td>序号</td><td>项目名称</td><td colspan="2">质量要求</td><td>满分</td><td colspan="2">扣分标准</td><td>扣分原因</td><td>得分</td></tr>
<tr><td>1</td><td>干式电抗器安装不当会造成漏磁的原因分析</td><td colspan="2">由于干式空心电抗器无铁芯，空间存在强大的磁场，只要磁场范围内存在较大铁磁物质或闭环金属体就将产生漏磁</td><td>30</td><td colspan="2">缺主要项扣 30 分，不完整或不清晰每处扣 5 分，扣完为止</td><td></td><td></td></tr>
<tr><td>2</td><td>安装过程中要注意的关键点</td><td colspan="2">（1）干式电抗器安装使用非磁性材料。电抗器与防雨罩、支柱绝缘子连接使用非磁性不锈钢螺栓。
（2）设备支架安装做好隔磁措施。
（3）设备支架的接地线不应成闭合环路，同时不得与地网形成闭合环路</td><td>60</td><td colspan="2">缺主要项每处扣 20 分，不完整或不清晰每处扣 5 分，扣完为止</td><td></td><td></td></tr>
<tr><td>3</td><td>完工</td><td colspan="2">填写施工记录，工器具及设备摆放整齐，工完场清，报告工作结束</td><td>10</td><td colspan="2">缺主要项每处扣 5 分，不完整或不清晰每处扣 2 分，扣完为止</td><td></td><td></td></tr>
<tr><td colspan="2">合计</td><td colspan="2"></td><td>100</td><td colspan="2"></td><td></td><td></td></tr>
</table>

Jc0005343028　变压器的器身检查。(100 分)

考核知识点：变压器的器身检查

难易度：难

技能等级评价专业技能考核操作工作任务书

一、任务名称

变压器的器身检查。

二、适用工种

变电一次安装工高级工。

三、具体任务

（1）检查工器具、材料。

（2）确保现场布置及操作符合安全要求。

（3）变压器器身外观检查。

（4）完工清理现场。

四、工作规范及要求

（1）考生正确填写办理工作票，进行安全、技术交底，合理安排人员分工并明确相应职责。

（2）考生进场后检查确认作业场所装设的围栏、悬挂的标识牌符合安全工作规程要求。

（3）考生正确把握执行现场安全文明施工作业的相关要求。

（4）考试结束完成工器具、安装配件、材料的清理。

五、考核及时间要求

（1）本考核操作时间为 90 分钟，包括安装、调试及报告整理时间，时间到停止考评。

（2）按照技能操作相关要求进行操作，正确记录操作结果。

技能等级评价专业技能考核操作评分标准

工种	变电一次安装工					评价等级	高级工
项目模块	专业技能—变压器的器身检查				编号	Jc0005343028	
单位			准考证号			姓名	
考试时限	90 分钟		题型		单项操作	题分	100 分
成绩		考评员		考评组长		日期	
试题正文	变压器的器身检查						
需要说明的问题和要求	（1）采取必要的安全措施，符合电力安全工作规程要求。 （2）在考试规定的时间内按要求完成操作任务。 （3）若操作过程出现不符合安全及劳动保护规定情况，每处扣 2 分						

序号	项目名称	质量要求	满分	扣分标准	扣分原因	得分
1	准备工作	（1）准备施工图、说明书、施工方案等。 （2）准备材料及施工机具。 （3）办理作业票。 （4）进行安全技术交底。 （5）做好安全措施	5	缺主要项每处扣 1 分，不完整或不清晰每处扣 0.5 分，扣完为止		
2	器身检查应遵守的条件	（1）环境温度不低于 0℃，器身温度不低于环境温度。 （2）当空气相对湿度小于 75%时，器身暴露空气时间不得超过 16h。有载调压切换装置的露空时间也应符合规定。露空时间计算是从放温开始到抽真空或注油为止。 （3）场地四周保持清洁，并有防尘措施，雨雪和雾天不能进行器身检查	9	缺主要项每处扣 3 分，不完整或不清晰每处扣 1 分，扣完为止		
3	起吊钟罩	（1）钟罩起吊前，应拆除所有与其相连的部件，包括有载分接开关及器身定位装置，拆卸的所有部件应做好回装记号并分别保管好。 （2）钟罩起吊时，吊索长度要合适，吊索与铅垂线的夹角不应大于 30°。找准起吊重心位置，必要时可附加吊链来平衡偏重位置。钟罩必须平稳起吊。 （3）钟罩吊离底座约 100mm 时，应检查机具受力情况，调整起吊重心，然后平稳起吊。 （4）钟罩起吊过程应缓慢进行，四角投控制绳，专人观察，保持油箱内壁与绝缘件距离，严禁钟罩摆动碰撞器身	12	缺主要项每处扣 3 分，不完整或不清晰每处扣 1 分，扣完为止		
4	绕组检查	（1）检查运输支撑和器身各部位，应无移动现象；临时支撑应予拆除。 （2）检查所有螺栓，应紧固并有防松措施；绝缘螺栓应无损坏，防松措施完好。 （3）检查绕组有无松动、移位、变形及组间绝缘损伤，绝缘衬垫应完好、无异物残留	9	缺主要项每处扣 3 分，不完整或不清晰每处扣 1 分，扣完为止		

续表

序号	项目名称	质量要求	满分	扣分标准	扣分原因	得分
5	铁芯检查	（1）铁芯只能一点接地，解除铁轭与上夹件之间的接地软连接，则铁芯与夹件、下节油箱的绝缘应良好，穿芯螺栓与铁轭、夹件间的绝缘应良好。如果铁轭是用钢带紧固的，则检查钢带对铁轭、夹件间的绝缘。 （2）铁芯应无变形、锈蚀，夹紧螺栓紧固。 （3）铁芯接地软连接必须接触可靠，连接螺栓紧固	12	缺主要项每处扣 4 分，不完整或不清晰每处扣 1 分，扣完为止		
6	绕组引线检查	（1）绕组引线绝缘包扎完好，无拧弯，绝缘距离合格，固定牢靠，线头焊接良好，无断股或脱焊现象。 （2）引线支撑绝缘件应完整无损，支撑紧固牢靠	6	缺主要项每处扣 3 分，不完整或不清晰每处扣 1 分，扣完为止		
7	分接开关检查	（1）无载分接开关检查：用操作杆操作正反转，检查接触对应位置及触头接触情况，用 0.05mm 塞尺应塞不进。每挡位置应接触良好。引线连接可靠，转动器动作灵活，完整无损。 （2）有载分接开关检查：过渡电阻无断线，阻值与主触头接触电阻符合制造厂规定。主触头软铜线及绝缘包扎完好。分接开关各分接引线连接可靠，绝缘包扎完好，动、静触头接触紧密可靠。有载分接开关的油箱密封良好并清洁	6	缺主要项每处扣 3 分，不完整或不清晰每处扣 1 分，扣完为止		
8	蝶阀检查及电气试验	（1）检查油箱上散热器的蝶阀，应密封良好，开闭灵活，指示正确。 （2）用 2500V 绝缘电阻表测试铁轭对夹件，铁芯对地，压钉对压板，钢带与夹件、铁轭之间及穿芯螺栓的绝缘电阻，其阻值应为 4000MΩ及以上，或与出厂值相比应满足要求。 （3）对有载分接开关应测试过渡电阻、接触电阻和切换时间	9	缺主要项每处扣 3 分，不完整或不清晰每处扣 1 分，扣完为止		
9	器身清理	（1）器身检查结束，清理油箱底部油污及杂物。 （2）用合格变压器油冲洗器身，将箱底残油放净	6	缺主要项每处扣 3 分，不完整或不清晰每处扣 1 分，扣完为止		
10	钟罩回装及密封处理	（1）清点工器具及材料，无遗漏。 （2）清洗好油箱，确认器身无任何异物，清洗法兰密封面，将油箱密封胶垫清洗干净并固定好位置。 （3）回吊钟罩时应控制稳定，找准中心后平缓落下，不可碰撞器身绝缘件及引线。 （4）将钟罩准确落到油箱底座上，油箱密封垫位置保证正确，四角对称均匀地紧固所有螺栓。 （5）变压器所有密封环节采用的密封垫应质量合格，并应与法兰密封面的尺寸相配合。 （6）检查所有法兰密封面应清洁、平整、无损伤。 （7）密封垫的安装位置应正确、无移位。密封垫的压缩量应不大于其厚度的 1/3。紧固螺栓的力矩应符合规定力矩要求	21	缺主要项每处扣 3 分，不完整或不清晰每处扣 1 分，扣完为止		
11	完工	填写施工记录，工器具及设备摆放整齐，工完场清，报告工作结束	5	缺主要项每处扣 5 分，不完整或不清晰每处扣 1 分，扣完为止		
	合计		100			

Jc0005342029　六氟化硫封闭式组合电器（GIS）的安装前的检查。（100 分）

考核知识点：断路器安装及调整

难易度：中

技能等级评价专业技能考核操作工作任务书

一、任务名称

六氟化硫封闭式组合电器（GIS）的安装前检查。

二、适用工种

变电一次安装工高级工。

三、具体任务

（1）检查工器具、材料。

（2）确保现场布置及操作符合安全要求。

（3）组合电器的外观检查。

（4）完工清理现场。

四、工作规范及要求

（1）考生正确填写办理工作票，进行安全、技术交底，合理安排人员分工并明确相应职责。

（2）考生进场后检查确认作业场所装设的围栏、悬挂的标识牌符合安全工作规程要求。

（3）考生正确把握执行现场安全文明施工作业的相关要求。

（4）考试结束完成工器具、安装配件、材料的清理。

五、考核及时间要求

（1）本考核操作时间为 60 分钟，包括安装、调试及报告整理时间，时间到停止考评。

（2）按照技能操作相关要求进行操作，正确记录操作结果。

技能等级评价专业技能考核操作评分标准

<table>
<tr><td>工种</td><td colspan="4">变电一次安装工</td><td>评价等级</td><td colspan="2">高级工</td></tr>
<tr><td>项目模块</td><td colspan="3">专业技能—六氟化硫封闭式组合电器（GIS）的安装前的检查</td><td>编号</td><td colspan="3">Jc0005342029</td></tr>
<tr><td>单位</td><td colspan="2"></td><td>准考证号</td><td></td><td>姓名</td><td colspan="2"></td></tr>
<tr><td>考试时限</td><td>60 分钟</td><td>题型</td><td colspan="2">单项操作</td><td>题分</td><td colspan="2">100 分</td></tr>
<tr><td>成绩</td><td>考评员</td><td></td><td>考评组长</td><td></td><td>日期</td><td colspan="2"></td></tr>
<tr><td>试题正文</td><td colspan="7">六氟化硫封闭式组合电器（GIS）的安装前检查</td></tr>
<tr><td>需要说明的问题和要求</td><td colspan="7">（1）采取必要的安全措施，符合电力安全工作规程要求。
（2）在考试规定的时间内按要求完成操作任务。
（3）若操作过程出现不符合安全及劳动保护规定情况，每处扣 2 分</td></tr>
<tr><td>序号</td><td>项目名称</td><td colspan="2">质量要求</td><td>满分</td><td>扣分标准</td><td>扣分原因</td><td>得分</td></tr>
<tr><td>1</td><td>准备工作</td><td colspan="2">（1）准备施工图、说明书、施工方案等。
（2）准备材料及施工机具。
（3）办理作业票。
（4）进行安全技术交底。
（5）做好安全措施</td><td>5</td><td>缺主要项每处扣 1 分，不完整或不清晰每处扣 0.5 分，扣完为止</td><td></td><td></td></tr>
</table>

续表

序号	项目名称	质量要求	满分	扣分标准	扣分原因	得分
2	安装前检查	（1）包装无残损，瓷件及绝缘件无损伤。 （2）所有元件、附件、备件及专用工器具应齐全、完好。 （3）充气单元及部件的压力值应符合产品技术规定。 （4）出厂证件及技术资料应齐全。 （5）设备开箱后所有附件、备件及专用材料应置于干燥的室内保管。室外存放的部件应置于平整、无积水处，加篷布遮盖，瓷件安放妥当。 （6）对充有气体的部件应按产品技术要求检查压力值，并做好记录，发现异常情况应及时采取措施	20	缺主要项每处扣 4 分，不完整或不清晰每处扣 1 分，扣完为止		
3	开箱验收及保管	（1）六氟化硫气瓶的安全帽、防震圈齐全，气瓶阀门完好，安全帽应拧紧。 （2）六氟化硫气瓶在运输过程平稳，轻装、轻卸，避免阳光直晒，气瓶温度应低于 40℃。气瓶搬运时，应严禁抛掷溜放。 （3）六氟化硫气瓶应存放在防晒、防潮和通风良好的场所，不得靠近热源和油污的地方，严禁水分和油迹污染阀门。 （4）六氟化硫气瓶不得与其他气瓶混合放置。未经检验合格的气体与检验合格的气体应分别存放，以免混淆。气瓶应站立存放，并有防止倾倒的措施。气瓶标志统一向外侧。 （5）检查气瓶阀门应密闭良好，防止气体泄漏。使用过的气瓶应关紧阀门，防止剩余气体外泄，拧紧安全帽，集中放置	30	缺主要项每处扣 6 分，不完整或不清晰每处扣 2 分，扣完为止		
4	安装前检查	（1）组合电器的所有部件、瓷件、绝缘件应完好无损，接线端子、插接件及载流部分无锈蚀现象。 （2）各气室的压力值及含水量应符合产品技术规定。 （3）各元件的紧固螺栓应齐全、无松动，密封良好。 （4）密度继电器和压力表应经检验合格，应有出厂试验报告。 （5）新六氟化硫气体应具有出厂试验报告及合格证件，运到现场后，每瓶都应做含水量检验，并按照规定抽样做全分析	40	缺主要项每处扣 8 分，不完整或不清晰每处扣 2 分，扣完为止		
5	完工	填写施工记录，工器具及设备摆放整齐，工完场清，报告工作结束。	5	缺主要项扣 5 分，不完整或不清晰每处扣 1 分，扣完为止		
合计			100			

Jc0005341030　电缆的搬运。（100 分）

考核知识点：起重、搬运

难易度：易

技能等级评价专业技能考核操作工作任务书

一、任务名称

电缆的搬运。

二、适用工种

变电一次安装工高级工。

三、具体任务

（1）检查工器具、材料。

（2）确保现场布置及操作符合安全要求。

（3）完工清理现场。

四、工作规范及要求

（1）考生正确填写办理工作票，进行安全、技术交底，合理安排人员分工并明确相应职责。

（2）考生进场后检查确认作业场所装设的围栏、悬挂的标识牌符合安全工作规程要求。

（3）考生正确把握执行现场安全文明施工作业的相关要求。

（4）考试结束完成工器具、安装配件、材料的清理。

五、考核及时间要求

（1）本考核操作时间为60分钟，包括安装、调试及报告整理时间，时间到停止考评。

（2）按照技能操作相关要求进行操作，正确记录操作结果。

技能等级评价专业技能考核操作评分标准

工种	变电一次安装工					评价等级	高级工
项目模块	专业技能—电缆的搬运				编号	Jc0005341030	
单位			准考证号			姓名	
考试时限	60分钟		题型	单项操作		题分	100分
成绩		考评员		考评组长		日期	
试题正文	电缆的搬运						
需要说明的问题和要求	（1）采取必要的安全措施，符合电力安全工作规程要求。 （2）在考试规定的时间内按要求完成操作任务。 （3）若操作过程出现不符合安全及劳动保护规定情况，每处扣2分						

序号	项目名称	质量要求	满分	扣分标准	扣分原因	得分
1	工作分配	根据工作内容进行详细的分工	15	分工不详细每项扣5分，扣完为止		
2	工作注意事项	注意电缆的滚动方向，防止电缆损伤应采取的保护措施等	20	交代不详细每项扣5分，扣完为止		
3	目标分解	根据整体工作目标分解到人	20	目标分解不清晰每项扣5分，扣完为止		
4	搬运工作评价	对操作程序和工艺进行正确评价	20	评价不恰当每项扣5分，扣完为止		
5	安全文明操作	安全、文明操作，不发生事故	20	不文明操作每项扣5分；一般事故扣10分；清理不规范每项扣3分，扣完为止		
6	完工	填写施工记录，工器具及设备摆放整齐，工完场清，报告工作结束	5	缺主要项每处扣5分，不完整或不清晰每处扣2分，扣完为止		
合计			100			

Jc0005341031　胶囊式储油柜的安装。（100分）

考核知识点：变压器安装及调整

难易度：易

技能等级评价专业技能考核操作工作任务书

一、任务名称

胶囊式储油柜的安装。

二、适用工种

变电一次安装工高级工。

三、具体任务

（1）检查工器具、材料。

（2）确保现场布置及操作符合安全要求。

（3）完工清理现场。

四、工作规范及要求

（1）考生正确填写办理工作票，进行安全、技术交底，合理安排人员分工并明确相应职责。

（2）考生进场后检查确认作业场所装设的围栏、悬挂的标识牌符合安全工作规程要求。

（3）考生正确把握执行现场安全文明施工作业的相关要求。

（4）考试结束完成工器具、安装配件、材料的清理。

五、考核及时间要求

（1）本考核操作时间为60分钟，包括安装、调试及报告整理时间，时间到停止考评。

（2）按照技能操作相关要求进行操作，正确记录操作结果。

技能等级评价专业技能考核操作评分标准

工种	变电一次安装工			评价等级	高级工
项目模块	专业技能—胶囊式储油柜的安装		编号	Jc0005341031	
单位		准考证号		姓名	
考试时限	60分钟	题型	单项操作	题分	100分
成绩	考评员		考评组长	日期	
试题正文	胶囊式储油柜的安装				
需要说明的问题和要求	（1）采取必要的安全措施，符合电力安全工作规程要求。 （2）在考试规定的时间内按要求完成操作任务。 （3）若操作过程出现不符合安全及劳动保护规定情况，每处扣2分				

序号	项目名称	质量要求	满分	扣分标准	扣分原因	得分
1	准备工作	（1）准备施工图、说明书、施工方案等。 （2）准备材料及施工机具。 （3）办理作业票。 （4）进行安全技术交底。 （5）做好安全措施	10	缺主要项每处扣2分，不完整或不清晰每处扣0.5分，扣完为止		
2	胶囊式储油柜安装	（1）安装胶囊式储油柜时，先充气验查渗漏。 （2）将胶囊平行地固定在储油柜内顶壁螺栓上，接好三通接头并密封好，过程检查油位计连接完好。 （3）储油柜参与变压器真空及真空注油时，胶囊呼吸口与储油柜的旁通阀门打开，至储油柜规定油位关闭旁通阀门。 （4）胶囊与储油柜之间如果存在气体，可将储油柜上部放气塞打开，通过储油柜注油阀注油使放气塞出油后，关闭放气塞后调整储油柜油位，或在胶囊呼吸口加适当压力使放气塞出油后关闭放气塞，泄除胶囊压力	80	缺主要项每处扣20分，不完整或不清晰每处扣5分，扣完为止		

续表

序号	项目名称	质量要求	满分	扣分标准	扣分原因	得分
3	完工	填写施工记录，工器具及设备摆放整齐，工完场清，报告工作结束	10	缺主要项每处扣 10 分，不完整或不清晰每处扣 2 分，扣完为止		
合计			100			

Jc0005342032　GIS 安装电气元件调试及后期工作。（100 分）

考核知识点：组合电器安装及调整

难易度：中

技能等级评价专业技能考核操作工作任务书

一、任务名称

GIS 安装电气元件调试及后期工作。

二、适用工种

变电一次安装工高级工。

三、具体任务

叙述 GIS 安装电气元件调试及后期工作。

四、工作规范及要求

（1）考生正确填写办理工作票，进行安全、技术交底，合理安排人员分工并明确相应职责。

（2）考生进场后检查确认作业场所装设的围栏、悬挂的标识牌符合安全工作规程要求。

（3）考生正确把握执行现场安全文明施工作业的相关要求。

（4）考试结束完成工器具、安装配件、材料的清理。

五、考核及时间要求

（1）本考核操作时间为 90 分钟，包括安装、调试及报告整理时间，时间到停止考评。

（2）按照技能操作相关要求进行操作，正确记录操作结果。

技能等级评价专业技能考核操作评分标准

工种	变电一次安装工				评价等级	高级工
项目模块	专业技能—组合电器安装及调整			编号	Jc0005342032	
单位		准考证号			姓名	
考试时限	90 分钟	题型	多项操作		题分	100 分
成绩	考评员		考评组长		日期	
试题正文	GIS 安装电气元件调试及后期工作					
需要说明的问题和要求	（1）采取必要的安全措施，符合电力安全工作规程要求。 （2）在考试规定的时间内按要求完成操作任务。 （3）若操作过程出现不符合安全及劳动保护规定情况，每处扣 2 分					

序号	项目名称	质量要求	满分	扣分标准	扣分原因	得分
1	电气元件调试	（1）GIS 具有慢分、慢合功能的断路器和隔离开关，在快速操作前，应进行慢分、慢合操作。具有其他功能的断路器和隔离开关，应按制造厂规定进行调整。	50	主要错项、缺项每处扣 10 分，不完整或不清晰每处扣 5 分，扣完为止		

续表

序号	项目名称	质量要求	满分	扣分标准	扣分原因	得分
1	电气元件调试	（2）位置指示器的调整，应使指示器与元件实际位置对应，电器元件与传动机构的联动应正常，无卡阻现象。 （3）辅助开关触点的调整，应接触良好，动作可靠，切换灵活，逻辑正确。 （4）密度继电器的报警、闭锁定值应符合规定，电气回路绝缘良好。 （5）GIS 试验合格，耐压合格	50	主要错项、缺项每处扣 10 分，不完整或不清晰每处扣 5 分，扣完为止		
2	GIS 试验合格后的后期工作	（1）筒体与支架、支架与主接地网之间的连接可靠，标志清晰，符合要求。 （2）检查各气室 SF_6 气压应在额定气压允许范围内。 （3）对封闭式组合电器外观进行检查，补漆、清洗。相色漆、各气室标志明显、正确。 （4）检查各气室应无漏气、机构无漏气（油）现象。 （5）清理施工现场，清点工器具、归库	50	主要错项、缺项每处扣 10 分，不完整或不清晰每处扣 5 分，扣完为止		
	合计		100			

Jc0005342033　直埋敷设电缆的技术要求。（100 分）

考核知识点：其他电气设备安装及调整

难易度：中

技能等级评价专业技能考核操作工作任务书

一、任务名称

直埋敷设电缆的技术要求。

二、适用工种

变电一次安装工高级工。

三、具体任务

（1）检查工器具、材料。

（2）确保现场布置及操作符合安全要求。

（3）完工清理现场。

四、工作规范及要求

（1）考生正确填写办理工作票，进行安全、技术交底，合理安排人员分工并明确相应职责。

（2）考生进场后检查确认作业场所装设的围栏、悬挂的标识牌符合安全工作规程要求。

（3）考生正确把握执行现场安全文明施工作业的相关要求。

（4）考试结束完成工器具、安装配件、材料的清理。

五、考核及时间要求

（1）本考核操作时间为 60 分钟，包括安装、调试及报告整理时间，时间到停止考评。

（2）按照技能操作相关要求进行操作，正确记录操作结果。

技能等级评价专业技能考核操作评分标准

工种	变电一次安装工			评价等级	高级工
项目模块	专业技能—直埋敷设电缆的技术要求		编号	Jc0005342033	
单位		准考证号		姓名	
考试时限	60 分钟	题型	单项操作	题分	100 分
成绩		考评员	考评组长	日期	
试题正文	直埋敷设电缆的技术要求				
需要说明的问题和要求	（1）采取必要的安全措施，符合电力安全工作规程要求。 （2）在考试规定的时间内按要求完成操作任务。 （3）若操作过程出现不符合安全及劳动保护规定情况，每处扣 2 分				

序号	项目名称	质量要求	满分	扣分标准	扣分原因	得分
1	直埋敷设电缆的技术要求	（1）电缆与建筑物基础最小距离不得小于 0.6m。 （2）敷设电缆的沟底不能有石块及其他硬杂物，必要时在电缆沟铺垫 100mm 的细砂和盖上保护板，埋入深度不得少于 0.7m。 （3）敷设的电缆交叉时，高压电缆应放在低压电缆的下面。 （4）电力电缆互相接近时，最小允许净距为 0.25m。 （5）动力电缆相互交叉时，最小允许净距为 0.5m。 （6）动力电缆与地下管接近或交叉时，允许的最小净距：电缆与热力管道接近的净距为 2m，交叉的净距为 0.5m，与其他管道接近或交叉的净距为 0.5m。 （7）电缆从地下引出地面时，应用 2m 长的金属管或护罩加以保护，其根部埋入地下深度不得小于 0.1m，以防外力的破坏	100	缺主要项每处扣 15 分，不完整或不清晰每处扣 5 分，扣完为止		
	合计		100			

Jc0005342034　敷设电缆保护管的注意事项。（100 分）

考核知识点：其他电气设备安装及调整

难易度：中

技能等级评价专业技能考核操作工作任务书

一、任务名称

敷设电缆保护管的注意事项。

二、适用工种

变电一次安装工高级工。

三、具体任务

（1）检查工器具、材料。

（2）确保现场布置及操作符合安全要求。

（3）完工清理现场。

四、工作规范及要求

（1）考生正确填写办理工作票，进行安全、技术交底，合理安排人员分工并明确相应职责。

（2）考生进场后检查确认作业场所装设的围栏、悬挂的标识牌符合安全工作规程要求。

（3）考生正确把握执行现场安全文明施工作业的相关要求。

（4）考试结束完成工器具、安装配件、材料的清理。

五、考核及时间要求

（1）本考核操作时间为60分钟，包括安装、调试及报告整理时间，时间到停止考评。

（2）按照技能操作相关要求进行操作，正确记录操作结果。

技能等级评价专业技能考核操作评分标准

<table>
<tr><td colspan="2">工种</td><td colspan="4">变电一次安装工</td><td>评价等级</td><td colspan="2">高级工</td></tr>
<tr><td colspan="2">项目模块</td><td colspan="3">专业技能—敷设电缆保护管的注意事项</td><td>编号</td><td colspan="3">Jc0005342034</td></tr>
<tr><td colspan="2">单位</td><td colspan="2"></td><td>准考证号</td><td></td><td>姓名</td><td colspan="2"></td></tr>
<tr><td colspan="2">考试时限</td><td>60分钟</td><td>题型</td><td colspan="2">单项操作</td><td>题分</td><td colspan="2">100分</td></tr>
<tr><td colspan="2">成绩</td><td>考评员</td><td></td><td>考评组长</td><td></td><td>日期</td><td colspan="2"></td></tr>
<tr><td colspan="2">试题正文</td><td colspan="7">敷设电缆保护管的注意事项</td></tr>
<tr><td colspan="2">需要说明的问题和要求</td><td colspan="7">（1）采取必要的安全措施，符合电力安全工作规程要求。
（2）在考试规定的时间内按要求完成操作任务。
（3）若操作过程出现不符合安全及劳动保护规定情况，每处扣2分</td></tr>
<tr><td>序号</td><td>项目名称</td><td colspan="2">质量要求</td><td>满分</td><td colspan="2">扣分标准</td><td>扣分原因</td><td>得分</td></tr>
<tr><td>1</td><td>敷设电缆保护管的注意事项</td><td colspan="2">（1）根据施工图的要求应注意敷设保护管根数、电缆的型号、起止位置、长度、是否需要接长、具体方位和几何尺寸是否符合要求。
（2）电缆保护管应涂防锈漆（埋入混凝土的可以不涂），管口应用木塞堵牢，也可用铁板暂时点焊封盖好，以防杂物等落入影响电缆穿进。
（3）电缆保护管应用钢锯下料，不得使用气焊切割，管口应胀成喇叭形或打磨光滑。
（4）电缆保护管的弯曲部分不应露出地面，每根管露出地面的垂直高度应一致，多根时要排列整齐。
（5）对接管必须对准，管壁内打磨光滑，焊接要严密，以防水泥浆渗入，埋入地下管应有1%的排水坡度</td><td>100</td><td colspan="2">缺主要项每处扣20分，不完整或不清晰每处扣5分，扣完为止</td><td></td><td></td></tr>
<tr><td colspan="2">合计</td><td colspan="2"></td><td>100</td><td colspan="2"></td><td></td><td></td></tr>
</table>

第四部分
技　师

第七章 变电一次安装工技师技能笔答

Jb0005233001 简述跌落式高压熔断器的安装要求。(5分)

考核知识点：其他电气设备安装及调整

难易度：难

标准答案：

(1)熔管的有机绝缘物应无裂纹、变形。

(2)熔管轴线与铅垂线的夹角应为15°～30°，其转动部分应灵活。

(3)跌落时不应碰及其他物体而损坏熔管。

Jb0005233002 简述互感器设备支架安装要求。(5分)

考核知识点：其他电气设备安装及调整

难易度：难

标准答案：

(1)设备支架垂直放入设备基础中，校正、找平互感器设备杆。

(2)核对电缆穿管口朝向，在封顶板上预留电缆穿管口位置。

(3)按规范要求进行封顶板焊接。

Jb0005233003 简述母线标识颜色应满足哪些规定。(5分)

考核知识点：母线及接地装置安装

难易度：难

标准答案：

(1)三相交流母线，A相应为黄色，B相应为绿色，C相应为红色。单相交流母线应与引出相的颜色相同。

(2)直流母线正极应为棕色，负极应为蓝色。

(3)三相电路的零线或中性线及直流电路的接地中线均应为淡蓝色。

Jb0005233004 简述矩形母线采用螺栓固定搭接时的要求。(5分)

考核知识点：母线及接地装置安装

难易度：难

标准答案：

连接处距支柱绝缘子的支持夹板边缘不应小于50mm。上片母线端头与下片母线平弯开始处的距离不应小于50mm。

Jb0005233005 简述铝合金管形母线的加工制作应满足哪些要求。(5分)

考核知识点：母线及接地装置安装

难易度：难

标准答案：

（1）切断的管口应平整，且应与轴线垂直。

（2）管形母线的坡口应用机械加工，坡口应光滑、均匀、无毛刺。

（3）母线对接焊口距母线支持器夹板边缘距离不应小于 50mm。

Jb0005233006　简述硬母线的连接规定。（5分）

考核知识点：母线及接地装置安装

难易度：难

标准答案：

（1）硬母线的连接应采用焊接、贯穿螺栓连接或夹板及夹持螺栓搭接。

（2）管形、棒形母线应采用专用连接金具连接。

（3）管形、棒形母线不得采用内螺纹管接头或锡焊连接。

Jb0005233007　简述母线与母线或母线与设备接线端子的连接要求。（5分）

考核知识点：母线及接地装置安装

难易度：难

标准答案：

（1）母线连接接触面间应保持清洁，并应涂以电力复合脂。

（2）母线平置时，螺栓应由下往上穿，螺母应在上方，其余情况下，螺母应置于维护侧，螺栓长度宜露出螺母 2～3 扣。

（3）螺栓与母线紧固面间均应有平垫圈，母线多颗螺栓连接时，相邻螺栓垫圈间应有 3mm 以上的净距，螺母侧应装有弹簧垫圈或锁紧螺母。

Jb0005233008　简述母线在支柱绝缘子上固定的要求。（5分）

考核知识点：母线及接地装置安装

难易度：难

标准答案：

（1）母线固定金具与支柱绝缘子间的固定应平整牢固，不应使其所支持的母线受到额外应力。

（2）交流母线的固定金具或其他支持金具不应形成闭合铁磁回路。

（3）当母线平置时，母线支持夹板的上部压板应与母线保持 1～1.5mm 的间隙；当母线立置时，上部压板应与母线保持 1.5～2mm 的间隙。

（4）母线在支柱绝缘子上的固定死点，每一段应设置 1 个，并宜位于全长或两母线伸缩节中点。

（5）管形母线安装在滑动式支持器上时，支持器的轴座与管形母线之间应有 1～2mm 的间隙。

（6）母线固定装置应无棱角和毛刺。

Jb0005233009　简述管形母线的安装要求。（5分）

考核知识点：母线及接地装置安装

难易度：难

标准答案：

（1）管形母线应采用多点吊装，不得伤及母线。

（2）母线终端应安装防电晕装置，其表面应光滑、无毛刺或凹凸不平。
（3）同相管段轴线应处于一个垂直面上，三相母线管段轴线应互相平行。
（4）水平安装的管形母线，宜在安装前采取预拱措施。

Jb0005233010 简述母线对接焊缝的要求。（5分）
考核知识点：母线及接地装置安装
难易度：难
标准答案：
（1）焊缝离支柱绝缘子母线夹板边缘不应小于100mm。
（2）母线宜减少对接焊缝。
（3）同相母线不同片上的对接焊缝，其错开位置不应小于50mm。

Jb0005233011 软母线架设前，采用的金具除应有质量合格证外，尚应进行哪些检查？（5分）
考核知识点：母线及接地装置安装
难易度：难
标准答案：
（1）规格应相符，零件配套应齐全。
（2）表面应光滑，无裂纹、毛刺、伤痕、砂眼、锈蚀、滑扣等缺陷，锌层不应剥落。
（3）线夹船形压板与导线接触面应光滑平整，悬垂线夹的转动部分应灵活。

Jb0005233012 金属封闭母线的外壳及支持结构的金属部分应可靠接地，并应满足哪些要求？（5分）
考核知识点：母线及接地装置安装
难易度：难
标准答案：
（1）全连式离相封闭母线的外壳应采用一点或多点通过短路板接地。一点接地时，应在其中一处短路板上设置一个可靠的接地点；多点接地时，可在每处但至少在其中一处短路板上设置一个可靠的接地点。
（2）不连式离相封闭母线的每一分段外壳应有一点接地，并应只允许有一点接地。
（3）共箱封闭母线的外壳各段间应有可靠的电气连接，其中至少有一段外壳应可靠接地。

Jb0005233013 简述600A及以上母线穿墙套管安装要求。（5分）
考核知识点：母线及接地装置安装
难易度：难
标准答案：
600A及以上母线穿墙套管端部的金属夹板（紧固件除外）应采用非磁性材料，其与母线之间应有金属相连，接触应稳固，金属夹板厚度不应小于3mm，当母线为两片及以上时，母线本身间应予以固定。

Jb0005233014 简述现场起重“十不吊”。（5分）
考核知识点：施工安全管理

难易度：难
标准答案：
（1）无专人指挥、指挥信号不明不吊。
（2）设施有安全缺陷、支撑不安全不吊。
（3）吊物固定状态未消除、有附着物不吊。
（4）吊物未拴引绳、无人牵引不吊。
（5）吊物上站人、危险区有人不吊。
（6）吊物内盛有过多液体不吊。
（7）斜拉不平、超载不吊。
（8）吊物棱刃未加衬垫不吊。
（9）与输电线路无安全距离不吊。
（10）环境恶劣、光线不足不吊。

Jb0005233015　简述起重作业时的危险控制措施。（5分）
考核知识点：施工安全管理
难易度：难
标准答案：
（1）起重作业专人指挥，信号统一、明确，吊物下严禁站人。
（2）起重工具使用前认真检查，并进行强度核验，严禁使用不合格的工具。
（3）设备必须绑扎牢固，吊物起吊后应系好拉绳，防止摆动碰伤人员。

Jb0005233016　简述真空断路器作业中高处坠落及落物伤人控制措施。（5分）
考核知识点：施工安全管理
难易度：难
标准答案：
（1）高处作业系好安全带。
（2）不得攀登及在瓷柱上绑扎安全带。
（3）使用的梯子应坚固完整、安放牢固，使用梯子时有人扶持。
（4）传递物件必须使用传递绳，不得上下抛掷。

Jb0005233017　真空断路器安装后，发现真空泡真空度降低，真空度降低的主要原因有哪些？（5分）
考核知识点：断路器安装及调整
难易度：难
标准答案：
（1）真空泡的材质或制作工艺存在问题，真空泡本身存在微小漏点。
（2）真空泡内波形管的材质或制作工艺存在问题，多次操作后出现漏点。
（3）分体式真空断路器，如使用电磁式操动机构的真空断路器，在操作时，由于操动连杆的距离较大，直接影响开关的同期、弹跳、超行程等特性，使真空度降低的速度加快。

Jb0005233018　断路器安装调试过程中发现储能电动机运转不停止，分析主要原因有哪些。（5分）
考核知识点：断路器安装及调整

难易度：难

标准答案：

（1）行程开关安装位置偏上，致使合闸弹簧储能完毕后，行程开关触点还没有进行转换，储能电动机仍处于工作状态。

（2）行程开关损坏，储能电动机不能停止运转。

Jb0005233019　断路器安装调试过程中发现分合闸不同期、弹跳数值大，分析主要原因有哪些。（5分）

考核知识点：断路器安装及调整

难易度：难

标准答案：

（1）断路器本体机械性能较差，多次操作后，由于机械原因导致不同期、弹跳数值偏大。

（2）分体式断路器由于操作杆距离较大，分闸力传到触头时，各相之间存在偏差，导致不同期、弹跳数值偏大。

Jb0005233020　简述 SF_6 断路器灭弧室安装的主要要求。（5分）

考核知识点：断路器安装及调整

难易度：难

标准答案：

（1）灭弧室瓷件表面应光滑、无裂纹、无缺损，瓷件与法兰的接合面应牢固，法兰接合面应平整，无外伤和铸造砂眼。

（2）灭弧室现场检查组装必须选择无风沙、无雨雪、空气湿度小于80%的天气进行施工，施工时还应采取适当的防尘、防潮措施。

（3）内部安装吸附剂的灭弧室，吸附剂的安装应按产品的技术规定执行。

Jb0005233021　简述 SF_6 断路器调整的主要规定。（5分）

考核知识点：断路器安装及调整

难易度：难

标准答案：

（1）对有行程调整要求的断路器：现场应检查其行程和超程，其数值应符合厂家技术文件的规定。

（2）操动机构动作压力值的调整：应符合制造厂家技术文件的规定，压力触点接触良好，绝缘良好。

（3）断路器辅助开关触点的调整：应接触良好，动作可靠，切换灵活，逻辑正确。

（4）断路器位置指示器的调整：应使指示器指示正确。

（5）具有慢分、慢合功能的断路器：应在快速操作前，进行慢分、慢合操作。

（6）具有其他功能的断路器的调整：应按制造厂规定进行调整。

Jb0005233022　发电厂、变电站电气装置的哪些部位应采用专门敷设的接地线接地？（5分）

考核知识点：母线及接地装置安装

难易度：难

标准答案：

（1）旋转电动机机座或外壳，出线柜、中性点柜的金属底座和外壳，封闭母线的外壳。

（2）配电装置的金属外壳。

（3）110kV 及以上钢筋混凝土构件支座上电气装置的金属外壳。

（4）直接接地的变压器中性点。

（5）变压器、发电机和高压并联电抗器中性点所接自动跟踪补偿消弧装置提供感性电流的部分、接地电抗器、电阻器或变压器的接地端子。

（6）气体绝缘金属封闭开关设备的接地母线、接地端子。

（7）避雷器、避雷针、避雷线的接地端子。

Jb0006331023　简述隔离开关施工准备时的现场布置项目。（5分）

考核知识点：隔离开关安装及调整

难易度：易

标准答案：

（1）隔离开关附件布置。

（2）吊车位置布置。

Jb0006232024　简述柔性有机堵料的施工应满足什么要求。（5分）

考核知识点：施工技术管理

难易度：中

标准答案：

（1）柔性有机堵料的施工应封堵严密，表面平整。

（2）柔性有机堵料与其他防火材料配合使用时，其厚度可高于其他防火材料 20mm。

（3）柔性有机堵料应密实填充电缆周围缝隙。

（4）不得使用明火对柔性有机堵料进行加热。

Jb0006232025　简述无机堵料的施工应满足什么要求。（5分）

考核知识点：施工技术管理

难易度：中

标准答案：

（1）模板安装应牢固、无缝隙。

（2）无机堵料浇筑前应搅拌均匀，配合比和固化时间应符合产品技术文件的要求。

（3）封堵面积较大的孔洞应设置支撑结构。

Jb0006232026　简述阻火模块的施工要求。（5分）

考核知识点：施工技术管理

难易度：中

标准答案：

（1）阻火模块应层间错缝砌筑，表面平整、接缝严密。

（2）阻火模块砌筑可采用无机堵料粘合勾缝，自粘型阻火模块无须黏结剂。

（3）阻火模块与电缆之间的缝隙应采用柔性有机堵料或防火密封胶密封，柔性有机堵料的填充厚度不小于 20mm。

Jb0006232027 简述阻火包的施工应符合什么要求。(5分)

考核知识点：施工技术管理

难易度：中

标准答案：

(1)阻火包应无破损。

(2)阻火包应交叉堆砌、层间错缝、密实、稳固。

(3)阻火包与电缆之间，应采用柔性有机堵料或防火密封胶严密封堵。

Jb0006232028 简述GIS安装场地应符合哪些规定。(5分)

考核知识点：气体绝缘封闭式组合电器安装及调整

难易度：中

标准答案：

(1)室内安装的GIS：GIS室的土建工程宜全部完成，室内应清洁，通风良好，门窗、孔洞应封堵完成。室内所安装的起重设备应经专业部门检查验收合格。

(2)室外安装的GIS：不应有扬尘及产生扬尘的环境，否则，应采取防尘措施。起重机停靠的地基应坚固。

(3)产品和设计所要求的均压接地网施工应已完成。

Jb0006232029 简述六氟化硫气瓶的搬运和保管应符合哪些规定。(5分)

考核知识点：施工安全管理

难易度：中

标准答案：

(1)六氟化硫气瓶的安全帽、防震圈应齐全，安全帽应拧紧。搬运时应轻装轻卸，严禁抛掷溜放。

(2)气瓶应存放在防晒、防潮和通风良好的场所。不得靠近热源和有油污的地方，严禁水分和油污黏在阀门上。

(3)六氟化硫气瓶不得与其他气瓶混放。

Jb0006232030 简述避雷器安装前应进行哪些检查。(5分)

考核知识点：其他电气设备安装及调整

难易度：中

标准答案：

(1)瓷件应无裂纹、破损，瓷套与铁法兰间的黏合应牢固，法兰泄水孔应通畅。

(2)组合单元应经试验合格，底座绝缘应良好。

(3)运输时用以保护避雷器防爆片的上下盖子应取下，防爆片应完整无损。

(4)安全装置应完整无损，带自闭阀的避雷器宜进行压力检查，压力值应符合产品要求。

(5)复合套管运输、安装应符合技术文件要求。

Jb0006232031 简述现场主要验收核对的资料有哪些。(5分)

考核知识点：施工技术管理

难易度：中

标准答案：

（1）订货合同、技术规范书、安装使用说明书、图纸等技术文件。

（2）出厂试验报告、安装检查及安装过程记录。

（3）安装过程中设备缺陷通知单、设备缺陷处理记录。

（4）交接试验报告、安装竣工图纸。

（5）备品配件和专用工具移交清单。

Jb0006232032　HGIS、GIS 安装作业场应符合哪些要求？（5 分）

考核知识点：气体绝缘封闭式组合电器安装及调整

难易度：中

标准答案：

（1）起重机械工作场地应平整、坚实。

（2）应满足起重机械的最大工作半径。

（3）应满足设备防尘要求，不应有扬尘及产生扬尘的环境，应在所搭建的防尘室内安装，所搭建的防尘室应符合产品技术文件要求。

（4）所有单元的开盖、内检及连接工作都应在防尘室内进行，防室内及安装单元按产品要求充入经过滤的干燥空气。

（5）宜在无风沙、无雨、相对空气湿度小于 80%、温度－5～40℃的条件下进行安装，并对现场的空气粉尘、颗粒度进行检测，符合相关技术要求。

Jb0006232033　GIS、HGIS 元件的装配应在厂方人员指导下进行，除此之外还应符合哪些要求？（5 分）

考核知识点：气体绝缘封闭式组合电器安装及调整

难易度：中

标准答案：

（1）应按产品技术文件要求进行内检，参加内检的人员应穿着专用工作服、工作帽、工作鞋或符合制造厂要求。

（2）应按产品的技术要求选用吊装器具及吊点。

（3）预充氮气的箱体应先经排氮，然后充露点温度低于 40℃的干燥空气，箱体内空气中的氧气含量必须达到 18%以上时，安装人员才允许进入内部进行检查或安装。

Jb0006232034　避雷器在验收时的重点检查要求有哪些？（5 分）

考核知识点：其他电气设备安装及调整

难易度：中

标准答案：

（1）现场制作件应符合设计要求。

（2）避雷器外部应完整、无缺损，封口处密封良好。

（3）避雷器应安装牢固，其垂直度应符合产品要求。

（4）油漆应完整，相色正确。

（5）产品有压力检测要求时，压力检测应合格。

Jb0006232035　简述避雷器在运输过程中应如何放置。（5分）

考核知识点：其他电气设备安装及调整

难易度：中

标准答案：

在产品在输和保管时，应立置，不得放倒，搬起时避免冲击和碰撞，汽车运输速度应符合产品要求。

Jb0006232036　避雷器在验收时，应提交哪些资料和文件？（5分）

考核知识点：其他电气设备安装及调整

难易度：中

标准答案：

（1）变更设计的证明文件。

（2）制造厂提供的产品说明书、试验记录、装箱单、合格证件及安装图纸等技术文件。

（3）安装技术记录。

（4）调整试验记录、质量验收记录。

（5）备品、备件、专用工具及测试仪器清单。

Jb0007233037　电抗器及消弧线圈测量绕组连同套管的直流电阻，应符合哪些规定？（5分）

考核知识点：其他电气设备安装及调整

难易度：难

标准答案：

（1）测量应在各分接的所有位置上进行。

（2）实测值与出厂值的变化规律应一致。

（3）三相电抗器绕组直流电阻相互间差值不应大于三相平均值的2%。

（4）电抗器和消弧线圈的直流电阻，与同温下产品出厂值比相应变化不应大于2%。

（5）对于立式布置的干式空心电抗器绕组直流电阻，可不进行三相间的比较。

Jb0007233038　简述中性点直接接地系统的缺点有哪些。（5分）

考核知识点：母线及接地装置安装

难易度：难

标准答案：

（1）单相短路时需断开故障线路，中断供电，影响供电可靠性。

（2）若单相短路电流过大，可能需要大容量开关设备。

（3）单相短路电流只在一相通过，形成电磁干扰源。

Jb0007233039　简述阻波器的主要作用是什么。（5分）

考核知识点：其他电气设备安装及调整

难易度：难

标准答案：

（1）阻止高频电流向变电站的母线或分支线泄漏。

（2）减小高频能量的损耗，同时又不影响工频电流传送。

Jb0007233040　变压器、电抗器试运行时应按哪些规定项目进行检查？（5分）

考核知识点：变压器安装及调整

难易度：难

标准答案：

（1）中性点接地系统的变压器，在进行冲击合闸时，其中性点必须接地。

（2）变压器、电抗器第一次投入时，可全电压冲击合闸。冲击合闸时，变压器宜由高压侧投入。对发电机－变压器组接线的变压器，当发电机与变压器间无操作断开点时，可不做全电压冲击合闸，只做零起升压。

（3）变压器、电抗器应进行5次空载全电压冲击合闸，应无异常情况。第一次受电后持续时间不应少于10min。全电压冲击合闸时，其励磁涌流不应引起保护装置动作。

（4）变压器并列前，应核对相位。

（5）带电后，检查本体及附件所有焊缝和连接面，不应有渗油现象。

Jb0007233041　测量变压器的铁芯及夹件的绝缘电阻，应符合哪些规定？（5分）

考核知识点：变压器安装及调整

难易度：难

标准答案：

（1）应测量铁芯对地绝缘电阻、夹件对地绝缘电阻、铁芯对夹件绝缘电阻。

（2）进行器身检查的变压器，应测量可接触到的穿芯螺栓、轭铁夹件及绑扎钢带对铁轭、铁芯、油箱及绕组压环的绝缘电阻。当轭铁梁及穿芯螺栓一端与铁芯连接时，应将连接片断开后进行试验。

（3）在变压器所有安装工作结束后，应进行铁芯对地、有外引接地线的夹件对地及铁芯对夹件的绝缘电阻测量。

（4）变压器上有专用的铁芯接地线引出套管时，应在注油前后测量其对外壳的绝缘电阻。

（5）采用2500V绝缘电阻表测量，持续时间应为1min，应无闪络及击穿现象。

Jb0003212042　已知图Jb0003212042所示电路中，电动势 E=6V，内阻 r_0=1Ω，电阻 $r_1=r_2=r_3$=2Ω，求，当S1接通，S1、S2接通，S1、S2、S3接通，三种情况下的总电阻 R、总电流 I 及输出电压 U。（5分）

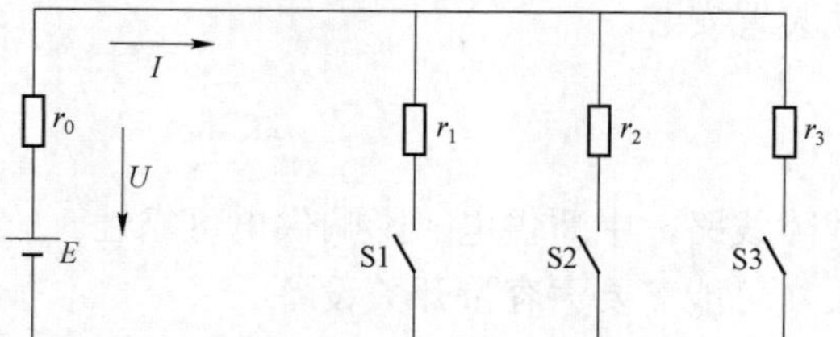

图 Jb0003212042

考核知识点：基础知识

难易度：中

标准答案：

解：（1）当S1接通时，有

$$R=r_0+r_1=1+2=3\ (\Omega)$$
$$I=E/R=6/3=2\ (\mathrm{A})$$

$$U=Ir_1=2\times2=4\text{（V）}$$

（2）当 S1、S2 接通时，有

$$R=r_0+r_1r_2/(r_1+r_2)=1+(2\times2)/(2+2)=2\text{（Ω）}$$
$$I=E/R=6/2=3\text{（A）}$$
$$U=Ir_1r_2/(r_1+r_2)=3\times(2\times2)/(2+2)=3\text{（V）}$$

（3）当 S1、S2、S3 同时接通时，有

$$R'=1/(1/r_1+1/r_2+1/r_3)=2/3\text{（Ω）}$$
$$R=r_0+R'=1+2/3=5/3=1.67\text{（Ω）}$$
$$I=E/R=6\times3/5=3.6\text{（A）}$$
$$U=IR'=3.6\times2/3=2.4\text{（V）}$$

答：当 S1 接通时，R 为 3Ω，电流为 2A，电压为 4V。当 S1、S2 接通时，R 为 2Ω，电流为 3A，电压为 3V。当 S1、S2、S3 接通时，R 为 1.67Ω，电流为 3.6A，电压为 2.4V。

Jb0003213043 已知电流的瞬时值函数式 $i=\sin(1000t+45°)$，试求其最大值、角频率、频率和相角，并求该电流经多长时间第一次出现最大值。（5 分）

考核知识点：基础知识

难易度：难

标准答案：

解：$I=1\text{A}$，　$\omega=1000\text{rad/s}$，　$\alpha=45°$，则

$f=\omega/(2\pi)=1000/(2\pi)=159\text{（Hz）}$

i 第一次出现最大值时，必须是 $\omega t+\alpha=90°$，即 $1000t+45°=90°$

$$t=\left(\frac{\pi}{2}-\frac{\pi}{4}\right)/1000=0.785\times10=0.785\text{（ms）}$$

答：电流的最大值为 1A，角频率为 1000rad/s，频率为 159Hz，经 0.785ms 第一次出现最大值。

Jb0003213044 两电阻 R_1 和 R_2 并联，$R_1=20\Omega$，$R_2=30\Omega$，外接 110V 直流电压，求电路的总电阻和各支路电流及 R_1、R_2 上的发热功率。（5 分）

考核知识点：基础知识

难易度：难

标准答案：

解：$R_1=R_1R_2/(R_1+R_2)=(20\times30)/(20+30)=12\text{（Ω）}$

总电流 $I=U/R=110/12=9.16\text{（A）}$

R_1 支路电流 $I_1=U/R_1=110/20=5.5\text{（A）}$

R_2 支路电流 $I_2=U/R_2=110/30=3.66\text{（A）}$

R_1 的发热功率 $P_1=I_1^2R_1=5.5^2\times20=605\text{（W）}$

R_2 的发热功率 $P_2=I_2^2R_2=3.66^2\times30=401.87\text{（W）}$

答：电路总电阻为 12Ω，R_1 支路电流和发热功率分别为 5.5A 和 605W，R_2 支路电流和发热功率分别为 3.66A 和 401.87W。

Jb0003212045 某高压输电线路中，线电压 $U=220\text{kV}$，输送恒定功率 $P=2.4\times10^5\text{kW}$，若输电线路的每相电阻 $R=10\Omega$，试计算负载功率因数 $\cos\varphi$ 从 0.9 降为 0.6，线路上一年的电能损耗为多少？（5 分）

考核知识点：基础知识

难易度：中

标准答案：

解：当功率因数为 0.9 时，输电线路上的电流为

$$I_1=\frac{P}{\sqrt{3}U\cos\varphi}=\frac{2.4\times10^8}{\sqrt{3}\times220\times10^3\times0.9}\approx700\text{（A）}$$

当功率因数降为 0.6 时，输电线路上电流将增为

$$I_2=\frac{P}{\sqrt{3}U\cos\varphi}=\frac{2.4\times10^8}{\sqrt{3}\times220\times10^3\times0.6}\approx1051\text{（A）}$$

一年的电能损耗为

$$\Delta W=3(I_2^2-I_1^2)Rt=3\times(1051^2-700^2)\times10\times365\times24=1.62\times10^8\text{（kWh）}$$

答：当负载功率因数从 0.9 降为 0.6，线路上一年的电能损耗为 1.62×10^8kWh。

Jb0003213046　某工厂设有一台容量为 320kVA 的三相变压器，该厂原有负载为 210kW，平均功率因数为 0.69（感性），试问此变压器能否满足需求？现该厂生产发展，负载需增加到 255kW，功率因数不变，问变压器不换是否能满足需求？（5 分）

考核知识点：基础知识

难易度：难

标准答案：

解：（1）该厂平均功率因数 $\cos\varphi=0.69$，有功功率 $P=210$kW，所需变压器的容量为

$$S=P/\cos\varphi=210/0.69\approx305\text{（kVA）}$$

答：此时工厂原有变压器容量为 320kVA，是能够满足需要的。

（2）若工厂的平均功率因数不变，而负载有功功率增加到 255kW，所需变压器容量为

$$S=P/\cos\varphi=255/0.69\approx370\text{（kVA）}>320\text{kVA}$$

答：此值大于原有变压器容量，故需增加变压器的容量才能满足需要。

Jb0003212047　图 Jb0003212047 所示某施工场地由半圆形、矩形、三角形组成，计算它的全面积。（5 分）

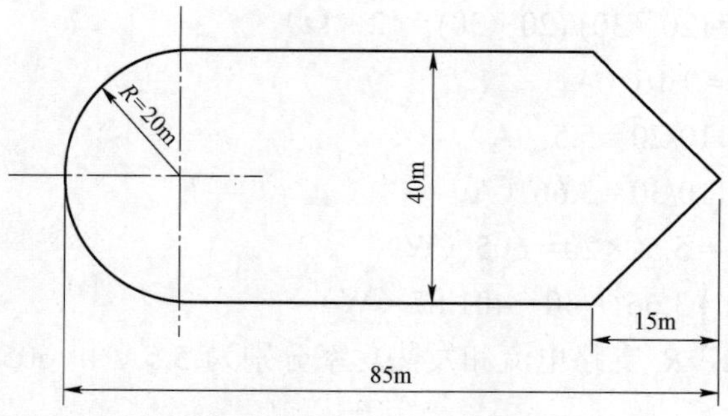

图 Jb0003212047

考核知识点：基础知识

难易度：中

标准答案：

解：半圆形面积 $S_1=\frac{1}{2}\pi R^2=\frac{1}{2}\times 3.14\times 20^2=628(\mathrm{m}^2)$

长方形面积 $S_2=50\times 40=2000(\mathrm{m}^2)$

三角形面积 $S_3=\frac{1}{2}\times 40\times 15=300(\mathrm{m}^2)$

$S_\Sigma=628+2000+300=2928(\mathrm{m}^2)$

答：施工场地面积为 2928m^2。

Jb0003213048 有一钢拉杆，需承受 F=40kN 的拉力，若拉杆材料的许用应力$[\sigma]$=10kN/cm^2，其横截面为圆形，试确定该拉杆的直径 d（取整数，单位 cm）。（5 分）

考核知识点：基础知识

难易度：难

标准答案：

解：根据拉杆的强度条件 $\sigma_{\max}=\frac{F}{S}=[\sigma]$，得

$$S=\frac{F}{[\sigma]}=\frac{40}{10}=4(\mathrm{cm}^2)$$

所以 $d=\sqrt{\frac{4S}{\pi}}=\sqrt{\frac{4\times 4}{3.14}}\approx 2.26(\mathrm{cm})$

答：拉杆的直径可取 d=3cm。

Jb0003213049 某 1-2 滑轮组起吊质量 m=2000kg 重物，牵引绳由定滑轮引出，由人力绞磨牵引，求提升该重物所需拉力 F，并计算钢丝绳破断拉力 F'（滑轮组综合效率 η=90%，钢丝绳动荷系数 K_1=1.2，不均匀系数 K_2=1.2，安全系数 K=4）。（5 分）

考核知识点：基础知识

难易度：难

标准答案：

解：已知 $n=3$，且钢丝绳由定滑轮引出，则

$$F=\frac{mg}{n\eta}=\frac{2000\times 9.81}{3\times 0.9}\approx 7267(\mathrm{N})$$

钢丝绳破断拉力应不小于

$$F'=FKK_1K_2=7267\times 1.2\times 1.2\times 4=41.86(\mathrm{kN})$$

答：钢丝绳破断拉力为 41.86kN。

Jb0003213050 有一台绞磨在鼓轮上的钢丝绳牵引力 F_k=29 400N，已知鼓轮轴中心到推力作用点距离 L=200cm，鼓轮半径 r=10cm，求需要多大的推力 F（效率系数 η 为 0.91）。（5 分）

考核知识点：基础知识

难易度：难

标准答案：

解：根据公式 $F_k r = FL\eta$，故 $F = \frac{F_k r}{L\eta} = \frac{29\,400\times10}{200\times0.91} \approx 1615$（N）

答：需要 1615N 的推力。

Jb0003213051 在设备的起吊中，常常利用滑轮来提升重物，现提升重物的质量 $m=100$kg，绳索材料的许用应力$[\sigma]=9.8\times10^6$Pa，求这根绳索的直径 d。（5 分）

考核知识点：基础知识

难易度：难

标准答案：

解：绳索截面积 $S = \frac{mg}{[\sigma]} = \frac{100\times9.8}{9.8\times10^6} = 1$（cm²）

根据圆面积公式 $S = \frac{1}{4}\pi d^2$，得

$$d = \sqrt{\frac{4S}{\pi}} = \sqrt{\frac{4\times1}{3.14}} \approx 1.13\text{（cm）}$$

答：应选用直径不小于 1.13cm 的绳索。

Jb0003213052 如图 Jb0003213052 所示单管大电路中，已知 $E_c=6$V，$R_b=180$kΩ，$R_c=2$kΩ，晶体管电流放大倍数 $\beta=50$，忽略穿透电流，试计算电路的静态工作点。（5 分）

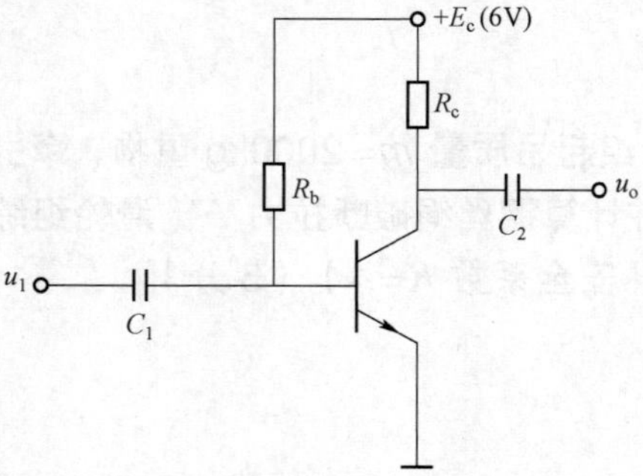

图 Jb0003213052

考核知识点：基础知识

难易度：难

标准答案：

解：（1）求静态集基极电流

$$I_b \approx \frac{E_c}{R_b} = \frac{6}{180\times10^3} \approx 0.033\text{（mA）}$$

（2）求静态集电极电流

$$I_c \approx \beta I_b = 50\times0.033 = 1.65\text{（mA）}$$

（3）求集电极电压

$$U_{ce} = E_c - I_c R_c = 6 - 1.65\times10^{-3}\times2\times10^3 = 2.7\text{（V）}$$

答：静态基极电流 0.033mA，静态集电极电流 1.65mA，集电极电压 2.7V。

Jb0003213053 微机保护装置每个周波采样 12 个点，求采样周期和采样频率。(5 分)

考核知识点：基础知识

难易度：难

标准答案：

解：因为系统频率为 50Hz，每个周波的时间 $t=20$ms。

所以采样周期 $T_s=\dfrac{20}{12}=\dfrac{5}{3}$(ms)

采样频率 $f_s=\dfrac{1}{T_s}=\dfrac{3}{5}\times 10^3=600$(Hz)

答：采样周期是 5/3ms，采样频率是 600Hz。

Jb0003213054 如图 Jb0003213054 所示 TTL 门电路，设门电路 G1 输出的高电平 $V_{OH}\geqslant 3.2$V，每个输入端输入电流 $I_H=0.5$mA。低电平 $V_{OL}\leqslant 0.2$V，每个门输入电流 $I_L=1$mA。TTL 门电路最大灌电流为 16mA，最大拉电流为 10mA。试计算门电路 G1 最多可以驱动多少个同样的门电路负载。(5 分)

考核知识点：基础知识

难易度：难

标准答案：

解：设输出低电平时，$N=N_1$

由 $N_1I_L\leqslant 16$mA，得 $N_1\leqslant 16\text{mA}/1\text{mA}=16$ 个

设输出高电平时，$N=N_2$

由 $N_2I_H\leqslant 10$mA，得 $N_2\leqslant 10\text{mA}/0.5\text{mA}=20$ 个

所以取 $N=N_1=16$ 个

答：最多可以驱动 16 个门电路负载。

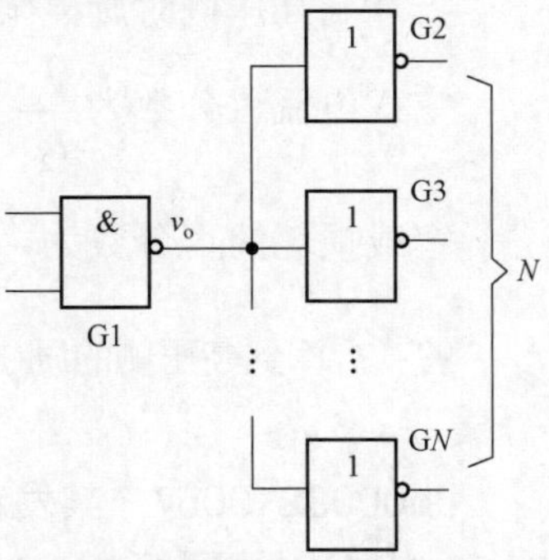

图 Jb0003213054

Jb0003213055 如图 Jb0003213055 所示，$R_1=R_2=200\Omega$，$R_3=800\Omega$，负载电阻 $R=600\Omega$，求此网络的衰耗值。(5 分)

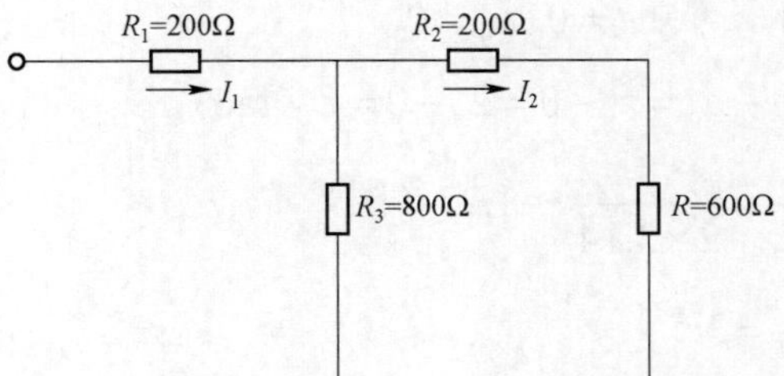

图 Jb0003213055

考核知识点：基础知识

难易度：难

标准答案：

解：$(I_1-I_2)\times R_3=I_2\times(R_2+R)$

$(I_1 - I_2)\times 800 = I_2 \times (200+600),\ I_1 = 2I_2$

所以衰耗 $L = 20\lg\dfrac{I_1}{I_2} = 20\lg\dfrac{2I_2}{I_2} \approx 6.02$（dB）

答：网络的衰耗值为 6.02dB。

Jb0003213056　有一台 630kVA、35kV/6.6kV、I_{1N}/I_{2N} = 18A/95.45A、50Hz 的单相变压器，在低压侧加额定电压做空载试验，测 I_0 = 5.1A，P_0 = 3.8kW，求折算到高压侧的励磁阻抗及 I_0、P_0 的百分数。（5 分）

考核知识点：基础知识

难易度：难

标准答案：

解：在低压侧做空载试验 $U_{20} = 35\text{kV}$，$U_1 = 6.6\text{kV}$，$I_0 = 5.1\text{A}$，$P_0 = 3.8\text{kW}$

励磁阻抗 $Z_m = \dfrac{U_1}{I_0} = \dfrac{6.6\times10^3}{5.1} \approx 1294$（Ω）

变压器变比 $K = \dfrac{U_{20}}{U_1} = \dfrac{35}{6.6} \approx 5.3$

折算到高压侧时励磁阻抗 $Z'_m = K^2 Z_m = 5.3^2 \times 1294 \approx 36\,348$（Ω）

空载电流百分数为 $\dfrac{I_0}{I_{2N}} = \dfrac{5.1}{95.45}\times100\% \approx 5.3\%,\ P_0 = 3.8\text{kW},\ S_N = 630\text{kVA}$

空载损耗的百分数为 $\dfrac{P_0}{S_N} = \dfrac{3.8}{630}\times100\% \approx 0.6\%$

答：折算到高压侧的励磁阻抗是 36 348Ω，空载电流 I_0 的百分数为 5.3%，空载损耗 P_0 的百分数为 0.6%。

Jb0003213057　某发动机转子在启动过程中的转动方程为 $\alpha = t^3$（rad），t 以 s 计。试计算转子在 2s 内转过的圈数和 t=2s 时转子的角速度、角加速度。（5 分）

考核知识点：基础知识

难易度：难

标准答案：

解：由转动方程 $\alpha = t^3(\text{rad})$，可知 $t = 0,\ \alpha_0 = 0$

转子在 2s 内转过的角 $\alpha = \alpha - \alpha_0 = t^3 - 0 = 2^3 - 0 = 8$（rad）

转子转过的圈数 $N = \dfrac{\alpha - \alpha_0}{2\pi} = \dfrac{8}{2\times3.14} \approx 1.27$（圈）

转子的角速度 $\omega = \dfrac{d\alpha}{dt} = \dfrac{dt^3}{dt} = 3t^2$

转子的角加速度 $\varepsilon = \dfrac{d\omega}{dt} = \dfrac{d(3t^2)}{dt} = 6t$

当 $t = 2$s 时，角速度 $\omega = 3t^2 = 3\times2^2 = 12$（rad/s）

当 $t = 2$s 时，角加速度 $\varepsilon = 6t = 6\times2 = 12$（rad/s²）

答：转子在 2s 内转过的圈数是 1.27 圈。$t = 2$s 时，转子的角速度是 12rad/s，角加速度是 12rad/s²。

Jb0003213058　某 10kV 线路中有一容量为 100kVA、功率因数为 0.6 的三相感性负荷，如欲将

功率因数提高到 0.85，需要并联多大容量的电容？（5 分）

考核知识点：基础知识

难易度：难

标准答案：

解：$P=S\times\cos\varphi_1=100\times0.6=60$（kW）

因为 $\cos\varphi_1=0.6$，$\cos\varphi_2=0.85$

所以 $\tan\varphi_1=1.33$，$\tan\varphi_2=0.62$

根据公式 $Q=P\tan\varphi$

需要并联的电容容量 $Q_b=P(\tan\varphi_1-\tan\varphi_2)=60\times(1.33-0.62)=42.6$（kvar）

答：三相需要并联的电容容量为 42.6kvar。

Jb0003213059　某异步电动机的 $\frac{T_Q}{T_N}\%=1.3$，若把电动机的端电压降低 30%，且启动时轴上的反转矩 $T_R=0.5T_N$，问电动机能否启动，为什么？（5 分）

考核知识点：基础知识

难易度：难

标准答案：

解：因异步电动机的转矩与电压的平方成正比，当把电动机的端电压降低 30%时，电动机的电磁转矩降低为原来的 $(100\%-30\%)^2=49\%$。而启动力矩 $T_Q=1.3T_N$ 电压降低 30%时，启动转矩 $T'_Q=1.3\times49\%T_N=63.7\%T$，现转轴上反转矩 $T_R=0.5T_N<63.7\%T_N$，故电动机可以启动。

答：电动机可以启动。

Jb0003213060　如图 Jb0003213060 所示，一跨 110kV 单绝缘子串单导线软母，设参数如下：母线跨距 $L=40$m，导线单位重量 $q=12$N/m，导线弧垂 $F=1.0$m。两侧耐张绝缘子串长度 $L_A=L_B=1.3$m，单串重量 $Q_A=Q_B=600$N。试简要计算母线挂点张力 H[不考虑其他荷载，取 1kg≈10N 计算。简要计算原理可以按照剪力、弯矩、弧垂、张力关系进行。$H=M/F$，$M=\sum\Delta M$，$\Delta M=\Delta L(Q_左+Q_右)/2$。$Q_A=Q_B$ 可以按照对称关系计算 1/2 段：1/2 段绝缘子串 $L_1=L_A$，1/2 段导线长度 $L_2=(L/2-L_A)$]。(5 分）

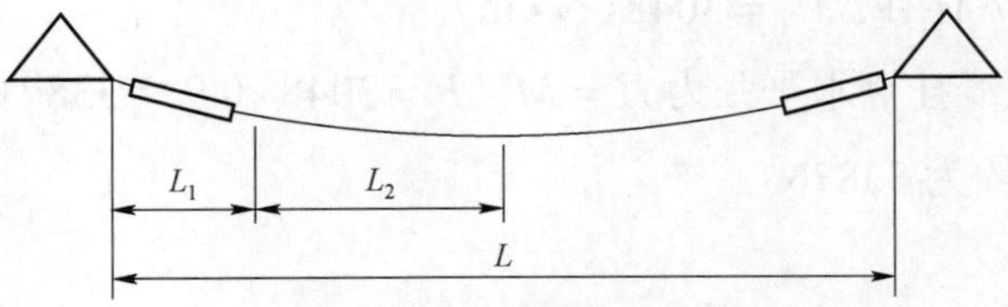

图 Jb0003213060

考核知识点：基础知识

难易度：难

标准答案：

解：支点反力 $R_A=Q_A+L_2q=600+(20-1.3)\times12\approx824$（N）

L_1 段：$Q_左=R_A=728$（N），$Q_右=R_A-Q_A=824-600=224$（N）

$M_1 = L_1(Q_{左} + Q_{右}) / 2 = 1.3\times(824-224)/2 = 390$（N•m）

L_2 段：$Q_{左} = 224$（N），$Q_{右} = 0$

$M_2 = L_2(Q_{左} + Q_{右}) / 2 = (20-1.3)\times 224/2 = 2094$（N•m）

导线段最大力矩$M = \Delta M_1 + \Delta M_1 = 2484$（N•m）

设计弧垂 1.0m 时，导线挂点水平张力$H = M / F = 2484/1.0 = 2484$（N）

答：母线挂点张力 H 约为 2484N。

Jb0003213061　如图 Jb0003213061 所示，一跨 110kV 单绝缘子串双导线软母，设参数如下：母线跨距 L=32m，双导线单位重量 q=2×12N/m，导线孤垂 F=0.9m。两侧耐张绝缘子串长度 $L_A = L_B$=1.5m，单串重量 $Q_A = Q_B$=700N。试简要计算母线挂点张力 H［不考虑其他荷载，取 1kg≈10N 计算。简要计算原理可以按照剪力、弯矩、弧垂、张力关系进行。$H=M/F$，$M=\sum\Delta M$，$\Delta M=\Delta L(Q_{左}+Q_{右})/2$。$Q_A = Q_B$ 可以按照对称关系计算 1/2 段：1/2 段绝缘子串 $L_1 = L_A$，1/2 段导线长度 L_2=（$L/2-L_A$）］。（5 分）

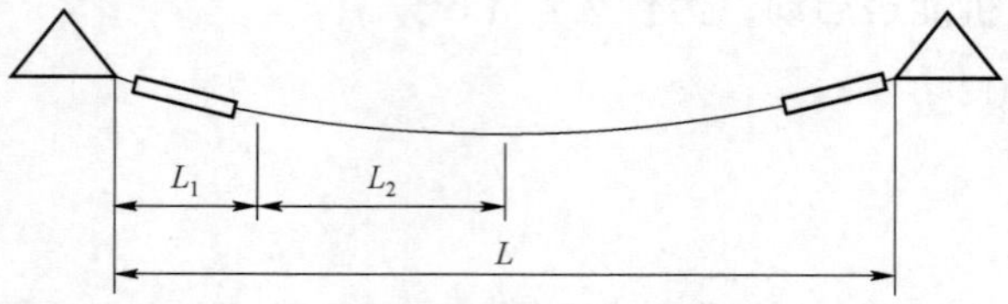

图 Jb0003213061

考核知识点：基础知识

难易度：难

标准答案：

解：支点反力 $R_A = Q_A + L_2 q = 700 + (16-1.5)\times 24 \approx 1048$（N）

L_1 段：$Q_{左} = R_A = 1048$（N），$Q_{右} = R_A - Q_A = 1048 - 700 = 348$（N）

$M_1 = L_1(Q_{左} + Q_{右})/2 = 1.5\times(1048-348)/2 = 525$（N•m）

L_2 段：$Q_{左} = 348$（N），$Q_{右} = 0$

$M_2 = L_2(Q_{左} + Q_{右})/2 = (16-1.5)\times 348/2 = 2523$（N•m）

导线段最大力矩$M = \Delta M_1 + \Delta M_1 = 3048$（N•m）

设计弧垂 1.0m 时，导线挂点水平张力$H = M / F = 3048/0.9 \approx 3387$（N）

答：母线挂点张力 H 约为 3387N。

Jb0003213062　变电站一台三相站用变压器额定电压为 38kV/0.4kV，额定容量为 250kVA，计算变压器的一、二次绕组的额定电流，并选择二次电缆规格（大截面铜芯电缆使用电流密度按照 ρ=1.15A/mm^2 考虑）。（5 分）

考核知识点：基础知识

难易度：难

标准答案：

解：三相变压器一次额定电流为 $I_{N1} = S/(\sqrt{3}\,U_N) = 250/(1.732\times 38) \approx 3.8$（A）

三相变压器二次额定电流为 $I_{N2} = S/(\sqrt{3}\,U_N) = 250/(1.732\times 0.4) \approx 361$（A）

或I_{N2}=（38/0.4）I_{N1}≈361（A）

电缆参考截面积 $S=I_{N2}/\rho=361/1.15\approx314$（$mm^2$）

所以参照电缆通用规格选择 2×VV22–3×185–1×95 电缆为宜。

答：三相变压器一次额定电流为 3.8A，二次额定电流为 361A；二次电缆选 2×VV22–3×185–1×95 电缆。

Jb0003213063　两块钢板焊接连接（图 Jb0003213063），作用在钢板上的拉力 *F*=300kN，焊缝高度 *h*=10mm，焊缝的许用切应力[*τ*]=100MPa。试求所需焊缝长度 *L*（取整至厘米）。（5 分）

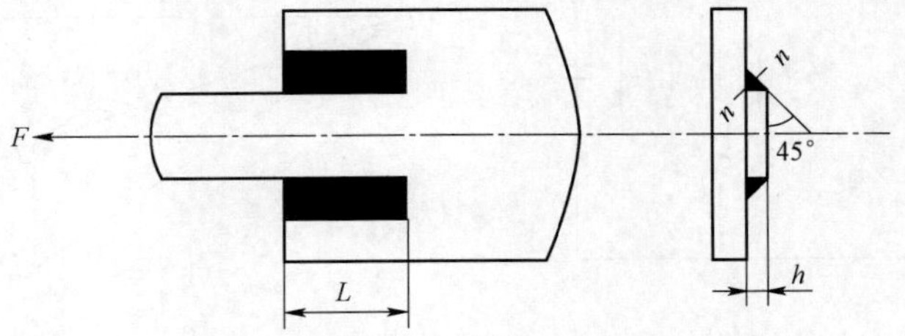

图 Jb0003213063

考核知识点：基础知识

难易度：难

标准答案：

解：焊缝破坏时，沿焊缝最小宽度 $n-n$ 的纵截面被剪断，焊缝的横截面可认为是一个等腰三角形，$n-n$ 剪切面上的剪力为 $F_Q=\dfrac{F}{2}=150$（kN）

取需要焊缝长度为 L（mm），则剪切面积为 $A=Lh\cos45°=7.07L$（mm^2）

由抗剪强度条件 $\tau=\dfrac{F_Q}{A}=\dfrac{150\times10^3}{7.07L}\leqslant[\tau]$，　$[\tau]=100\,MPa=100\times10^6\,N/m^2=100\,N/mm^2$

故求得焊缝长度为 $L=\dfrac{150\times10^3}{7.07\times100}=212$（mm）

考虑到焊缝两端强度较差，在确定实际长度时，将每条焊缝长度加上 10mm，取整后 L=220mm。

答：所需焊缝长度 220mm。

Jb0003223064　画出电阻、电感、电容并联交流电路图（$X_L<X_C$）及电压电流相量图。（5 分）

考核知识点：基础知识

难易度：难

标准答案：

电路图见图 Jb0003223064（a），相量图见图 Jb0003223064（b）。

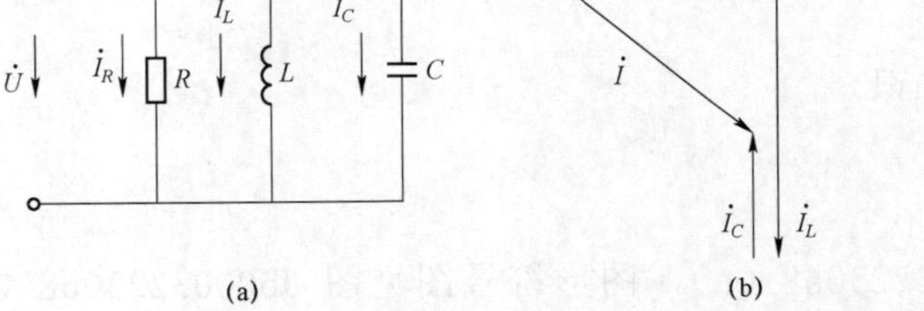

图 Jb0003223064

Jb0003223065　画出电阻、电感串联后再与电容并联的交流电路图及电压电流相量图。(5 分)

考核知识点：基础知识

难易度：难

标准答案：

电路图如图 Jb0003223065（a）所示，相量图如图 Jb0003223065（b）所示。

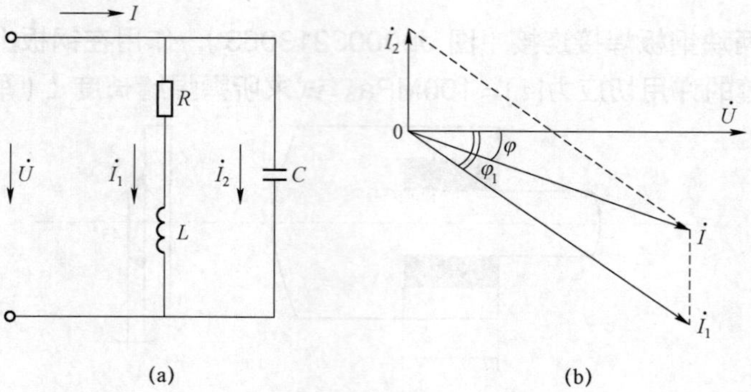

图 Jb0003223065

Jb0003223066　画出单相半波整流电路图。(5 分)

考核知识点：基础知识

难易度：难

标准答案：

如图 Jb0003223066 所示。

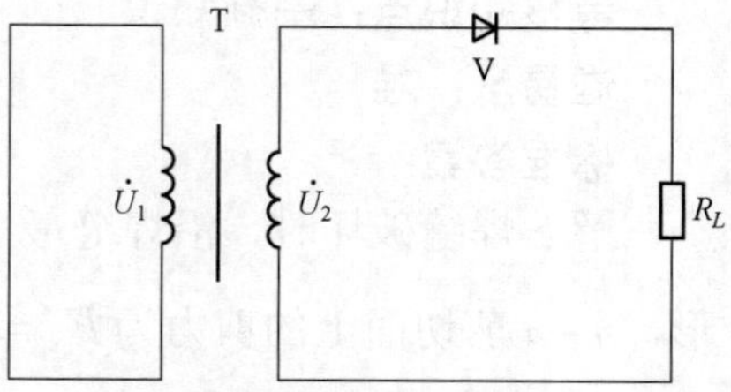

图 Jb0003223066

Jb0003223067　画出单相全波整流电路图(用两只直流管)。(5 分)

考核知识点：基础知识

难易度：难

标准答案：

见图 Jb0003223067。

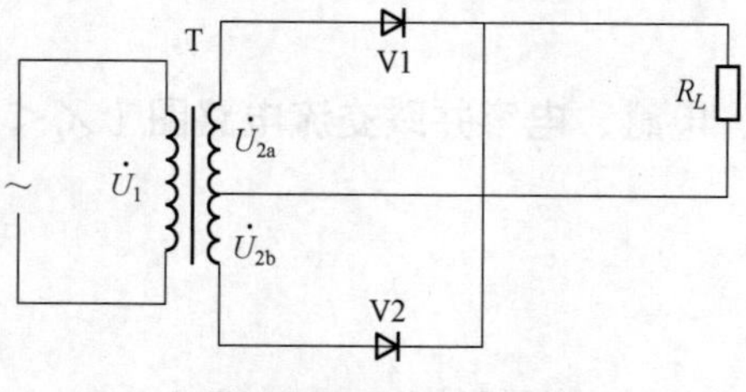

图 Jb0003223067

Jb0003223068　画出一个二极管三变量“与门”电路图和图形符号，并写出与门逻辑函数表达式。(5 分)

考核知识点：基础知识

难易度：难

标准答案：

电路图见图 Jb0003223068（a），图形符号图见图 Jb0003223068（b），逻辑函数表达式为 $P=A\cdot B\cdot C$。

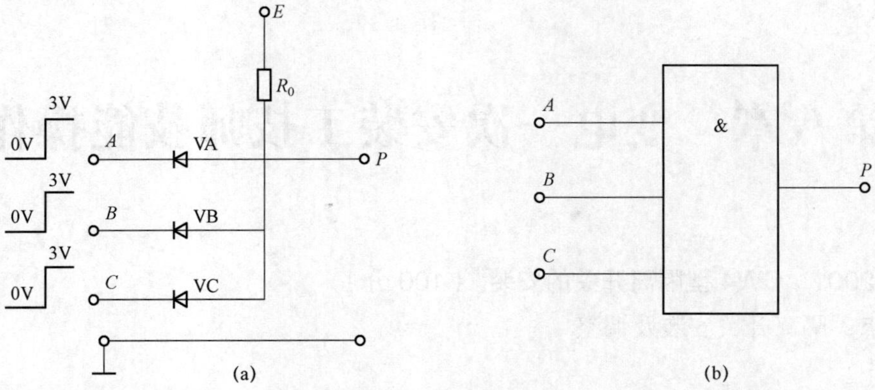

图 Jb0003223068

第八章　变电一次安装工技师技能操作

Jc0006252001　GW4 型隔离开关的安装。（100 分）

考核知识点：隔离开关安装及调整

难易度：中

技能等级评价专业技能考核操作工作任务书

一、任务名称

GW4 型隔离开关的安装。

二、适用工种

变电一次安装工技师。

三、具体任务

（1）完成 GW4 型隔离开关的安装前准备。

（2）在规定时间内完成 GW4 型隔离开关的安装。

四、工作规范及要求

（1）考生正确填写办理工作票，进行安全、技术交底，合理安排人员分工并明确相应职责。

（2）考生进场后检查确认作业场所装设的围栏、悬挂的标识牌符合安全工作规程要求。

（3）考生正确把握执行现场安全文明施工作业的相关要求。

（4）考试结束完成工器具、安装配件、材料的清理。

五、考核及时间要求

（1）本考核操作时间为 60 分钟，包括安装、调试及报告整理时间，时间到停止考评。

（2）按照技能操作相关要求进行操作，正确记录操作结果。

技能等级评价专业技能考核操作评分标准

工种	变电一次安装工					评价等级	技师
项目模块	专业技能—隔离开关安装及调整				编号	Jc0006252001	
单位			准考证号			姓名	
考试时限	60 分钟		题型	多项操作		题分	100 分
成绩		考评员		考评组长		日期	
试题正文	GW4 型隔离开关的安装						
需要说明的问题和要求	（1）采取必要的安全措施，符合电力安全工作规程要求。 （2）在考试规定的时间内按要求完成操作任务。 （3）若操作过程出现不符合安全及劳动保护规定情况，每处扣 2 分						

序号	项目名称	质量要求	满分	扣分标准	扣分原因	得分
1	准备工作	（1）准备施工图、说明书、施工方案等。 （2）准备吊车及施工机具等。 （3）办理作业票。 （4）进行安全技术交底。 （5）做好安全措施	20	缺主要项每处扣 4 分，不完整或不清晰每处扣 2 分，扣完为止		

续表

序号	项目名称	质量要求	满分	扣分标准	扣分原因	得分
2	基础复测和设备支架	（1）所用钢材的规格及尺寸符合设计要求，焊接及涂漆符合要求。 （2）安全净距符合规范要求，接地可靠	10	不完整或不清晰每处扣 5 分，扣完为止		
3	开箱检查	（1）规格及参数与设计相符，安装孔距与设计相符。 （2）瓷件外观完好、无损伤，底架、附件无锈蚀。 （3）附件、备件齐全，出厂文件完整	10	不完整或不清晰每处扣 4 分，扣完为止		
4	隔离开关本体安装	（1）按出厂编号将底座吊装到支架上，操平找正后用螺栓予以固定。 （2）吊起开关头部，按从上到下顺序依次装好均压环和各节支柱瓷绝缘子及操作瓷绝缘子。 （3）组装好后吊至底座上连接固定。 （4）调整支柱瓷绝缘子的垂直度和操作瓷绝缘子的同心度	10	不完整或不清晰每处扣 2.5 分，扣完为止		
5	操动机构安装及配制垂直连杆	（1）用垂线法使操动机构主轴与开关操作轴同心后，再将操动机构固定。 （2）在开关和机构均处合闸（或分闸）位置下，配焊垂直连杆；连接管内径与机构轴的直径相配合，二者之间隙应不大于 1mm	10	不完整或不清晰每处扣 5 分，扣完为止		
6	安装静触头	（1）将开关置于合闸位置，根据实际尺寸在母线上固定静触头。 （2）当母线为软母线时，静触头的安装高度应根据当时气温及接触点安装曲线来确定，以保证在不同气温下动、静触头的接触位置都在允许范围内	10	不完整或不清晰每处扣 5 分，扣完为止		
7	验评	（1）外观检查：瓷柱外表清洁无损伤；隔离开关水平、垂直及中心距离误差应符合要求。 （2）导电系统：触头接触紧密，两侧压力均匀，触头动作灵活。 （3）传动装置：动作灵活，安装正确，固定牢靠。 （4）安装检验记录、评定记录、合格证件等技术文件	20	不完整或不清晰每处扣 5 分，扣完为止		
8	清理现场	填写施工记录，工器具及设备摆放整齐，工完场清，报告工作结束	10	缺主要项扣 10 分，不完整或不清晰每处扣 5 分，扣完为止		
	合计		100			

Jc0006252002　GW6 型隔离开关的安装。（100 分）

考核知识点：隔离开关安装及调整

难易度：中

技能等级评价专业技能考核操作工作任务书

一、任务名称

GW6 型隔离开关的安装。

二、适用工种

变电一次安装工技师。

三、具体任务

（1）完成 GW6 型隔离开关的安装前准备。

（2）在规定时间内完成 GW6 型隔离开关的安装。

四、工作规范及要求

（1）考生正确填写办理工作票，进行安全、技术交底，合理安排人员分工并明确相应职责。

（2）考生进场后检查确认作业场所装设的围栏、悬挂的标识牌符合安全工作规程要求。

（3）考生正确把握执行现场安全文明施工作业的相关要求。

（4）考试结束完成工器具、安装配件、材料的清理。

五、考核及时间要求

（1）本考核操作时间为 60 分钟，包括安装、调试及报告整理时间，时间到停止考评。

（2）按照技能操作相关要求进行操作，正确记录操作结果。

技能等级评价专业技能考核操作评分标准

工种	变电一次安装工					评价等级	技师
项目模块	专业技能—隔离开关安装及调整				编号		Jc0006252002
单位			准考证号			姓名	
考试时限	60 分钟		题型		多项操作	题分	100 分
成绩		考评员		考评组长		日期	
试题正文	GW6 型隔离开关的安装						
需要说明的问题和要求	（1）采取必要的安全措施，符合电力安全工作规程要求。 （2）在考试规定的时间内按要求完成操作任务。 （3）若操作过程出现不符合安全及劳动保护规定情况，每处扣 2 分						

序号	项目名称	质量要求	满分	扣分标准	扣分原因	得分
1	准备工作	（1）准备施工图、说明书、施工方案等。 （2）准备吊车及施工机具等。 （3）办理作业票。 （4）进行安全技术交底。 （5）做好安全措施	20	缺主要项每处扣 4 分，不完整或不清晰每处扣 2 分，扣完为止		
2	基础复测和设备支架	（1）所用钢材的规格及尺寸符合设计要求，焊接及涂漆符合要求。 （2）安全净距符合规范要求，接地可靠	10	不完整或不清晰每处扣 5 分，扣完为止		
3	开箱检查	（1）规格及参数与设计相符，安装孔距与设计相符。 （2）瓷件外观完好、无损伤，底架、附件无锈蚀。 （3）附件、备件齐全，出厂文件完整	10	不完整或不清晰每处扣 4 分，扣完为止		
4	隔离开关本体安装	（1）按出厂编号将底座吊装到支架上，操平找正后用螺栓予以固定。 （2）吊起开关头部，按从上到下顺序依次装好均压环和各节支柱瓷绝缘子及操作瓷绝缘子。 （3）组装好后吊至底座上连接固定。 （4）调整支柱瓷绝缘子的垂直度，操作瓷绝缘子的同心度	10	不完整或不清晰每处扣 5 分，扣完为止		

续表

序号	项目名称	质量要求	满分	扣分标准	扣分原因	得分
5	操动机构安装及配制垂直连杆	（1）用垂线法使操动机构主轴与开关操作轴同心后，再将操动机构固定。 （2）在开关和机构均处合闸（或分闸）位置下，配焊垂直连杆；连接管内径与机构轴的直径相配合，二者之间隙应不大于 1mm	10	不完整或不清晰每处扣 5 分，扣完为止		
6	安装静触头	（1）将开关置于合闸位置，根据实际尺寸在母线上固定触静头。 （2）当母线为软母线时，静触头的安装高度应根据当时气温及接触点安装曲线来确定，以保证在不同气温下动、静触头的接触位置都在允许范围内	10	不完整或不清晰每处扣 5 分，扣完为止		
7	验评	（1）外观检查：瓷柱外表清洁无损伤；隔离开关水平、垂直及中心距离误差应符合要求。 （2）导电系统：触头接触紧密，两侧压力均匀，触头动作灵活。 （3）传动装置：动作灵活，安装正确，固定牢靠。 （4）安装检验记录、评定记录、合格证件等技术文件	20	不完整或不清晰每处扣 5 分，扣完为止		
8	清理现场	填写施工记录，工器具及设备摆放整齐，工完场清，报告工作结束	10	缺主要项扣 10 分，不完整或不清晰每处扣 5 分，扣完为止		
	合计		100			

Jc0006242003　GW4 型隔离开关电动操动机构箱调整。（100 分）

考核知识点：隔离开关安装及调整

难易度：中

技能等级评价专业技能考核操作工作任务书

一、任务名称

GW4 型隔离开关电动操动机构箱调整。

二、适用工种

变电一次安装工技师。

三、具体任务

（1）进行隔离开关电动操动机构箱调整施工准备。

（2）在规定时间内完成安装检查及调整。

（3）完成质量验评。

四、工作规范及要求

（1）考生正确填写办理工作票，进行安全、技术交底，合理安排人员分工并明确相应职责。

（2）考生进场后检查确认作业场所装设的围栏、悬挂的标识牌符合安全工作规程要求。

（3）考生正确把握执行现场安全文明施工作业的相关要求。

（4）考试结束完成工器具、安装配件、材料的清理。

五、考核及时间要求

（1）本考核操作时间为 60 分钟，包括安装、调试及报告整理时间，时间到停止考评。

（2）按照技能操作相关要求进行操作，正确记录操作结果。

技能等级评价专业技能考核操作评分标准

工种	变电一次安装工					评价等级	技师
项目模块	专业技能—隔离开关调整				编号	Jc0006242003	
单位		准考证号				姓名	
考试时限	60 分钟	题型		单项操作		题分	100 分
成绩		考评员		考评组长		日期	
试题正文	GW4 型隔离开关电动操动机构箱调整						
需要说明的问题和要求	（1）采取必要的安全措施，符合电力安全工作规程要求。 （2）在考试规定的时间内按要求完成操作任务。 （3）若操作过程出现不符合安全及劳动保护规定情况，每处扣 2 分						

序号	项目名称	质量要求	满分	扣分标准	扣分原因	得分
1	准备工作	（1）准备施工图、说明书、施工方案等。 （2）准备施工机具等。 （3）办理作业票。 （4）进行安全技术交底。 （5）做好安全措施	25	缺主要项每处扣 5 分，不完整或不清晰每处扣 2.5 分，扣完为止		
2	检修前外观检查	检查机构箱外部有无变形、腐蚀	10	缺主要项扣 10 分，不完整或不清晰每处扣 5 分，扣完为止		
3	隔离开关本体与操动机构的连接	（1）检查操动机构支架水平度、垂直度；电动机构与支架可靠连接；调整操动机构的水平度及垂直度；调整操动机构连接轴与隔离开关垂直连杆在同一轴线上。 （2）电动操动机构用连接螺栓将机构与基础连接起来，检查机构水平后，拧紧机构与基础的连接螺栓。 （3）将隔离开关操作轴插入垂直传动杆上接套中，紧固接套定位螺钉，注意平键不要漏装。 （4）将操动机构的进线电缆接入机构箱内端子排紧固螺钉上，并对电缆入口处进行封堵。 （5）拐臂中心线与水平传动杆中心线装配角度符合要求；各种转动轴销及螺纹处均涂润滑油	25	缺主要项每处扣 5 分，不完整或不清晰每处扣 2.5 分，扣完为止		
4	动作检查	（1）旋转方向与切换位置对应，行程开关通断是否可靠。 （2）辅助开关切换位置正确，接触可靠。 （3）电动机电源线相序正确，机构密封良好	15	缺主要项每处扣 5 分，不完整或不清晰每处扣 2 分，扣完为止		
5	其他检查	以上各步均调整好后，确认电动操动机构电动机运转正常	15	缺主要项每处扣 5 分，不完整或不清晰每处扣 2 分，扣完为止		
6	清理现场	填写施工记录，工器具及设备摆放整齐，工完场清，报告工作结束	10	缺主要项扣 5 分，不完整或不清晰每处扣 2 分，扣完为止		
	合计		100			

Jc0006242004　避雷器在线监测仪安装。（100 分）

考核知识点：其他电气设备安装及调整

难易度：中

技能等级评价专业技能考核操作工作任务书

一、任务名称

避雷器在线监测仪安装。

二、适用工种

变电一次安装工技师。

三、具体任务

（1）进行避雷器在线监测仪安装施工准备。

（2）在规定时间内完成避雷器在线监测仪安装。

四、工作规范及要求

（1）考生正确填写办理工作票，进行安全、技术交底，合理安排人员分工并明确相应职责。

（2）考生进场后检查确认作业场所装设的围栏、悬挂的标识牌符合安全工作规程要求。

（3）考生正确把握执行现场安全文明施工作业的相关要求。

（4）考试结束完成工器具、安装配件、材料的清理。

五、考核及时间要求

（1）本考核操作时间为60分钟，包括安装、调试及报告整理时间，时间到停止考评。

（2）按照技能操作相关要求进行操作，正确记录操作结果。

技能等级评价专业技能考核操作评分标准

工种	变电一次安装工					评价等级	技师
项目模块	专业技能—其他电气设备安装及调整				编号		Jc0006242004
单位			准考证号			姓名	
考试时限	60分钟		题型	单项操作		题分	100分
成绩		考评员		考评组长		日期	
试题正文	避雷器在线监测仪安装						
需要说明的问题和要求	（1）采取必要的安全措施，符合电力安全工作规程要求。 （2）在考试规定的时间内按要求完成操作任务。 （3）若操作过程出现不符合安全及劳动保护规定情况，每处扣2分						

序号	项目名称	质量要求	满分	扣分标准	扣分原因	得分
1	准备工作	（1）准备施工图、说明书、施工方案等。 （2）准备检测仪器及施工机具等。 （3）办理作业票。 （4）进行安全技术交底。 （5）做好安全措施	20	缺主要项每处扣4分，不完整或不清晰每处扣2分，扣完为止		
2	现场检查	（1）安全措施完备。 （2）避雷器已安装到位，在线监测仪基础已具备安装条件。 （3）在线监测仪开箱良好，有合格证、试验报告。 （4）在线监测仪外观无损伤	20	缺主要项每处扣5分，不完整或不清晰每处扣2分，扣完为止		
3	在线监测仪安装	（1）在线监测仪用两颗螺栓固定在底座上，螺栓方向一致。 （2）在线监测仪方便运行观察和监视。 （3）装设水平对称。 （4）地线弧度美观一致。 （5）上部接线为黑色、下部接线为黄绿双色	25	缺主要项每处扣5分，不完整或不清晰每处扣2分，扣完为止		

续表

序号	项目名称	质量要求	满分	扣分标准	扣分原因	得分
4	其他检查	（1）电流指针在零位。 （2）接线牢固。 （3）计数器数字做好记录	15	缺主要项每处扣 5 分，不完整或不清晰每处扣 2 分，扣完为止		
5	清理现场	填写施工记录，工器具及设备摆放整齐，工完场清，报告工作结束	20	缺主要项每处扣 10 分，不完整或不清晰每处扣 5 分，扣完为止		
合计			100			

Jc0006242005　中性点放电间隙调整。（100 分）

考核知识点：其他电气设备安装及调整

难易度：中

技能等级评价专业技能考核操作工作任务书

一、任务名称

中性点放电间隙调整。

二、适用工种

变电一次安装工技师。

三、具体任务

（1）进行中性点放电间隙调整施工准备。

（2）在规定时间内完成中性点放电间隙调整。

四、工作规范及要求

（1）考生正确填写办理工作票，进行安全、技术交底，合理安排人员分工并明确相应职责。

（2）考生进场后检查确认作业场所装设的围栏、悬挂的标识牌符合安全工作规程要求。

（3）考生正确把握执行现场安全文明施工作业的相关要求。

（4）考试结束完成工器具、安装配件、材料的清理。

五、考核及时间要求

（1）本考核操作时间为 60 分钟，包括安装、调试及报告整理时间，时间到停止考评。

（2）按照技能操作相关要求进行操作，正确记录操作结果。

技能等级评价专业技能考核操作评分标准

工种	变电一次安装工				评价等级	技师
项目模块	专业技能—其他电气设备安装及调整			编号	Jc0006242005	
单位		准考证号			姓名	
考试时限	60 分钟	题型	单项操作		题分	100 分
成绩	考评员		考评组长		日期	
试题正文	中性点放电间隙调整					
需要说明的问题和要求	（1）采取必要的安全措施，符合电力安全工作规程要求。 （2）在考试规定的时间内按要求完成操作任务。 （3）若操作过程出现不符合安全及劳动保护规定情况，每处扣 2 分					

续表

序号	项目名称	质量要求	满分	扣分标准	扣分原因	得分
1	准备工作	（1）准备施工图、说明书、施工方案等。 （2）准备施工机具等。 （3）办理作业票。 （4）进行安全技术交底。 （5）做好安全措施	20	缺主要项每处扣 4 分，不完整或不清晰每处扣 2 分，扣完为止		
2	现场检查	（1）安全措施完备。 （2）间隙调整要求符合现场条件	20	缺主要项每处扣 10 分，不完整或不清晰每处扣 5 分，扣完为止		
3	棒－棒间隙距离调整	（1）调整中性点间隙半球头圆钢的水平，两根圆钢应正对，高低误差不大于 5mm。 （2）圆钢半球头应光滑，不应有尖角毛刺，导致放电动作电压降低。 （3）圆钢紧固螺栓要得当，防止间隙强度不够而变形。 （4）棒－棒间隙按设计要求调整，确保中心对准一致	20	缺主要项每处扣 5 分，不完整或不清晰每处扣 3 分，扣完为止		
4	其他检查	（1）螺栓紧固情况。 （2）设备防锈处理	20	缺主要项每处扣 10 分，不完整或不清晰每处扣 5 分，扣完为止		
5	清理现场	填写施工记录，工器具及设备摆放整齐，工完场清，报告工作结束	20	缺主要项每处扣 10 分，不完整或不清晰每处扣 5 分，扣完为止		
合计			100			

Jc0005241006 电流互感器变比调整。（100 分）

考核知识点：其他电气设备安装及调整

难易度：易

技能等级评价专业技能考核操作工作任务书

一、任务名称

电流互感器变比调整。

二、适用工种

变电一次安装工技师。

三、具体任务

（1）进行电流互感器变比调整施工准备。

（2）完成电流互感器等电位连接片的拆除和安装。

四、工作规范及要求

（1）考生正确填写办理工作票，进行安全、技术交底，合理安排人员分工并明确相应职责。

（2）考生进场后检查确认作业场所装设的围栏、悬挂的标识牌符合安全工作规程要求。

（3）考生正确把握执行现场安全文明施工作业的相关要求。

（4）考试结束完成工器具、安装配件、材料的清理。

五、考核及时间要求

（1）本考核操作时间为 90 分钟，包括安装、调试及报告整理时间，时间到停止考评。

（2）按照技能操作相关要求进行操作，正确记录操作结果。

技能等级评价专业技能考核操作评分标准

工种	变电一次安装工					评价等级	技师
项目模块	专业技能—电流互感器变比调整				编号	Jc0005241006	
单位			准考证号			姓名	
考试时限	90分钟	题型		单项操作		题分	100分
成绩		考评员		考评组长		日期	
试题正文	电流互感器变比调整						
需要说明的问题和要求	（1）采取必要的安全措施，符合电力安全工作规程要求。 （2）在考试规定的时间内按要求完成操作任务。 （3）若操作过程出现不符合安全及劳动保护规定情况，每处扣2分						

序号	项目名称	质量要求	满分	扣分标准	扣分原因	得分
1	施工准备	（1）准备施工图、说明书、施工方案等。 （2）准备吊车及施工机具等。 （3）办理作业票。 （4）进行安全技术交底。 （5）做好安全措施	20	缺主要项每处扣4分，不完整或不清晰每处扣2分，扣完为止		
2	等电位连接片的拆除	（1）现场核对变比，根据厂家说明书确定串、并联连接方式。 （2）拆除等电位连接片。 （3）对连接部位进行氧化物清除、打磨除锈	20	缺主要项每处扣7分，不完整或不清晰每处扣3分，扣完为止		
3	等电位连接片的安装	（1）安装连接片，要求接头应接触良好，无过热现象。 （2）螺栓应拧紧，平垫圈和弹簧垫圈应齐全。 （3）检查连接片与一次端子的贴合情况	20	缺主要项每处扣7分，不完整或不清晰每处扣3分，扣完为止		
4	电流互感器一次端子检查	（1）高压引线及引线端子无松动、变形、开裂现象。 （2）一次接线柱无渗油、漏气，螺栓无锈蚀	20	缺主要项每处扣10分，不完整或不清晰每处扣5分，扣完为止		
5	完工	填写施工记录，工器具及设备摆放整齐，工完场清，报告工作结束	20	缺主要项每处扣10分，不完整或不清晰每处扣5分，扣完为止		
合计			100			

Jc0005242007　矩形母线制作。（100分）

考核知识点：母线及接地装置安装

难易度：中

技能等级评价专业技能考核操作工作任务书

一、任务名称

矩形母线制作。

二、适用工种

变电一次安装工技师。

三、具体任务

（1）完成矩形母线制作前准备。

（2）完成矩形母线制作。

四、工作规范及要求

（1）考生正确填写办理工作票，进行安全、技术交底，合理安排人员分工并明确相应职责。

（2）考生进场后检查确认作业场所装设的围栏、悬挂的标识牌符合安全工作规程要求。

（3）考生正确把握执行现场安全文明施工作业的相关要求。

（4）考试结束完成工器具、安装配件、材料的清理。

五、考核及时间要求

（1）本考核操作时间为90分钟，包括安装、调试及报告整理时间，时间到停止考评。

（2）按照技能操作相关要求进行操作，正确记录操作结果。

技能等级评价专业技能考核操作评分标准

工种	变电一次安装工					评价等级	技师
项目模块	专业技能—母线制作				编号	Jc0005242007	
单位		准考证号				姓名	
考试时限	90分钟	题型		多项操作		题分	100分
成绩		考评员		考评组长		日期	
试题正文	矩形母线制作						
需要说明的问题和要求	（1）口述及辅助书写答辩题，本题施工范围指电压等级为35kV及以下配电装置的矩形母线制作，矩形母线规格为LM-100×10，母线连接方式为螺栓搭接，由考评员交代考核内容及要求。 （2）采取必要的安全措施，符合电力安全工作规程要求。 （3）在考试规定的时间内按要求完成操作任务。 （4）若操作过程出现不符合安全及劳动保护规定情况，每处扣2分						

序号	项目名称	质量要求	满分	扣分标准	扣分原因	得分
1	施工准备	（1）准备施工图、说明书、施工方案等。 （2）准备吊车及施工机具等。 （3）办理作业票。 （4）进行安全技术交底。 （5）做好安全措施	20	缺主要项每处扣4分，不完整或不清晰每处扣2分，扣完为止		
2	母线桥架的制作、加工	（1）所用钢材的规格及尺寸符合设计要求，焊接机涂漆符合要求。 （2）安全净距符合规范要求，接地可靠	20	不完整或不清晰每处扣10分，扣完为止		
3	母线加工	（1）母线材质应光洁平整，应按规范要求进行机械性能和电阻率检验。 （2）实测下料尺寸应符合规范要求。 （3）母线弯曲处距母线金具及母线搭接位置不应小于50mm，符合规范要求。 （4）母线搭接连接的尺寸、孔径、螺栓规格应符合规范要求。 （5）母线接触面加工必须平整。 （6）经加工后铝母线截面积减少值符合相关要求	40	不完整或不清晰每处扣7分，扣完为止		
4	完工	填写施工记录，工器具及设备摆放整齐，工完场清，报告工作结束	20	缺主要项每处扣10分，不完整或不清晰每处扣5分，扣完为止		
合计			100			

Jc0005242008　矩形母线安装。(100 分)

考核知识点：母线及接地装置安装

难易度：中

技能等级评价专业技能考核操作工作任务书

一、任务名称

矩形母线安装。

二、适用工种

变电一次安装工技师。

三、具体任务

（1）完成矩形母线安装前准备。

（2）完成矩形母线安装。

四、工作规范及要求

（1）考生正确填写办理工作票，进行安全、技术交底，合理安排人员分工并明确相应职责。

（2）考生进场后检查确认作业场所装设的围栏、悬挂的标识牌符合安全工作规程要求。

（3）考生正确把握执行现场安全文明施工作业的相关要求。

（4）考试结束完成工器具、安装配件、材料的清理。

五、考核及时间要求

（1）本考核操作时间为 90 分钟，包括安装、调试及报告整理时间，时间到停止考评。

（2）按照技能操作相关要求进行操作，正确记录操作结果。

技能等级评价专业技能考核操作评分标准

工种	变电一次安装工					评价等级	技师
项目模块	专业技能—母线安装				编号	Jc0005242008	
单位			准考证号			姓名	
考试时限	90 分钟	题型		多项操作		题分	100 分
成绩		考评员		考评组长		日期	
试题正文	矩形母线安装						
需要说明的问题和要求	（1）口述及辅助书写答辩题，本题施工范围指电压等级为 35kV 及以下配电装置的矩形母线制作安装，矩形母线规格为 LM-100×10，母线连接方式为螺栓搭接，由考评员交代考核内容及要求。 （2）采取必要的安全措施，符合电力安全工作规程要求。 （3）在考试规定的时间内按要求完成操作任务。 （4）若操作过程出现不符合安全及劳动保护规定情况，每处扣 2 分						

序号	项目名称	质量要求	满分	扣分标准	扣分原因	得分
1	施工准备	（1）准备施工图、说明书、施工方案等。 （2）准备吊车及施工机具等。 （3）办理作业票。 （4）进行安全技术交底。 （5）做好安全措施	20	缺主要项每处扣 4 分，不完整或不清晰每处扣 2 分，扣完为止		

续表

序号	项目名称	质量要求	满分	扣分标准	扣分原因	得分
2	母线安装	（1）搭接螺栓应用精制或半精制的镀锌螺栓。 （2）两侧加平垫，螺母侧加弹簧垫。 （3）螺栓应由下向上穿，长度宜露出螺母2～3扣。 （4）螺栓应受力均匀，不应使接线端子受到额外应力。 （5）母线的接触面应连接紧密，连接螺栓应用力矩扳手紧固，紧固力矩应符合规范要求。 （6）母线在支柱瓷绝缘子上固定时，固定金具应平整牢固，不应构成闭合磁路，金具上部压板应与母线保持1～1.5mm的间隙。 （7）母线在支柱绝缘子上的固定死点应在两端伸缩节的中点。 （8）母线伸缩节不得有裂纹、断股和折皱现象。 （9）与变压器套管接线板连接应采用铜铝过渡板，并且铜板应搪锡	45	缺主要项每处扣5分，不完整或不清晰每处扣2分，扣完为止		
3	母线涂相色漆	（1）A、B、C三相母线分别涂黄、绿、红色，涂漆应均匀、整齐、无起层皱皮等缺陷。 （2）单片母线的所有面均应涂漆。 （3）距母线连接处10mm以内的地方不应涂漆	15	缺主要项每处扣5分，不完整或不清晰每处扣2分，扣完为止		
4	完工	填写施工记录，工器具及设备摆放整齐，工完场清，报告工作结束	20	缺主要项每处扣10分，不完整或不清晰每处扣5分，扣完为止		
	合计		100			

Jc0005242009 悬式绝缘子串及金具组装。（100分）

考核知识点：其他电气设备安装及调整

难易度：中

技能等级评价专业技能考核操作工作任务书

一、任务名称

悬式绝缘子串及金具组装。

二、适用工种

变电一次安装工技师。

三、具体任务

（1）完成悬式绝缘子串及金具组装前施工准备。

（2）完成悬式绝缘子串及金具组装。

四、工作规范及要求

（1）考生正确填写办理工作票，进行安全、技术交底，合理安排人员分工并明确相应职责。

（2）考生进场后检查确认作业场所装设的围栏、悬挂的标识牌符合安全工作规程要求。

（3）考生正确把握执行现场安全文明施工作业的相关要求。

（4）考试结束完成工器具、安装配件、材料的清理。

五、考核及时间要求

（1）本考核操作时间为90分钟，包括安装、调试及报告整理时间，时间到停止考评。

（2）按照技能操作相关要求进行操作，正确记录操作结果。

技能等级评价专业技能考核操作评分标准

工种	变电一次安装工					评价等级	技师
项目模块	专业技能—悬式绝缘子串及金具组装				编号	Jc0005242009	
单位			准考证号			姓名	
考试时限	90分钟		题型		单项操作	题分	100分
成绩		考评员		考评组长		日期	
试题正文	悬式绝缘子串及金具组装						
需要说明的问题和要求	（1）采取必要的安全措施，符合电力安全工作规程要求。 （2）在考试规定的时间内按要求完成操作任务。 （3）若操作过程出现不符合安全及劳动保护规定情况，每处扣2分						

序号	项目名称	质量要求	满分	扣分标准	扣分原因	得分
1	施工准备	（1）准备施工图、说明书、施工方案等。 （2）准备吊车及施工机具等。 （3）办理作业票。 （4）进行安全技术交底。 （5）做好安全措施	30	缺主要项每处扣6分，不完整或不清晰每处扣3分，扣完为止		
2	绝缘试验	（1）绝缘电阻表的正确使用。 （2）逐个进行绝缘电阻测量	12	缺主要项每处扣6分，不完整或不清晰每处扣3分，扣完为止		
3	连接绝缘子串	（1）绝缘子串的球头挂环、碗头挂板及锁钉连接正确。 （2）弹簧锁应有足够弹性。 （3）弹簧销、螺栓及销钉方向正确。 （4）绝缘子碗口一致	24	缺主要项每处扣6分，不完整或不清晰每处扣3分，扣完为止		
4	均压环、屏蔽环等保护金具组装	（1）附件相互配套。 （2）安装牢固，位置正确	12	缺主要项每处扣6分，不完整或不清晰每处扣3分，扣完为止		
5	整体检查	（1）检查连接正确。 （2）牢固可靠	12	缺主要项每处扣6分，不完整或不清晰每处扣3分，扣完为止		
6	完工	填写施工记录，工器具及设备摆放整齐，工完场清，报告工作结束	10	缺主要项扣10分，不完整或不清晰每处扣5分，扣完为止		
合计			100			

Jc0005242010　穿墙套管安装。（100分）

考核知识点：母线及接地装置安装

难易度：中

技能等级评价专业技能考核操作工作任务书

一、任务名称

穿墙套管安装。

二、适用工种

变电一次安装工技师。

三、具体任务

（1）完成穿墙套管安装前准备。

（2）在规定时间内完成穿墙套管安装。

四、工作规范及要求

（1）考生正确填写办理工作票，进行安全、技术交底，合理安排人员分工并明确相应职责。

（2）考生进场后检查确认作业场所装设的围栏、悬挂的标识牌符合安全工作规程要求。

（3）考生正确把握执行现场安全文明施工作业的相关要求。

（4）考试结束完成工器具、安装配件、材料的清理。

五、考核及时间要求

（1）本考核操作时间为90分钟，包括安装、调试及报告整理时间，时间到停止考评。

（2）按照技能操作相关要求进行操作，正确记录操作结果。

技能等级评价专业技能考核操作评分标准

工种	变电一次安装工				评价等级	技师
项目模块	专业技能—穿墙套管的安装			编号	Jc0005242010	
单位		准考证号			姓名	
考试时限	90分钟	题型	单项操作		题分	100分
成绩	考评员		考评组长		日期	
试题正文	穿墙套管安装					
需要说明的问题和要求	（1）采取必要的安全措施，符合电力安全工作规程要求。 （2）在考试规定的时间内按要求完成操作任务。 （3）若操作过程出现不符合安全及劳动保护规定情况，每处扣2分					

序号	项目名称	质量要求	满分	扣分标准	扣分原因	得分
1	施工准备	（1）准备施工图、说明书、施工方案等。 （2）准备吊车及施工机具等。 （3）办理作业票。 （4）进行安全技术交底。 （5）做好安全措施	15	缺主要项每处扣3分，不完整或不清晰每处扣1分，扣完为止		
2	设备外观检查	（1）瓷件应完好。 （2）充油套管的油位正常	10	缺主要项每处扣5分，不完整或不清晰每处扣2分，扣完为止		
3	试验	穿墙套管安装前应做好试验，应符合《电气装置安装工程　电气设备交接试验标准》（GB 50150—2016）	10	缺主要项扣10分，不完整或不清晰每处扣5分，扣完为止		
4	安装	（1）额定电流在1500A及以上的穿墙套管直接固定在钢板上时，套管周围不能构成闭合磁路。 （2）穿墙套管垂直安装时，法兰应向上；水平安装时，法兰应向外	25	缺主要项每处扣12.5分，不完整或不清晰每处扣6分，扣完为止		
5	油位指示或压力指示	（1）油绝缘套管油位指示清晰，便于观察，注入套管内的油应是合格的油。 （2）气体绝缘套管压力指示正确，气体试验合格	20	缺主要项每处扣10分，不完整或不清晰每处扣5分，扣完为止		
6	接地	（1）套管应可靠接地。 （2）电磁锁或程序锁闭锁可靠	10	缺主要项每处扣5分，不完整或不清晰每处扣2分，扣完为止		

续表

序号	项目名称	质量要求	满分	扣分标准	扣分原因	得分
7	完工	填写施工记录，工器具及设备摆放整齐，工完场清，报告工作结束	10	缺主要项每处扣 5 分，不完整或不清晰每处扣 2 分，扣完为止		
合计			100			

Jc0005252011　变压器（电抗器）安装前绝缘油处理。（100 分）

考核知识点：变压器安装及调整

难易度：中

技能等级评价专业技能考核操作工作任务书

一、任务名称

变压器（电抗器）安装前绝缘油处理。

二、适用工种

变电一次安装工技师。

三、具体任务

在规定时间内完成设备及工器具的准备、油务处理的步骤和操作方法、绝缘油试验及绝缘油现场处理相关注意事项。

四、工作规范及要求

（1）考生正确填写办理工作票，进行安全、技术交底，合理安排人员分工并明确相应职责。

（2）考生进场后检查确认作业场所装设的围栏、悬挂的标识牌符合安全工作规程要求。

（3）考生正确把握执行现场安全文明施工作业的相关要求。

（4）考试结束完成工器具、安装配件、材料的清理。

五、考核及时间要求

（1）本考核操作时间为 90 分钟，包括安装、调试及报告整理时间，时间到停止考评。

（2）按照技能操作相关要求进行操作，正确记录操作结果。

技能等级评价专业技能考核操作评分标准

<table>
<tr><td>工种</td><td colspan="5">变电一次安装工</td><td>评价等级</td><td>技师</td></tr>
<tr><td>项目模块</td><td colspan="5">专业技能—变压器（电抗器）安装前绝缘油处理</td><td>编号</td><td>Jc0005252011</td></tr>
<tr><td>单位</td><td colspan="3"></td><td>准考证号</td><td></td><td>姓名</td><td></td></tr>
<tr><td>考试时限</td><td colspan="2">90 分钟</td><td>题型</td><td colspan="2">多项操作</td><td>题分</td><td>100 分</td></tr>
<tr><td>成绩</td><td></td><td>考评员</td><td></td><td>考评组长</td><td></td><td>日期</td><td></td></tr>
<tr><td>试题正文</td><td colspan="7">变压器（电抗器）安装前绝缘油处理</td></tr>
<tr><td>需要说明的问题和要求</td><td colspan="7">（1）采取必要的安全措施，符合电力安全工作规程要求。
（2）在考试规定的时间内按要求完成操作任务。
（3）若操作过程出现不符合安全及劳动保护规定情况，每处扣 2 分</td></tr>
</table>

续表

序号	项目名称	质量要求	满分	扣分标准	扣分原因	得分
1	方案交底	工作前根据施工方案进行交底，使施工人员了解相关的工序、注意事项和危险点预控措施	10	缺主要项每处扣 3 分，不完整或不清晰操作每处扣 1 分，扣完为止		
2	主要设备配置	压力式滤油机一台，真空滤油机一台，滤油管及油管卡箍，储油罐配置	10	缺主要设备每处扣 3 分，不得超过 10 分，扣完为止		
3	处理步骤	（1）油处理前，必须将储油罐、滤油机、输油管道等清洗干净。 （2）压力式滤油机应先裁剪好滤油纸。 （3）油务系统的布置，根据标准化要求选择合理布置方式。 （4）制造厂运抵现场的绝缘油应按验收规范要求进行取样试验。 （5）试验合格后用压力式滤油机将绝缘油注入储油罐。 （6）绝缘油处理	30	缺主要项每处扣 5 分，不完整或不清晰操作每处扣 2 分，扣完为止		
4	绝缘油处理	（1）真空滤油机先注入绝缘油至脱气罐的正常油位，进行滤油机自循环。 （2）把滤油机放置在滤油方式，开启进油泵使绝缘油注入至脱气罐的正常油位。 （3）调整滤油机油温控制器，油温控制在正常范围。 （4）为了提高滤油工效，滤油采取从一只储油罐翻到另一只储油罐的操作方式。 （5）变压器真空注入前，应在真空滤油机出口取样进行油试验。 （6）真空滤油机加热器，开机先关闭加热器	40	缺主要项每处扣 7 分，不完整或不清晰操作每处扣 3 分，扣完为止		
5	绝缘油试验	变压器现场滤油后应进行油试验，变压器油的性能应符合出厂技术资料要求及相关技术标准	10	缺主要项扣 10 分，不完整或不清晰操作每处扣 5 分，扣完为止		
合计			100			

Jc0006253012　变压器（电抗器）安装施工组织。（100 分）

考核知识点：变压器安装及调整

难易度：难

技能等级评价专业技能考核操作工作任务书

一、任务名称

变压器（电抗器）安装施工组织。

二、适用工种

变电一次安装工技师。

三、具体任务

在规定时间内完成正确编制变压器、电抗器现场安装施工方案，能正确组织现场安装作业。

四、工作规范及要求

（1）考生正确填写办理工作票，进行安全、技术交底，合理安排人员分工并明确相应职责。

（2）考生进场后检查确认作业场所装设的围栏、悬挂的标识牌符合安全工作规程要求。

（3）考生正确把握执行现场安全文明施工作业的相关要求。

五、考核及时间要求

（1）本考核操作时间为90分钟，包括安装、调试及报告整理时间，时间到停止考评。

（2）按照技能操作相关要求进行操作，正确记录操作结果。

技能等级评价专业技能考核操作评分标准

工种	变电一次安装工					评价等级	技师
项目模块	专业技能—变压器（电抗器）安装施工组织				编号	Jc0006253012	
单位			准考证号			姓名	
考试时限	90分钟		题型	多项操作		题分	100分
成绩		考评员		考评组长		日期	
试题正文	变压器（电抗器）安装施工组织						
需要说明的问题和要求	（1）采取必要的安全措施，符合电力安全工作规程要求。 （2）在考试规定的时间内按要求完成操作任务。 （3）若操作过程出现不符合安全及劳动保护规定情况，每处扣2分						

序号	项目名称	质量要求	满分	扣分标准	扣分原因	得分
1	工程概况	（1）简要阐述此次施工工程设计安装的变压器总容量，安装数量、安装位置、运输方式、变压器制造厂家、施工负责单位、主要的工作量统计等信息。 （2）介绍变压器的型号、额定容量、联结组别、额定电压比、相数、冷却方式、调压方式、出厂时间、器身重、总油重、充氮（气）运输质量、总重等变压器主要技术参数	7	缺主要项每处扣4分，不完整或不清晰操作每处扣1分，扣完为止		
2	编制依据	（1）设计单位施工图纸。 （2）制造厂家的技术文件。 （3）国家、行业、企业有关变压器安装施工标准。 （4）电力建设安全工作规程	7	缺主要项每处扣2分，不完整或不清晰操作每处扣1分，扣完为止		
3	组织措施	（1）明确安装施工的组织结构，包括项目负责人、项目联系人、作业负责人、安全质量负责人、施工人员、辅助人员、特种作业人员等。 （2）明确各岗位职责和安全责任。 （3）强调特种作业人员必须持证上岗	7	缺主要项每处扣3分，不完整或不清晰操作每处扣1分，扣完为止		
4	施工进度和工期安排	制订工程进度计划图，明确各个阶段的具体工作内容	7	缺主要项扣7分，不完整或不清晰操作每处扣3.5分，扣完为止		
5	安装工序流程	（1）采用流程图形式介绍安装工序。 （2）根据施工流程，依次说明各施工工序的操作步骤、工艺要求和标准	7	缺主要项每处扣3.5分，不完整或不清晰操作每处扣1.5分，扣完为止		
6	安全措施	编制施工过程需要采取的安全措施和注意事项等	7	缺主要项扣7分，不完整或不清晰操作每处扣3.5分，扣完为止		
7	技术措施	编制施工过程需要采取的技术措施等	7	缺主要项扣7分，不完整或不清晰操作每处扣3.5分，扣完为止		
8	危险点与预控措施	进行施工全过程危险点分析，并提出相应预控措施	7	缺主要项扣7分，不完整或不清晰操作每处扣3.5分，扣完为止		
9	环境保护及文明施工	编制施工过程中环境保护、文明施工方面需要采取的措施	7	缺主要项扣7分，不完整或不清晰操作每处扣3.5分，扣完为止		

续表

序号	项目名称	质量要求	满分	扣分标准	扣分原因	得分
10	附件资料	（1）工器具及设备材料清单。 （2）其他制造厂家技术文件资料	7	缺主要项每处扣 3.5 分，不完整或不清晰操作每处扣 1.5 分，扣完为止		
11	人员组织	（1）根据施工需要，明确项目经理，技术负责人，监理人员，安全、质量负责人，安装、试验人员（含厂家服务人员）。 （2）检查工具保管员、起重指挥员、汽车吊驾驶员、高压试验人员等特殊工种人员上岗证件是否合格	10	缺主要项每处扣 5 分，不完整或不清晰操作每处扣 2 分，扣完为止		
12	安全技术方案	项目管理单位组织设计单位、监理单位、施工单位召开安全技术方案审查会，审查技术方案、风险预控措施是否满足合格，合格后报审批手续	10	缺主要项扣 10 分，不完整或不清晰操作每处扣 5 分，扣完为止		
13	施工交底	施工前，项目管理单位组织全体作业人员召开安全、技术交底会，布置工作任务，交代作业危险点及预控措施，务必使作业人员了解变压器技术参数，熟悉施工图和制造厂家技术文件，掌握变压器安装工艺和风险预控措施	10	缺主要项扣 10 分，不完整或不清晰操作每处扣 5 分，扣完为止		
合计			100			

Jc0005253013 干式变压器现场安装。（100 分）

考核知识点：变压器安装及调整

难易度：难

技能等级评价专业技能考核操作工作任务书

一、任务名称

干式变压器现场安装。

二、适用工种

变电一次安装工技师。

三、具体任务

（1）完成干式变压器现场安装施工准备。

（2）在规定时间内完成干式变压器现场安装及调整。

（3）进行电气试验和操作试验。

（4）完成安装报告。

（5）收工清理现场。

四、工作规范及要求

（1）考生正确填写办理工作票，进行安全、技术交底，合理安排人员分工并明确相应职责。

（2）考生进场后检查确认作业场所装设的围栏、悬挂的标识牌符合安全工作规程要求。

（3）考生正确把握执行现场安全文明施工作业的相关要求。

（4）考试结束完成工器具、安装配件、材料的清理。

五、考核及时间要求

（1）本考核操作时间为 90 分钟，包括安装、调试及报告整理时间，时间到停止考评。

（2）按照技能操作相关要求进行操作，正确记录操作结果。

技能等级评价专业技能考核操作评分标准

工种	变电一次安装工					评价等级	技师	
项目模块	专业技能—干式变压器安装				编号	Jc0005253013		
单位			准考证号			姓名		
考试时限	90 分钟	题型	多项操作			题分	100 分	
成绩		考评员		考评组长		日期		
试题正文	干式变压器现场安装							
需要说明的问题和要求	（1）采取必要的安全措施，符合电力安全工作规程要求。 （2）在考试规定的时间内按要求完成操作任务。 （3）若操作过程出现不符合安全及劳动保护规定情况，每处扣 2 分							

序号	项目名称	质量要求	满分	扣分标准	扣分原因	得分
1	施工准备	（1）准备施工图、说明书、施工方案等。 （2）准备吊车、滤油设备及相关施工机具。 （3）办理作业票。 （4）进行安全技术交底。 （5）做好安全措施	10	缺主要项每处扣 2 分，不完整或不清晰操作每处扣 1 分，扣完为止		
2	基础复测	基础的标高、尺寸及位置应符合设计及有关标准	10	缺主要项扣 10 分，不完整或不清晰操作每处扣 5 分，扣完为止		
3	设备开箱	（1）开箱检查人员应由各参加单位代表组成，做好记录。 （2）开箱检查应根据施工图、设备技术资料文件、设备及附件清单。 （3）检查干式变压器外观，应完整、无损伤	15	缺主要项每处扣 5 分，不完整或不清晰操作每处扣 2 分，扣完为止		
4	设备基础安装	按照设计基础配置图安装槽钢金属构架	10	缺主要项扣 10 分，不完整或不清晰操作每处扣 5 分，扣完为止		
5	交接试验	按照相关规程进行干式变压器的电气交接试验	10	缺主要项扣 10 分，不完整或不清晰操作每处扣 5 分，扣完为止		
6	设备就位	根据干式变压器自身质量及吊装高度，决定采用何种方式进行就位	10	缺主要项扣 10 分，不完整或不清晰操作每处扣 5 分，扣完为止		
7	附件及接地	（1）温度控制器安装。 （2）一次、二次引线连接。 （3）干式变压器接地	15	缺主要项每处扣 5 分，不完整或不清晰操作每处扣 2 分，扣完为止		
8	后期工作	（1）紧固螺栓，清洁设备表面。 （2）相色标志正确、清晰。 （3）通风设施安装，消防设施齐备。 （4）分接挡位检查，操作及联动试验正常。 （5）清理施工工器具、归库	20	缺主要项每处扣 4 分，不完整或不清晰操作每处扣 2 分，扣完为止		
合计			100			

Jc0005252014　35kV 及以上支柱断路器安装及调整。（100 分）

考核知识点： 断路器安装及调整

难易度： 中

技能等级评价专业技能考核操作工作任务书

一、任务名称

35kV 及以上支柱断路器安装及调整。

二、适用工种

变电一次安装工技师。

三、具体任务

（1）完成安装施工准备。

（2）完成 35kV 及以上支柱断路器安装及调整。

（3）完成安装报告。

（4）完工清理现场。

四、工作规范及要求

（1）考生正确填写办理工作票，进行安全、技术交底，合理安排人员分工并明确相应职责。

（2）考生进场后检查确认作业场所装设的围栏、悬挂的标识牌符合安全工作规程要求。

（3）考生正确把握执行现场安全文明施工作业的相关要求。

（4）考试结束完成工器具、安装配件、材料的清理。

五、考核及时间要求

（1）本考核操作时间为 90 分钟，包括安装、调试及报告整理时间，时间到停止考评。

（2）按照技能操作相关要求进行操作，正确记录操作结果。

技能等级评价专业技能考核操作评分标准

工种	变电一次安装工				评价等级	技师
项目模块	专业技能—断路器安装及调整			编号	Jc0005252014	
单位		准考证号			姓名	
考试时限	90 分钟	题型	单项操作		题分	100 分
成绩	考评员		考评组长		日期	
试题正文	35kV 及以上支柱断路器安装及调整					
需要说明的问题和要求	（1）采取必要的安全措施，符合电力安全工作规程要求。 （2）在考试规定的时间内按要求完成操作任务。 （3）若操作过程出现不符合安全及劳动保护规定情况，每处扣 2 分					

序号	项目名称	质量要求	满分	扣分标准	扣分原因	得分
1	施工准备	（1）准备施工图、说明书、施工方案等。 （2）准备吊车及施工机具。 （3）办理作业票。 （4）进行安全技术交底。 （5）做好安全措施	5	缺主要项每处扣 1 分，不完整或不清晰每处扣 0.5 分，扣完为止		
2	基础复测	（1）土建工程基本施工完毕，地面、墙面全部完工，标高、尺寸、结构及预埋件均符合设计要求。 （2）设备基础达到允许安装强度要求。 （3）预埋件、基础地坪标高及水平误差符合设计及制造厂家要求	15	缺主要项每处扣 5 分，不完整或不清晰每处扣 2 分，扣完为止		

续表

序号	项目名称	质量要求	满分	扣分标准	扣分原因	得分
3	吊装要求	（1）吊装钢丝绳或吊带以及卸扣选择正确。 （2）所有部件的安装位置正确。 （3）保持其应有的水平或垂直位置	15	缺主要项每处扣 5 分，不完整或不清晰每处扣 2 分，扣完为止		
4	极柱安装	（1）底部垫实，整个过程吊钩顺起立方向走动。 （2）端部有缆绳保险，侧向有保护措施	10	缺主要项每处扣 5 分，不完整或不清晰每处扣 2 分，扣完为止		
5	设备吊装	（1）应按产品的技术规定选用吊装器具、吊点及吊装程序。 （2）密封槽面应清洁，无划伤痕迹，已用过的密封垫（圈）不得使用。 （3）涂密封脂时，不得使其流入密封垫（圈）内侧面。 （4）应按产品的技术规定更换吸附剂。 （5）连接螺栓，紧固力矩符合产品要求	20	缺主要项每处扣 4 分，不完整或不清晰每处扣 2 分，扣完为止		
6	初步检查	按照产品说明书要求进行机构连接并进行检查和调整	5	缺主要项扣 5 分，不完整或不清晰每处扣 2 分，扣完为止		
7	零部件检查	（1）操动机构的零部件应齐全，各转动部分应涂润滑脂。 （2）电动机转向应正确。 （3）各种接触器、继电器、微动开关、压力开关动作应准确可靠。 （4）分、合闸线圈的铁芯应动作灵活，无卡阻。 （5）控制元件的绝缘及加热装置的绝缘应良好	25	缺主要项每处扣 5 分，不完整或不清晰每处扣 2 分，扣完为止		
8	完工	填写施工记录，工器具及设备摆放整齐，工完场清，报告工作结束	5	缺主要项扣 5 分，不完整或不清晰每处扣 2 分，扣完为止		
	合计		100			

Jc0005252015　35kV 及以上干式电抗器安装的施工流程和质量要求。（100 分）

考核知识点：其他电气设备安装及调整

难易度：中

技能等级评价专业技能考核操作工作任务书

一、任务名称

35kV 及以上干式电抗器安装的施工流程和质量要求。

二、适用工种

变电一次安装工技师。

三、具体任务

（1）完成安装施工准备。

（2）在规定时间内完成 35kV 及以上干式电抗器安装及调整。

（3）完成质量验评并填写安装报告。

四、工作规范及要求

(1)考生正确填写办理工作票，进行安全、技术交底，合理安排人员分工并明确相应职责。

(2)考生进场后检查确认作业场所装设的围栏、悬挂的标识牌符合安全工作规程要求。

(3)考生正确把握执行现场安全文明施工作业的相关要求。

(4)考试结束完成工器具、安装配件、材料的清理。

五、考核及时间要求

(1)本考核操作时间为90分钟，包括安装、调试及报告整理时间，时间到停止考评。

(2)按照技能操作相关要求进行操作，正确记录操作结果。

技能等级评价专业技能考核操作评分标准

工种	变电一次安装工				评价等级	技师
项目模块	专业技能—其他电气设备安装及调整			编号	Jc0005252015	
单位			准考证号		姓名	
考试时限	90分钟	题型	多项操作		题分	100分
成绩		考评员		考评组长	日期	
试题正文	35kV及以上干式电抗器安装的施工流程和质量要求					
需要说明的问题和要求	(1)采取必要的安全措施，符合电力安全工作规程要求。 (2)在考试规定的时间内按要求完成操作任务。 (3)若操作过程出现不符合安全及劳动保护规定情况，每处扣2分					

序号	项目名称	质量要求	满分	扣分标准	扣分原因	得分
1	准备工作	(1)准备施工图、说明书、施工方案等。 (2)准备吊车及施工机具等。 (3)办理作业票。 (4)进行安全技术交底。 (5)做好安全措施	10	缺主要项每处扣2分，叙述不完整或不清晰每处扣1分，扣完为止		
2	隔磁措施	混凝土支架施工时要做好混凝土钢筋的隔磁措施，防止电抗器漏磁在混凝土支架中形成环流，引起支架发热和损耗	10	缺主要项每处扣5分，不合理或不宜操作每处扣2.5分，扣完为止		
3	短接导体连接	玻璃钢支架上下法兰的短接导体连接可靠	5	缺主要项扣5分，不合理或不宜操作每处扣2.5分，扣完为止		
4	吊装准备	吊装应选择满足相应设备的钢丝绳或吊带以及卸扣	5	缺主要项扣5分，不合理或不恰当每处扣2.5分，扣完为止		
5	支柱绝缘子安装	支柱绝缘子应进行检查，瓷件、法兰应完整无裂纹，胶合处填料完整，接合牢固；支柱绝缘子叠装时，中心线应一致，固定应牢靠，紧固件应齐全；找平时，允许在支柱绝缘子底座下放置钢垫片，但应固定牢靠	15	缺主要项每处扣5分，不合理或不恰当每处扣2.5分，扣完为止		
6	电抗器安装	电抗器重量应均匀地分配于所有支柱绝缘子上；电抗器上、下重叠安装时，应按照产品说明书要求进行安装；电抗器设备接线端子的方向必须与施工图纸方向一致	15	缺主要项每处扣5分，不合理或不恰当每处扣2.5分，扣完为止		
7	螺栓检查	安装螺栓紧固，结构稳定	5	缺主要项扣5分，不合理或不恰当每处扣2.5分，扣完为止		
8	接地检查	电抗器支柱的底座均应接地，接地宜采用铜排，支柱的接地线不应成闭合环路，同时不得与地网形成闭合环路	5	缺主要项扣5分，不合理或不恰当每处扣2.5分，扣完为止		

续表

序号	项目名称	质量要求	满分	扣分标准	扣分原因	得分
9	磁通回路检查	磁通回路内不应有导体闭合回路	5	缺主要项扣 5 分，不合理或不恰当每处扣 2.5 分，扣完为止		
10	质量验评	开箱检查记录，安装检验、评定记录，电气试验报告；制造厂提供的产品说明书、试验记录、合格证件及安装图纸等技术文件；施工图及变更设计的说明文件；备品、备件、专用工具及测试仪器清单	15	缺主要项每处扣 5 分，不完整每处扣 2.5 分，扣完为止		
11	清理现场	填写施工记录，工器具及设备摆放整齐，工完场清，报告工作结束	10	缺主要项扣 10 分，不完整或不清晰每处扣 5 分，扣完为止		
合计			100			

Jc0005252016　10kV 及 35kV 开关柜的安装。（100 分）

考核知识点：其他电气设备安装及调整

难易度：中

技能等级评价专业技能考核操作工作任务书

一、任务名称

10kV 及 35kV 开关柜的安装。

二、适用工种

变电一次安装工技师。

三、具体任务

（1）施工准备。

（2）基础复测。

（3）开关柜本体安装。

（4）附件安装及调整。

（5）清理现场。

四、工作规范及要求

（1）考生正确填写办理工作票，进行安全、技术交底，合理安排人员分工并明确相应职责。

（2）考生进场后检查确认作业场所装设的围栏、悬挂的标识牌符合安全工作规程要求。

（3）考生正确把握执行现场安全文明施工作业的相关要求。

（4）考试结束完成工器具、安装配件、材料的清理。

五、考核及时间要求

（1）本考核操作时间为 90 分钟，包括安装、调试及报告整理时间，时间到停止考评。

（2）按照技能操作相关要求进行操作，正确记录操作结果。

技能等级评价专业技能考核操作评分标准

工种	变电一次安装工			评价等级	技师
项目模块	专业技能—其他电气设备安装及调整		编号	Jc0005252016	
单位		准考证号		姓名	

续表

考试时限	90分钟		题型	单项操作		题分	100分
成绩		考评员		考评组长		日期	
试题正文	10kV及35kV开关柜的安装						
需要说明的问题和要求	（1）采取必要的安全措施，符合电力安全工作规程要求。 （2）在考试规定的时间内按要求完成操作任务。 （3）若操作过程出现不符合安全及劳动保护规定情况，每处扣2分						

序号	项目名称	质量要求	满分	扣分标准	扣分原因	得分
1	准备工作	（1）准备施工图、说明书、施工方案等。 （2）准备吊车及施工机具。 （3）办理作业票。 （4）进行安全技术交底。 （5）做好安全措施	10	缺主要项每处扣2分，不完整或不清晰每处扣1分，扣完为止		
2	基础复测	（1）与柜安装有关的建筑物、构筑物土建工程已结束并验收合格。 （2）可能影响已安装设备或设备安装后不能再进行修饰的工作全部结束	10	缺主要项每处扣5分，不完整或不清晰每处扣2.5分，扣完为止		
3	开关柜本体就位及安装	（1）开关柜就位前，对室内地面采取敷设地胶板等措施，做好土建成品的保护工作。 （2）开关柜就位过程中，采用中心向两边或单侧起立方式，确保成套柜的整齐排列。 （3）开关柜可在柜底用“溜滚”拖运，避免柜体变形、元件受损，采取防倾倒措施，不得抓住接线端子搬运断路器。 （4）开关柜与基础的固定用螺栓连接，柜间采用螺栓连接。柜体在基础型钢上用螺栓固定。 （5）开关柜就位后调整其垂直度、水平度及柜面不平度，在柜与基础型钢间垫入调整用垫片	35	缺主要项每处扣7分，不完整或不清晰每处扣3.5分，扣完为止		
4	附件安装及调试	（1）手车推拉应轻便、灵活，无卡阻、碰撞现象。 （2）动触头与静触头的中心线成一列，触头接触紧密，间隙符合产品技术要求。 （3）调整辅助开关、切换开关、限位开关，使其触点动作可靠，接触良好。 （4）防止电气误操作的“五防”装置齐全，动作灵活可靠。 （5）安全隔离板开启灵活，手车与柜体间的接地触头接触紧密	35	缺主要项每处扣7分，不完整或不清晰每处扣3.5分，扣完为止		
5	完工	填写施工记录，工器具及设备摆放整齐，工完场清，报告工作结束	10	缺主要项每处扣3分，不完整或不清晰每处扣1分，扣完为止		
合计			100			

Jc0005252017 气体封闭开关设备充注 SF_6 气体。（100分）

考核知识点：其他电气设备安装及调整

难易度：中

技能等级评价专业技能考核操作工作任务书

一、任务名称

气体封闭开关设备充注 SF_6 气体。

二、适用工种

变电一次安装工技师。

三、具体任务

（1）施工准备。

（2）完成充气前检查。

（3）开关设备充注 SF_6 气体。

（4）完工清理现场。

四、工作规范及要求

（1）考生正确填写办理工作票，进行安全、技术交底，合理安排人员分工并明确相应职责。

（2）考生进场后检查确认作业场所装设的围栏、悬挂的标识牌符合安全工作规程要求。

（3）考生正确把握执行现场安全文明施工作业的相关要求。

（4）考试结束完成工器具、安装配件、材料的清理。

五、考核及时间要求

（1）本考核操作时间为 90 分钟，包括安装、调试及报告整理时间，时间到停止考评。

（2）按照技能操作相关要求进行操作，正确记录操作结果。

技能等级评价专业技能考核操作评分标准

工种	变电一次安装工				评价等级	技师
项目模块	专业技能—其他电气设备安装及调整			编号	Jc0005252017	
单位		准考证号			姓名	
考试时限	90 分钟	题型		单项操作	题分	100 分
成绩		考评员		考评组长	日期	
试题正文	气体封闭开关设备充注 SF_6 气体					
需要说明的问题和要求	（1）采取必要的安全措施，符合电力安全工作规程要求。 （2）在考试规定的时间内按要求完成操作任务。 （3）若操作过程出现不符合安全及劳动保护规定情况，每处扣 2 分					

序号	项目名称	质量要求	满分	扣分标准	扣分原因	得分
1	施工准备	（1）准备施工图、说明书、施工方案等。 （2）准备 SF_6 气体检测仪及施工机具。 （3）办理作业票。 （4）进行安全技术交底。 （5）做好安全措施	5	缺主要项每处扣 1 分，不完整或不清晰每处扣 0.5 分，扣完为止		
2	充气前的检查	（1）应确认充注的 SF_6 气体为检测合格。 （2）测定当前环境湿度小于 80%。 （3）检查充气设备及管路应洁净、无水分、无油污，管路连接无渗漏。 （4）确认被充注设备已抽真空至合格数据或已充注 SF_6 气体并且微水量测试合格。 （5）当气室已充有 SF_6 气体，且含水量检验合格时，可直接补气。 （6）对断路器进行充注时，应对 SF_6 气体进行称重。 （7）充注时应排出管路中的空气	70	缺主要项每处扣 10 分，不完整或不清晰每处扣 3 分，扣完为止		

续表

序号	项目名称	质量要求	满分	扣分标准	扣分原因	得分
3	开关设备充注 SF_6 气体	（1）将减压阀和软管安装在 SF_6 钢瓶上。 （2）打开减压阀吹净充气管道。 （3）打开开关设备阀门和气瓶阀门，调节减压阀压力开始充气，使压力保持在小于 1.1 倍额定压力的范围内。 （4）观察开关 SF_6 压力表，充气至略大于额定压力约 0.03MPa，关闭阀门后检漏	20	缺主要项每处扣 5 分，不完整或不清晰每处扣 2 分，扣完为止		
4	完工	填写施工记录，工器具及设备摆放整齐，工完场清，报告工作结束	5	缺主要项每处扣 3 分，不完整或不清晰每处扣 1 分，扣完为止		
	合计		100			

Jc0005252018 330kV 断路器电动操动机构安装。（100 分）

考核知识点：断路器安装及调整

难易度：中

技能等级评价专业技能考核操作工作任务书

一、任务名称

330kV 断路器电动操动机构安装。

二、适用工种

变电一次安装工技师。

三、具体任务

（1）检查工器具、材料。

（2）确保现场布置及操作符合安全要求。

（3）做好施工准备工作。

（4）断路器电动操动机构安装。

（5）断路器电动操动机构调试。

（6）完工清理现场。

四、工作规范及要求

（1）考生正确填写办理工作票，进行安全、技术交底，合理安排人员分工并明确相应职责。

（2）考生进场后检查确认作业场所装设的围栏、悬挂的标识牌符合安全工作规程要求。

（3）考生正确把握执行现场安全文明施工作业的相关要求。

（4）考试结束完成工器具、安装配件、材料的清理。

五、考核及时间要求

（1）本考核操作时间为 90 分钟，包括安装、调试及报告整理时间，时间到停止考评。

（2）按照技能操作相关要求进行操作，正确记录操作结果。

技能等级评价专业技能考核操作评分标准

工种	变电一次安装工			评价等级	技师
项目模块	专业技能—断路器安装及调整		编号	Jc0005252018	
单位		准考证号		姓名	

续表

考试时限	90 分钟		题型	单项操作		题分	100 分
成绩		考评员		考评组长		日期	
试题正文	330kV 断路器电动操动机构安装						
需要说明的问题和要求	（1）采取必要的安全措施，符合电力安全工作规程要求。 （2）在考试规定的时间内按要求完成操作任务。 （3）若操作过程出现不符合安全及劳动保护规定情况，每处扣 2 分						

序号	项目名称	质量要求	满分	扣分标准	扣分原因	得分
1	施工准备	（1）准备施工图、说明书、施工方案等。 （2）准备吊车及施工机具。 （3）办理作业票。 （4）进行安全技术交底。 （5）做好安全措施	5	缺主要项每处扣 1 分，不完整或不清晰每处扣 0.5 分，扣完为止		
2	基础复测	（1）与安装有关的建筑物、构筑物土建工程已结束并验收合格。 （2）可能影响已安装设备或设备安装后不能再进行修饰的工作全部结束	10	缺主要项每处扣 5 分，不完整或不清晰每处扣 1 分，扣完为止		
3	支架安装	（1）支架底部与基础面之间尺寸，以及支架、上下螺母与垫片放置要求满足设计图纸要求。 （2）支架安装后找正时控制支架垂直度、顶面平整度，相间顶部平整度保持一致	20	缺主要项每处扣 10 分，不完整或不清晰每处扣 3 分，扣完为止		
4	开始安装	（1）选用合适的吊装器具吊装。 （2）已用过的密封垫（圈）不得使用。 （3）涂密封脂时均匀。 （4）紧固连接螺栓	40	缺主要项每处扣 10 分，不完整或不清晰每处扣 5 分，扣完为止		
5	传动装置安装	（1）断路器及其传动机构的联动正常，无卡阻现象。 （2）分、合闸指示正确，辅助开关及电气闭锁动作正确、可靠。 （3）按照产品说明书要求进行机构连接并进行检查和调整。 （4）机构内附件完好，功能正常	20	缺主要项每处扣 5 分，不完整或不清晰每处扣 2.5 分，扣完为止		
6	完工	填写施工记录，工器具及设备摆放整齐，工完场清，报告工作结束	5	缺主要项扣 5 分，不完整或不清晰每处扣 2.5 分，扣完为止		
合计			100			

Jc0005253019　互感器接地施工。（100 分）

考核知识点：互感器安装及调整

难易度：难

技能等级评价专业技能考核操作工作任务书

一、任务名称

互感器接地施工。

二、适用工种

变电一次安装工技师。

三、具体任务

互感器已完成设备支架安装和开箱、交接试验、本体安装、二次电缆安装，需进行接地施工。

四、工作规范及要求

（1）考生正确填写办理工作票，进行安全、技术交底，合理安排人员分工并明确相应职责。
（2）考生进场后检查确认作业场所装设的围栏、悬挂的标识牌符合安全工作规程要求。
（3）考生正确把握执行现场安全文明施工作业的相关要求。
（4）考试结束完成工器具、安装配件、材料的清理。

五、考核及时间要求

（1）本考核操作时间为90分钟，包括安装、调试及报告整理时间，时间到停止考评。
（2）按照技能操作相关要求进行操作，正确记录操作结果。

技能等级评价专业技能考核操作评分标准

工种	变电一次安装工			评价等级	技师	
项目模块	专业技能—互感器安装及调整		编号	Jc0005253019		
单位		准考证号		姓名		
考试时限	90分钟	题型	多项操作	题分	100分	
成绩		考评员	考评组长	日期		
试题正文	互感器接地施工					
需要说明的问题和要求	（1）采取必要的安全措施，符合电力安全工作规程要求。 （2）在考试规定的时间内按要求完成操作任务。 （3）若操作过程出现不符合安全及劳动保护规定情况，每处扣2分					

序号	项目名称	质量要求	满分	扣分标准	扣分原因	得分
1	互感器应接地的部位	（1）分级绝缘的电压互感器底座及一次线圈接地引出端子。 （2）电流互感器的底座、电容式电流互感器的末屏及铁芯引出接地端子。 （3）电容式电压互感器的底座和中间变压器的油箱、中间变压器的一次绕组的接地引出端子，电容分压器的末端不接结合滤波器时。 （4）互感器安装用构架应有两处与接地网可靠连接	40	主要错项、缺项每处扣10分，不完整或不清晰描述每处扣5分，扣完为止		
2	注意事项	（1）其中TA二次接地不得串接，应分别引至接地点接地，接地线截面积不得小于$4mm^2$。TV的“X”看不到明显的接地点时，应用一根$6mm^2$的双色接地线可靠接地。 （2）电容式电压互感器（CVT）在不接结合滤波器时，应将电容分压器的末端用$6mm^2$的双色接地线可靠接地。 （3）CVT在接结合滤波器时，应将电容分压器的末端用$25mm^2$多股铜绞线直接引至结合滤过器的接地开关上桩头。 （4）互感器二次侧有开路保护间隙及一次侧有匝间保护间隙时，应按制造厂家技术规定调节好间隙距离。 （5）电容式电压互感器经结合滤波器和接地开关接地的接线方式，互感器接地引线不得在结合滤波器上并接，应直接引至接地开关上并接。 （6）电流互感器的备用二次线圈应先短路后接地。设计有特殊要求时按设计要求施工	60	主要错项、缺项每处扣10分，不完整或不清晰描述每处扣5分，扣完为止		
合计			100			

Jc0005243020　变电站软母线架设。(100分)

考核知识点：母线及接地装置安装

难易度：难

技能等级评价专业技能考核操作工作任务书

一、任务名称

变电站软母线架设。

二、适用工种

变电一次安装工技师。

三、具体任务

(1) 检查工器具、材料。

(2) 确保现场布置及操作符合安全要求。

(3) 导线及耐张金具外观检查。

(4) 完工清理现场。

四、工作规范及要求

(1) 考生正确填写办理工作票，进行安全、技术交底，合理安排人员分工并明确相应职责。

(2) 考生进场后检查确认作业场所装设的围栏、悬挂的标识牌符合安全工作规程要求。

(3) 考生正确把握执行现场安全文明施工作业的相关要求。

(4) 考试结束完成工器具、安装配件、材料的清理。

五、考核及时间要求

(1) 本考核操作时间为60分钟，包括安装、调试及报告整理时间，时间到停止考评。

(2) 按照技能操作相关要求进行操作，正确记录操作结果。

技能等级评价专业技能考核操作评分标准

工种	变电一次安装工			评价等级	技师
项目模块	专业技能—变电站软母线架设		编号	Jc0005243020	
单位		准考证号		姓名	
考试时限	60分钟	题型	单项操作	题分	100分
成绩	考评员		考评组长		日期
试题正文	变电站软母线架设				
需要说明的问题和要求	(1) 采取必要的安全措施，符合电力安全工作规程要求。 (2) 在考试规定的时间内按要求完成操作任务。 (3) 若操作过程出现不符合安全及劳动保护规定情况，每处扣2分				

序号	项目名称	质量要求	满分	扣分标准	扣分原因	得分
1	施工准备	(1) 准备施工图、说明书、施工方案等。 (2) 准备母线、金具材料及施工机具。 (3) 办理作业票。 (4) 进行安全技术交底。 (5) 做好安全措施	5	缺主要项每处扣1分，不完整或不清晰每处扣0.5分，扣完为止		

续表

序号	项目名称	质量要求	满分	扣分标准	扣分原因	得分
2	导线长度计算及下料	（1）档距测量数据必须准确。 （2）计算档距内导线长度，即下线长度 L。 （3）放线下料：导线外观应完好，凡有断股、严重腐蚀和明显损伤的不能使用，导线展放时应采取防止导线磨损的措施，导线开断在待切割处的两侧用细铁丝扎紧后用钢锯或型材切割机断线，导线断面应与轴线垂直	15	缺主要项每处扣 5 分，不完整或不清晰每处扣 2.5 分，扣完为止		
3	导线压接	（1）核对线夹规格、尺寸与导线规格、型号相符。 （2）压接工艺符合产品技术文件和规范要求。 （3）压接模具规格必须与被压接管配套。 （4）导线与线夹接触面均应清除氧化膜，用汽油或丙酮清洗，清洗长度不少于压接长度的 1.2 倍，接触面涂电力复合脂，导线伸入线夹的压接长度达到规定要求。 （5）压接时线夹位置正确，不得歪斜，相邻两模间重叠大于 5mm，压接后六角形对边尺寸为 $0.866D$（D 为压接管外径），最大对边尺寸超过 $0.866D+0.2$ 时应更换钢模，压接后耐张线夹外观光滑、无裂纹、无扭曲变形	20	缺主要项每处扣 4 分，不完整或不清晰每处扣 2 分，扣完为止		
4	绝缘子串装配	（1）所有绝缘子外观、瓷质应完好无损，铸钢件应完好无锈蚀，合格证齐全。 （2）绝缘子耐压试验合格。 （3）绝缘子串组装：连接金具的螺栓、销钉等必须符合现行国家标准；绝缘子串的球头挂板等应互相匹配，碗头开口方向应一致；弹簧销应有足够弹性，闭口销必须分开，并不得有折断或裂纹，严禁用线材代替。 （4）每一组绝缘子串长度应进行实物测量	20	缺主要项每处扣 5 分，不完整或不清晰每处扣 2.5 分，扣完为止		
5	软母线架设	（1）敷设的原则是先高层后低层。 （2）母线敷设应采用张力方式以防导线摩擦地面。牵引力不超过导线最大张力，牵引方向满足施工说明要求。 （3）宜采用平衡挂线方式，对边缘轴线的梁柱外侧应设揽风绳防母线安装时的牵引力影响构架。 （4）牵引挂点位置适当以便于悬挂连接，牵引点应采取对绝缘子的保护措施。 （5）紧线前清洁导线和绝缘子，绝缘子碗口应朝上，整个紧线过程导线不得与地面摩擦	20	缺主要项每处扣 4 分，不完整或不清晰每处扣 2 分，扣完为止		
6	弛度调整及质量验评	（1）母线弛度符合设计要求（允许误差 +5%、−2.5%），三相弛度一致。 （2）螺栓、垫圈、弹簧垫圈、锁紧螺母等应齐全和可靠。 （3）电气距离符合要求，瓷件完好、清洁，间隔棒设置符合要求	15	缺主要项每处扣 5 分，不完整或不清晰每处扣 2.5 分，扣完为止		
7	完工	填写施工记录，工器具及设备摆放整齐，工完场清，报告工作结束	5	缺主要项扣 5 分，不完整或不清晰每处扣 2.5 分，扣完为止		
合计			100			

Jc0005241021　高压开关柜安装质量验评。(100 分)

考核知识点：其他电气设备安装及调整

难易度：易

技能等级评价专业技能考核操作工作任务书

一、任务名称

高压开关柜安装质量验评。

二、适用工种

变电一次安装工技师。

三、具体任务

(1) 检查工器具、材料。

(2) 确保现场布置及操作符合安全要求。

(3) 开关柜外观检查。

(4) 完工清理现场。

四、工作规范及要求

(1) 考生正确填写办理工作票，进行安全、技术交底，合理安排人员分工并明确相应职责。

(2) 考生进场后检查确认作业场所装设的围栏、悬挂的标识牌符合安全工作规程要求。

(3) 考生正确把握执行现场安全文明施工作业的相关要求。

(4) 考试结束完成工器具、安装配件、材料的清理。

五、考核及时间要求

(1) 本考核操作时间为 60 分钟，包括安装、调试及报告整理时间，时间到停止考评。

(2) 按照技能操作相关要求进行操作，正确记录操作结果。

技能等级评价专业技能考核操作评分标准

工种	变电一次安装工					评价等级	技师
项目模块	专业技能—高压开关柜安装质量验评				编号	Jc0005241021	
单位			准考证号			姓名	
考试时限	60 分钟		题型		单项操作	题分	100 分
成绩		考评员		考评组长		日期	
试题正文	高压开关柜安装质量验评						
需要说明的问题和要求	(1) 采取必要的安全措施，符合电力安全工作规程要求。 (2) 在考试规定的时间内按要求完成操作任务。 (3) 若操作过程出现不符合安全及劳动保护规定情况，每处扣 2 分						

序号	项目名称	质量要求	满分	扣分标准	扣分原因	得分
1	施工准备	(1) 准备施工图、说明书、施工方案等。 (2) 准备爬梯及施工机具。 (3) 办理作业票。 (4) 进行安全技术交底。 (5) 做好安全措施	10	缺主要项每处扣 2 分，不完整或不清晰每处扣 1 分，扣完为止		

续表

序号	项目名称	质量要求	满分	扣分标准	扣分原因	得分
2	屏柜内接地安装	（1）屏柜（箱）框架和底座接地良好。 （2）有防震垫的屏柜，每列屏有两点以上明显接地。 （3）屏柜（箱）应装有接地端子，并用截面积不小于 $4mm^2$ 的多股铜线和接地网直接连通。 （4）静态保护和控制装置的屏柜下部应设有截面积不小于 $100mm^2$ 的接地铜排。屏柜上装置的接地端子应用截面积不小于 $4mm^2$ 的多股铜线和接地铜排相连。屏柜内的接地铜排应用截面积不小于 $50mm^2$ 的铜缆与保护室内的等电位接地网相连。开关场的接地端子箱内应设置截面积不小于 $100mm^2$ 的裸铜排，并使用截面积不小于 $100mm^2$ 的铜缆与电缆沟道内的等电位接地网连接。 （5）屏柜（箱）内应分别设置接地母线和等电位屏蔽母线，并由厂家制作接地标识。 （6）屏柜（箱）可开启门应用软铜导线可靠连接接地。 （7）电缆屏蔽接地线采用 $4mm^2$ 黄绿相间的多股软铜线与电缆屏蔽层紧密连接，接至专用接地铜排。 （8）接地线采用多股软铜线连接时应压接专用接线鼻，每个接线鼻子最多压 5 根屏蔽线	80	缺主要项每处扣 10 分，不完整或不清晰每处扣 5 分，扣完为止		
3	完工	填写施工记录，工器具及设备摆放整齐，工完场清，报告工作结束	10	缺主要项扣 10 分，不完整或不清晰每处扣 5 分，扣完为止		
	合计		100			

Jc0005243022 六氟化硫气体的现场管理及充注。（100 分）

考核知识点：起重、搬运

难易度：难

技能等级评价专业技能考核操作工作任务书

一、任务名称

六氟化硫气体的现场管理及充注。

二、适用工种

变电一次安装工技师。

三、具体任务

（1）检查工器具、材料。

（2）确保现场布置及操作符合安全要求。

（3）气瓶的外观检查。

（4）完工清理现场。

四、工作规范及要求

（1）考生正确填写办理工作票，进行安全、技术交底，合理安排人员分工并明确相应职责。

（2）考生进场后检查确认作业场所装设的围栏、悬挂的标识牌符合安全工作规程要求。

（3）考生正确把握执行现场安全文明施工作业的相关要求。

（4）考试结束完成工器具、安装配件、材料的清理。

五、考核及时间要求

（1）本考核操作时间为60分钟，包括安装、调试及报告整理时间，时间到停止考评。

（2）按照技能操作相关要求进行操作，正确记录操作结果。

技能等级评价专业技能考核操作评分标准

工种	变电一次安装工					评价等级	技师
项目模块	专业技能—六氟化硫气体的现场管理及充注				编号		Jc0005243022
单位			准考证号			姓名	
考试时限	60分钟		题型		单项操作	题分	100分
成绩		考评员		考评组长		日期	
试题正文	六氟化硫气体的现场管理及充注						
需要说明的问题和要求	（1）采取必要的安全措施，符合电力安全工作规程要求。 （2）在考试规定的时间内按要求完成操作任务。 （3）若操作过程出现不符合安全及劳动保护规定情况，每处扣2分						

序号	项目名称	质量要求	满分	扣分标准	扣分原因	得分
1	准备工作	（1）准备施工图、说明书、施工方案等。 （2）准备材料及施工机具。 （3）办理作业票。 （4）进行安全技术交底。 （5）做好安全措施	5	缺主要项每处扣1分，不完整或不清晰每处扣0.5分，扣完为止		
2	六氟化硫气瓶的搬运和保管	（1）六氟化硫气瓶的安全帽、防震圈齐全，气瓶阀门完好，安全帽应拧紧。 （2）六氟化硫气瓶在运输过程平稳，轻装、轻卸，避免阳光直晒，气瓶温度应低于40℃。气瓶搬运时，应严禁抛掷溜放。 （3）六氟化硫气瓶应存放在防晒、防潮和通风良好的场所，不得靠近热源和油污的地方，严禁水分和油迹污染阀门。 （4）六氟化硫气瓶不得与其他气瓶混合放置。未经检验合格的气体与检验合格的气体应分别存放，以免混淆。气瓶应站立存放，并有防止倾倒的措施。气瓶标志统一向外侧。 （5）检查气瓶阀门应密闭良好，防止气体泄漏。 （6）使用过的气瓶应关紧阀门，防止剩余气体外泄，盖好、拧紧安全帽，集中放置	25	缺主要项每处扣5分，不完整或不清晰每处扣2分，扣完为止		
3	气体的检验	（1）六氟化硫气体应具有出厂试验报告及合格证，各项技术指标应符合标准规定。 （2）六氟化硫气体运到现场后，对每瓶气体均应做含水量检验，结果应合格；并按规定抽样做气体分析试验，试验结果应合格。 （3）六氟化硫气体存放半年以上，使用前应复检其含水量及空气含量，检验指标应符合新气标准规定	15	缺主要项每处扣5分，不完整或不清晰每处扣2.5分，扣完为止		

续表

序号	项目名称	质量要求	满分	扣分标准	扣分原因	得分
4	气体的充注	（1）充气前必须对设备内部进行干燥和抽真空处理，抽真空操作程序及要求应符合产品的技术规定。 （2）设备经预检漏合格方可充入经检验合格的六氟化硫气体。 （3）当设备气室内已充有六氟化硫气体且含水量检验合格时，可直接补气。 （4）抽真空时应在管路一侧加装逆止阀或电磁阀，防止因停电或误操作而引起真空泵油或麦式真空计水银倒灌，污染设备事故。 （5）充气设备及充气管路应清洁，确保无水分和油迹，充气管路连接部分无渗漏。 （6）用六氟化硫气瓶充气时必须经减压阀减压；若用气体回收装置充注应按装置说明进行操作	30	缺主要项每处扣 5 分，不完整或不清晰每处扣 2.5 分，扣完为止		
5	气体的安全使用	（1）充注六氟化硫气体时严禁用火直接加热气瓶，可用温水来加速气化液态的六氟化硫气体。 （2）使用过的六氟化硫气瓶应留有余气，并关紧阀门，拧紧瓶帽，防止气体外泄。 （3）装有六氟化硫气体的气瓶应避免阳光暴晒和远离火源。 （4）室外充注六氟化硫气体时，工作人员应站于上风方向操作，室内充注时应保证通风良好。 （5）工作人员在进入电缆沟或低位区域前，用检漏仪检测，工作区空气中六氟化硫气体含量不得超过规定值，否则不能进入该区域工作	20	缺主要项每处扣 4 分，不完整或不清晰每处扣 2 分，扣完为止		
6	完工	填写施工记录，工器具及设备摆放整齐，工完场清，报告工作结束	5	缺主要项扣 5 分，不完整或不清晰每处扣 1 分，扣完为止		
合计			100			

Jc0005251023　35kV 高压开关柜的安装。（100 分）

考核知识点：其他电气设备安装及调整

难易度：易

技能等级评价专业技能考核操作工作任务书

一、任务名称

35kV 高压开关柜的安装。

二、适用工种

变电一次安装工技师。

三、具体任务

（1）检查工器具、材料。

（2）确保现场布置及操作符合安全要求。

（3）做好施工准备工作。

（4）高压开关柜附件安装及调试。

（5）高压开关柜内电气设备试验及母排安装。

（6）完工清理现场。

四、工作规范及要求

（1）考生正确填写办理工作票，进行安全、技术交底，合理安排人员分工并明确相应职责。

（2）考生进场后检查确认作业场所装设的围栏、悬挂的标识牌符合安全工作规程要求。

（3）考生正确把握执行现场安全文明施工作业的相关要求。

（4）考试结束完成工器具、安装配件、材料的清理。

五、考核及时间要求

（1）本考核操作时间为90分钟，包括安装、调试及报告整理时间，时间到停止考评。

（2）按照技能操作相关要求进行操作，正确记录操作结果。

技能等级评价专业技能考核操作评分标准

工种	变电一次安装工			评价等级		技师	
项目模块	专业技能—其他电气设备安装及调整			编号		Jc0005251023	
单位			准考证号			姓名	
考试时限	90 分钟		题型	单项操作		题分	100 分
成绩		考评员		考评组长		日期	
试题正文	35kV 高压开关柜的安装						
需要说明的问题和要求	（1）采取必要的安全措施，符合电力安全工作规程要求。 （2）在考试规定的时间内按要求完成操作任务。 （3）若操作过程出现不符合安全及劳动保护规定情况，每处扣 2 分						

序号	项目名称	质量要求	满分	扣分标准	扣分原因	得分
1	施工准备	（1）准备施工图、说明书、施工方案等。 （2）准备施工机具。 （3）办理作业票。 （4）进行安全技术交底。 （5）做好安全措施	10	缺主要项每处扣 2 分，不完整或不清晰每处扣 1 分，扣完为止		
2	附件安装及调试	（1）手车推拉应轻便、灵活，无卡阻、碰撞现象，相同型号的手车（含接地手车）能互换。 （2）动触头与静触头的中心线成一列，触头接触紧密，手车推入工作位置后，动触头部与静触头底部的间隙符合产品技术要求。 （3）调整辅助开关、切换开关、限位开关，使其触点动作可靠，接触良好。 （4）防止电气误操作的“五防”装置齐全，动作灵活可靠。 （5）柜内照明应齐全。 （6）安全隔离板开启灵活。 （7）手车与柜体间的接地触头接触紧密，当手车推入柜内时，其接地触头应比主触头先接触，拉出时顺序相反	35	缺主要项每处扣 5 分，不完整或不清晰每处扣 2.5 分，扣完为止		
3	电气设备试验	（1）各电气元件能单独拆装更换，不得影响其他电气设备的固定。 （2）发热元件与导线及其他元件有一定的距离，发热元件散热不得影响其他元件的使用和运行。 （3）电流试验端子及切换压板装置接触良好，相邻压板间有足够距离，切换时不碰及相邻压板。对于一端带电的切换压板，应使其在压板断开的情况下，活动端不带电。 （4）继电器、信号灯、光字牌等设备应安装牢固，并有防震措施，在柜内电气设备操作时不应误动或失灵	20	缺主要项每处扣 5 分，不完整或不清晰每处扣 2.5 分，扣完为止		

续表

序号	项目名称	质量要求	满分	扣分标准	扣分原因	得分
4	母排安装	（1）母排安装按有关硬母线、电力电缆安装工艺标准进行，进出线母排弯制方法宜统一。每个母线的连接螺栓必须按要求力矩紧固。 （2）成套柜母排安装还应符合下列规定： 1）与各柜内引下线的搭接紧密，不得使柜内引线及电气设备端子受扭力。 2）主母线及柜与柜间连接线安装时，满足最小安全净距的要求，同时不影响柜内电气设备的拆卸。 3）主母线的相位与设计及户内、外电气设备相符。 4）主母线与主变压器母线桥搭接时，按设计要求加工、安装母线桥钢支架，在与成套柜框架连接时，宜用螺栓连接，如用焊接，应有防止框架变形及柜内设备受损的措施。 5）电力电缆进入柜内，电缆终端有单独固定支架，电缆与设备连接时，不得使设备承受拉力	30	缺主要项每处扣 5 分，不完整或不清晰每处扣 2.5 分，扣完为止		
5	完工	填写施工记录，工器具及设备摆放整齐，工完场清，报告工作结束	5	缺主要项每处扣 3 分，不完整或不清晰每处扣 1 分，扣完为止		
合计			100			

Jc0005251024 110kV 软母线安装常见问题处理。（100 分）

考核知识点：母线及接地装置安装

难易度：易

技能等级评价专业技能考核操作工作任务书

一、任务名称

110kV 软母线安装常见问题处理。

二、适用工种

变电一次安装工技师。

三、具体任务

（1）检查工器具、材料。

（2）确保现场布置及操作符合安全要求。

（3）做好施工准备工作。

（4）软母线安装常见问题处理。

（5）完工清理现场。

四、工作规范及要求

（1）考生正确填写办理工作票，进行安全、技术交底，合理安排人员分工并明确相应职责。

（2）考生进场后检查确认作业场所装设的围栏、悬挂的标识牌符合安全工作规程要求。

（3）考生正确把握执行现场安全文明施工作业的相关要求。

（4）考试结束完成工器具、安装配件、材料的清理。

五、考核及时间要求

（1）本考核操作时间为 90 分钟，包括安装、调试及报告整理时间，时间到停止考评。

（2）按照技能操作相关要求进行操作，正确记录操作结果。

技能等级评价专业技能考核操作评分标准

工种	变电一次安装工				评价等级	技师
项目模块	专业技能—母线及接地装置安装			编号	Jc0005251024	
单位		准考证号			姓名	
考试时限	90分钟	题型	单项操作		题分	100分
成绩	考评员		考评组长		日期	
试题正文	110kV软母线安装常见问题处理					
需要说明的问题和要求	（1）采取必要的安全措施，符合电力安全工作规程要求。 （2）在考试规定的时间内按要求完成操作任务。 （3）若操作过程出现不符合安全及劳动保护规定情况，每处扣2分					

序号	项目名称	质量要求	满分	扣分标准	扣分原因	得分
1	施工准备	（1）准备施工图、说明书、施工方案等。 （2）准备施工机具。 （3）办理作业票。 （4）进行安全技术交底。 （5）做好安全措施	5	缺主要项每处扣1分，不完整或不清晰每处扣0.5分，扣完为止		
2	导线松股	导线切割面两侧未绑扎牢固。切割后导线产生松股，导致导线无法放入耐张线夹，压接不满足要求	20	问题未处理项每处扣10分，处理不完整每处扣3分，扣完为止		
3	接触不良	导线与线夹接触面未清除氧化膜、未涂电力复合脂。导线压接后，导线与线夹接触不良，减少了导线的载流量	20	问题未处理项每处扣10分，处理不完整每处扣3分，扣完为止		
4	压接问题	钢芯、导线压接时未到规定压力值或保压时间未到规定值，导致导线承受拉力能力降低	30	问题未处理项每处扣10分，处理不完整每处扣3分，扣完为止		
5	毛刺未清理	导线毛刺未清理。导线运行后毛刺处发生电晕、放电	20	问题未处理项每处扣10分，处理不完整每处扣3分，扣完为止		
6	完工	填写施工记录，工器具及设备摆放整齐，工完场清，报告工作结束	5	缺主要项每处扣3分，不完整或不清晰每处扣1分，扣完为止		
合计			100			

Jc0005252025　无载分接开关安装常见问题处理。（100分）

考核知识点：变压器的安装及调整

难易度：中

技能等级评价专业技能考核操作工作任务书

一、任务名称

无载分接开关安装常见问题处理。

二、适用工种

变电一次安装工技师。

三、具体任务

（1）检查工器具、材料。

（2）确保现场布置及操作符合安全要求。

（3）做好施工准备工作。

（4）无载分接开关安装常见问题检查。

（5）无载分接开关安装常见问题处理。

（6）完工清理现场。

四、工作规范及要求

（1）考生正确填写办理工作票，进行安全、技术交底，合理安排人员分工并明确相应职责。

（2）考生进场后检查确认作业场所装设的围栏、悬挂的标识牌符合安全工作规程要求。

（3）考生正确把握执行现场安全文明施工作业的相关要求。

（4）考试结束完成工器具、安装配件、材料的清理。

五、考核及时间要求

（1）本考核操作时间为90分钟，包括安装、调试及报告整理时间，时间到停止考评。

（2）按照技能操作相关要求进行操作，正确记录操作结果。

技能等级评价专业技能考核操作评分标准

工种	变电一次安装工			评价等级	技师	
项目模块	专业技能—无载分接开关安装常见问题处理			编号	Jc0005252025	
单位		准考证号		姓名		
考试时限	90分钟	题型	单项操作	题分	100分	
成绩	考评员		考评组长		日期	
试题正文	无载分接开关安装常见问题处理					
需要说明的问题和要求	（1）采取必要的安全措施，符合电力安全工作规程要求。 （2）在考试规定的时间内按要求完成操作任务。 （3）若操作过程出现不符合安全及劳动保护规定情况，每处扣2分					

序号	项目名称	质量要求	满分	扣分标准	扣分原因	得分
1	施工准备	（1）准备施工图、说明书、施工方案等。 （2）准备施工机具。 （3）办理作业票。 （4）进行安全技术交底。 （5）做好安全措施	5	缺主要项每处扣1分，不完整或不清晰每处扣0.5分，扣完为止		
2	触头接触不良问题	（1）故障特征：触头接触不良，投运后导致发热，变压器油色谱分析指标超标。 （2）原因分析：① 定位指示与开关接触位置不对应，使动触头不到位；② 触头接触压力不够（压紧弹簧疲劳、断裂或接触环各向弹力不均匀）；③ 部分触头接触面有缺陷，接触面偏小。 （3）检查与排除方法：首先连同变压器绕组一起做直流电阻，其运行挡位的直流电阻明显升高；另调整一个挡位再做直流电阻，若直流电阻仍然偏高，可初步判断确为无励磁开关触头过热，必要时进行吊芯检查。若另调整一个挡位再做直流电阻，其阻值不大时，可将变压器暂时加运，继续进行色谱跟踪并进一步判断故障点	20	未找到问题原因主要项每处扣7分，问题未处理每处扣2分，扣完为止		

续表

序号	项目名称	质量要求	满分	扣分标准	扣分原因	得分
3	无励磁开关密封渗漏油问题	（1）故障特征及原因分析：如系箱盖与无励磁开关法兰盘之间渗漏油，可能是箱盖与无励磁开关法兰盘之间静密封圈失效。如系转轴与法兰盘或座套之间渗漏油，可能是转轴与法兰盘或座套之间动密封圈失效。 （2）检查与排除方法：首先用扳手轻轻紧固无励磁开关法兰盘螺栓或轴套的压紧螺母，看是否奏效。若不奏效，将变压器油位放至箱盖以下，更换密封圈。近年来部分制造厂家给无励磁开关转轴密封设置了内、外两级，可不放油进行外级密封圈更换，较好地解决了操动机构部位的渗漏油问题	20	缺主要项每处扣10分，不完整或不清晰每处扣5分，扣完为止		
4	操动机构不能实现分接变换问题	（1）故障特征及原因分析：① 操作杆转轴与法兰盘或座套之间密封过紧；② 无励磁开关触头弹簧失效，动触头卡滞。均可造成操动机构不灵，不能实现分接变换。 （2）检查与排除方法：若是操作杆转轴与法兰盘或座套之间密封过紧，调整操作杆转轴与法兰盘或座套之间密封环塞子，既要不渗漏油，还要保证操作灵活。若是无励磁开关触头弹簧失效，动触头卡滞，则要将变压器进行吊罩，对无励磁开关进行检查或更换	30	缺主要项每处扣15分，不完整或不清晰每处扣5分，扣完为止		
5	挡位变动、电阻值不变问题	（1）故障特征及原因分析：① 绝缘操作杆下端槽形插口未插入开关转轴上端圆柱销；② 操作杆断裂。 （2）检查与排除方法：将变压器油位放至箱盖以下进行检查，若是绝缘操作杆下端槽形插口未插入开关转轴上端圆柱销，拆卸操作杆，重新安装即可；若是操作杆断裂，则检查操作杆并更换	20	缺主要项每处扣10分，不完整或不清晰每处扣5分，扣完为止		
6	完工	填写施工记录，工器具及设备摆放整齐，工完场清，报告工作结束	5	缺主要项每处扣3分，不完整或不清晰每处扣1分，扣完为止		
合计			100			

Jc0005252026　电流互感器现场安装常见问题处理。（100分）

考核知识点：其他电气设备安装及调整

难易度：中

技能等级评价专业技能考核操作工作任务书

一、任务名称

电流互感器现场安装常见问题处理。

二、适用工种

变电一次安装工技师。

三、具体任务

（1）检查工器具、材料。

（2）确保现场布置及操作符合安全要求。

（3）做好施工准备工作。

（4）电流互感器现场安装常见问题处理。

（5）完工清理现场。

四、工作规范及要求

（1）考生正确填写办理工作票，进行安全、技术交底，合理安排人员分工并明确相应职责。

（2）考生进场后检查确认作业场所装设的围栏、悬挂的标识牌符合安全工作规程要求。

（3）考生正确把握执行现场安全文明施工作业的相关要求。

（4）考试结束完成工器具、安装配件、材料的清理。

五、考核及时间要求

（1）本考核操作时间为90分钟，包括安装、调试及报告整理时间，时间到停止考评。

（2）按照技能操作相关要求进行操作，正确记录操作结果。

技能等级评价专业技能考核操作评分标准

工种	变电一次安装工					评价等级	技师
项目模块	专业技能—其他电气设备安装及调整				编号	Jc0005252026	
单位			准考证号			姓名	
考试时限	90 分钟	题型		单项操作		题分	100 分
成绩		考评员		考评组长		日期	
试题正文	电流互感器现场安装常见问题处理						
需要说明的问题和要求	（1）采取必要的安全措施，符合电力安全工作规程要求。 （2）在考试规定的时间内按要求完成操作任务。 （3）若操作过程出现不符合安全及劳动保护规定情况，每处扣2分						

序号	项目名称	质量要求	满分	扣分标准	扣分原因	得分
1	施工准备	（1）准备施工图、说明书、施工方案等。 （2）准备施工机具。 （3）办理作业票。 （4）进行安全技术交底。 （5）做好安全措施	5	缺主要项每处扣 1 分，不完整或不清晰每处扣 0.5 分，扣完为止		
2	互感器的极性问题	（1）原因分析： 1）互感器一次侧安装错误； 2）互感器二次回路错误。 （2）处理方法： 通过“点极性”试验找到具体问题位置，并处理	25	未找到问题原因主要项每处扣 13 分，问题未处理每处扣 5 分，扣完为止		
3	互感器的二次侧接地问题	（1）原因分析： 1）互感器二次绕组未做接地； 2）互感器二次绕组接地不牢固； 3）互感器二次多点接地。 （2）处理方法： 根据问题原因增加接地线或调整接地方式	35	未找到问题原因主要项每处扣 18 分，问题未处理每处扣 5 分，扣完为止		
4	互感器的末屏接地问题	（1）原因分析： 互感器的末屏未接地。 （2）处理方法： 增加末屏接地	15	未找到问题原因主要项每处扣8分，问题未处理每处扣 3 分，扣完为止		
5	电流互感器的二次侧开路问题	（1）原因分析： 电流互感器二次侧回路中存在开断点，造成开路。 （2）处理方法： 消除电流互感器二次回路开断点	15	未找到问题原因主要项每处扣8分，问题未处理每处扣 3 分，扣完为止		
6	完工	填写施工记录，工器具及设备摆放整齐，工完场清，报告工作结束	5	缺主要项每处扣 3 分，不完整或不清晰每处扣 1 分，扣完为止		
合计			100			

Jc0005252027　电压互感器现场安装常见问题处理。（100 分）

考核知识点： 其他电气设备安装及调整

难易度： 中

技能等级评价专业技能考核操作工作任务书

一、任务名称

电压互感器现场安装常见问题处理。

二、适用工种

变电一次安装工技师。

三、具体任务

（1）检查工器具、材料。

（2）确保现场布置及操作符合安全要求。

（3）做好施工准备工作。

（4）电压互感器现场安装常见问题处理。

（5）完工清理现场。

四、工作规范及要求

（1）考生正确填写办理工作票，进行安全、技术交底，合理安排人员分工并明确相应职责。

（2）考生进场后检查确认作业场所装设的围栏、悬挂的标识牌符合安全工作规程要求。

（3）考生正确把握执行现场安全文明施工作业的相关要求。

（4）考试结束完成工器具、安装配件、材料的清理。

五、考核及时间要求

（1）本考核操作时间为 90 分钟，包括安装、调试及报告整理时间，时间到停止考评。

（2）按照技能操作相关要求进行操作，正确记录操作结果。

技能等级评价专业技能考核操作评分标准

工种	变电一次安装工				评价等级	技师
项目模块	专业技能—其他电气设备安装及调整			编号	Jc0005252027	
单位		准考证号			姓名	
考试时限	90 分钟	题型	单项操作		题分	100 分
成绩	考评员		考评组长		日期	
试题正文	电压互感器现场安装常见问题处理					
需要说明的问题和要求	（1）采取必要的安全措施，符合电力安全工作规程要求。 （2）在考试规定的时间内按要求完成操作任务。 （3）若操作过程出现不符合安全及劳动保护规定情况，每处扣 2 分					

序号	项目名称	质量要求	满分	扣分标准	扣分原因	得分
1	施工准备	（1）准备施工图、说明书、施工方案等。 （2）准备施工机具。 （3）办理作业票。 （4）进行安全技术交底。 （5）做好安全措施	5	缺主要项每处扣 1 分，不完整或不清晰每处扣 0.5 分，扣完为止		

续表

序号	项目名称	质量要求	满分	扣分标准	扣分原因	得分
2	互感器的极性问题	（1）原因分析： 1）互感器一次侧安装错误。 2）互感器二次回路错误。 （2）处理方法： 通过“点极性”试验找到具体问题位置，并处理	20	未找到问题原因主要项每处扣10分，问题未处理每处扣5分，扣完为止		
3	互感器的二次侧接地问题	（1）原因分析： 1）互感器二次绕组未做接地。 2）互感器二次绕组接地不牢固。 3）互感器二次多点接地。 （2）处理方法： 根据问题原因增加接地线或调整接地方式	20	未找到问题原因主要项每处扣10分，问题未处理每处扣5分，扣完为止		
4	互感器的末屏接地问题	（1）原因分析： 互感器的末屏未接地。 （2）处理方法： 增加末屏接地	20	未找到问题原因主要项每处扣10分，问题未处理每处扣5分，扣完为止		
5	电压互感器二次侧短路危害	（1）危害分析： 电压互感器二次侧不允许短路。由于电压互感器内阻抗很小，当二次回路短路时，会出现很大的电流，将损坏二次设备甚至危及人身安全。 （2）处理方法： 电压互感器可以在二次侧装设熔断器以保护自身不因二次侧短路而损坏	30	未说明主要危害扣15分，未说明处理方法扣15分，不完整或不清晰扣5分，扣完为止		
6	完工	填写施工记录，工器具及设备摆放整齐，工完场清，报告工作结束	5	缺主要项每处扣3分，不完整或不清晰每处扣1分，扣完为止		
	合计		100			

Jc0005252028 35kV及以下断路器安装常见问题处理。（100分）

考核知识点：断路器安装及调整

难易度：中

技能等级评价专业技能考核操作工作任务书

一、任务名称

35kV及以下断路器安装常见问题处理。

二、适用工种

变电一次安装工技师。

三、具体任务

（1）检查工器具、材料。

（2）确保现场布置及操作符合安全要求。

（3）做好施工准备工作。

（4）35kV及以下断路器安装常见问题处理。

（5）完工清理现场。

四、工作规范及要求

（1）考生正确填写办理工作票，进行安全、技术交底，合理安排人员分工并明确相应职责。

（2）考生进场后检查确认作业场所装设的围栏、悬挂的标识牌符合安全工作规程要求。

（3）考生正确把握执行现场安全文明施工作业的相关要求。

（4）考试结束完成工器具、安装配件、材料的清理。

五、考核及时间要求

（1）本考核操作时间为 90 分钟，包括安装、调试及报告整理时间，时间到停止考评。

（2）按照技能操作相关要求进行操作，正确记录操作结果。

技能等级评价专业技能考核操作评分标准

工种	变电一次安装工					评价等级	技师
项目模块	专业技能—断路器安装及调整				编号	Jc0005252028	
单位			准考证号			姓名	
考试时限	90 分钟		题型	单项操作		题分	100 分
成绩		考评员		考评组长		日期	
试题正文	35kV 及以下断路器安装常见问题处理						
需要说明的问题和要求	（1）采取必要的安全措施，符合电力安全工作规程要求。 （2）在考试规定的时间内按要求完成操作任务。 （3）若操作过程出现不符合安全及劳动保护规定情况，每处扣 2 分						

序号	项目名称	质量要求	满分	扣分标准	扣分原因	得分
1	施工准备	（1）准备施工图、说明书、施工方案等。 （2）准备施工机具。 （3）办理作业票。 （4）进行安全技术交底。 （5）做好安全措施	5	缺主要项每处扣 1 分，不完整或不清晰每处扣 0.5 分，扣完为止		
2	真空泡真空度降低	（1）原因分析： 真空泡或真空泡内波形管的材质或制作工艺存在问题。 （2）处理方法： 更换真空泡，并做好行程、周期、弹跳等特性试验	20	未找到问题原因主要项每处扣 10 分，问题未处理每处扣 5 分，扣完为止		
3	真空断路器分闸失灵	（1）原因分析： 断路器远方遥控就地手动不能分闸。 （2）处理方法： 分闸顶杆变形，分闸时存在卡涩现象，分闸力降低，改铜质分闸顶杆为钢质，以避免变形	20	未找到问题原因主要项每处扣 10 分，问题未处理每处扣 5 分，扣完为止		
4	导电回路电阻值过大	（1）触头连接处过热、氧化或者连接件老化，则拆开断路器，按规定的方式清洁、润滑触头表面，重新装配断路器并检查回路电阻。 （2）触头磨损，则对其进行更换	20	未找到问题原因主要项每处扣 10 分，问题未处理每处扣 5 分，扣完为止		
5	三相联动操作时相间位置偏差	（1）原因分析： 操作连杆损坏； 绝缘操作杆损坏。 （2）处理方法： 更换损坏的操作连杆，检查各触头有无可能的机械损伤	30	未找到问题原因主要项每处扣 15 分，问题未处理每处扣 5 分，扣完为止		

续表

序号	项目名称	质量要求	满分	扣分标准	扣分原因	得分
6	完工	填写施工记录，工器具及设备摆放整齐，工完场清，报告工作结束	5	缺主要项每处扣 3 分，不完整或不清晰每处扣 1 分，扣完为止		
	合计		100			

Jc0005252029 110kV 及以上断路器安装验评。(100 分)

考核知识点：断路器安装及调整

难易度：中

技能等级评价专业技能考核操作工作任务书

一、任务名称

110kV 及以上断路器安装验评。

二、适用工种

变电一次安装工技师。

三、具体任务

(1) 检查工器具、材料。
(2) 确保现场布置及操作符合安全要求。
(3) 做好施工准备工作。
(4) 110kV 及以上断路器安装验评。
(5) 完工清理现场。

四、工作规范及要求

(1) 考生正确填写办理工作票，进行安全、技术交底，合理安排人员分工并明确相应职责。
(2) 考生进场后检查确认作业场所装设的围栏、悬挂的标识牌符合安全工作规程要求。
(3) 考生正确把握执行现场安全文明施工作业的相关要求。
(4) 考试结束完成工器具、安装配件、材料的清理。

五、考核及时间要求

(1) 本考核操作时间为 90 分钟，包括安装、调试及报告整理时间，时间到停止考评。
(2) 按照技能操作相关要求进行操作，正确记录操作结果。

技能等级评价专业技能考核操作评分标准

工种	变电一次安装工					评价等级	技师
项目模块	专业技能—断路器安装及调试				编号	Jc0005252029	
单位			准考证号			姓名	
考试时限	90 分钟		题型	单项操作		题分	100 分
成绩		考评员		考评组长		日期	
试题正文	110kV 及以上断路器安装验评						
需要说明的问题和要求	(1) 采取必要的安全措施，符合电力安全工作规程要求。 (2) 在考试规定的时间内按要求完成操作任务。 (3) 若操作过程出现不符合安全及劳动保护规定情况，每处扣 2 分						

续表

序号	项目名称	质量要求	满分	扣分标准	扣分原因	得分
1	施工准备	（1）准备施工图、说明书、施工方案等。 （2）准备施工机具。 （3）办理作业票。 （4）进行安全技术交底。 （5）做好安全措施	5	缺主要项每处扣 1 分，不完整或不清晰每处扣 0.5 分，扣完为止		
2	支架柱安装	（1）支架应按制造厂家技术说明书要求进行组装。 （2）组装后的支架应校正水平，各支柱中心线间距离的误差不应大于 5mm，相间中心距离的误差不应大于 5mm。 （3）用规定的力矩紧固螺栓连接件	15	缺主要项每处扣 5 分，不完整或不清晰每处扣 2.5 分，扣完为止		
3	支柱绝缘子安	（1）支柱绝缘子表面应光滑、无裂纹缺损；绝缘子与法兰的接合面应牢固；法兰接合面应平整，无外伤和铸造砂眼。 （2）对于制造厂家已整体组装好的断路器绝缘支柱，采用抬吊法将绝缘支柱吊起后安装于断路器支柱架。 （3）对于需在现场组装的断路器绝缘支柱，应根据产品技术说明书要求，按制造厂家编号及标志进行组装，组装用的螺栓、密封垫、密封脂、清洁剂和润滑脂等材料的规格和数量必须符合产品的技术规定，绝缘拉杆表面应无裂纹、剥落、破损，端部连接应牢固可靠	30	缺主要项每处扣 10 分，不完整或不清晰每处扣 5 分，扣完为止		
4	操动机构的安装	（1）断路器操动机构的安装按有关规程规范要求执行。 （2）按产品技术规定要求将操动机构安装于地脚螺栓或本体上，要求安装牢固、平直。 （3）操动机构的零部件应齐全，各转动部分应涂以适合当地气候条件的润滑脂。 （4）分合闸绕组的铁芯应动作灵活、无卡阻。 （5）加热装置及控制装置的绝缘应良好	25	缺主要项每处扣 5 分，不完整或不清晰每处扣 2.5 分，扣完为止		
5	附件安装、二次接线	（1）密度继电器的安装，应按产品技术说明书要求安装到规定的位置。 （2）气体管路和动力的安装，要求管路密封良好，走线美观，弯曲半径符合规定。现场制作的命令管宜基本等长，以保证断路器动作的同步性。 （3）其他附件的安装应符合产品说明书和设计文件的要求。 （4）电缆敷设和二次接线及屏蔽接地应符合产品说明书和设计文件的要求	20	缺主要项每处扣 5 分，不完整或不清晰每处扣 2.5 分，扣完为止		
6	完工	填写施工记录，工器具及设备摆放整齐，工完场清，报告工作结束	5	缺主要项扣 5 分，不完整或不清晰每处扣 2.5 分，扣完为止		
合计			100			

Jc0005252030　110kV 及以上断路器安装常见问题处理。（100 分）

考核知识点：断路器安装及调整

难易度：中

技能等级评价专业技能考核操作工作任务书

一、任务名称

110kV 及以上断路器安装常见问题处理。

二、适用工种

变电一次安装工技师。

三、具体任务

（1）检查工器具、材料。
（2）确保现场布置及操作符合安全要求。
（3）做好施工准备工作。
（4）110kV 及以上断路器安装常见问题处理。
（5）完工清理现场。

四、工作规范及要求

（1）考生正确填写办理工作票，进行安全、技术交底，合理安排人员分工并明确相应职责。
（2）考生进场后检查确认作业场所装设的围栏、悬挂的标识牌符合安全工作规程要求。
（3）考生正确把握执行现场安全文明施工作业的相关要求。
（4）考试结束完成工器具、安装配件、材料的清理。

五、考核及时间要求

（1）本考核操作时间为 90 分钟，包括安装、调试及报告整理时间，时间到停止考评。
（2）按照技能操作相关要求进行操作，正确记录操作结果。

技能等级评价专业技能考核操作评分标准

工种	变电一次安装工					评价等级	技师
项目模块	专业技能—断路器安装及调整				编号	Jc0005252030	
单位			准考证号			姓名	
考试时限	90 分钟		题型		单项操作	题分	100 分
成绩		考评员		考评组长		日期	
试题正文	110kV 及以上断路器安装常见问题处理						
需要说明的问题和要求	（1）采取必要的安全措施，符合电力安全工作规程要求。 （2）在考试规定的时间内按要求完成操作任务。 （3）若操作过程出现不符合安全及劳动保护规定情况，每处扣 2 分						

序号	项目名称	质量要求	满分	扣分标准	扣分原因	得分
1	施工准备	（1）准备施工图、说明书、施工方案等。 （2）准备施工机具。 （3）办理作业票。 （4）进行安全技术交底。 （5）做好安全措施	5	缺主要项每处扣 1 分，不完整或不清晰每处扣 0.5 分，扣完为止		
2	固定密封处渗漏油	（1）原因分析： 支柱绝缘子、手孔盖等处的橡皮垫老化。 （2）处理方法： 安装前严格检查所有橡皮垫，防止采用老化橡皮垫进行安装，对已老化的橡皮垫进行更换	15	未找到问题原因主要项每处扣 8 分，问题未处理每处扣 3 分，扣完为止		

续表

序号	项目名称	质量要求	满分	扣分标准	扣分原因	得分
3	导电回路电阻值过大	（1）原因分析： 1）触头连接处过热、氧化，连接件老化。 2）触头磨损。 （2）处理方法： 1）触头连接处过热、氧化或者连接件老化，则拆开断路器，按规定的方式清洁、润滑触头表面，重新装配断路器并检查回路电阻。 2）触头磨损，则对其进行更换	20	未找到问题原因主要项每处扣5分，问题未处理每处扣2分，扣完为止		
4	SF_6气体密度过低，发出报警	（1）原因分析： 1）气体密度继电器有偏差。 2）SF_6气体泄漏。 3）防爆膜破裂。 （2）处理方法： 1）检查气体密度继电器的报警标准，看密度继电器是否有偏差。 2）检查气体填充后的记录，确认SF_6气体是否泄漏，必要时用检漏仪检测，更换密封件和其他已损坏部件。 3）检查是否因内部气体压力升高而使防爆膜破裂，如果确认是电弧的原因，必须更换灭弧室	30	未找到问题原因主要项每处扣5分，问题未处理每处扣3分，扣完为止		
5	三相联动操作时相间位置偏差	（1）原因分析： 1）操作连杆损坏。 2）绝缘操作杆损坏。 （2）处理方法： 更换损坏的操作连杆，检查各触头有无可能的机械损伤	25	未找到问题原因主要项每处扣10分，问题未处理每处扣5分，扣完为止		
6	完工	填写施工记录，工器具及设备摆放整齐，工完场清，报告工作结束	5	缺主要项扣5分，不完整或不清晰每处扣2.5分，扣完为止		
合计			100			

Jc0005252031　35kV及以下隔离开关安装常见问题处理。（100分）

考核知识点：隔离开关安装及调整

难易度：中

技能等级评价专业技能考核操作工作任务书

一、任务名称

35kV及以下隔离开关安装常见问题处理。

二、适用工种

变电一次安装工技师。

三、具体任务

（1）检查工器具、材料。

（2）确保现场布置及操作符合安全要求。

（3）做好施工准备工作。

（4）35kV及以下隔离开关安装常见问题处理。

（5）完工清理现场。

四、工作规范及要求

（1）考生正确填写办理工作票，进行安全、技术交底，合理安排人员分工并明确相应职责。

（2）考生进场后检查确认作业场所装设的围栏、悬挂的标识牌符合安全工作规程要求。

（3）考生正确把握执行现场安全文明施工作业的相关要求。

（4）考试结束完成工器具、安装配件、材料的清理。

五、考核及时间要求

（1）本考核操作时间为90分钟，包括安装、调试及报告整理时间，时间到停止考评。

（2）按照技能操作相关要求进行操作，正确记录操作结果。

技能等级评价专业技能考核操作评分标准

工种	变电一次安装工					评价等级	技师
项目模块	专业技能—隔离开关安装及调整				编号	Jc0005252031	
单位			准考证号			姓名	
考试时限	90分钟		题型	单项操作		题分	100分
成绩		考评员		考评组长		日期	
试题正文	35kV及以下隔离开关安装常见问题处理						
需要说明的问题和要求	（1）采取必要的安全措施，符合电力安全工作规程要求。 （2）在考试规定的时间内按要求完成操作任务。 （3）若操作过程出现不符合安全及劳动保护规定情况，每处扣2分						

序号	项目名称	质量要求	满分	扣分标准	扣分原因	得分
1	施工准备	（1）准备施工图、说明书、施工方案等。 （2）准备施工机具。 （3）办理作业票。 （4）进行安全技术交底。 （5）做好安全措施	5	缺主要项每处扣1分，不完整或不清晰每处扣0.5分，扣完为止		
2	隔离开关拒动或分、合闸不到位	（1）原因分析： 1）隔离开关设备支架安装的标高偏差、垂直度偏差、相间轴线偏差、本相间距偏差、顶面水平度偏差中的一项或多项超过规程要求。 2）连杆、拐臂、传动轴等传动部位润滑干涩、机构箱卡涩。 3）产品的传动结构设计不合理，导电杆分、合闸限位与电动机配合不当处理方法。 （2）处理方法： 1）对操作卡涩的传动部位要进行润滑处理。 2）调整导电杆分、合闸限位开关行程，确保分、合闸满足要求	19	未找到问题原因主要项每处扣4分，问题未处理每处扣2分，扣完为止		
3	接触电阻值偏大	（1）原因分析： 1）合闸角度存在偏差，致使接触面不够，连接螺栓紧固不够或过度致使螺栓断裂。 2）合闸不到位或触指夹紧力不足。 3）隔离开关导电回路接触处氧化膜未清洗干净。 （2）处理方法： 1）调整隔离开关，确保合闸角度一致，接触面符合制造厂家说明书要求。 2）合闸调整单位，触指夹紧力符合制造厂家产品技术要求。 3）清洗隔离开关闸刀表面氧化层，并涂中性凡士林	21	未找到问题原因主要项每处扣4分，问题未处理每处扣2分，扣完为止		

续表

序号	项目名称	质量要求	满分	扣分标准	扣分原因	得分
4	控制回路故障	（1）原因分析： 1）热继电器触点接触不良、与电动机容量不匹配。 2）辅助开关切换不到位或触点接触不良，导致电动操作失灵。 3）限位开关调整不到位。 （2）处理方法： 1）对热继电器进行试验，检查是否满足电动机容量要求。 2）调整辅助开关的切换行程，特别注意与限位开关的切换行程配合。一般要求辅助开关在限位开关前切换。 3）检查限位开关固定情况，紧固或更换安装底座。 4）立即切断电动机电源，检查限位开关触点，调整限位开关切换行程	30	未找到问题原因主要项每处扣5分，问题未处理每处扣2分，扣完为止		
5	二次回路绝缘能力降低	（1）原因分析： 1）机构箱进水。 2）二次电缆破损。 3）机构箱密封条老化。 4）机构箱转动轴承与垂直连杆间密封性不好。 5）隔离开关安装完后，没有投入加热器，造成机构箱凝露。 （2）处理方法： 1）电缆敷设时，电缆应从盘的上端引出，不应使电缆在支架上及地面摩擦拖拉，电缆上不得有铠装压扁、电缆绞拧、护层折裂等未消除的机械损伤。 2）电缆施工不得伤及芯线	20	未找到问题原因主要项每处扣3分，问题未处理每处扣2分，扣完为止		
6	完工	填写施工记录，工器具及设备摆放整齐，工完场清，报告工作结束	5	缺主要项每处扣3分，不完整或不清晰每处扣1分，扣完为止		
	合计		100			

Jc0005252032　110～750kV 变电站接地装置的施工。（100 分）

考核知识点：其他电气设备安装及调整

难易度：中

技能等级评价专业技能考核操作工作任务书

一、任务名称

110～750kV 变电站接地装置的施工。

二、适用工种

变电一次安装工技师。

三、具体任务

（1）检查工器具、材料。

（2）确保现场布置及操作符合安全要求。

（3）做好施工准备工作。

（4）110～750kV变电站接地装置的施工。

（5）完工清理现场。

四、工作规范及要求

（1）考生正确填写办理工作票，进行安全、技术交底，合理安排人员分工并明确相应职责。

（2）考生进场后检查确认作业场所装设的围栏、悬挂的标识牌符合安全工作规程要求。

（3）考生正确把握执行现场安全文明施工作业的相关要求。

（4）考试结束完成工器具、安装配件、材料的清理。

五、考核及时间要求

（1）本考核操作时间为90分钟，包括安装、调试及报告整理时间，时间到停止考评。

（2）按照技能操作相关要求进行操作，正确记录操作结果。

技能等级评价专业技能考核操作评分标准

工种	变电一次安装工			评价等级	技师
项目模块	专业技能—其他电气设备安装及调整			编号	Jc0005252032
单位		准考证号		姓名	
考试时限	90分钟	题型	单项操作	题分	100分
成绩	考评员		考评组长	日期	
试题正文	110～750kV变电站接地装置的施工				
需要说明的问题和要求	（1）采取必要的安全措施，符合电力安全工作规程要求。 （2）在考试规定的时间内按要求完成操作任务。 （3）若操作过程出现不符合安全及劳动保护规定情况，每处扣2分				

序号	项目名称	质量要求	满分	扣分标准	扣分原因	得分
1	施工准备	（1）准备施工图、说明书、施工方案等。 （2）准备施工机具。 （3）办理作业票。 （4）进行安全技术交底。 （5）做好安全措施	5	缺主要项每处扣1分，不完整或不清晰每处扣0.5分，扣完为止		
2	施工准备	（1）技术准备：熟悉施工图纸、施工规范和设计对接地网施工技术要求。 （2）材料准备：根据设计规格和型号，结合工程用量进行接地网用镀锌扁钢、角钢（或铜绞线、铜排、铜棒、铜包钢等）等材料准备；对到达现场材料的规格、质量、外观等进行必要的检查；焊接用的焊条、焊粉、助焊剂和热熔焊的热熔剂等辅助材料必须有出厂合格证	10	缺主要项每处扣5分，叙述不完整或不清晰每处扣2.5分，扣完为止		
3	接地沟开挖	（1）根据主接地网的设计图纸对主接地网敷设位置、网格大小进行放线。 （2）按照设计要求或规范要求的接地深度进行接地沟开挖，深度按照设计或规范要求的最高标准为准，且留有一定的裕度。 （3）接地沟宜按场地或分区域进行开挖，以便于记录完成情况，同时确保现场的文明施工	15	缺主要项每处扣5分，不合理或不恰当每处扣2.5分，扣完为止		

续表

序号	项目名称	质量要求	满分	扣分标准	扣分原因	得分
4	垂直接地体加工和安装	（1）按照设计或规范的要求长度进行垂直接地体的加工和防腐处理。 （2）为了便于垂直接地体的安装，垂直接地体的下端部应加工成锥形。为了避免垂直接地体安装时，上部敲击部位的损伤，宜在上端部敲击部位进行相应的加固。为了便于垂直接地体与水平接地体搭接处的焊接，宜在垂直接地体未埋入接地沟之前在垂直接地体上焊接一段水平接地体。 （3）按照设计图纸的位置安装垂直接地体。 （4）铜棒、铜包钢垂直接地体与水平接地体焊接可靠。 （5）垂直接地体上端的埋入深度必须满足设计或规范的要求，安装结束后在上端敲击部位进行防腐处理	20	缺主要项每处扣 4 分，不合理或不恰当每处扣 2 分，扣完为止		
5	主接地网敷设、焊接	（1）接地体埋设深度应符合设计规定，不宜小于 0.6m。 （2）主接地网的连接方式应符合设计要求，一般采用焊接（钢材采用电焊，铜排采用热熔焊），焊接必须牢固、无虚焊。 （3）钢接地体的搭接应使用搭接焊，搭接长度：扁钢－扁钢为其宽度的 2 倍（且至少 3 个棱边焊接）；圆钢－圆钢为其直径的 6 倍（接触部位两边焊接）；扁钢－圆钢为圆钢直径的 6 倍（接触部位两边焊接）。在“十”字搭接处，应采取弥补搭接面不足的措施以满足上述要求。 （4）裸铜绞线与铜排及钢接地体的焊接采用热熔焊方法，热熔焊具体要求：对应焊接点的模具规格必须正确并完好，焊接点导体和焊接模具必须清洁：大接头焊接应预热模具，模具内热熔剂填充密实，点火过程安全防护可靠；接头内导体应熔透，保证有足够的导电截面积；应用钢丝刷清除焊渣。 （5）避雷针（带）接地的特殊要求符合规范和设计。 （6）建筑物内的接地敷设符合规范和设计。 （7）主接地网防腐要求：焊接结束后，首先应去除焊接部位残留的焊药，表面除锈后做防腐处理；镀锌钢材在锌层破坏处也应进行防腐处理；钢材的切断面必须进行防腐处理	35	缺主要项每处扣 5 分，不合理或不恰当每处扣 2.5 分，扣完为止		
6	隐蔽工程验收及接地沟土回填	（1）接地网的某一区域施工结束后，应及时进行回填土工作。在接地沟回填土前必须经过监理人员的验收签证，合格后方可进行回填工作，同时做好隐蔽工程的记录。 （2）回填土内不得夹有石块和建筑垃圾，外取的土壤不得有较强的腐蚀性，回填土应分层夯实	10	缺主要项每处扣 5 分，不合理或不恰当每处扣 2.5 分，扣完为止		
7	完工	填写施工记录，工器具及设备摆放整齐，工完场清，报告工作结束	5	缺主要项每处扣 3 分，不完整或不清晰每处扣 1 分，扣完为止		
合计			100			

Jc0005252033　110～330kV SF_6断路器一次部分验收。（100 分）

考核知识点：断路器的安装及调整

难易度：中

技能等级评价专业技能考核操作工作任务书

一、任务名称

110～330kV SF_6断路器一次部分验收。

二、适用工种

变电一次安装工技师。

三、具体任务

（1）检查工器具、材料。

（2）确保现场布置及操作符合安全要求。

（3）做好施工准备工作。

（4）SF_6断路器一次部分验收。

（5）完工清理现场。

四、工作规范及要求

（1）考生正确填写办理工作票，进行安全、技术交底，合理安排人员分工并明确相应职责。

（2）考生进场后检查确认作业场所装设的围栏、悬挂的标识牌符合安全工作规程要求。

（3）考生正确把握执行现场安全文明施工作业的相关要求。

（4）考试结束完成工器具、安装配件、材料的清理。

五、考核及时间要求

（1）本考核操作时间为90分钟，包括安装、调试及报告整理时间，时间到停止考评。

（2）按照技能操作相关要求进行操作，正确记录操作结果。

技能等级评价专业技能考核操作评分标准

<table>
<tr><td>工种</td><td colspan="5">变电一次安装工</td><td>评价等级</td><td>技师</td></tr>
<tr><td>项目模块</td><td colspan="4">专业技能—断路器安装及调整</td><td>编号</td><td colspan="2">Jc0005252033</td></tr>
<tr><td>单位</td><td colspan="2"></td><td>准考证号</td><td colspan="2"></td><td>姓名</td><td></td></tr>
<tr><td>考试时限</td><td>90分钟</td><td>题型</td><td colspan="3">单项操作</td><td>题分</td><td>100分</td></tr>
<tr><td>成绩</td><td></td><td>考评员</td><td></td><td>考评组长</td><td></td><td>日期</td><td></td></tr>
<tr><td>试题正文</td><td colspan="7">110～330kV SF₆断路器一次部分验收</td></tr>
<tr><td>需要说明的问题和要求</td><td colspan="7">（1）采取必要的安全措施，符合电力安全工作规程要求。
（2）在考试规定的时间内按要求完成操作任务。
（3）若操作过程出现不符合安全及劳动保护规定情况，每处扣2分</td></tr>
</table>

序号	项目名称	质量要求	满分	扣分标准	扣分原因	得分
1	施工准备	（1）准备施工图、说明书、施工方案等。 （2）准备施工机具。 （3）办理作业票。 （4）进行安全技术交底。 （5）做好安全措施	5	缺主要项每处扣1分，不完整或不清晰每处扣0.5分，扣完为止		
2	设备现场验收	验收过程程序正确，操作规范（包括分、合闸操作，各种信号核对，操动机构相关性能等）。做好验收过程的相关记录	30	验收指令不正确每处扣5分，操作不规范每处扣3分，扣完为止		

续表

序号	项目名称	质量要求	满分	扣分标准	扣分原因	得分
3	验收报告相关设备检查与评价	按图纸施工检查，设备性能检查（包括 SF_6 气体相关性能），规范、规程符合情况，安装工艺评价，缺陷情况及处理方法	20	检查评价内容重要缺项每处扣5分，评价明显错误每处扣 3 分，评价不恰当每处扣 1 分，存在缺陷未指出每处扣2分，缺陷处理方法不适宜每处扣2分，扣完为止		
4	验收报告相关设备资料检查与评价	施工图纸及变更文件、产品技术资料、安装验评资料、试验报告、备品、备件及专用工具移交清单等齐全、正确	20	检查评价内容重要缺项每处扣3分，评价明显错误每处扣 2 分，评价不恰当每处扣1分，扣完为止		
5	验收报告结论	总体评价，明确有无需要处理的缺陷和相关解决方法	10	验收报告结论不全面或不正确扣 5 分，缺陷漏项或定义不正确每处扣 2 分，扣完为止		
6	验收，检查过程	回答问题清晰、准确	10	回答错误每处扣 3 分，不全面每处扣1分，扣完为止		
7	完工	填写施工记录，工器具及设备摆放整齐，工完场清，报告工作结束	5	缺主要项每处扣 3 分，不完整或不清晰每处扣1分，扣完为止		
	合计		100			

Jc0005252034　SF_6气体回收充气装置的操作。（100 分）

考核知识点： 断路器的安装及调整

难易度： 中

技能等级评价专业技能考核操作工作任务书

一、任务名称

SF_6 气体回收充气装置的操作。

二、适用工种

变电一次安装工技师。

三、具体任务

（1）检查工器具、材料。

（2）确保现场布置及操作符合安全要求。

（3）做好施工准备工作。

（4）SF_6 气体回收充气装置的操作。

（5）完工清理现场。

四、工作规范及要求

（1）考生正确填写办理工作票，进行安全、技术交底，合理安排人员分工并明确相应职责。

（2）考生进场后检查确认作业场所装设的围栏、悬挂的标识牌符合安全工作规程要求。

（3）考生正确把握执行现场安全文明施工作业的相关要求。

（4）考试结束完成工器具、安装配件、材料的清理。

五、考核及时间要求

（1）本考核操作时间为 90 分钟，包括安装、调试及报告整理时间，时间到停止考评。

（2）按照技能操作相关要求进行操作，正确记录操作结果。

技能等级评价专业技能考核操作评分标准

工种	变电一次安装工					评价等级	技师
项目模块	专业技能—断路器的安装及调整				编号	Jc0005252034	
单位			准考证号			姓名	
考试时限	90 分钟	题型	单项操作			题分	100 分
成绩		考评员		考评组长		日期	
试题正文	SF_6气体回收充气装置的操作						
需要说明的问题和要求	（1）采取必要的安全措施，符合电力安全工作规程要求。 （2）在考试规定的时间内按要求完成操作任务。 （3）若操作过程出现不符合安全及劳动保护规定情况，每处扣 2 分						

序号	项目名称	质量要求	满分	扣分标准	扣分原因	得分
1	施工准备	（1）准备施工图、说明书、施工方案等。 （2）准备施工机具。 （3）办理作业票。 （4）进行安全技术交底。 （5）做好安全措施	5	缺主要项每处扣 1 分，不完整或不清晰每处扣 0.5 分，扣完为止		
2	装置检查	（1）严格按照每一个功能的操作顺序进行操作。 （2）主要内容包括：装置外观、电源连接、操作顺序表、正确操作阀门、正确启动真空泵及装置抽真空、回收储存充气、气体干燥净化、分子筛再生能力、回收 SF_6 气体过程中将 SF_6 气体充灌入钢瓶	20	缺主要项每处扣 10 分，操作错误每处扣 3 分，操作不规范每处扣 2 分，扣完为止		
3	回收 SF_6 气体操作	（1）遵守装置使用说明书要求，绝对防止误操作，保证 SF_6 气体纯度，防止 SF_6 污染及对外污染。 （2）主要内容包括：电源检查、各个过程阀门操作顺序正确，装置和连接管道抽真空，压缩机运转符合要求，储存容器内压力检查不低于 1.0MPa，依次开启断路器设备阀门和装置相应阀门及设备启动，对 SF_6 气体进行收，同时进行净化和储存回收 SF_6 气体。 （3）回收过程各监视仪表指示正常	20	操作顺序错误扣 7 分，操作方法错误每项扣 4 分，操作不规范每项扣 2 分，扣完为止		
4	对断路器或 GIS 其他气室抽真空方法	（1）采用专用连接管道并清洁、干燥，正确连接断路器设备与回收充气装置。 （2）遵守装置使用说明书要求，真空度为 133.32Pa 时抽 0.5h，停泵 0.5h，记下真空值 *A*，再隔 5h，读真空值，若小于 133.32Pa，认为合格	20	操作顺序错误扣 8 分，操作方法错误每项扣 4 分，操作不规范每项扣 2 分，扣完为止		
5	利用储存器内部压力充气，利用压缩机充气	（1）遵守装置使用规定和有关 SF_6 设备检修导则。 （2）遵守装置使用规定及 SF_6 气体安全防护暂行规定。 （3）应预先对管道抽真空。 （4）操作顺序正确，阀门开启方法正确	10	操作顺序错误扣 8 分，操作方法错误每项扣 4 分，操作不规范每项扣 2 分，扣完为止		
6	对钢瓶充灌 SF_6 液体	（1）钢瓶真空干燥或对钢瓶内储存量检查，同时充灌时应计量。 （2）操作程序正确，包括制冷机组和压缩机正确操作	10	操作方法错误每项扣 5 分，操作不规范每项扣 2 分，扣完为止		

续表

序号	项目名称	质量要求	满分	扣分标准	扣分原因	得分
7	分子筛再生操作	（1）遵守装置使用操作规定、SF_6 气体管理规定。 （2）操作程序正确，包括真空、加热、净化过程	10	操作方法错误每项扣 5 分，操作不规范每项扣 2 分，扣完为止		
8	完工	填写施工记录，工器具及设备摆放整齐，工完场清，报告工作结束	5	缺主要项每处扣 3 分，不完整或不清晰每处扣 1 分，扣完为止		
	合计		100			

Jc0005252035　支撑式管形母线安装。(100 分)

考核知识点：母线及接地装置安装

难易度：中

技能等级评价专业技能考核操作工作任务书

一、任务名称

支撑式管形母线安装。

二、适用工种

变电一次安装工技师。

三、具体任务

（1）检查工器具、材料。

（2）确保现场布置及操作符合安全要求。

（3）做好施工准备工作。

（4）支撑式管形母线安装。

（5）完工清理现场。

四、工作规范及要求

（1）考生正确填写办理工作票，进行安全、技术交底，合理安排人员分工并明确相应职责。

（2）考生进场后检查确认作业场所装设的围栏、悬挂的标识牌符合安全工作规程要求。

（3）考生正确把握执行现场安全文明施工作业的相关要求。

（4）考试结束完成工器具、安装配件、材料的清理。

五、考核及时间要求

（1）本考核操作时间为 90 分钟，包括安装、调试及报告整理时间，时间到停止考评。

（2）按照技能操作相关要求进行操作，正确记录操作结果。

技能等级评价专业技能考核操作评分标准

工种	变电一次安装工				评价等级	技师
项目模块	专业技能—母线及接地装置安装			编号	Jc0005252035	
单位		准考证号			姓名	
考试时限	90 分钟	题型	单项操作		题分	100 分

续表

成绩		考评员		考评组长		日期	
试题正文	支撑式管形母线安装						
需要说明的问题和要求	（1）采取必要的安全措施，符合电力安全工作规程要求。 （2）在考试规定的时间内按要求完成操作任务。 （3）若操作过程出现不符合安全及劳动保护规定情况，每处扣2分						

序号	项目名称	质量要求	满分	扣分标准	扣分原因	得分
1	施工准备	（1）准备施工图、说明书、施工方案等。 （2）准备施工机具。 （3）办理作业票。 （4）进行安全技术交底。 （5）做好安全措施	5	缺主要项每处扣1分，不完整或不清晰每处扣0.5分，扣完为止		
2	支柱绝缘子安装	（1）按照设计图要求配置绝缘子。 （2）绝缘子应完好无损。 （3）支柱绝缘子应在同一平面上且中心线应在同一直线上	18	缺主要项每处扣6分，不完整或不清晰每处扣3分，扣完为止		
3	管形母线的加工制作	（1）坡口应光滑均匀，无毛刺。 （2）允许弯曲度值不超过2mm/m	12	缺主要项每处扣6分，不完整或不清晰每处扣3分，扣完为止		
4	管形母线的焊接	（1）焊接均匀无气泡。 （2）母线坡口两侧表面各500mm范围内不得有氧化膜、水分和油污。 （3）母线对口应平直，中心线偏移不应大于0.5mm。 （4）母线对接焊缝上部应有2～4mm的加强高度，咬边深度不得超过母线壁厚的10%，且总长不得超过焊缝总长的20%。 （5）焊件按要求进行试验	30	缺主要项每处扣6分，不完整或不清晰每处扣3分，扣完为止		
5	管形母线的吊装	（1）采用多点吊装不得伤及母线。 （2）同相管段轴线应处于一个平面上，三相母线管段轴线应互相平行。 （3）管形母线的金具安装正确、牢固	18	缺主要项每处扣6分，不完整或不清晰每处扣3分，扣完为止		
6	相色标志和清理现场	（1）按相序要求对管形母线涂以相应的相色标志。 （2）对现场进行清理，清扫现场，工器具摆放整齐	12	缺主要项每处扣6分，不完整或不清晰每处扣3分，扣完为止		
7	完工	填写施工记录，工器具及设备摆放整齐，工完场清，报告工作结束	5	缺主要项每处扣3分，不完整或不清晰每处扣1分，扣完为止		
合计			100			

Jc0005251036　变压器器身检查。（100 分）

考核知识点：变压器的安装及调整

难易度：易

技能等级评价专业技能考核操作工作任务书

一、任务名称

变压器器身检查。

二、适用工种

变电一次安装工技师。

三、具体任务

运输和装卸过程中冲撞加速度出现大于 3g 或冲撞加速度监视装置出现异常情况时，必须进行现场器身检查。考虑进行吊罩检查，已完成钟罩起吊。

（1）检查工器具、材料。

（2）确保现场布置及操作符合安全要求。

（3）做好施工准备工作。

（4）进行绕组及绝缘件、引线及支架、铁芯及夹件、压板及压钉、油箱检查。

（5）完工清理现场。

四、工作规范及要求

（1）考生正确填写办理工作票，进行安全、技术交底，合理安排人员分工并明确相应职责。

（2）考生进场后检查确认作业场所装设的围栏、悬挂的标识牌符合安全工作规程要求。

（3）考生正确把握执行现场安全文明施工作业的相关要求。

（4）考试结束完成工器具、安装配件、材料的清理。

五、考核及时间要求

（1）本考核操作时间为 90 分钟，包括安装、调试及报告整理时间，时间到停止考评。

（2）按照技能操作相关要求进行操作，正确记录操作结果。

技能等级评价专业技能考核操作评分标准

工种	变电一次安装工					评价等级	技师
项目模块	专业技能—变压器安装及调整				编号	Jc0005251036	
单位			准考证号			姓名	
考试时限	90 分钟		题型		单项操作	题分	100 分
成绩		考评员		考评组长		日期	
试题正文	变压器器身检查						
需要说明的问题和要求	（1）采取必要的安全措施，符合电力安全工作规程要求。 （2）在考试规定的时间内按要求完成操作任务。 （3）若操作过程出现不符合安全及劳动保护规定情况，每处扣 2 分						

序号	项目名称	质量要求	满分	扣分标准	扣分原因	得分
1	施工准备	（1）准备施工图、说明书、施工方案等。 （2）准备施工机具。 （3）办理作业票。 （4）进行安全技术交底。 （5）做好安全措施	5	缺主要项每处扣 1 分，不完整或不清晰每处扣 0.5 分，扣完为止		
2	绕组及绝缘件检查	（1）检查围屏表面清洁度，无发热放电痕迹，无变形。 （2）接头绑扎紧固，撑条整齐完好，相间隔板牢固、完好。 （3）绕组表面清洁无污，无变形、倾斜、位移，辐向未弹出。 （4）垫块完好无损，无松动位移，排列整齐，辐向间距相等，轴向垂直，垫块外露长度超过导线厚度。 （5）油道通畅，无污垢杂物堵塞。 （6）压紧装置无松动、紧固适当	18	缺主要项每处扣 3 分，不完整或不清晰每处扣 1 分，扣完为止		

续表

序号	项目名称	质量要求	满分	扣分标准	扣分原因	得分
3	引线及支架检查	（1）绝缘表面清洁完好，包扎良好，排列整齐，厚度、长度符合产品技术文件。 （2）穿缆引线外观清洁完好，引线间绝缘距离符合产品技术文件。 （3）引线接头平整、清洁、光滑、无毛刺，引线与套管导电杆连接紧固，焊接部位应为磷铜焊或银焊接，接头面积应大于其引线截面积3倍以上。 （4）绝缘支架表面清洁完好，与钢夹件用钢螺栓固定，与绝缘件用绝缘螺栓固定，有防松措施	16	缺主要项每处扣4分，不完整或不清晰每处扣2分，扣完为止		
4	铁芯及夹件检查	（1）铁芯外观清洁完好，片间无短路、搭接、发热、变色或烧伤痕迹。 （2）夹件外观清洁完好，螺栓紧固、无松动，压紧螺栓有防松措施，铁芯底脚垫木固定无松动。 （3）铁芯一点接地，固定良好，无变色，接地片厚度、宽度、插入深度符合产品技术文件，外露部分绝缘包扎良好。 （4）铁芯间油道与夹件油道通畅，无堵塞，垫块无脱落，排列整齐。 （5）用2500V绝缘电阻表检测铁芯，夹件的绝缘应良好	20	缺主要项每处扣4分，不完整或不清晰每处扣2分，扣完为止		
5	压板及压钉检查	（1）检查压板及压钉外观，表面清洁，无油垢或杂质，完好，无破损和裂纹，无爬电烧伤和放电痕迹，压板无偏心。 （2）检查紧固情况，压板紧固，与铁芯间隙均匀，正反压钉和防松螺母无松动，与绝缘垫圈接触良好，反压钉与上夹件由足够距离。 （3）钢压板一点接地，与夹件用连接片可靠连接。 （4）无压钉结构检查，铁芯与压板间绝缘垫块紧固无松动	16	缺主要项每处扣4分，不完整或不清晰每处扣2分，扣完为止		
6	油箱检查	（1）油箱外观清洁完好，内部完整，无锈蚀，漆膜附着牢固，底部无杂质。 （2）箱壁阀门开闭灵活，指示正确。 （3）检查导向绝缘油管，强油循环管路连接牢固，清洁完好。 （4）法兰接合面清洁平整，限位条焊接牢固、厚度均匀。 （5）磁（电）屏蔽装置，固定牢固、接地可靠，无放电痕迹	20	缺主要项每处扣4分，不完整或不清晰每处扣2分，扣完为止		
7	完工	填写施工记录，工器具及设备摆放整齐，工完场清，报告工作结束	5	缺主要项每处扣 3 分，不完整或不清晰每处扣1分，扣完为止		
合计			100			

Jc0005252037　110～750kV 避雷器安装的施工。（100 分）

考核知识点：其他电气设备安装及调整

难易度：中

技能等级评价专业技能考核操作工作任务书

一、任务名称

110～750kV 避雷器安装的施工。

二、适用工种

变电一次安装工技师。

三、具体任务

（1）检查工器具、材料。

（2）确保现场布置及操作符合安全要求。

（3）做好施工准备工作。

（4）110～750kV 避雷器安装的施工。

（5）完工清理现场。

四、工作规范及要求

（1）考生正确填写办理工作票，进行安全、技术交底，合理安排人员分工并明确相应职责。

（2）考生进场后检查确认作业场所装设的围栏、悬挂的标识牌符合安全工作规程要求。

（3）考生正确把握执行现场安全文明施工作业的相关要求。

（4）考试结束完成工器具、安装配件、材料的清理。

五、考核及时间要求

（1）本考核操作时间为 90 分钟，包括安装、调试及报告整理时间，时间到停止考评。

（2）按照技能操作相关要求进行操作，正确记录操作结果。

技能等级评价专业技能考核操作评分标准

工种	变电一次安装工					评价等级	技师
项目模块	专业技能—其他电气设备安装及调整				编号	Jc0005252037	
单位			准考证号			姓名	
考试时限	90 分钟	题型		单项操作		题分	100 分
成绩		考评员		考评组长		日期	
试题正文	110～750kV 避雷器安装的施工						
需要说明的问题和要求	（1）采取必要的安全措施，符合电力安全工作规程要求。 （2）在考试规定的时间内按要求完成操作任务。 （3）若操作过程出现不符合安全及劳动保护规定情况，每处扣 2 分						

序号	项目名称	质量要求	满分	扣分标准	扣分原因	得分
1	施工准备	（1）准备施工图、说明书、施工方案等。 （2）准备施工机具。 （3）办理作业票。 （4）进行安全技术交底。 （5）做好安全措施	5	缺主要项每处扣 1 分，不完整或不清晰每处扣 0.5 分，扣完为止		
2	基础复测和设备支架	（1）基础的标高、尺寸及位置应符合设计及有关标准，设备支柱接地极应统一朝向。 （2）矫正、找平避雷器设备杆。 （3）设备杆采用两次灌浆，第一次灌浆后混凝土高度距基础杯口 10～20cm，24h 后进行第二次灌浆，用混凝土填平基础杯口	15	缺主要项每处扣 5 分，不完整或不清晰每处扣 2 分，扣完为止		

续表

序号	项目名称	质量要求	满分	扣分标准	扣分原因	得分
3	避雷器本体安装	（1）将绝缘合格的避雷器底座安装在设备支架上，校正后用螺栓固定。 （2）一次安装试验合格的组合单元，喷口朝向合理。 （3）安装避雷器接线板和均压环，三相接线板方向一致，均压环不得歪斜、变形，最低处打滴水孔。 （4）调整三相避雷器垂直度，要求其中心在同一直线上。 （5）用力矩扳手紧固所有螺栓	25	缺主要项每处扣5分，不完整或不清晰每处扣2分，扣完为止		
4	在线监测仪安装	（1）检查在线监测仪的额定电压、型号与避雷器配套，符合设计要求。 （2）检查在线监测仪外壳无破损、密封良好，动作可靠。 （3）安装在线监测仪，位置朝向一致便于观察，接地可靠，计数器调至同一值	15	缺主要项每处扣5分，不完整或不清晰每处扣2分，扣完为止		
5	接地施工	（1）避雷器本体按照设计要求采用扁铁或铜绞线，两点分别与主接地网可靠相连。 （2）避雷器在线监测仪的接地端与主网接地可靠相连	10	缺主要项每处扣5分，不完整或不清晰每处扣2分，扣完为止		
6	电气试验	电气试验按照《电气装置安装工程 电气设备交接试验标准》（GB 50150—2016）进行，试验结果必须与产品试验报告进行比对	5	缺主要项扣5分，不完整或不清晰每处扣2分，扣完为止		
7	质量验评	（1）开箱检查记录、安装检验记录、评定记录、电气试验报告。 （2）制造厂提供的产品说明书、试验记录、合格证件及安装图纸等技术文件。 （3）施工图及变更设计的说明文件。 （4）备品、备件、专用工具及测试仪器清单	20	缺主要项每处扣5分，不完整或不清晰每处扣2分，扣完为止		
8	完工	填写施工记录，工器具及设备摆放整齐，工完场清，报告工作结束	5	缺主要项每处扣3分，不完整或不清晰每处扣1分，扣完为止		
	合计		100			

Jc0005253038 330～750kV 串联补偿装置安装的施工。（100分）

考核知识点：其他电气设备安装及调整

难易度：难

技能等级评价专业技能考核操作工作任务书

一、任务名称

330～750kV 串联补偿装置安装的施工。

二、适用工种

变电一次安装工技师。

三、具体任务

（1）检查工器具、材料。

（2）确保现场布置及操作符合安全要求。

（3）做好施工准备工作。

（4）330～750kV 串联补偿装置安装的施工。

（5）完工清理现场。

四、工作规范及要求

（1）考生正确填写办理工作票，进行安全、技术交底，合理安排人员分工并明确相应职责。

（2）考生进场后检查确认作业场所装设的围栏、悬挂的标识牌符合安全工作规程要求。

（3）考生正确把握执行现场安全文明施工作业的相关要求。

（4）考试结束完成工器具、安装配件、材料的清理。

五、考核及时间要求

（1）本考核操作时间为90分钟，包括安装、调试及报告整理时间，时间到停止考评。

（2）按照技能操作相关要求进行操作，正确记录操作结果。

技能等级评价专业技能考核操作评分标准

工种	变电一次安装工					评价等级	技师
项目模块	专业技能—其他电气设备安装及调整				编号	Jc0005253038	
单位			准考证号			姓名	
考试时限	90分钟		题型	单项操作		题分	100分
成绩		考评员		考评组长		日期	
试题正文	330～750kV串联补偿装置安装的施工						
需要说明的问题和要求	（1）采取必要的安全措施，符合电力安全工作规程要求。 （2）在考试规定的时间内按要求完成操作任务。 （3）若操作过程出现不符合安全及劳动保护规定情况，每处扣2分						

序号	项目名称	质量要求	满分	扣分标准	扣分原因	得分
1	施工准备	（1）准备施工图、说明书、施工方案等。 （2）准备施工机具。 （3）办理作业票。 （4）进行安全技术交底。 （5）做好安全措施	5	缺主要项每处扣1分，不完整或不清晰每处扣0.5分，扣完为止		
2	基础复测与支座安装	（1）基础应取得合格的验收资料。 （2）对串联补偿场地所有基础的标高、尺寸、预埋的地脚螺栓的位置、平面位置等进行全面复测，并检查预埋地脚螺栓的丝扣是否损坏。 （3）在每个混凝土基础上安装支柱绝缘子的底板，用水准仪校核支撑结构和预埋件的标高及平面位置，并在支撑结构上划出中心线，调整各底板的高度，使之在同一水平面上	12	缺主要项每处扣4分，不合理或不恰当每处扣2分，扣完为止		
3	串联补偿平台地面组装及吊装	（1）组装前应选好组装场地，考虑组装点、吊装点、吊车位置。 （2）组装过程中严格按照安装图进行核对。 （3）安装时可把平台设备的一些支持件也一并安装。 （4）平台起吊前，选好起吊点，平台四个方向拉好缆风绳。对平台试吊进行平衡调整，确认平台处于基本水平时可正式起吊。 （5）起吊一定高度时，可安装上节斜拉绝缘子。平台球头和球窝对接过程中要缓慢，对各支柱绝缘子接触点进行观察、调整。 （6）平台球头基本进入球窝时，可进行安装和调整斜拉绝缘子	24	缺主要项每处扣4分，不合理或不恰当每处扣2分，扣完为止		

续表

序号	项目名称	质量要求	满分	扣分标准	扣分原因	得分
4	平台斜拉绝缘子调整、紧固	（1）调整斜拉绝缘子使支柱绝缘子尽可能保持垂直，检查绝缘子的预拉力符合产品说明书要求。 （2）所有金具连接、轴销、开口销及螺栓紧固符合产品说明书要求	8	缺主要项每处扣 4 分，不合理或不恰当每处扣 2 分，扣完为止		
5	平台设备安装及连接	（1）平台稳定后才能对平台上的设备进行安装。 （2）平台上电容器的组装和安装、过电压限制器（MOV）安装、火花间隙、阻尼电抗电阻等设备以及管形母线和设备连线等符合产品说明书和设计图纸要求。 （3）按照设计图纸和规范进行旁通断路器、隔离开关的安装和导体连接。 （4）光缆、光缆通道复合绝缘子及光电流互感器安装符合产品说明书和设计图纸要求	16	缺主要项每处扣 4 分，不合理或不恰当每处扣 2 分，扣完为止		
6	电气试验	电气试验按照《电气装置安装工程 电气设备交接试验标准》（GB 50150—2016）进行，试验结果必须与产品试验报告进行比对	5	缺主要项扣 5 分，不合理或不恰当每处扣 2.5 分，扣完为止		
7	质量验评	（1）开箱检查记录、安装检验记录、评定记录、电气试验报告。 （2）制造厂提供的产品说明书、试验记录、合格证件及安装图纸等技术文件。 （3）施工图及变更设计的说明文件。 （4）备品、备件、专用工具及测试仪器清单。 （5）绝缘平台稳定性检查，操作及连锁回路检查	25	缺主要项每处扣 5 分，不合理或不恰当每处扣 2.5 分，扣完为止		
8	完工	填写施工记录，工器具及设备摆放整齐，工完场清，报告工作结束	5	缺主要项每处扣 3 分，不完整或不清晰每处扣 1 分，扣完为止		
合计			100			

第五部分
高级技师

第九章 变电一次安装工高级技师技能笔答

Jb0007132001 简述主地网测试报告主要内容。（5 分）

考核知识点：电气试验相关规程规范

难易度：中

标准答案：

（1）试验方法。

（2）实验仪器。

（3）试验结论。

（4）接地阻抗设计值。

Jb0007132002 简述避雷器主要技术参数。（5 分）

考核知识点：电气一次相关知识

难易度：中

标准答案：

（1）额定电压。

（2）灭弧电压。

（3）工频放电电压。

（4）冲击放电电压。

（5）冲击残压。

Jb0005133003 简述矩形母线安装时，支柱绝缘子固定点选择要求。（5 分）

考核知识点：矩形母线安装

难易度：难

标准答案：

支柱绝缘子不得固定在弯曲处，固定点夹板边缘与弯曲处距离不应大于 $0.25L$（L 为两支柱点间距离），但不应小于 50mm。相邻母线接头不应固定在同一绝缘子间隔内，应错开间隔安装。

Jb0005132004 简单描述 GIS/HGIS 操动机构的安装和调整要求。（5 分）

考核知识点：气体绝缘封闭式组合电器安装及调整

难易度：中

标准答案：

（1）电动操作前，应先进行多次手动分、合闸，机构动作应正常。

（2）电动机转向应正确，机构的分、合指示与设备的实际分、合闸位置相符。

（3）机构动作应平稳，无卡顿、冲击等异常现象。

（4）限位装置应准确可靠，到达分、合极限位置时，应可靠切除电源。

（5）符合产品的技术要求。

Jb0005132005　屋外接地装置隐蔽前检查签证，应检查哪些项目？（5分）

考核知识点：专业技能

难易度：中

标准答案：

（1）接地沟深度。

（2）接地极搭接长度。

（3）接地极焊接面数。

（4）接地装置顶面距地面高度。

Jb0005132006　接地线、接地极采用电弧焊连接时应采用搭接焊缝，其搭接长度应符合哪些规定？（5分）

考核知识点：专业技能

难易度：中

标准答案：

（1）扁钢应为其宽度的2倍且不得少于3个棱边焊接。

（2）圆钢应为其直径的6倍。

（3）圆钢与扁钢连接时，其长度应为圆钢直径的6倍。

（4）扁钢与钢管、扁钢与角钢焊接时，除应在其接触部位两侧进行焊接外，还应由钢带或钢带弯成的卡子与钢管或角钢焊接。

Jb0005132007　发电厂、变电站或开关站的通信站接地装置怎样与厂、站的接地网连接？（5分）

考核知识点：专业技能

难易度：中

标准答案：

发电厂、变电站或开关站的通信站接地装置应使用至少2根规格不小于40mm×4mm的镀锌扁钢或截面积不小于100mm^{2}的铜材与厂、站的接地网连接。

Jb0005132008　简述SF_6断路器安装作业技术准备。（5分）

考核知识点：专业技能

难易度：中

标准答案：

（1）新型断路器应根据产品说明书及合同有关要求编制安装调试方案。

（2）SF_6断路器安装前，技术人员应熟悉施工设计图纸和制造厂的技术文件，按施工方案或工艺标准进行技术交底，施工人员应领会和掌握交底内容，明确断路器的参数、性能特征。

Jb0005132009　简述断路器支架柱安装要求。（5分）

考核知识点：专业技能

难易度：中

标准答案：

（1）支架应按制造厂家技术说明书要求进行组装。

（2）组装后的支架应校正水平，各支柱中心线间距离的误差不应大于5mm。

（3）相间中心距离的误差不应大于 5mm。

（4）垂直误差不超过 1‰H（H 为断路器总高度），并用规定的力矩紧固螺栓连接件。

Jb0005132010　阐述断路器支柱绝缘子安装规定。（5 分）

考核知识点：专业技能

难易度：中

标准答案：

（1）支柱绝缘子表面应光滑、无裂纹、无缺损，绝缘子与法兰的接合面应牢固，法兰接合面应平整，无外伤和铸造砂眼。

（2）对于制造厂家已整体组装好的断路器绝缘支柱，采用抬吊法将绝缘支柱吊起后安装于断路器支柱架上。

（3）对于需在现场组装的断路器绝缘支柱，应根据产品技术说明书要求进行组装，组装用的螺栓、密封垫、密封脂、清洁剂和润滑脂等材料的规格和数量必须符合产品的技术规定，绝缘拉杆表面应无裂纹、无剥落、无破损，端部连接应牢固可靠。

Jb0005133011　金属氧化物避雷器的试验项目主要包括哪些内容？（5 分）

考核知识点：其他电气设备相关知识

难易度：难

标准答案：

（1）测量金属氧化物避雷器及基座绝缘电阻。

（2）测量金属氧化物避雷器的工频参考电压和持续电流。

（3）测量金属氧化物避雷器直流参考电压和 0.75 倍直流参考电压下的泄漏电流。

（4）检查放电计数器动作情况及监视电流表指示。

（5）工频放电电压试验。

Jb0005133012　关于串联电容补偿装置的基础复测，基础中心线对定位轴线位置的允许偏差、支柱绝缘子的基准点标高允许偏差、地脚螺栓露出长度允许偏差分别为多少？（5 分）

考核知识点：其他电气设备相关知识

难易度：难

标准答案：

（1）基础中心线对定位轴线位置的允许偏差 5mm。

（2）支柱绝缘子的基准点标高允许偏差±3mm。

（3）地脚螺栓露出长度允许偏差 0～+20mm。

Jb0005133013　电容器组的安装，应符合哪些要求？（5 分）

考核知识点：其他电气设备相关知识

难易度：难

标准答案：

（1）电容器的配置应使其铭牌面向通道一侧，并有顺序编号。

（2）电容器一次接线应正确、符合设计，母线及分支线应标以相色。

（3）凡不与地绝缘的每个电容器的外壳及电容器的支架均应接地。

（4）凡与地绝缘的电容器的外壳均应与支架一起可靠连接到规定的电位上。

Jb0005133014　电气装置的哪些金属部分，均必须接地？（5 分）

考核知识点：电气接地相关知识

难易度：难

标准答案：

（1）电气设备的金属底座、框架及外壳和传动装置。

（2）携带式或移动式用电器具的金属底座和外壳。

（3）箱式变电站的金属箱体。

（4）互感器的二次绕组。

（5）配电、控制、保护用的屏（柜、箱）及操作台的金属框架和底座。

（6）电力电缆的金属护层、接头盒、终端头和金属保护管及二次电缆的屏蔽层。

（7）电缆桥架、支架和井架。

（8）变电站（换流站）构支架。

（9）装有架空地线或电气设备的电力线路杆塔。

（10）配电装置的金属遮栏、电热设备的金属外壳。

Jb0005133015　应采用专门敷设接地线的接地有哪些？（5 分）

考核知识点：电气接地相关知识

难易度：难

标准答案：

（1）旋转电机机座或外壳，出线柜、中性点柜的金属底座和外壳，封闭母线的外壳。

（2）配电装置的金属外壳。

（3）110kV 及以上钢筋混凝土构件支座上电气装置的金属外壳。

（4）直接接地的变压器中性点。

（5）变压器、发电机和高压并联电抗器中性点所接自动跟踪补偿消弧装置提供感性电流的部分、接地电抗器、电阻器或变压器的接地端子。

（6）气体绝缘金属封闭开关设备的接地母线、接地端子。

（7）避雷器、避雷针、避雷线的接地端子。

Jb0005133016　在季节冻土或季节干旱地区，可采用哪些措施降低接地电阻？（5 分）

考核知识点：电气接地相关知识

难易度：难

标准答案：

（1）季节冻土层或季节干旱形成的高电阻率层的厚度较浅时，可将接地网埋在高电阻率层下 0.2m。

（2）已采用多根深钻式接地极降低接地电阻时，可将水平接地网正常埋设。

（3）季节性的高电阻率层厚度较深时，可将水平接地网正常埋设，在接地网周围及内部接地极交叉节点布置短垂直接地极，其长度宜深入季节高电阻率层下面 2m。

Jb0005133017　装有微机型继电保护及安全自动装置的 110kV 及以上电压等级的变电站或发电

厂，应敷设等电位接地网，等电位接地网应符合哪些规定？（5分）

考核知识点：电气接地相关知识

难易度：难

标准答案：

（1）装设保护和控制装置的屏柜地面下设置的等电位接地网宜用截面积不小于 $100mm^2$ 的接地铜排连接成首末可靠连接的环网，并应用不少于4根截面积不小于 $50mm^2$ 的铜缆与厂（站）的接地网一点直接连接。

（2）保护和控制装置的屏柜内下部应设有截面积不小于 $100mm^2$ 的接地铜排，屏柜内装置的接地端子应用截面积不小于 $4mm^2$ 的多股铜线和接地铜排相连，接地铜排应用截面积不小于 $50mm^2$ 的铜排或铜缆与地面下的等电位接地母线相连。

Jb0005133018 电气装置安装工程接地装置验收应符合哪些规定？（5分）

考核知识点：电气接地相关知识

难易度：难

标准答案：

（1）应按设计要求施工完毕，接地施工质量应符合相关规范的规定。

（2）整个接地网外露部分的连接应可靠，接地线规格应正确，防腐层应完好，标识应齐全明显。

（3）避雷针、避雷线、避雷带及避雷网的安装位置及高度应符合设计要求。

（4）供连接临时接地线用的连接板的数量和位置应符合设计要求。

（5）接地阻抗、接地电阻及其他测试参数应符合设计规定。

Jb0005133019 当利用机械牵引变压器、电抗器时，应注意哪些事项？（5分）

考核知识点：变压器安装及调整相关知识

难易度：难

标准答案：

（1）当利用机械牵引变压器、电抗器时，牵引着力点应在设备重心以下并符合制造厂规定。

（2）运输倾斜角不得超过15°。

（3）变压器、电抗器装卸及就位应使用产品设计的专用受力点，并应采取防滑、防溜措施，牵引速度不应超过2m/min。

Jb0005133020 对充干燥气体运输的变压器、电抗器油箱内的气体有什么要求？（5分）

考核知识点：变压器安装及调整相关知识

难易度：难

标准答案：

（1）充干燥气体运输的变压器、电抗器油箱内的气体压力应保持在0.01～0.03MPa。

（2）干燥气体露点必须低于－40℃。

（3）每台变压器、电抗器必须配有可以随时补气的纯净、干燥气体瓶。

（4）始终保持变压器、电抗器内为正压力。

（5）应设压力表进行监视。

Jb0005133021 对变压器、电抗器进行器身检查时必须符合哪些规定？（5分）

考核知识点：变压器安装及调整相关知识

难易度：难

标准答案：

（1）凡雨雪天、风力达4级以上或相对湿度75%以上的天气，不得进行器身检查。

（2）在没有排氮前，任何人不得进入油箱。当油箱内的含氧量未达到18%以上时，人员不得进入。

（3）在内检过程中，必须向箱体内持续补充露点温度低于－40℃的干燥空气，以保持含氧量不得低于18%，相对湿度不应大于20%。补充干燥空气的速率，应符合产品技术文件要求。

Jb0005133022　对变压器、电抗器进行器身铁芯检查时必须符合哪些规定？（5分）

考核知识点：变压器安装及调整相关知识

难易度：难

标准答案：

（1）铁芯应无变形，铁轭与夹件间的绝缘垫应完好。

（2）铁芯应无多点接地。

（3）铁芯外引接地的变压器，拆开接地线后铁芯对地绝缘应符合产品技术文件的要求。

（4）打开夹件与铁轭接地片后，铁轭螺杆与铁芯、铁轭与夹件、螺杆与夹件间的绝缘应符合产品技术文件的要求。

（5）当铁轭采用钢带绑扎时，钢带对铁轭的绝缘应符合产品技术文件的要求。

（6）打开铁芯屏蔽接地引线，检查屏蔽绝缘应符合产品技术文件的要求。

（7）打开夹件与线圈压板的连线，检查压钉绝缘应符合产品技术文件的要求。

（8）铁芯拉板及铁轭拉带应紧固，绝缘符合产品技术文件的要求。

Jb0005133023　3～750kV及以上变压器本体露空安装附件应符合哪些规定？（5分）

考核知识点：变压器安装及调整相关知识

难易度：难

标准答案：

（1）环境相对湿度应小于80%，在安装过程中应向箱体内持续补充露点温度低于－40℃的干燥空气，补充干燥空气速率应符合产品技术文件要求。

（2）每次宜只打开一处，并用塑料薄膜覆盖，连续露空时间不宜超过8h，累计露空时间不宜超过24h。油箱内空气的相对湿度不大于20%。每天工作结束应抽真空补充干燥空气直到压力达到0.01～0.03MPa。

Jb0005133024　变压器有载调压切换装置的安装应符合哪些规定？（5分）

考核知识点：变压器安装及调整相关知识

难易度：难

标准答案：

（1）传动机构中的操动机构、电动机、传动齿轮和杠杆应固定牢靠，连接位置正确，且操作灵活，无卡阻现象。传动机构的摩擦部分应涂以适合当地气候条件的润滑脂，并应符合产品技术文件的规定。

（2）切换开关的触头及其连接线应完整无损，且接触可靠。其限流电阻应完好，无断裂现象。

（3）切换装置的工作顺序应符合产品技术要求。切换装置在极限位置时，其机械联锁与极限开关的电气联锁动作应正确。

（4）位置指示器应动作正常，指示正确。

（5）切换开关油箱内应清洁，油箱应做密封试验，且密封良好。注入油箱中的绝缘油，其绝缘强度应符合产品技术文件要求。

Jb0005133025　变压器冷却装置的安装应符合哪些规定？（5分）

考核知识点：变压器安装及调整相关知识

难易度：难

标准答案：

（1）冷却装置在安装前应按制造厂规定的压力值用气压或油压进行密封试验，并应符合下列要求：冷却器、强迫油循环风冷却器，持续30min应无渗漏。强迫油循环水冷却器，持续1h应无渗漏，水、油系统应分别检查渗漏。

（2）冷却装置安装前应用合格的绝缘油经净油机循环冲洗干净，并将残油排尽。

（3）风扇电动机及叶片安装应牢固、转动应灵活，转向应正确，并无卡阻。

（4）管路中的阀门应操作灵活，开闭位置应正确。阀门及法兰连接处应密封良好。

（5）外接油管路在安装前，应进行彻底除锈并清洗干净。水冷却装置管道安装后，油管应涂黄漆，水管应涂黑漆，并应有流向标志。

（6）油泵密封良好，无渗油或进气现象。转向正确，无异常噪声、振动或过热现象。

（7）油流继电器、水冷变压器的差压继电器应密封严密，动作可靠。

（8）水冷基装置停用时，应将水放尽。

Jb0005133026　阐述操动机构的检查和调整要求。（5分）

考核知识点：断路器安装及调整相关知识

难易度：难

标准答案：

（1）在电动操作前，气室内六氟化硫气体压力应符合产品技术文件要求，应先进行多次手动分、合闸，机构动作应正常。

（2）电动机转向应正确，机构的分、合闸指示与设备的实际分、合闸位置应相符。

（3）机构动作应平稳，无卡阻、冲击等异常现象。

（4）限位装置应准确可靠，到达分、合极限位置时，应可靠切除电源。

（5）操动机构在进行手动操作时，应闭锁电动操作。

Jb0005133027　隔离开关、负荷开关及高压熔断器的试验项目，主要包括哪些内容？（5分）

考核知识点：隔离开关安装及调整相关知识

难易度：难

标准答案：

（1）测量绝缘电阻。

（2）测量高压限流熔断器熔丝的直流电阻。

（3）测量负荷开关导电回路的电阻。

（4）交流耐压试验。

（5）检查操动机构线圈的最低动作电压。

（6）操动机构的试验。

Jb0005133028 互感器安装完成后，哪些部位应可靠接地？（5分）

考核知识点：互感器安装及调整相关知识

难易度：难

标准答案：

（1）分级绝缘的电压互感器，其一次绕组的接地引出端子。电容式电压互感器的接地应符合产品技术文件的要求。

（2）电容型绝缘的电流互感器，其一次绕组末屏的引出端子、铁芯引出接地端子。

（3）互感器的外壳。

（4）电流互感器的备用二次绕组端子应先短路后接地。

（5）倒装式电流互感器二次绕组的金属导管。

（6）应保证工作接地点有两根与主接地网不同地点连接的接地引下线。

Jb0005133029 电容式互感器安装时，对设备接地有什么要求？（5分）

考核知识点：互感器安装及调整相关知识

难易度：难

标准答案：

（1）电容式套管末屏可靠接地。

（2）TA 备用绕组短接可靠并接地，CVT 的套管末屏、TV 的 N 端、二次备用绕组一端应可靠接地。

Jb0005133030 简述管形母线下料的注意事项。（5分）

考核知识点：母线及接地装置安装相关知识

难易度：难

标准答案：

（1）管形母线型号、规格、数量符合设计要求。

（2）检查管形母线表面光滑、无毛刺。

（3）管形母线下料应按照先长后短的原则。

（4）管形母线焊接接头必须避开管形母线固定金具和隔离开关静触头固定金具足够距离。

Jb0005133031 简述管形母线安装有什么危险点及预控措施。（5分）

考核知识点：母线及接地装置安装相关知识

难易度：难

标准答案：

（1）机械伤害。预控措施：严格执行机械操作使用规定，使用前严格检查。

（2）触电伤害（扩建变电站）。预控措施：工作前向作业人员交代清楚临近带电设备，并加强监护。使用电气工具时，按规定接入漏电保护装置、接地线。

Jb0006133032 隔离开关、负荷开关及高压熔断器运到现场后的保管应遵守哪些规定？（5分）

考核知识点：隔离开关安装相关知识

难易度：难

标准答案：

（1）设备运输箱应按其不同保管要求置于室内或室外平整、无积水且坚硬的场地。

（2）设备运输箱应按箱体标注安置。

（3）瓷件应安置稳妥。

Jb0006133033 电缆防火封堵材料的现场验收主要内容包括哪几方面？（5分）

考核知识点：电气设备防火相关知识

难易度：难

标准答案：

（1）电缆防火封堵材料应包装完好，消防产品身份信息标识清晰。

（2）各批次产品的出厂检验报告等技术文件齐全。

（3）当对产品质量有怀疑时，可送有资质的第三方检验机构进行复验。

Jb0006133034 阐述 GIS 运到现场后的检查规定。（5分）

考核知识点：GIS 安装及调整相关知识

难易度：难

标准答案：

（1）包装应无残损，所有元件、附件、备件及专用工器具应齐全，符合订货合同约定，且应无损伤、变形及锈蚀，瓷件及绝缘件应无裂纹及破损。

（2）充有干燥气体的运输单元或部件，其压力值应符合产品技术文件要求。

（3）按产品技术文件要求应安装冲击记录仪的元件，其冲击加速度应满足产品技术文件的要求，且冲击记录应随安装技术文件一并归档。

（4）制造厂所带支架应无变形、损伤、锈蚀和锌层脱落。制造厂提供的地脚螺栓应满足设计及产品技术文件要求，地角螺栓底部应加锚固。

（5）出厂证件及技术资料应齐全，且应符合设备合同的约定。

Jb0006133035 阐述 GIS 运到现场后的保管规定。（5分）

考核知识点：GIS 安装及调整相关知识

难易度：难

标准答案：

（1）GIS 应按原包装置于平整、无积水、无腐蚀性气体的场所，对有防雨要求的设备应采取相应的防雨措施，对套管及主要安装单元冲撞记录进场检查，应符合规程要求。

（2）对于有防潮要求的附件、备件、专用工器具及设备专用材料应置于干燥的室内，特别是组装用 O 形圈、吸附剂等。

（3）充有干燥气体的运输单元，应按产品技术文件要求定期检查压力值，并做好记录，有异常情况时，应按产品技术文件要求及时采取措施。

（4）套管应水平放置，所有运输用临时防护罩在安装前应保持完好，不得取下。

（5）对于非充气元件的保管应结合安装进度、保管时间、环境做好防护措施。

Jb0007133036 阐述电力变压器的试验项目内容。（5分）

考核知识点：变压器安装及调整相关知识

难易度：难

标准答案：

（1）绝缘油试验或 SF_6 气体试验。

（2）测量绕组连同套管的直流电阻。

（3）检查所有分接的电压比。

（4）检查变压器的二相接线组别和单相变压器引出线的极性。

（5）测量铁芯及夹件的绝缘电阻。

（6）非纯瓷套管的试验。

（7）有载调压切换装置的检查和试验。

（8）测量绕组连同套管的绝缘电阻、吸收比或极化指数。

（9）测量绕组连同套管的介质损耗因数（$\tan\delta$）与电容量。

（10）变压器绕组变形试验。

（11）绕组连同套管的交流耐压试验。

（12）绕组连同套管的长时感应耐压试验及局部放电测量。

（13）额定电压下的冲击合闸试验。

（14）检查相位及测量噪声。

Jb0007133037　阐述变压器额定电压下的冲击合闸试验有哪些规定。（5分）

考核知识点：变压器安装及调整相关知识

难易度：难

标准答案：

（1）在额定电压下对变压器的冲击合闸试验，应进行 5 次，每次间隔时间宜为 5min，应无异常现象，其中 750kV 变压器在额定电压下，第一次冲击合闸后的带电运行时间不应少于 30min，其后每次合闸后带电运行时间可逐次缩短，但不应少于 5min。

（2）冲击合闸宜在变压器高压侧进行，对中性点接地的电力系统试验时变压器中性点应接地。

（3）发电机－变压器组中间连接元操作断开点的变压器，可不进行冲击合闸试验。

（4）无电流差动保护的干式变压器可冲击 3 次。

Jb0007133038　阐述电抗器及消弧线圈的试验项目内容。（5分）

考核知识点：其他电气设备相关知识

难易度：难

标准答案：

（1）测量绕组连同套管的直流电阻。

（2）测量绕组连同套管的绝缘电阻、吸收比或极化指数。

（3）测量绕组连同套管的介质损耗因数（$\tan\delta$）及电容量。

（4）绕组连同套管的交流耐压试验。

（5）测量与铁芯绝缘的各紧固件的绝缘电阻。

（6）绝缘油的试验。

（7）非纯瓷套管的试验。

（8）额定电压下冲击合闸试验。

（9）测量噪声。

（10）测量箱壳的振动。

（11）测量箱壳表面的温度。

Jb0007133039　避雷器交接验收试验主要有哪些？（5分）

考核知识点：其他电气设备相关知识

难易度：难

标准答案：

（1）35kV以上本体绝缘电阻应采用5000V绝缘电阻表测试，绝缘电阻值不小于2500MΩ。

（2）全电流和阻性电流试验符合制造厂技术规定。

（3）0.75倍直流参考电压下泄漏电流值不应大于50μA。

（4）绝缘底座绝缘电阻不低于5MΩ。

（5）放电计数器动作可靠，监视电流表指示良好。

Jb0003113040　在 *RLC* 串联电路中，已知 L=20mH，C=200pF，R=100Ω，问电路的谐振频率 f_0 为多少？（5分）

考核知识点：基础知识

难易度：难

标准答案：

解：谐振频率为 $f_0=\dfrac{1}{2\pi\sqrt{LC}}=\dfrac{1}{2\times3.14\times\sqrt{20\times10^{-3}\times200\times10^{-12}}}\approx79.6\times10^3$（Hz）=79.6（kHz）

答：电路的谐振频率为79.6kHz。

Jb0003113041　平板电容器极板面积 S=15cm²，板间距离 d=0.2mm，电容量 C=132pF。求介电常数 ε。（5分）

考核知识点：基础知识

难易度：难

标准答案：

解：$\varepsilon=\dfrac{Cd}{S}=\dfrac{132\times0.2}{15\times10^2}=0.0176$（pF/mm）

答：介电常数为0.017 6pF/mm。

Jb0003113042　有一个三相对称负载，每相的电阻 R=8Ω，感抗 X_L=6Ω，如果负载接成三角形，接到电源电压 U=380V 的三相电源上，求负载的相电流、线电流及有功功率。（5分）

考核知识点：基础知识

难易度：难

标准答案：

解：负载阻抗 $Z=\sqrt{R^2+X_L^2}=\sqrt{8^2+6^2}=10$（Ω）

负载的相电流 $I_{ph}=\dfrac{U}{Z}=\dfrac{380}{10}=38$（A）

线电流　$I=\sqrt{3}I_{ph}=\sqrt{3}\times38=65.82$（A）

有功功率 $P=3I_{ph}^2R=3\times38^2\times8=34.66$（kW）

答：负载的相电流为38A，线电流为65.82A，有功功率为34.66kW。

Jb0003113043　试问：要用多大的力 F 加在冲模上（见图 Jb0003113043），才能在厚度 δ=10cm 的铜板上冲出一个直径为 d=12cm 的圆孔（如材料的剪切强度极限 r=40 000N/cm^2）。（5 分）

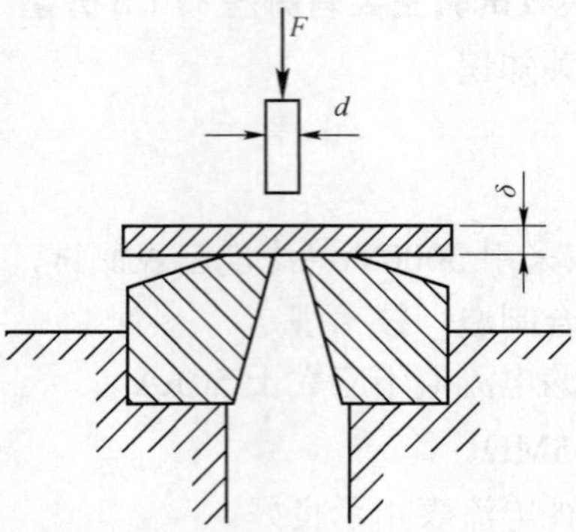

图 Jb0003113043

考核知识点：基础知识
难易度：难
标准答案：
解：在冲铜板时，冲模的剪切面积为 $S=\pi d\delta=3.14\times1.2\times1=3.78$（$cm^2$）
冲孔时所必需的力 $F=rS=40\ 000\times3.78=151\ 200$（N）
答：需要用 151 200N 的力加在冲模上。

Jb0003113044　已知变压器及木排总质量 m_1=32t，滚杠直径 d=120mm，滚杠总质量 m_2=0.3t，滚杠与道木之间、滚杠与木排之间的滚动摩擦系数 f=0.2cm，启动系数取 1.3，2－2 滑轮组的效率 η 为 0.9，如图 Jb0003113044 所示，求变压器油箱上牵引绳套所受的力是多少？滑轮上牵引绳受的力是多少？（5 分）

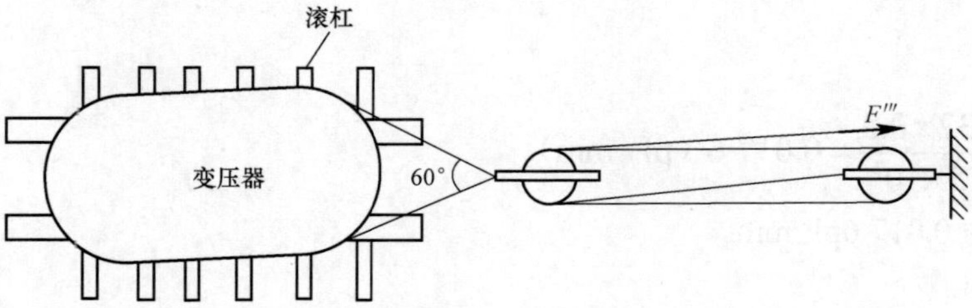

图 Jb0003113044

考核知识点：基础知识
难易度：难
标准答案：
解：滚动摩擦力矩 $M=Fd=[(m_1+m_2)f+m_1f]g$（$d=12$cm，$g=9.8$N，$f=0.2$cm）

变压器滚动摩擦力 $F=\dfrac{[(m_1+m_2)f+m_1f]g}{d}$

$$=9.8\times\frac{(32\ 000+300)\times0.2+32\ 000\times0.2}{12}$$

$$=10\ 502\text{（N）}$$

考虑启动系数，所需牵引力为 $F'=1.3F=1.3\times10\,502\approx13\,653$（N）

邮箱上所用绳套所受力 $F''=\dfrac{F'}{2\cos\dfrac{\varphi}{2}}=-\dfrac{13\,653}{2\cos\dfrac{60^\circ}{2}}\approx7882$（N）

牵引钢绳所受力 $F'''=F''/4\eta=13\,653/(4\times0.9)\approx3793$（N）

答：变压器油箱上牵引绳套所受的力是 7882N，滑轮上牵引绳受的力是 3793N。

Jb0003113045　如图 Jb0003113045 所示，若 F=8000N，被连接工件的厚度 δ=8cm，剪切许用应力［τ］=6000N/cm^2。求螺栓最小直径 d。（5 分）

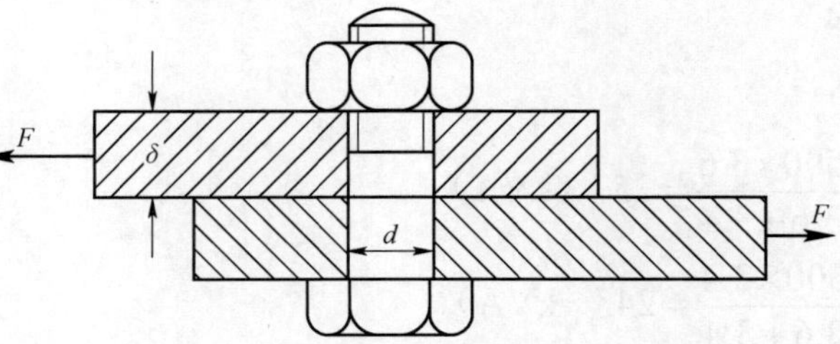

图 Jb0003113045

考核知识点：基础知识

难易度：难

标准答案：

解：由 $\dfrac{F}{S}=\dfrac{F}{\dfrac{\pi}{4}d^2}\leqslant[\tau]$，得

$$d=\sqrt{\frac{4F}{\pi[\tau]}}=\sqrt{\frac{4\times8000}{3.14\times6000}}\approx1.3\text{（cm）}$$

答：螺栓最小直径为 1.3cm。

Jb0003113046　有一台 630kVA、U_{1N}/U_{2N}=35kV/6.6kV、I_{1N}/I_{2N}=18A/95.45A、50Hz 的单相变压器，在高压侧加电压做短路试验，测得 I_k=17.2A，U_k=2.27kV，P_k=9.5kW，求折算到高压侧的短路阻抗、短路电阻和电抗、短路电压百分值（不需进行温度换算）。（5 分）

考核知识点：基础知识

难易度：难

标准答案：

解：短路试验在高压侧加压，测得短路阻抗为折算到高压侧的值为

$$Z_k=\frac{U_k}{I_k}=\frac{2270}{17.2}\approx132\text{（}\Omega\text{）}$$

$$r_k=\frac{P_k}{I_k^2}=\frac{9.5\times10^3}{17.2^2}\approx32.2\text{（}\Omega\text{）}$$

$$x_k=\sqrt{Z_k^2-r_k^2}=\sqrt{132^2-32.2^2}\approx128\text{（}\Omega\text{）}$$

$$u_k\%=\frac{I_{1N}Z_k}{U_{1N}}\times100\%=\frac{18\times132}{35\times10^3}\times100\%\approx6.79\%$$

答：折算到高压侧的短路阻抗是 132Ω，短路电阻是 32.2Ω，短路电抗是 128Ω，短路电压的百分

数为 6.79%。

Jb0003113047　有 A、B 两台三相变压器并联运行。变压器均为 320kVA，变压器一、二次额定电压相同，且 A 变压器短路阻抗为 3.4，B 变压器短路阻抗为 3.6。问在两台变压器承担 500kVA 负荷时，负荷分配各是多少？（5 分）

考核知识点：基础知识

难易度：难

标准答案：

解：以 320kVA 为基准的变压器阻抗

变压器 A：$U_{dA}\%=3.4$

变压器 B：$U_{dB}\%=3.6$

$$S_A=\frac{SU_{dB}\%}{U_{dA}\%+U_{dB}\%}=\frac{500\times3.6}{3.6+3.4}=257\text{（kVA）}$$

$$S_B=\frac{SU_{dA}\%}{U_{dA}\%+U_{dB}\%}=\frac{500\times3.4}{3.6+3.4}=243\text{（kVA）}$$

答：变压器 A、B 所带负荷分别为 257、243kVA。

Jb0003113048　如图 Jb0003113048 所示一跨 220kV 单绝缘子单导线软母，设参数如下：母线跨距 L=50m，导线单位重量 q=50N/m，导线弧垂 F=1.8m。两侧耐张绝缘子串长度 $L_A=L_B$=2.4m，单串重量 $Q_A=Q_B$=1500N。试简要计算母线挂点张力 H（不考虑其他荷载，取 1kg≈10N 计算）。简要计算原理可以按照剪力、弯矩、弧垂、张力关系进行 $H=M/F$，$M=\sum\Delta M$，$\Delta M=\Delta L(Q_{左}+Q_{右})/2$。$Q_A=Q_B$ 说明可以按照对称关系计算 1/2 段，即 1/2 段绝缘子串 $L_1=L_A$，1/2 段导线长度 $L_2=(L/2-L_A)$。（5 分）

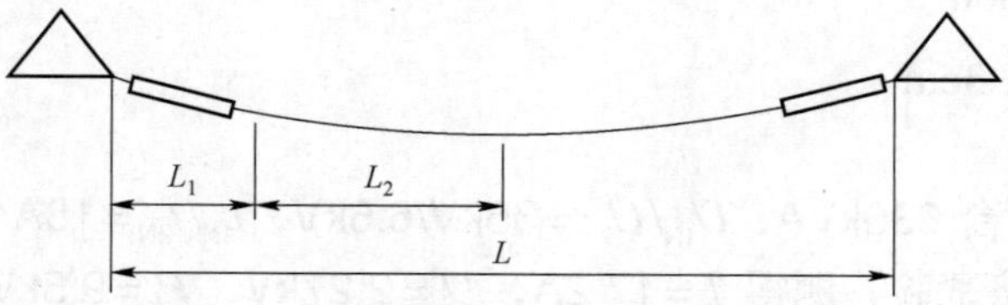

图 Jb0003113048

考核知识点：基础知识

难易度：难

标准答案：

解：支点反力 $R_A=Q_A+L_2q=1500+(25-2.4)\times50\approx2630$（N）

L_1 段：$Q_{左}=R_A=2630$（N），$Q_{右}=R_A-Q_A=2630-1500=1130$（N）

$M_1=L_1(Q_{左}+Q_{右})/2=2.4\times(2630-1130)/2=4800$（N•m）

L_2 段：$Q_{左}=1130$（N），$Q_{右}=0$

$M_2=L_2(Q_{左}+Q_{右})/2=(25-2.4)\times1130/2=12\ 769$（N•m）

导线段最大力矩 $M=\Delta M_1+\Delta M_1=14\ 569$（N•m）

设计弧垂 1.8m 时，导线挂点水平张力 $H=M/F=14\ 569/1.8\approx8094$（N）

答：母线挂点张力 H 约为 8094N。

Jb0003113049　如图 Jb0003113049 所示，一跨 220kV 双绝缘子串双导线软母，设参数如下：母线跨距 L=45m，双导线单位重量 q=2 × 15N/m，导线弧垂 F=1.6m。两侧耐张绝缘子串长度 $L_A=L_B$=2.8m，单串重量 $Q_A=Q_B$=3000N。试简要计算母线挂点张力 H（不考虑其他荷载，取 1kg≈10N 计算）。简要计算原理可以按照剪力、弯矩、弧垂、张力关系进行 $H=M/F$，$M=\sum\Delta M$，$\Delta M=\Delta L$（$Q_{左}+Q_{右}$）/2。$Q_A=Q_B$说明可以按照对称关系计算 1/2 段，即 1/2 段绝缘子串 $L_1=L_A$，1/2 段导线长度 L_2=（L/2−L_A）。（5 分）

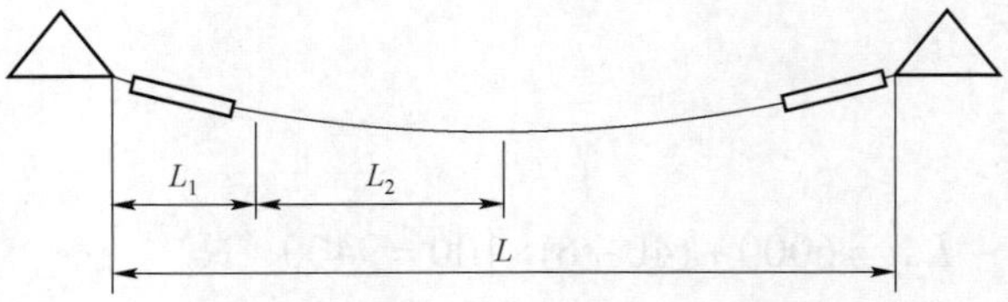

图 Jb0003113049

考核知识点：基础知识

难易度：难

标准答案：

解：支点反力$R_A=Q_A+L_2q=3000+(22.5-1.8)\times30\approx3591$（N）

L_1 段：$Q_{左}=R_A=3591$（N），$Q_{右}=R_A-Q_A=3591-3000=591$（N）

$M_1=L_1(Q_{左}+Q_{右})/2=2.8\times(3591-591)/2=4200$（N•m）

L_2 段：$Q_{左}=591$（N），$Q_{右}=0$

$M_2=L_2(Q_{左}+Q_{右})/2=(22.5-1.8)\times591/2=5821$（N•m）

导线段最大力矩$M=\Delta M_1+\Delta M_1=10\ 021$（N•m）

设计弧垂1.8m，导线挂点水平张力$H=M/F=10\ 021/1.6\approx6263$（N）

答：母线挂点张力 H 约为 6263N。

Jb0003113050　已知某 DS1 型三相电能表，其电能表常数为 2500r/kWh，电能表齿轮比为 250，经 200A/5A 的电流互感器和 10 000V/100V 的电压互感器接入，问该表的倍率是多少？如果两次抄表的读数相减等于 5，求实际用电量为多少？（5 分）

考核知识点：基础知识

难易度：难

标准答案：

解：电能表倍率=[(10 000/100)×(200/5)]×250/(1×1×2500)=400（倍）

实际用电量=5×400=2000（kWh）。

答：该表倍率为 400 倍，实际用电量为 2000kWh。

Jb0003113051　如图 Jb0003113051 所示，一跨 500kV 双绝缘子串双导线软母，设参数如下：母线跨距 L=80m，双导线单位重量 q=2×50N/m，导线弧垂 F=3.6m。两侧耐张绝缘子串长度 $L_A=L_B$=6m，双串重量 $Q_A=Q_B$=6000N。试简要计算母线挂点张力 H（不考虑其他荷载，取 1kg≈10N 计算）。如果母线计算增长量 600mm，悬挂母线过牵引 200mm 情况下，母线挂点张力 H_2是多少？简要计算原理可以按照剪力、弯矩、弧垂、张力关系进行 $H=M/F$，$M=\sum\Delta M$，$\Delta M=\Delta L$（$Q_{左}+Q_{右}$）/2。$Q_A=Q_B$说明可以按照对称关系计算 1/2 段，即 1/2 段绝缘子串 $L_1=L_A$，1/2 段导线长度 L_2=（L/2−L_A）。（5 分）

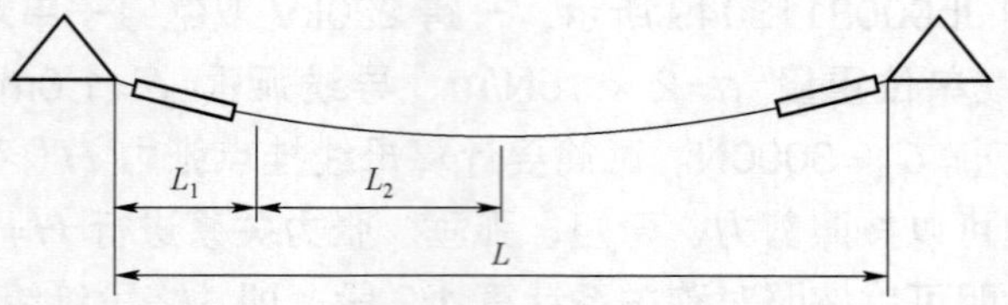

图 Jb0003113051

考核知识点：基础知识

难易度：难

标准答案：

解：支点反力$R_A = Q_A + L_2 q = 6000 + (40-6)\times 100 = 9400$（N）

L_1 段：$Q_{左} = R_A = 9400$（N），$Q_{右} = R_A - Q_A = 9400 - 6000 = 3400$（N）

$M_1 = L_1(Q_{左} + Q_{右})/2 = 6\times(9400-3400)/2 = 18\,000$（N•m）

L_2 段：$Q_{左} = 3400$（N），$Q_{右} = 0$

$M_2 = L_2(Q_{左} + Q_{右})/2 = (40-6)\times 3400/2 = 57\,800$（N•m）

导线段最大力矩$M = \Delta M_1 + \Delta M_1 = 75\,800$（N•m）

设计弧垂1.8m，导线挂点水平张力$H = M/F = 75\,800/3.6 = 21\,055$（N）

母线计算增长量 600mm，悬挂母线过牵引 200mm 情况下，实际增量为 400mm，为计算增量的2/3。

因为导线弧垂与增量变化率的平方成正比，所以导线挂点水平张力与增量变化率的平方成反比。

$H_2 = 21\,056\times\left(\frac{3}{2}\right)^2 = 45\,123$（N）

答：母线挂点张力 H 约为 21 055N，悬挂母线过牵引 200mm 情况下，母线挂点张力为 45 123N。

Jb0003113052　一个 SF_6 组合电器组件重 12t，四吊拌间距为 6m、1.5m，试选择较为合理吊带和千斤绳规格（吊索与铅垂线夹角按照 30° 计算，钢丝绳公称强度选 1400MPa，吊钩高度可变化范围 0～1.5m，取 1kg≈10N）。（5 分）

考核知识点：基础知识

难易度：难

标准答案：

解：取 1kg≈10N，G=120 000N，吊拌间距 a=6m、b=1.5m，公称强度 Q=1400MPa

单根吊索受力 $F=G/(4\cos 30^\circ)=120\,000/(4\cos 30^\circ)\approx 34\,640$（N）

单根吊索最短长度 $L = \dfrac{\sqrt{\left(\frac{a}{2}\right)^2 + \left(\frac{b}{2}\right)^2}}{\sin 30^\circ} = \dfrac{\sqrt{3^2 + 0.75^2}}{\sin 30^\circ} \approx 6.2$（m）

选用 4 根标准荷载 40 000N，长度 7m 的吊带为宜。

千斤绳需要强度截面积 $S=F/Q=34\,640/(1400\times 10^6)=24.74\times 10^{-6}$（$m^2$）=24.74（$mm^2$）

吊装 SF_6 组合电器组件安全系数取 6，则千斤绳需要截面积 $S=24.74\times 6=148.44$（mm^2）

由圆面积计算公式 $S = \dfrac{\pi d^2}{4}$，有

千斤绳需要直径 $d=2\times\sqrt{\dfrac{S}{\pi}}=2\times\sqrt{\dfrac{148.44}{3.14}}\approx 13.7$（mm）

最低千斤绳规格：ϕ15mm，长度宜选用 4 根 7m 或 2 根 14m。

答：选用 4 根标准荷载 40 000N、长度 7m 的吊带。选用ϕ15mm 以上、4 根长度 7m 或 2 根长度 14m 千斤绳。

Jb0003113053　一盘动力电缆重 8t，盘直径 3m，盘宽 2m，试选择较为合理吊千斤绳规格卸车（吊装方法盘中心穿钢棒后用千斤绳吊装，吊索与铅垂线夹角按照 30° 计算，钢丝绳公称强度选 1400MPa，吊钩高度可变化范围 0～1.5m，取 1kg≈10N）。（5 分）

考核知识点：基础知识

难易度：难

标准答案：

解：取 1kg≈10N，$G=8000$N，盘直径 $d=3$m，盘宽 $a=2$m，公称强度 $Q=1400$MPa

单根吊索受力 $F=G/(2\cos30^\circ)=80\,000/(2\cos30^\circ)\approx 46\,188$（N）

单根吊索最短长度 $L=d/2+a/2\sin30^\circ=1.5+1/\sin30^\circ=3.5$（m）

千斤绳需要强度截面积 $S=F/Q=46\,188/(1400\times10^6)=33\times10^{-6}$（$m^2$）$=33$（$mm^2$）

吊装电缆盘安全系数取 5，千斤绳需要截面积 $S=33\times5=165$（mm^2）

由 $S=\pi d^2/4$ 得，千斤绳需要直径 $d=2\sqrt{S/\pi}=2\times\sqrt{165/3.14}\approx 14.5$（mm）

最低千斤绳规格：ϕ15mm，长度宜选用 2 根 4m 或 1 根 8m。

答：选用ϕ15mm 以上，2 根长度 4m 或 1 根长度 8m 千斤绳。

Jb0003113054　安装一批大型变压器需要两台真空滤油机（总功率分别为 120kW 和 80kW）和一台真空泵（总功率为 25kW）同时使用，请配置一个临时电源箱供上述三个机具使用，三个机具均使用三相交流电源。主要确定总空气开关和分支空气开关规格配置，以及进线总电缆和分支电缆的配置（临时铜芯动力电缆选用电流密度不大于 2A/mm²，总电缆持续电流可以按照各分支电流总和的 80% 考虑）。（5 分）

考核知识点：基础知识

难易度：难

标准答案：

解：功率 $P=\sqrt{3}UI$，$P_1=120$kW，$P_2=80$kW，$P_3=25$kW

真空滤油机电流 $I_1=\dfrac{12\,000}{380}\times\sqrt{3}=182$（A），$I_2=\dfrac{80\,000}{380}\times\sqrt{3}\approx 122$（A）

真空泵电流 $I_3=\dfrac{25\,000}{380}\times\sqrt{3}\approx 38$（A）

总电流 $I=I_1+I_2+I_3=182+122+38=342$（A）

总电缆持续电流 $I_d=I\times80\%=342\times80\%\approx 274$（A）

答：电源箱总开关可以选用 200A 规格带相应漏电保护的空气开关。真空滤油机开关可以选用 200A 规格带相应漏电保护的空气开关。真空泵开关选用 60～100A 规格带相应漏电保护的空气开关。

进线总电缆可以选用 3×150+3×95 规格电缆。真空滤油机可以分别选用 3×95+1×50 规格和 3×70+1×35 电缆。真空泵可以选用 3×25+1×16 规格电缆。

Jb0003123055 请说出 Jb0003123055（a）三相鼠笼电动机电路接线图名称并简述工作原理。（5 分）

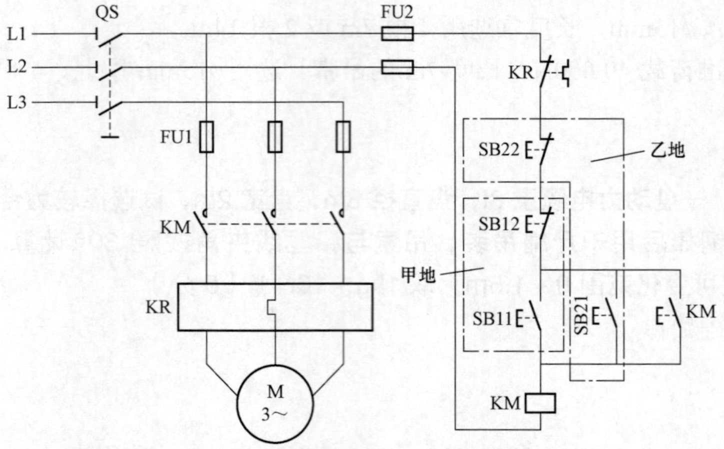

图 Jb0003123055（a）

考核知识点：基本技能

难易度：难

标准答案：

图 Jb0003123055（b）为三相鼠笼电动机采用接触器触点互锁的可逆运行控制电路图。

工作原理：闭合按钮 SB1，KM1 线圈得电。KM1 动合触点闭合，实现 KM1 线圈回路自保持。KM1 动断触点断开，闭锁 KM2 线圈回路。KM1 线圈得电，电动机电源正向运行回路闭合，电动机 M 正向运转。

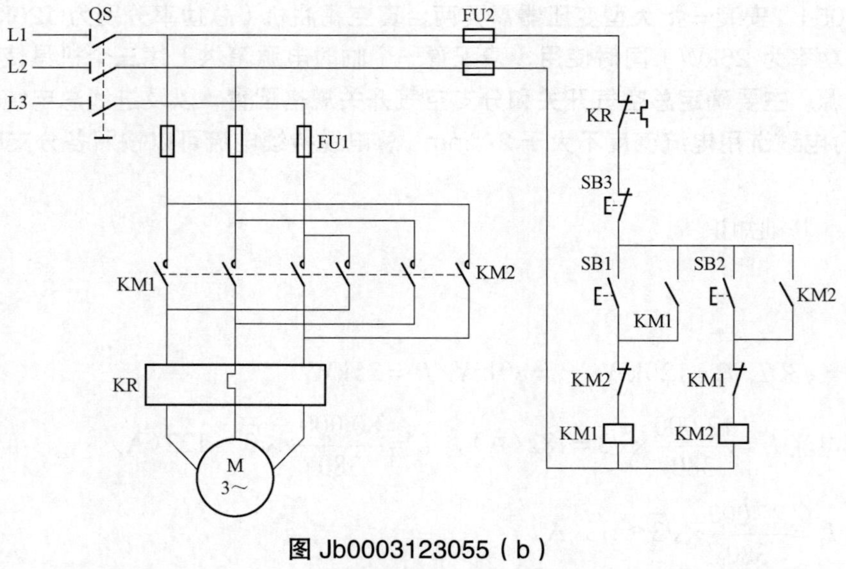

图 Jb0003123055（b）

QS—隔离开关；FU—熔断器；KM—中间接触器；SB—按钮；KR—热继电器；M—电动机

闭合按钮 SB2，KM2 线圈得电。KM2 动合触点闭合，实现 KM2 线圈回路自保持。KM2 动断触点断开，闭锁 KM1 线圈回路。KM2 线圈得电，电动机电源逆向运行回路闭合，电动机 M 逆向运转。

电动机正向或逆向运行过程中断开 SB3，可切断 KM1 线圈或 KM2 线圈电源，从而断开电动机电源回路实现停机。

电动机过负荷，热继电器 KR 动作。

第十章　变电一次安装工高级技师技能操作

Jc0006153001　GW4 型隔离开关的安装与调整。(100 分)

考核知识点：隔离开关安装及调整

难易度：难

技能等级评价专业技能考核操作工作任务书

一、任务名称

GW4 型隔离开关的安装与调整。

二、适用工种

变电一次安装工高级技师。

三、具体任务

(1) 完成 GW4 型隔离开关的安装前准备。

(2) 在规定时间内完成 GW4 型隔离开关的安装。

(3) 在规定时间内完成 GW4 型隔离开关的调整。

四、工作规范及要求

(1) 考生正确填写办理工作票，进行安全、技术交底，合理安排人员分工并明确相应职责。

(2) 考生进场后检查确认作业场所装设的围栏、悬挂的标识牌符合安全工作规程要求。

(3) 考生正确把握执行现场安全文明施工作业的相关要求。

(4) 考试结束完成工器具、安装配件、材料的清理。

五、考核及时间要求

(1) 本考核操作时间为 90 分钟，包括安装、调试及报告整理时间，时间到停止考评。

(2) 按照技能操作相关要求进行操作，正确记录操作结果。

技能等级评价专业技能考核操作评分标准

<table>
<tr><td>工种</td><td colspan="8">变电一次安装工</td><td>评价等级</td><td>高级技师</td></tr>
<tr><td>项目模块</td><td colspan="7">专业技能—隔离开关安装与调整</td><td>编号</td><td colspan="2">Jc0006153001</td></tr>
<tr><td>单位</td><td colspan="3"></td><td colspan="2">准考证号</td><td colspan="3"></td><td>姓名</td><td></td></tr>
<tr><td>考试时限</td><td colspan="2">90 分钟</td><td colspan="2">题型</td><td colspan="4">多项操作</td><td>题分</td><td>100 分</td></tr>
<tr><td>成绩</td><td></td><td>考评员</td><td colspan="2"></td><td colspan="2">考评组长</td><td colspan="2"></td><td>日期</td><td></td></tr>
<tr><td>试题正文</td><td colspan="10">GW4 型隔离开关的安装与调整</td></tr>
<tr><td>需要说明的问题和要求</td><td colspan="10">(1) 采取必要的安全措施，符合电力安全工作规程要求。
(2) 在考试规定的时间内按要求完成操作任务。
(3) 若操作过程出现不符合安全及劳动保护规定情况，每处扣 2 分</td></tr>
</table>

续表

序号	项目名称	质量要求	满分	扣分标准	扣分原因	得分
1	准备工作	（1）准备施工图、说明书、施工方案等。 （2）准备施工机具等。 （3）办理作业票。 （4）进行安全技术交底。 （5）做好安全措施	5	缺主要项每处扣 1 分，不完整或不清晰每处扣 0.5 分，扣完为止		
2	基础复测和设备支架	（1）所用钢材的规格及尺寸符合设计要求，焊接及涂漆符合要求。 （2）安全净距符合规范要求，接地可靠	8	缺主要项每处扣 4 分，不完整或不清晰每处扣 2 分，扣完为止		
3	开箱检查	（1）规格及参数与设计相符，安装孔距与设计相符。 （2）瓷件外观完好、无损伤，底架、附件无锈蚀。 （3）附件、备件齐全，出厂文件完整	12	缺主要项每处扣 4 分，不完整或不清晰每处扣 2 分，扣完为止		
4	隔离开关地面组装	（1）将隔离开关底座按相序平放置于基础近旁，检查底座转动部分，应灵活，并涂以适合当地气候的润滑脂。 （2）组装前对所有瓷绝缘子进行测量、编组，使每柱瓷绝缘子高度尽量相同。 （3）将下节支柱瓷绝缘子固定在底座上，并校正加临时支撑，防止倾倒。 （4）组装边柱、中上节瓷绝缘子及静触头。 （5）组装中柱瓷绝缘子及动触杆	20	缺主要项每处扣 4 分，不完整或不清晰每处扣 2 分，扣完为止		
5	整体吊装就位	（1）隔离开关的主闸刀打开方向及接地刀位置应符合设计要求。 （2）吊装时为防止倾倒，应将两端瓷柱绑以木棒，并绑好平衡绳，选用合适绳套将隔离开关整体吊装在基础支架上。 （3）将隔离开关操平找正后予以固定，底座的水平误差应小于 1%	12	缺主要项每处扣 4 分，不完整或不清晰每处扣 2 分，扣完为止		
6	操动机构安装及配制垂直连杆	（1）将主闸刀传动轴和操动机构主轴与法兰接头相连后钻孔配销，孔径应与销钉直径相配合，销钉打入后应牢固。 （2）主闸刀传动机构固定在底座上，用垂线法找正操动机构，使主闸刀传动轴与操动机构主轴同心后将操动机构固定在支架上。 （3）将主闸刀置于合闸位置，配制垂直连杆；垂直连杆的法兰接头可先电焊固定，待试操作无误后再焊牢。 （4）接地刀垂直连杆的配制方法与主闸刀相同。 （5）垂直连杆内径应与轴直径配合，二者间隙不应大于 1mm	20	缺主要项每处扣 4 分，不完整或不清晰每处扣 2 分，扣完为止		
7	隔离开关的调整及操作	（1）主闸刀合闸后，同极两断口应能同时合好，两静触头与动触杆成一直线，动触头与静触头之间隙为 30～50mm，动触头与静触头中心高度误差应小于 2mm。 （2）检查动触头与静触头的接触情况，其导电回路电阻符合产品要求（通以直流 100A 时）。 （3）主闸刀于分闸位置，接地刀机构于合闸位置，接地刀动触杆进入静触头中处于完全合位位置并固定，调整好平衡弹簧，试合正常。 （4）手动分、合隔离开关，调整主闸刀水平连杆，使分、合闸结束时距止钉间隙为 1～2mm，同时操动机构的行程开关应动作，辅助开关应正确切换。	18	缺主要项每处扣 3 分，不完整或不清晰每处扣 1.5 分，扣完为止		

续表

序号	项目名称	质量要求	满分	扣分标准	扣分原因	得分
7	隔离开关的调整及操作	（5）电动分、合隔离开关；接通电源前应检查二次回路，应完好，正确无误，各转动部件灵活，润滑良好，紧固件齐全牢固，限位装置可靠；将主闸刀置于分、合的中间位置，电动分、合闸开关，检查电动机转向正确后再进行分、合闸操作，位置正确。 （6）检查主闸刀与接地刀的连锁应正确可靠	18	缺主要项每处扣 3 分，不完整或不清晰每处扣 1.5 分，扣完为止		
8	收尾及清理现场	现场收尾，对现场进行清理，清扫现场，工器具摆放整齐	5	不完整或不清晰每处扣 2 分，扣完为止		
合计			100			

Jc0005143002　110kV 支撑式管形母线焊接。（100 分）

考核知识点：母线及接地装置安装

难易度：难

技能等级评价专业技能考核操作工作任务书

一、任务名称

110kV 支撑式管形母线焊接。

二、适用工种

变电一次安装工高级技师。

三、具体任务

（1）完成支撑式管形母线焊接施工准备。

（2）完成支撑式管形母线焊接及调整。

（3）完成质量验评。

四、工作规范及要求

（1）考生正确填写办理工作票，进行安全、技术交底，合理安排人员分工并明确相应职责。

（2）考生进场后检查确认作业场所装设的围栏、悬挂的标识牌符合安全工作规程要求。

（3）考生正确把握执行现场安全文明施工作业的相关要求。

（4）考试结束完成工器具、安装配件、材料的清理。

五、考核及时间要求

（1）本考核操作时间为 90 分钟，包括安装、调试及报告整理时间，时间到停止考评。

（2）按照技能操作相关要求进行操作，正确记录操作结果。

技能等级评价专业技能考核操作评分标准

<table>
<tr><td>工种</td><td colspan="4">变电一次安装工</td><td>评价等级</td><td>高级技师</td></tr>
<tr><td>项目模块</td><td colspan="3">专业技能—110kV 支撑式管形母线焊接</td><td>编号</td><td colspan="2">Jc0005143002</td></tr>
<tr><td>单位</td><td colspan="2"></td><td>准考证号</td><td></td><td>姓名</td><td></td></tr>
<tr><td>考试时限</td><td>90 分钟</td><td>题型</td><td colspan="2">单项操作</td><td>题分</td><td>100 分</td></tr>
<tr><td>成绩</td><td></td><td>考评员</td><td></td><td>考评组长</td><td>日期</td><td></td></tr>
<tr><td>试题正文</td><td colspan="6">110kV 支撑式管形母线焊接</td></tr>
</table>

续表

需要说明的问题和要求	（1）采取必要的安全措施，符合电力安全工作规程要求。 （2）在考试规定的时间内按要求完成操作任务。 （3）若操作过程出现不符合安全及劳动保护规定情况，每处扣2分

序号	项目名称	质量要求	满分	扣分标准	扣分原因	得分
1	施工准备	（1）准备施工图、说明书、施工方案等。 （2）准备吊车及施工机具等。 （3）办理作业票。 （4）进行安全技术交底。 （5）做好安全措施	10	缺主要项每处扣2分，不完整或不清晰每处扣1分，扣完为止		
2	基础与支架	（1）对基础轴线和标高进行复测。 （2）支架和管形母线钢梁安装后，再用水平仪测量	10	缺主要项每处扣5分，不完整或不清晰每处扣2分，扣完为止		
3	管形母线和衬管检查	（1）型号和材质必须符合设计要求，并有产品合格证。 （2）表面平直光洁，不得有裂纹和损伤。 （3）轴线弯曲挠度控制在规范要求之内	5	缺主要项每处扣2分，不完整或不清晰每处扣1分，扣完为止		
4	焊检查接	（1）焊丝选择必须与管形母线的材质匹配。 （2）合格证和试验报告齐全	5	缺主要项每处扣3分，不完整或不清晰每处扣1分，扣完为止		
5	绝缘子检查	（1）检查绝缘子应完整、无裂纹。 （2）胶合处填料应完整、接合牢固	5	缺主要项每处扣3分，不完整或不清晰每处扣1分，扣完为止		
6	金具检查	（1）规格和型号符合。 （2）合格证齐全。 （3）表面应光洁、无毛刺	5	缺主要项每处扣2分，不完整或不清晰每处扣1分，扣完为止		
7	管形母线加工	（1）管形母线接头必须避开管形母线固定金具和隔离开关静触头固定金具。 （2）管形母线接头加工必须按照规范要求加工坡口。 （3）管形母线接头处应按照设计要求加装衬管。 （4）管形母线接头处应按照设计要求加工补强孔	20	缺主要项每处扣5分，不完整或不清晰每处扣2分，扣完为止		
8	焊接准备	（1）提前完成试件制作及校验。 （2）管形母线焊接可在现场选择满足相关规范要求的场地。 （3）焊接前，管形母线用校正平台逐根校直，挠度控制在规范要求之内。 （4）对管形母线及焊丝进行清洗	10	缺主要项每处扣3分，不完整或不清晰每处扣1分，扣完为止		
9	焊接要求	（1）焊丝要求去除氧化层，清洗后应及时焊接，以免重新氧化。 （2）接前对口应平直，其弯折偏移、中心线偏移满足要求。 （3）管形母线对接间隙必须符合规范要求。 （4）管形母线的焊接点应采取防风措施，衬管位于焊口中央，焊接过程符合规程要求。 （5）母线焊完未冷却前，不得移动或受力	20	缺主要项每处扣4分，不完整或不清晰每处扣1分，扣完为止		
10	完工	填写施工记录，工器具及设备摆放整齐，工完场清，报告工作结束	10	缺主要项每处扣5分，不完整或不清晰每处扣2分，扣完为止		
合计			100			

Jc0005143003 悬吊式管形母线吊装施工。（100 分）

考核知识点：母线及接地装置安装

难易度：难

技能等级评价专业技能考核操作工作任务书

一、任务名称

悬吊式管形母线吊装施工。

二、适用工种

变电一次安装工高级技师。

三、具体任务

（1）完成悬吊式管形母线吊装施工准备。

（2）完成悬吊式管形母线吊装及调整。

（3）完成质量验评。

四、工作规范及要求

（1）考生正确填写办理工作票，进行安全、技术交底，合理安排人员分工并明确相应职责。

（2）考生进场后检查确认作业场所装设的围栏、悬挂的标识牌符合安全工作规程要求。

（3）考生正确把握执行现场安全文明施工作业的相关要求。

（4）考试结束完成工器具、安装配件、材料的清理。

五、考核及时间要求

（1）本考核操作时间为 90 分钟，包括安装、调试及报告整理时间，时间到停止考评。

（2）按照技能操作相关要求进行操作，正确记录操作结果。

技能等级评价专业技能考核操作评分标准

工种	变电一次安装工					评价等级	高级技师
项目模块	专业技能—悬吊式管形母线吊装施工				编号	Jc0005143003	
单位			准考证号			姓名	
考试时限	90 分钟		题型	单项操作		题分	100 分
成绩		考评员		考评组长		日期	
试题正文	悬吊式管形母线吊装施工						
需要说明的问题和要求	（1）采取必要的安全措施，符合电力安全工作规程要求。 （2）在考试规定的时间内按要求完成操作任务。 （3）若操作过程出现不符合安全及劳动保护规定情况，每处扣 2 分						

序号	项目名称	质量要求	满分	扣分标准	扣分原因	得分
1	施工准备	（1）准备施工图、说明书、施工方案等。 （2）准备吊车及施工机具等。 （3）办理作业票。 （4）进行安全技术交底。 （5）做好安全措施	20	缺主要项每处扣 4 分，不完整或不清晰每处扣 2 分，扣完为止		
2	地面组装	（1）先将绝缘子串进行组装。 （2）在地面安装好金具、封端球，注意封端球的滴水孔应向下	20	缺主要项每处扣 10 分，不完整或不清晰每处扣 5 分，扣完为止		

续表

序号	项目名称	质量要求	满分	扣分标准	扣分原因	得分
3	管形母线吊装	（1）管形母线应采用多点吊装，使其受力均匀，以提高吊装的精确度。 （2）当管形母线吊离地面时，再次清洁管形母线，并在各间隔管形母线的最低点附近（避开隔离开关静触头和焊接处）钻一个 ϕ6mm 的滴水孔。 （3）起吊时必须时刻注意管形母线水平，管形母线起吊时上下高差不宜大于 500mm，平稳吊到安装位置	30	缺主要项每处扣 10 分，不完整或不清晰每处扣 5 分，扣完为止		
4	管形母线调整	管形母线固定位置满足设计图纸要求，按照设计图纸安装跳线并进行轴线和标高的调整	20	缺主要项扣 20 分，不完整或不清晰每处扣 10 分，扣完为止		
5	完工	填写施工记录，工器具及设备摆放整齐，工完场清，报告工作结束	10	缺主要项扣 10 分，不完整或不清晰每处扣 5 分，扣完为止		
	合计		100			

Jc0005143004　变电站软母线架设及工艺质量验评。（100 分）

考核知识点：母线及接地装置安装

难易度：难

技能等级评价专业技能考核操作工作任务书

一、任务名称

变电站软母线架设及工艺质量验评。

二、适用工种

变电一次安装工高级技师。

三、具体任务

（1）完成变电站软母线架设前准备。

（2）完成变电站软母线架设。

四、工作规范及要求

（1）考生正确填写办理工作票，进行安全、技术交底，合理安排人员分工并明确相应职责。

（2）考生进场后检查确认作业场所装设的围栏、悬挂的标识牌符合安全工作规程要求。

（3）考生正确把握执行现场安全文明施工作业的相关要求。

（4）考试结束完成工器具、安装配件、材料的清理。

五、考核及时间要求

（1）本考核操作时间为 90 分钟，包括安装、调试及报告整理时间，时间到停止考评。

（2）按照技能操作相关要求进行操作，正确记录操作结果。

技能等级评价专业技能考核操作评分标准

<table>
<tr><td>工种</td><td colspan="4">变电一次安装工</td><td>评价等级</td><td>高级技师</td></tr>
<tr><td>项目模块</td><td colspan="3">专业技能—软母线架设</td><td>编号</td><td colspan="2">Jc0005143004</td></tr>
<tr><td>单位</td><td colspan="2"></td><td>准考证号</td><td></td><td>姓名</td><td></td></tr>
<tr><td>考试时限</td><td>90 分钟</td><td>题型</td><td colspan="2">多项操作</td><td>题分</td><td>100 分</td></tr>
</table>

续表

成绩		考评员		考评组长		日期	
试题正文	变电站软母线架设及工艺质量验评						
需要说明的问题和要求	（1）口述及辅助书写答辩题，本题工作范围指电压等级 110kV 及以上的变电站软母线架设，导线规格为 LGJQ-300，导线线夹的连接方式为液压连接，由考评员交代考核内容及要求。 （2）采取必要的安全措施，符合电力安全工作规程要求。 （3）在考试规定的时间内按要求完成操作任务。 （4）若操作过程出现不符合安全及劳动保护规定情况，每处扣 2 分						

序号	项目名称	质量要求	满分	扣分标准	扣分原因	得分
1	施工准备	（1）准备施工图、说明书、施工方案等。 （2）准备吊车及施工机具等。 （3）办理作业票。 （4）进行安全技术交底。 （5）做好安全措施	15	缺主要项每处扣 3 分，不完整或不清晰每处扣 1.5 分，扣完为止		
2	导线长度计算及下料	（1）档距测量数据必须准确，扩建变电站临近带电必须采取可靠安全措施。 （2）计算档距内导线长度，即下线长度 L。 （3）放线下料：导线外观应完好。 （4）导线展放时应采取防止导线磨损的措施	12	缺主要项每处扣 3 分，不完整或不清晰每处扣 1.5 分，扣完为止		
3	导线压接	（1）核对线夹规格、尺度与导线规格、型号相符。 （2）压接工艺符合产品技术文件和规范要求。 （3）压接模具规格必须与被压接管配套。 （4）导线伸入线夹的压接长度达到规定要求。 （5）压接时线夹位置正确	15	缺主要项每处扣 3 分，不完整或不清晰每处扣 1.5 分，扣完为止		
4	绝缘子串装配	（1）所有绝缘子外观、瓷质应完好无损，铸钢件应完好无锈蚀，合格证齐全。 （2）绝缘子耐压试验合格。 （3）连接金具的螺栓、销钉等必须符合现行国家标准。 （4）绝缘子串的球头挂板等应互相匹配，碗头开口方向应一致。 （5）弹簧销应有足够弹性，闭口销必须分开，并不得有折断或裂纹，严禁用线材代替。 （6）每一组绝缘子串长度应进行实物测量	18	缺主要项每处扣 3 分，不完整或不清晰每处扣 1.5 分，扣完为止		
5	软母线架设	（1）敷设的原则是先高层后低层。 （2）母线敷设应采用张力方式以防导线摩擦地面。 （3）宜采用平衡挂线方式，对最边缘轴线的梁柱外侧应打缆风绳防母线安装时的牵引力影响构架。 （4）牵引挂点位置适当以便于悬挂连接，牵引点应采取对绝缘子的保护措施。 （5）紧线前清洁导线和绝缘子，绝缘子碗口应朝上，整个紧线过程导线不得与地面摩擦	15	缺主要项每处扣 3 分，不完整或不清晰每处扣 1.5 分，扣完为止		
6	弛度调整及质量验评	（1）安装检验记录、评定记录、握力试验报告、合格证件等技术文件。 （2）施工图及变更设计的证明文件。 （3）母线弛度符合设计要求（允许误差 +5%、−2.5%），三相弛度一致。 （4）螺栓、垫圈、弹簧垫圈、锁紧螺母等应齐全和可靠。 （5）电气距离符合要求，瓷件完好、清洁，间隔棒设置符合要求	15	缺主要项每处扣 3 分，不完整或不清晰每处扣 1.5 分，扣完为止		
7	完工	填写施工记录，工器具及设备摆放整齐，工完场清，报告工作结束	10	缺主要项扣 10 分，不完整或不清晰每处扣 5 分，扣完为止		
合计			100			

Jc0005153005　油浸式变压器（电抗器）现场安装。（100 分）

考核知识点：变压器安装及调整

难易度：难

技能等级评价专业技能考核操作工作任务书

一、任务名称

油浸式变压器（电抗器）现场安装。

二、适用工种

变电一次安装工高级技师。

三、具体任务

（1）完成油浸式变压器（电抗器）现场安装施工准备。

（2）在规定时间内完成油浸式变压器（电抗器）现场安装及调整。

（3）进行电气试验和操作试验。

（4）完成安装报告。

（5）收工清理现场。

四、工作规范及要求

（1）考生正确填写办理工作票，进行安全、技术交底，合理安排人员分工并明确相应职责。

（2）考生进场后检查确认作业场所装设的围栏、悬挂的标识牌符合安全工作规程要求。

（3）考生正确把握执行现场安全文明施工作业的相关要求。

（4）考试结束完成工器具、安装配件、材料的清理。

五、考核及时间要求

（1）本考核操作时间为 90 分钟，包括安装、调试及报告整理时间，时间到停止考评。

（2）按照技能操作相关要求进行操作，正确记录操作结果。

技能等级评价专业技能考核操作评分标准

工种	变电一次安装工			评价等级	高级技师
项目模块	专业技能—油浸式变压器（电抗器）安装		编号	Jc0005153005	
单位		准考证号		姓名	
考试时限	90 分钟	题型	多项操作	题分	100 分
成绩	考评员		考评组长		日期
试题正文	油浸式变压器（电抗器）现场安装				
需要说明的问题和要求	（1）采取必要的安全措施，符合电力安全工作规程要求。 （2）在考试规定的时间内按要求完成操作任务。 （3）若操作过程出现不符合安全及劳动保护规定情况，每处扣 2 分				

序号	项目名称	质量要求	满分	扣分标准	扣分原因	得分
1	施工准备	（1）准备施工图、说明书、施工方案等。 （2）准备吊车、滤油设备及相关施工机具。 （3）办理作业票。 （4）进行安全技术交底。 （5）做好安全措施	10	缺主要项每处扣 2 分，不完整或不清晰每处扣 1 分，扣完为止		
2	基础复测和本体就位	（1）土建基础施工完毕，地面全部完工，标高、尺寸、结构及预埋件均符合设计要求。 （2）设备基础达到允许安装强度要求。 （3）设备顶面水平度符合质量要求	12	缺主要项每处扣 4 分，不完整或不清晰每处扣 2 分，扣完为止		

续表

序号	项目名称	质量要求	满分	扣分标准	扣分原因	得分
3	附件检查、试验	（1）安装前应按照装箱单检查零部件及附件、备件是否齐全。 （2）检查制造厂家技术文件是否齐全。 （3）散热器冲洗、密封试验。 （4）储油柜密封试验。 （5）套管及套管TA特性试验	20	缺主要项每处扣4分，不完整或不清晰每处扣2分，扣完为止		
4	绝缘油化验、净油处理	（1）取油样进行化验。 （2）油务系统清洁、布置。 （3）绝缘油净化处理	12	缺主要项每处扣4分，不完整或不清晰每处扣2分，扣完为止		
5	注油排氮（气）	（1）充干燥空气运输的变压器，制造厂家规定可直接进行内检的，无须进行该工序。 （2）充氮运输的变压器通常采用注油排氮，也可采用抽真空后充干燥空气排氮。 （3）充油运输的变压器，无须进行该工序	12	缺主要项每处扣4分，不完整或不清晰每处扣2分，扣完为止		
6	放油、净油处理	注油排氮的变压器，在吊罩检查或内检前需进行放油处理，放出的绝缘油需进行净油处理	6	缺主要项扣6分，不完整或不清晰每处扣3分，扣完为止		
7	吊罩检查或内检、附件安装	（1）变压器器身内部各部件检查、试验。 （2）套管、储油柜、保护装置、冷却装置、二次回路电缆等附件安装	6	缺主要项每处扣3分，不完整或不清晰每处扣1.5分，扣完为止		
8	真空注油、热油循环	（1）变压器在持续抽真空的情况下，通过真空滤油机将已处理合格的绝缘油从注油口注入变压器。 （2）为排除安装过程中器身绝缘表面吸收的潮气，必须进行热油循环	6	缺主要项每处扣3分，不完整或不清晰每处扣1.5分，扣完为止		
9	整体密封试验、静置	（1）进行变压器整体密封性试验，应维持24h无渗漏。 （2）密封性试验结束后，变压器油必须进行静置	6	缺主要项每处扣3分，不完整或不清晰每处扣1.5分，扣完为止		
10	电气交接试验	电气试验按照《电气装置安装工程　电气设备交接试验标准》（GB 50150—2016）进行，试验结果必须与产品试验报告进行比对，试验合格	10	缺主要项扣10分，不完整或不清晰每处扣5分，扣完为止		
合计			100			

Jc0005153006　油浸式变压器（电抗器）安装真空注油。（100分）

考核知识点：变压器安装及调整

难易度：难

技能等级评价专业技能考核操作工作任务书

一、任务名称

油浸式变压器（电抗器）安装真空注油。

二、适用工种

变电一次安装工高级技师。

三、具体任务

（1）在规定时间内完成油浸式变压器（电抗器）抽真空及注油、现场油位调整。

（2）完成安装报告。

（3）收工清理现场。

四、工作规范及要求

（1）考生正确填写办理工作票，进行安全、技术交底，合理安排人员分工并明确相应职责。

（2）考生进场后检查确认作业场所装设的围栏、悬挂的标识牌符合安全工作规程要求。

（3）考生正确把握执行现场安全文明施工作业的相关要求。

（4）考试结束完成工器具、安装配件、材料的清理。

五、考核及时间要求

（1）本考核操作时间为90分钟，包括安装、调试及报告整理时间，时间到停止考评。

（2）按照技能操作相关要求进行操作，正确记录操作结果。

技能等级评价专业技能考核操作评分标准

工种	变电一次安装工					评价等级	高级技师
项目模块	专业技能—油浸式变压器（电抗器）安装真空注油				编号	Jc0005153006	
单位			准考证号			姓名	
考试时限	90分钟	题型		多项操作		题分	100分
成绩		考评员		考评组长		日期	
试题正文	油浸式变压器（电抗器）安装真空注油						
需要说明的问题和要求	（1）采取必要的安全措施，符合电力安全工作规程要求。 （2）在考试规定的时间内按要求完成操作任务。 （3）若操作过程出现不符合安全及劳动保护规定情况，每处扣2分						

序号	项目名称	质量要求	满分	扣分标准	扣分原因	得分
1	方案交底	工作前根据施工方案进行交底，使施工人员了解相关工序、注意事项和危险点预控措施	5	缺主要项扣5分，不完整或不清晰每处扣2.5分，扣完为止		
2	设备检查	（1）真空泵油位应在正常位置，油中不得有水。 （2）滤油机脱气筒应干净，无水分或杂质。 （3）滤油机滤芯完好、干净、无杂质。 （4）滤油机电磁阀动作正确，加热器投切正常。 （5）干燥空气发生器硅胶应无变色，过滤器无肉眼所见粉尘。 （6）干燥空气发生器冷冻机制冷效果好，水杯无积水。 （7）机械电源接线正确，运转正常	21	缺主要项每处扣3分，不完整或不清晰每处扣1.5分，扣完为止		
3	管路连接及密封检查	（1）抽真空时应打开储油柜本体内部和胶囊呼吸管道间的隔离阀以保持压力平衡。 （2）安装抽真空管路和真空表计，接至抽真空设备。 （3）有载调压变压器抽真空时，应抽出分接开关油室内绝缘油。 （4）检查抽真空设备管路不得漏气。 （5）应在真空泵与变压器之间应装设回油隔离筒。 （6）油箱顶部应安装真空表，真空表和本体间应装真空隔离阀门	18	缺主要项每处扣3分，不完整或不清晰每处扣1.5分，扣完为止		
4	真空注油管路连接	（1）将真空滤油机的进油管接至储油罐。 （2）出油管不宜太长，15m左右为宜	6	缺主要项每处扣3分，不完整或不清晰每处扣1.5分，扣完为止		

续表

序号	项目名称	质量要求	满分	扣分标准	扣分原因	得分
5	变压器真空处理	（1）抽真空前应将不能承受真空的附件进行隔离。 （2）真空泵开启 1h 左右，停止真空泵，检查变压器本体安装密封情况。 （3）外部检查正常，测量系统泄漏率。 （4）密封检查合格，继续抽真空。 （5）当变压器的真空度达到规定要求后，关闭真空泵和变压器本体间的阀门进行真空保持	20	缺主要项每处扣 4 分，不完整或不清晰每处扣 2 分，扣完为止		
6	真空注油	（1）在真空状态下注入合格的变压器油。 （2）注油开始时，施工人员应仔细检查油管。 （3）注油全过程中，施工人员应检查油管道异常现象。 （4）储油柜抽真空的变压器进行注油时，可按原出厂技术资料要求进行。 （5）储油柜不抽真空的变压器进行注油时，保持真空	20	缺主要项每处扣 4 分，不完整或不清晰每处扣 2 分，扣完为止		
7	全密封试验及静置	（1）密封性试验结束后，变压器油静置时间符合规范要求。 （2）静置完毕后，应从变压器的套管、升高座、冷却装置、气体继电器及压力释放装置等有关部位进行多次放气	10	缺主要项每处扣 5 分，不完整或不清晰每处扣 2.5 分，扣完为止		
合计			100			

Jc0005153007　变压器（电抗器）器身检查。（100 分）

考核知识点：变压器安装及调整

难易度：难

技能等级评价专业技能考核操作工作任务书

一、任务名称

变压器（电抗器）器身检查。

二、适用工种

变电一次安装工高级技师。

三、具体任务

（1）在规定时间内完成油浸式变压器（电抗器）器身各部件检查包括绕组及绝缘件的检查，引线及绝缘支架绕组、引线装置的检查；铁芯、铁芯紧固件的检查；压板及压钉的检查；油箱、磁（电）屏蔽的检查等内容。

（2）完成安装报告。

（3）收工清理现场。

四、工作规范及要求

（1）考生正确填写办理工作票，进行安全、技术交底，合理安排人员分工并明确相应职责。

（2）考生进场后检查确认作业场所装设的围栏、悬挂的标识牌符合安全工作规程要求。

（3）考生正确把握执行现场安全文明施工作业的相关要求。

（4）考试结束完成工器具、安装配件、材料的清理。

五、考核及时间要求

（1）本考核操作时间为90分钟，包括安装、调试及报告整理时间，时间到停止考评。

（2）按照技能操作相关要求进行操作，正确记录操作结果。

技能等级评价专业技能考核操作评分标准

工种	变电一次安装工					评价等级	高级技师
项目模块	专业技能—变压器（电抗器）器身检查				编号	Jc0005153007	
单位			准考证号			姓名	
考试时限	90分钟		题型		多项操作	题分	100分
成绩		考评员		考评组长		日期	
试题正文	变压器（电抗器）器身检查						
需要说明的问题和要求	（1）采取必要的安全措施，符合电力安全工作规程要求。 （2）在考试规定的时间内按要求完成操作任务。 （3）若操作过程出现不符合安全及劳动保护规定情况，每处扣2分						

序号	项目名称	质量要求	满分	扣分标准	扣分原因	得分
1	器身检查前的准备	（1）器身检查可吊罩（吊芯）或内检，变压器检查应在干燥的晴朗天气进行，场地四周应清洁并设有防尘措施。 （2）所有工具必须登记，由专人保管，及时做好清点核对工作。 （3）器身检查人员必须穿清洁油务服和耐油鞋	6	缺主要项每处扣2分，不完整或不清晰每处扣1分，扣完为止		
2	排油排气	（1）充氮运输变压器排油排气。 （2）充氮运输变压器应有制造厂家的书面认可文件。 （3）注油排氮前，应先放净变压器残油。 （4）注油排氮后，在放油内检前，变压器器身浸渍时间应大于24h。 （5）采用抽真空排氮充干燥空气。 （6）充油运输变压器排油：充油运输变压器，器身检查前排油即可	12	缺主要项每处扣2分，不完整或不清晰每处扣1分，扣完为止		
3	钟罩起吊	（1）拆除上节油箱与下节油箱连接的所有螺栓。 （2）拆除所有运输用固定件及本体内部相连的部件。 （3）采用四根吊索，分别可靠系在钟罩专用吊环上。 （4）起重机放置方位合理，并采取防陷措施。 （5）缓缓起吊，钟罩升高20cm左右，检查钟罩平稳度。 （6）钟罩完全起吊后，平稳移至干净枕木上。 （7）起吊钟罩后，应排尽变压器底部残油	14	缺主要项每处扣2分，不完整或不清晰每处扣1分，扣完为止		
4	绕组及绝缘件检查	（1）检查表面，表面应清洁、无污垢、无发热放电痕迹、无变形。 （2）检查接头绑扎，接头绑扎紧固。 （3）检查撑条，整齐、完好、无放电痕迹。 （4）检查相间隔板，固定牢固、完好。 （5）检查绕组表面，表面清洁，无污垢。 （6）检查绕组形状，无倾斜、无位移，辐向未弹出、无变形。 （7）检查绕组匝绝缘，完好无破损、无脆化，色泽正常。	12	缺主要项每处扣2分，不完整或不清晰每处扣1分，扣完为止		

续表

序号	项目名称	质量要求	满分	扣分标准	扣分原因	得分
4	绕组及绝缘件检查	（8）检查垫块，完好无缺失。 （9）检查油道，油道畅通，无污垢杂物堵塞。 （10）检查压紧装置，压紧装置无松动、紧固适当	12	缺主要项每处扣 2 分，不完整或不清晰每处扣 1 分，扣完为止		
5	引线及支架检查	（1）检查绝缘厚度，绝缘厚度均匀，符合产品技术文件。 （2）检查绝缘外观，表面清洁、包扎良好、厚度均匀，无变形、脱落、破损，排列整齐。 （3）检查引线应力锥，绝缘厚度、长度符合产品技术文件。 （4）检查引线接头，接头平整、清洁、光滑无毛刺。 （5）检查穿缆引线外观，无断股、无散股、无扭曲、长度适宜、表面清洁。 （6）检查绝缘距离，引线间与各部位之间的绝缘距离符合产品技术文件。 （7）检查绝缘支架，表面清洁、外观无破损、无裂纹、无弯曲变形、无烧伤痕迹	14	缺主要项每处扣 2 分，不完整或不清晰每处扣 1 分，扣完为止		
6	铁芯及夹件检查	（1）检查铁芯外观，表面平整。 （2）检查夹件外观，夹件表面清洁。 （3）检查铁芯接地，一点接地，固定良好。 （4）检查铁芯间油道与夹件油道排列整齐。 （5）用 2500V 绝缘电阻表检测铁芯、夹件的绝缘应良好	10	缺主要项每处扣 2 分，不完整或不清晰每处扣 1 分，扣完为止		
7	压板及压钉检查	（1）检查压板及压钉外观，表面洁净。 （2）检查紧固情况，压板紧固。 （3）检查钢压板接地情况，一点接地连接可靠。 （4）无压钉结构的检查，铁芯与压板间的绝缘垫块应紧固	8	缺主要项每处扣 2 分，不完整或不清晰每处扣 1 分，扣完为止		
8	油箱检查	（1）检查油箱内部外观，表面清洁。 （2）检查导向绝缘油管，强油循环管路连接牢固。 （3）检查法兰接合面各部厚度一致。 （4）检查磁（电）屏蔽装置，固定牢固、接地可靠，无放电痕迹	8	缺主要项每处扣 2 分，不完整或不清晰每处扣 1 分，扣完为止		
9	主要试验项目	（1）测量绕组连同套管的直流电阻。 （2）测量与铁芯绝缘的各紧固件及铁芯绝缘电阻。 （3）测量绕组连同套管的绝缘电阻、吸收比或极化指数。 （4）绕组连同套管的交流耐压试验。 （5）绕组连同套管的长时感应电压试验带局部放电试验	10	缺主要项每处扣 2 分，不完整或不清晰每处扣 1 分，扣完为止		
10	器身及油箱底部冲洗	器身检查完毕后，应用合格的变压器油对器身进行冲洗、清洁油箱底部	6	缺主要项扣 6 分，不完整或不清晰每处扣 3 分，扣完为止		
合计			100			

Jc0005153008 35kV 及以上支柱断路器安装。（100 分）

考核知识点：断路器安装及调整

难易度：难

技能等级评价专业技能考核操作工作任务书

一、任务名称

35kV 及以上支柱断路器安装。

二、适用工种

变电一次安装工高级技师。

三、具体任务

（1）完成安装施工准备。

（2）完成 35kV 及以上支柱断路器安装及调整。

（3）进行电气试验和操作试验。

（4）完成安装报告。

（5）完工清理现场。

四、工作规范及要求

（1）考生正确填写办理工作票，进行安全、技术交底，合理安排人员分工并明确相应职责。

（2）考生进场后检查确认作业场所装设的围栏、悬挂的标识牌符合安全工作规程要求。

（3）考生正确把握执行现场安全文明施工作业的相关要求。

（4）考试结束完成工器具、安装配件、材料的清理。

五、考核及时间要求

（1）本考核操作时间为 90 分钟，包括安装、调试及报告整理时间，时间到停止考评。

（2）按照技能操作相关要求进行操作，正确记录操作结果。

技能等级评价专业技能考核操作评分标准

工种	变电一次安装工					评价等级	高级技师
项目模块	专业技能—断路器安装及调整				编号	Jc0005153008	
单位			准考证号			姓名	
考试时限	90 分钟		题型	单项操作		题分	100 分
成绩		考评员		考评组长		日期	
试题正文	35kV 及以上支柱断路器安装						
需要说明的问题和要求	（1）采取必要的安全措施，符合电力安全工作规程要求。 （2）在考试规定的时间内按要求完成操作任务。 （3）若操作过程出现不符合安全及劳动保护规定情况，每处扣 2 分						

序号	项目名称	质量要求	满分	扣分标准	扣分原因	得分
1	施工准备	（1）准备施工图、说明书、施工方案等。 （2）准备吊车、SF_6 气体检测仪器及施工机具。 （3）办理作业票。 （4）进行安全技术交底。 （5）做好安全措施	5	缺主要项每处扣 1 分，不完整或不清晰每处扣 0.5 分，扣完为止		
2	基础复测	（1）土建基础施工完毕，地面全部完工，标高、尺寸、结构及预埋件均符合设计要求。 （2）设备基础达到允许安装强度要求。 （3）预埋件、基础地坪标高及水平误差符合设计及制造厂家要求	10	缺主要项每处扣 4 分，不完整或不清晰每处扣 1.5 分，扣完为止		

续表

序号	项目名称	质量要求	满分	扣分标准	扣分原因	得分
3	吊装要求	（1）吊装钢丝绳或吊带以及卸扣选择正确。 （2）所有部件的安装位置正确。 （3）保持其应有的水平或垂直位置	10	缺主要项每处扣 4 分，不完整或不清晰每处扣 1.5 分，扣完为止		
4	极柱安装	（1）底部垫实，整个过程吊钩顺起立方向走动。 （2）端部有缆绳保险，侧向有保护措施	5	缺主要项每处扣 2.5 分，不完整或不清晰每处扣 1 分，扣完为止		
5	设备吊装	（1）应按产品的技术规定选用吊装器具、吊点及吊装程序。 （2）密封槽面应清洁，无划伤痕迹，已用过的密封垫（圈）不得使用。 （3）涂密封脂时，不得使其流入密封垫（圈）内侧面。 （4）应按产品的技术规定更换吸附剂。 （5）连接螺栓，紧固力矩符合产品要求	10	缺主要项每处扣 2 分，不完整或不清晰每处扣 1 分，扣完为止		
6	充注 SF_6 气体前准备	（1）真空充气装置管道连接应清洁。 （2）抽真空达到产品要求的残压和抽真空时间	5	缺主要项每处扣 2.5 分，不完整或不清晰每处扣 1 分，扣完为止		
7	SF_6 气体检查	（1）现场测量 SF_6 钢瓶气体含水量符合要求，充气到额定压力。 （2）充气过程实施密度继电器报警、闭锁接点压力值检查	5	缺主要项每处扣 2.5 分，不完整或不清晰每处扣 1 分，扣完为止		
8	SF_6 气体检漏	24h 后进行检漏，密封面进行检漏，48h 后进行微水含量测量	5	缺主要项扣 5 分，不完整或不清晰每处扣 2.5 分，扣完为止		
9	断路器初步检查	按照产品说明书要求进行机构连接并进行检查和调整	5	缺主要项扣 5 分，不完整或不清晰每处扣 2.5 分，扣完为止		
10	断路器零部件检查	（1）操动机构的零部件应齐全，各转动部分应涂润滑脂。 （2）电动机转向应正确。 （3）各种接触器、继电器、微动开关、压力开关动作应准确可靠。 （4）分、合闸线圈的铁芯应动作灵活，无卡阻。 （5）控制元件的绝缘及加热装置的绝缘应良好	15	缺主要项每处扣 3 分，不完整或不清晰每处扣 1 分，扣完为止		
11	断路器辅助开关检查	辅助开关安装牢固，与机构间的连接应松紧适当、转换灵活，辅助开关接点转换灵活、切换可靠、性能稳定	5	缺主要项扣 5 分，不完整或不清晰每处扣 2.5 分，扣完为止		
12	断路器弹簧操动机构调整	弹簧操动机构调整的工艺要求：弹簧操动机构弹簧储能正常，指示清晰，缓冲装置可靠	5	缺主要项扣 5 分，不完整或不清晰每处扣 2.5 分，扣完为止		
13	电气试验标准	电气试验按照相关规程规范进行	5	缺主要项扣 5 分，不完整或不清晰每处扣 2.5 分，扣完为止		
14	主要试验项目	分、合闸动作电压测量，动作时间特性测量，绝缘电阻、回路电阻测试合格，操作试验、闭锁回路、耐压试验合格	5	缺主要项扣 5 分，不完整或不清晰每处扣 2.5 分，扣完为止		
15	完工	填写施工记录，工器具及设备摆放整齐，工完场清，报告工作结束	5	缺主要项扣 5 分，不完整或不清晰每处扣 2.5 分，扣完为止		
合计			100			

Jc0005153009　10kV 及 35kV 开关柜的安装。（100 分）

考核知识点：其他电气设备安装及调整

难易度：难

技能等级评价专业技能考核操作工作任务书

一、任务名称

10kV 及 35kV 开关柜的安装。

二、适用工种

变电一次安装工高级技师。

三、具体任务

（1）施工准备。

（2）基础复测。

（3）开关柜本体安装。

（4）母线连接。

（5）附件安装及调整。

（6）完工清理现场。

四、工作规范及要求

（1）考生正确填写办理工作票，进行安全、技术交底，合理安排人员分工并明确相应职责。

（2）考生进场后检查确认作业场所装设的围栏、悬挂的标识牌符合安全工作规程要求。

（3）考生正确把握执行现场安全文明施工作业的相关要求。

（4）考试结束完成工器具、安装配件、材料的清理。

五、考核及时间要求

（1）本考核操作时间为 90 分钟，包括安装、调试及报告整理时间，时间到停止考评。

（2）按照技能操作相关要求进行操作，正确记录操作结果。

技能等级评价专业技能考核操作评分标准

工种	变电一次安装工				评价等级	高级技师
项目模块	专业技能—其他电气设备安装及调整			编号	Jc0005153009	
单位		准考证号			姓名	
考试时限	90 分钟	题型	单项操作		题分	100 分
成绩	考评员		考评组长		日期	
试题正文	10kV 及 35kV 开关柜的安装					
需要说明的问题和要求	（1）采取必要的安全措施，符合电力安全工作规程要求。 （2）在考试规定的时间内按要求完成操作任务。 （3）若操作过程出现不符合安全及劳动保护规定情况，每处扣 2 分					

序号	项目名称	质量要求	满分	扣分标准	扣分原因	得分
1	施工准备	（1）准备施工图、说明书、施工方案等。 （2）准备吊车及施工机具。 （3）办理作业票。 （4）进行安全技术交底。 （5）做好安全措施	5	缺主要项每处扣 1 分，不完整或不清晰每处扣 0.5 分，扣完为止		

续表

序号	项目名称	质量要求	满分	扣分标准	扣分原因	得分
2	基础复测	（1）土建基础施工完毕，地面、墙面全部完工，标高、尺寸、结构及预埋件均符合设计要求。 （2）设备基础达到允许安装强度要求。 （3）预埋件、基础地坪标高及水平误差符合设计及制造厂家要求	10	缺主要项每处扣 4 分，不完整或不清晰每处扣 1 分，扣完为止		
3	开关柜本体就位及安装	（1）开关柜就位前，对室内地面采取敷设地胶板等措施，做好土建成品的保护工作。 （2）开关柜就位过程中，采用中心向两边或单侧起立方式，确保成套柜的整齐排列。 （3）开关柜可在柜底用“溜滚”拖运，避免柜变形、元件受损，采取防倾倒措施，不得抓住断路器的接线端子搬运断路器。 （4）开关柜与基础的固定用螺栓连接，柜间采用螺栓连接。柜体在基础型钢上安装前，按实际尺寸画印、开孔、攻丝后再用螺栓固定。 （5）开关柜就位后调整其垂直度、水平度及柜面不平度，在柜与基础型钢间垫入调整用垫片，最多不超过三片，垫片与垫间、垫片与型钢间用电焊固定	30	缺主要项每处扣 6 分，不完整或不清晰每处扣 3 分，扣完为止		
4	附件安装及调试	（1）手车推拉应轻便、灵活，无卡阻、碰撞现象。 （2）动触头与静触头的中心线成一列，触头接触紧密，间隙符合产品技术要求。 （3）调整辅助开关、切换开关、限位开关，使其触点动作可靠，接触良好。 （4）防止电气误操作的“五防”装置齐全，动作灵活可靠。 （5）安全隔离板开启灵活。手车与柜体间的接地触头接触紧密	30	缺主要项每处扣 6 分，不完整或不清晰每处扣 3 分，扣完为止		
5	母线连接	（1）开关柜的接地母线，应有两处明显的与接地网可靠连接点。 （2）金属柜门应以铜软线与接地的金属构架可靠连接。 （3）成套柜应装有供检修用的接地装置	10	缺主要项每处扣 4 分，不完整或不清晰每处扣 1 分，扣完为止		
6	后续工作	（1）基础型钢与接地网可靠连接，避雷器接地与主地网引上线可靠连接。 （2）柜的接地牢固、良好。装有电器的可开启柜门，用软导线可靠接地。 （3）对开关柜进行分项及整体耐压试验	10	缺主要项每处扣 4 分，不完整或不清晰每处扣 1.5 分，扣完为止		
7	完工	填写施工记录，工器具及设备摆放整齐，工完场清，报告工作结束	5	缺主要项扣 5 分，不完整或不清晰每处扣 2.5 分，扣完为止		
	合计		100			

Jc0005153010　110kV HGIS（GIS）抽真空与充注 SF_6 气体。（100 分）

考核知识点：组合电器安装及调整

难易度：难

技能等级评价专业技能考核操作工作任务书

一、任务名称

110kV HGIS（GIS）抽真空与充注 SF_6 气体。

二、适用工种

变电一次安装工高级技师。

三、具体任务

（1）检查工器具、材料。

（2）确保现场布置及操作符合安全要求。

（3）抽真空与充注 SF_6 气体。

（4）设备内气体检漏。

（5）完工清理现场。

四、工作规范及要求

（1）考生正确填写办理工作票，进行安全、技术交底，合理安排人员分工并明确相应职责。

（2）考生进场后检查确认作业场所装设的围栏、悬挂的标识牌符合安全工作规程要求。

（3）考生正确把握执行现场安全文明施工作业的相关要求。

（4）考试结束完成工器具、安装配件、材料的清理。

五、考核及时间要求

（1）本考核操作时间为 90 分钟，包括安装、调试及报告整理时间，时间到停止考评。

（2）按照技能操作相关要求进行操作，正确记录操作结果。

技能等级评价专业技能考核操作评分标准

工种	变电一次安装工					评价等级	高级技师
项目模块	专业技能—组合电器安装及调整				编号	Jc0005153010	
单位			准考证号			姓名	
考试时限	90 分钟		题型	单项操作		题分	100 分
成绩		考评员		考评组长		日期	
试题正文	110kV HGIS（GIS）抽真空与充注 SF_6 气体						
需要说明的问题和要求	（1）采取必要的安全措施，符合电力安全工作规程要求。 （2）在考试规定的时间内按要求完成操作任务。 （3）若操作过程出现不符合安全及劳动保护规定情况，每处扣 2 分						

序号	项目名称	质量要求	满分	扣分标准	扣分原因	得分
1	施工准备	（1）准备施工图、说明书、施工方案等。 （2）准备 SF_6 气体检测仪器及施工机具。 （3）办理作业票。 （4）进行安全技术交底。 （5）做好安全措施	5	缺主要项每处扣 1 分，不完整或不清晰每处扣 0.5 分，扣完为止		
2	抽真空与充气前的检查	（1）应确认充注的 SF_6 气体为检测合格。 （2）测定当前环境是否符合充气条件，湿度小于 80%。 （3）检查充气设备及管路应洁净、无水分、无油污，管路连接无渗漏。 （4）确认被充注设备已抽真空至合格数据或已充注 SF_6 气体并且微水量测试合格。 （5）充注时应排出管路中的空气	30	缺主要项每处扣 6 分，不完整或不清晰每处扣 3 分，扣完为止		
3	抽真空	（1）抽取真空选用带有抽气逆止阀的真空泵，防止突然停电或误操作引起真空泵内的油或水银倒吸入设备内。 （2）抽真空的管道连接应正确、不得弯折。	30	缺主要项每处扣 6 分，不完整或不清晰每处扣 3 分，扣完为止		

续表

序号	项目名称	质量要求	满分	扣分标准	扣分原因	得分
3	抽真空	（3）抽取真空到气压降至133Pa时继续保持不少于30min的抽真空时间，以完全消除本体内的水分后关闭阀门。 （4）静置4h后，若真空度下降到133Pa以下，应重新抽到133Pa，并保持超过30min，重新进行真空泄漏检查直至真空度达到要求。 （5）真空度测量不得使用麦氏真空计	30	缺主要项每处扣6分，不完整或不清晰每处扣3分，扣完为止		
4	充注SF_6气体	（1）将减压阀和软管安装在SF_6钢瓶上。 （2）打开减压阀吹净充气管道。 （3）打开开关设备阀门和气瓶阀门，调节减压阀压力开始充气，使减压阀出口压力保持在小于1.1倍额定压力的范围内。 （4）观察开关SF_6压力表，充气至略大于额定压力约0.03MPa，关闭阀门后检漏	20	缺主要项每处扣5分，不完整或不清晰每处扣2.5分，扣完为止		
5	检漏	（1）对HGIS充注SF_6气体24h后进行检漏。 （2）用便携式SF_6气体检漏仪对断路器各密封部位、管道接头等处进行检测，检漏仪不应报警	10	缺主要项每处扣5分，不完整或不清晰每处扣2.5分，扣完为止		
6	完工	填写施工记录，工器具及设备摆放整齐，工完场清，报告工作结束	5	缺主要项扣5分，不完整或不清晰每处扣2.5分，扣完为止		
合计			100			

Jc0005153011　330kV断路器电动操动机构安装及调试。（100分）

考核知识点：断路器安装及调整

难易度：难

技能等级评价专业技能考核操作工作任务书

一、任务名称

330kV断路器电动操动机构安装及调试。

二、适用工种

变电一次安装工高级技师。

三、具体任务

（1）检查工器具、材料。

（2）确保现场布置及操作符合安全要求。

（3）做好施工准备工作。

（4）断路器电动操动机构安装。

（5）断路器电动操动机构调试。

（6）完工清理现场。

四、工作规范及要求

（1）考生正确填写办理工作票，进行安全、技术交底，合理安排人员分工并明确相应职责。

（2）考生进场后检查确认作业场所装设的围栏、悬挂的标识牌符合安全工作规程要求。

（3）考生正确把握执行现场安全文明施工作业的相关要求。

（4）考试结束完成工器具、安装配件、材料的清理。

五、考核及时间要求

（1）本考核操作时间为90分钟，包括安装、调试及报告整理时间，时间到停止考评。

（2）按照技能操作相关要求进行操作，正确记录操作结果。

技能等级评价专业技能考核操作评分标准

工种	变电一次安装工					评价等级	高级技师
项目模块	专业技能—断路器安装及调整				编号	Jc0005153011	
单位			准考证号			姓名	
考试时限	90分钟		题型	单项操作		题分	100分
成绩		考评员		考评组长		日期	
试题正文	330kV断路器电动操动机构安装及调试						
需要说明的问题和要求	（1）采取必要的安全措施，符合电力安全工作规程要求。 （2）在考试规定的时间内按要求完成操作任务。 （3）若操作过程出现不符合安全及劳动保护规定情况，每处扣2分						

序号	项目名称	质量要求	满分	扣分标准	扣分原因	得分
1	施工准备	（1）准备施工图、说明书、施工方案等。 （2）准备吊车及施工机具。 （3）办理作业票。 （4）进行安全技术交底。 （5）做好安全措施	10	缺主要项每处扣2分，不完整或不清晰每处扣1分，扣完为止		
2	基础复测	（1）与设备安装有关的基础、建筑物、构筑物土建工程已结束并验收合格。 （2）可能影响已安装设备或设备安装后不能再进行的工作全部结束	10	缺主要项每处扣5分，不完整或不清晰每处扣2.5分，扣完为止		
3	支架安装	（1）支架底部与基础面之间尺寸、支架上下螺母与垫片放置要求满足设计图纸要求。 （2）支架安装后找正时控制支架垂直度、顶面平整度，相间顶部平整度保持一致	10	缺主要项每处扣5分，不完整或不清晰每处扣2.5分，扣完为止		
4	断路器安装	（1）应按产品的技术规定选用合适的吊装器具吊装。 （2）密封槽面应清洁，无划伤痕迹。 （3）已用过的密封垫（圈）不得使用。 （4）涂密封脂时，不得使其流入密封垫（圈）内侧而与SF_6气体接触。 （5）均匀对称紧固断口与支柱连接螺栓，紧固力矩符合产品要求	20	缺主要项每处扣4分，不完整或不清晰每处扣2分，扣完为止		
5	传动装置安装	（1）断路器及其传动机构的联动正常，无卡阻现象。 （2）分、合闸指示正确，辅助开关及电气闭锁动作正确、可靠。 （3）按照产品说明书要求进行机构连接并进行检查和调整。 （4）机构内附件完好，功能正常	20	缺主要项每处扣5分，不完整或不清晰每处扣2.5分，扣完为止		
6	机构箱安装	（1）按照产品说明书要求进行机构连接并进行检查和调整。 （2）机构内附件完好，功能正常	10	缺主要项每处扣5分，不完整或不清晰每处扣2.5分，扣完为止		
7	附件安装	（1）均压环安装应无划痕、毛刺，安装牢固、平整、无变形。 （2）均压环宜在最低处打泄水孔	10	缺主要项每处扣5分，不完整或不清晰每处扣2.5分，扣完为止		

续表

序号	项目名称	质量要求	满分	扣分标准	扣分原因	得分
8	完工	填写施工记录，工器具及设备摆放整齐，工完场清，报告工作结束	10	缺主要项扣10分，不完整或不清晰每处扣5分，扣完为止		
合计			100			

Jc0005152012　35kV 高压开关柜安装质量验评及常见问题处理。（100 分）

考核知识点：其他电气设备安装及调整

难易度：中

技能等级评价专业技能考核操作工作任务书

一、任务名称

35kV 高压开关柜安装质量验评及常见问题处理。

二、适用工种

变电一次安装工高级技师。

三、具体任务

（1）检查工器具、材料。
（2）确保现场布置及操作符合安全要求。
（3）做好施工准备工作。
（4）高压开关柜验评。
（5）高压开关柜常见问题处理。
（6）完工清理现场。

四、工作规范及要求

（1）考生正确填写办理工作票，进行安全、技术交底，合理安排人员分工并明确相应职责。
（2）考生进场后检查确认作业场所装设的围栏、悬挂的标识牌符合安全工作规程要求。
（3）考生正确把握执行现场安全文明施工作业的相关要求。
（4）考试结束完成工器具、安装配件、材料的清理。

五、考核及时间要求

（1）本考核操作时间为 90 分钟，包括安装、调试及报告整理时间，时间到停止考评。
（2）按照技能操作相关要求进行操作，正确记录操作结果。

技能等级评价专业技能考核操作评分标准

<table>
<tr><td>工种</td><td colspan="5">变电一次安装工</td><td>评价等级</td><td>高级技师</td></tr>
<tr><td>项目模块</td><td colspan="4">专业技能—其他电气设备安装及调整</td><td>编号</td><td colspan="2">Jc0005152012</td></tr>
<tr><td>单位</td><td colspan="2"></td><td>准考证号</td><td colspan="2"></td><td>姓名</td><td></td></tr>
<tr><td>考试时限</td><td>90 分钟</td><td>题型</td><td colspan="3">单项操作</td><td>题分</td><td>100 分</td></tr>
<tr><td>成绩</td><td></td><td>考评员</td><td></td><td>考评组长</td><td></td><td>日期</td><td></td></tr>
<tr><td>试题正文</td><td colspan="7">35kV 高压开关柜安装质量验评及常见问题处理</td></tr>
<tr><td>需要说明的问题和要求</td><td colspan="7">（1）采取必要的安全措施，符合电力安全工作规程要求。
（2）在考试规定的时间内按要求完成操作任务。
（3）若操作过程出现不符合安全及劳动保护规定情况，每处扣 2 分</td></tr>
</table>

续表

序号	项目名称	质量要求	满分	扣分标准	扣分原因	得分
1	施工准备	（1）准备施工图、说明书、施工方案等。 （2）准备施工机具。 （3）办理作业票。 （4）进行安全技术交底。 （5）做好安全措施	5	缺主要项每处扣 1 分，不完整或不清晰每处扣 0.5 分，扣完为止		
2	安装质量验评	（1）检查开关柜内断路器应固定牢靠，外观应清洁。 （2）检查电气连接应可靠且接触良好。 （3）检查断路器与操动机构联动应正常、无卡阻，分、合闸指示应正确，辅助开关动作应准确、可靠。 （4）检查并联电阻的电阻值、电容器的电容值，应符合产品技术文件要求。 （5）检查绝缘部件、瓷件应完好无损。 （6）检查高压开关柜，应具备防止电气误操作的“五防”功能。 （7）检查手车或抽屉式高压开关柜在推入或拉出时应灵活，机械闭锁应可靠。 （8）检查高压开关柜所安装的带电显示装置应显示、动作正确。 （9）检查交接试验应合格。 （10）检查油漆应完整、相色标志应正确，接地应良好、标识清楚	50	缺主要项每处扣 5 分，不完整或不清晰每处扣 2.5 分，扣完为止		
3	基础问题	（1）高压开关柜体前后基础误差不满足要求。手车或抽屉单元的推拉卡阻；动触头与静触头的中心线出现高低偏差，触头接触不紧密。 （2）高压开关柜间基础误差不满足要求。主母线在柜间安装时出现高低偏差，导致主母线搭接处受力变形	10	缺主要项每处扣 5 分，不完整或不清晰每处扣 2.5 分，扣完为止		
4	母线问题	主母线相间或与柜体间的距离未满足最小电气安全距离的要求。主母线长期运行后，外表面绝缘材料老化，绝缘能力降低，主母线相间或对柜体放电，可能发生人身、设备事故，严重时导致整个开关柜室发生火灾。 （1）安装时主母线相间或与柜体间的距离满足最小电气安全距离的要求。 （2）如果主母线相间或与柜体间的距离小于最小电气安全距离，应在主母线相间与柜体间采用绝缘隔板，绝缘隔板应使用防火材料，绝缘性能好、不易受环境（高温、潮气）影响	15	缺主要项每处扣 8 分，不完整或不清晰每处扣 3 分，扣完为止		
5	行程开关问题	行程开关调节不当。行程开关是控制电动机储能位置的限位开关，当电动机储能到位时将电动机电源切断。 （1）行程开关限位调节过高。机构储能已满，电动机空转，储能指示灯不亮，只有打开控制开关才能使电动机停止。 （2）行程开关限位调节过低。机构储能未满，提前停机，由于储能不到位，开关不能合闸，只能手动慢慢储能找到正确位置，并且紧固	15	缺主要项每处扣 8 分，不完整或不清晰每处扣 3 分，扣完为止		
6	完工	填写施工记录，工器具及设备摆放整齐，工完场清，报告工作结束。	5	缺主要项扣 5 分，不完整或不清晰每处扣 2.5 分，扣完为止		
合计			100			

Jc0005152013　有载分接开关安装常见问题处理。（100分）

考核知识点：变压器的安装及调整

难易度：中

技能等级评价专业技能考核操作工作任务书

一、任务名称

有载分接开关安装常见问题处理。

二、适用工种

变电一次安装工高级技师。

三、具体任务

（1）检查工器具、材料。

（2）确保现场布置及操作符合安全要求。

（3）做好施工准备工作。

（4）有载分接开关安装常见问题处理。

（5）完工清理现场。

四、工作规范及要求

（1）考生正确填写办理工作票，进行安全、技术交底，合理安排人员分工并明确相应职责。

（2）考生进场后检查确认作业场所装设的围栏、悬挂的标识牌符合安全工作规程要求。

（3）考生正确把握执行现场安全文明施工作业的相关要求。

（4）考试结束完成工器具、安装配件、材料的清理。

五、考核及时间要求

（1）本考核操作时间为90分钟，包括安装、调试及报告整理时间，时间到停止考评。

（2）按照技能操作相关要求进行操作，正确记录操作结果。

技能等级评价专业技能考核操作评分标准

工种	变电一次安装工					评价等级	高级技师
项目模块	专业技能—变压器的安装及调整				编号	Jc0005152013	
单位			准考证号			姓名	
考试时限	90分钟		题型	单项操作		题分	100分
成绩		考评员		考评组长		日期	
试题正文	有载分接开关安装常见问题处理						
需要说明的问题和要求	（1）采取必要的安全措施，符合电力安全工作规程要求。 （2）在考试规定的时间内按要求完成操作任务。 （3）若操作过程出现不符合安全及劳动保护规定情况，每处扣2分						

序号	项目名称	质量要求	满分	扣分标准	扣分原因	得分
1	施工准备	（1）准备施工图、说明书、施工方案等。 （2）准备施工机具。 （3）办理作业票。 （4）进行安全技术交底。 （5）做好安全措施	5	缺主要项每处扣1分，不完整或不清晰每处扣0.5分，扣完为止		

续表

序号	项目名称	质量要求	满分	扣分标准	扣分原因	得分
2	绝缘能力降低	（1）原因分析： 1）变压器芯部检查时，湿度超过 75%，露空时间超过规范规定时间。 2）长时间充气的变压器，器身检查前没有进行注油排气工序，使绕组失去变压器油的有效保护，导致绕组绝缘材料潮气侵入。 3）芯部检查时防尘措施不力，检查完后对芯部冲洗清洁不够，导致器身污染。 4）变压器整体密封不好，导致潮气侵入。 5）油务系统不清洁，附件清洁不干净，造成器身内部污染。 （2）处理方法： 1）热油循环。通过对变压器本体油进行加热循环过滤，使器身内部潮气散发，通过真空滤油机将潮气吸出，同时油在循环过程中通过滤油机的两级滤芯对内部杂质进行清理。 2）将本体油位放至距顶盖约 300mm，关闭气体继电器两侧蝶阀，将滤油机进出油管分别接到下部放油阀和邮箱顶部添加油孔，打开器身上所有阀门，进行热油循环处理。 3）涡流加热。通过对绕组加大电流，使铁芯产生涡流发热，逼出内部潮气。 4）返厂处理。绕组严重受潮，现场无法进行处理的进行返厂处理	30	未找到问题原因主要项每处扣 4 分，问题未处理每处扣 2 分，扣完为止		
3	渗漏油	（1）原因分析： 1）设计制造缺陷，结构设计不当，加工工艺粗糙（砂眼），焊接工艺差（夹渣、气孔、漏焊），法兰面不平整，连接管道配置不合理（过长、过短、错位）。 2）现场安装不当，法兰平面清洁不彻底，表面有油污、锈蚀、焊渣，两法兰面间错位。 3）密封圈放置不到位，造成密封圈损伤或密封圈不起作用。 4）螺栓紧固不均匀、不到位。 5）附件磕碰，造成破损开裂。 （2）处理方法： 1）将法兰面彻底清理，去除油污、锈蚀、焊渣，将法兰面进行平面校正。 2）对不合理连接管道进行重新配制，使得管道连接自然吻合。 3）密封圈放置在连接处的中间合适位置，竖直放置的密封圈应有防下滑的措施（如卡件固定），在螺栓紧固过程中要随时校正密封圈的位置。 4）螺栓紧固应先对角紧固的方式，到密封圈开始受力起顺时针挨个缓慢均匀紧固，紧固到密封圈压缩 1/3 时停止紧固。 5）由于磕碰造成破损的应及时处理，同时进行检漏试验	30	未找到问题原因主要项每处扣 3 分，问题未处理每处扣 1 分，扣完为止		
4	气体继电器法兰面开裂	（1）原因分析： 1）法兰面不平整。 2）螺栓紧固不均匀。 3）连接管太短。 （2）处理方法： 1）法兰面应进行校平处理。 2）螺栓应采用对角紧固，应均匀紧固，不得一颗螺栓或一侧螺栓紧固太多。 3）连接管长短应合适，如太短应重新进行制作。 4）应先紧固气体继电器两端螺栓，再紧固连接管另一侧螺栓	20	未找到问题原因主要项每处扣 3 分，问题未处理每处扣 1 分，扣完为止		

续表

序号	项目名称	质量要求	满分	扣分标准	扣分原因	得分
5	胶囊破损	（1）原因分析： 1）胶囊胶合工艺差，造成胶合处破裂。 2）胶囊内外压差较大，造成胶囊撕裂，如220kV及以下电压等级变压器抽真空时，气体继电器的蝶阀关闭不严。 （2）处理方法：更换新胶囊	10	未找到问题原因主要项每处扣4分，问题未处理每处扣2分，扣完为止		
6	完工	填写施工记录，工器具及设备摆放整齐，工完场清，报告工作结束	5	缺主要项扣5分，不完整或不清晰每处扣2.5分，扣完为止		
合计			100			

Jc0005162014 落地罐式断路器、PASS等组合电器安装故障分析及处理。（100分）

考核知识点：断路器安装及调整

难易度：中

技能等级评价专业技能考核操作工作任务书

一、任务名称

落地罐式断路器、PASS等组合电器安装故障分析及处理。

二、适用工种

变电一次安装工高级技师。

三、具体任务

对落地罐式断路器、插接式开关电器（PASS）等组合电器安装中出现的故障进行分析及处理。

四、工作规范及要求

（1）考生正确填写办理工作票，进行安全、技术交底，合理安排人员分工并明确相应职责。

（2）考生进场后检查确认作业场所装设的围栏、悬挂的标识牌符合安全工作规程要求。

（3）考生正确把握执行现场安全文明施工作业的相关要求。

（4）考试结束完成工器具、安装配件、材料的清理。

五、考核及时间要求

（1）本考核操作时间为90分钟，包括安装、调试及报告整理时间，时间到停止考评。

（2）按照技能操作相关要求进行操作，正确记录操作结果。

技能等级评价专业技能考核操作评分标准

<table>
<tr><td>工种</td><td colspan="4">变电一次安装工</td><td>评价等级</td><td>高级技师</td></tr>
<tr><td>项目模块</td><td colspan="3">专业技能—断路器安装及调整</td><td>编号</td><td colspan="2">Jc0005162014</td></tr>
<tr><td>单位</td><td colspan="2"></td><td>准考证号</td><td></td><td>姓名</td><td></td></tr>
<tr><td>考试时限</td><td>90分钟</td><td>题型</td><td colspan="2">多项操作</td><td>题分</td><td>100分</td></tr>
<tr><td>成绩</td><td>考评员</td><td></td><td>考评组长</td><td></td><td>日期</td><td></td></tr>
<tr><td>试题正文</td><td colspan="6">落地罐式断路器、PASS等组合电器安装故障分析及处理</td></tr>
<tr><td>需要说明的问题和要求</td><td colspan="6">（1）采取必要的安全措施，符合电力安全工作规程要求。
（2）在考试规定的时间内按要求完成操作任务。
（3）若操作过程出现不符合安全及劳动保护规定情况，每处扣2分</td></tr>
</table>

续表

序号	项目名称	质量要求	满分	扣分标准	扣分原因	得分
1	故障1：预埋螺栓预埋不正确	（1）故障原因：螺栓预埋过长、过短或螺栓预埋位置不正确。 （2）处理方法：按规定进行重新预埋	10	主要错项、缺项每处扣5分，不完整或不清晰描述每处扣2.5分，扣完为止		
2	故障2：套管安装错误	（1）故障原因：相位安装错误或进线套管与出线套管装反。 （2）处理方法：核对后拆除安装完的套管，进行重新安装	15	故障原因10分，处理方法5分，不完整或不清晰描述每处扣2.5分，扣完为止		
3	故障3：SF_6气体密度过低，发出报警	（1）故障原因：气体密度继电器有偏差、SF_6气体泄漏、防爆膜破裂。 （2）处理方法： 1）检查气体密度继电器的报警标准，看密度继电器是否有偏差。 2）检查SF_6气体是否泄漏，必要时用检漏仪检测，更换密封件和其他已损坏部件。 3）检查是否内部气体压力升高而使防爆膜破裂，如果确认是电弧的原因，必须更换灭弧室	25	故障原因10分，处理方法每项各5分，不完整或不清晰描述每处扣2.5分，扣完为止		
4	故障4：SF_6气体微水量超标、水分含量过大	（1）故障原因：检测时，环境温度过高或干燥剂不起作用。 （2）处理方法： 1）在平均温度+25℃时，重新检测断路器。 2）干燥剂不起作用时更换干燥剂，抽真空，从底部充入干燥的气体	20	故障原因10分，处理方法每项各5分，不完整或不清晰描述每处扣2.5分，扣完为止		
5	故障5：导电回路电阻值过大	（1）故障原因：触头连接处过热、氧化，连接件老化或触头磨损。 （2）处理方法： 1）触头连接处过热、氧化或者连接件老化，则拆开断路器，按规定的方式清洁、润滑触头表面，重新装配断路器并检查回路电阻。 2）触头磨损，则对其进行更换	20	故障原因10分，处理方法每项各5分，不完整或不清晰描述每处扣2.5分，扣完为止		
6	故障6：三相联动操作时相间位置偏差	（1）故障原因：绝缘操作杆或操作连杆损坏。 （2）处理方法：更换损坏的操作连杆，检查各触头有无可能的机械损伤	10	主要错项、缺项每处扣5分，不完整或不清晰描述每处扣2.5分，扣完为止		
合计			100			

Jc0005163015　110kV及以上GIS和封闭母线安装常见问题处理。（100分）

考核知识点：组合电器安装及调整

难易度：难

技能等级评价专业技能考核操作工作任务书

一、任务名称

110kV及以上GIS和封闭母线安装常见问题处理。

二、适用工种

变电一次安装工高级技师。

三、具体任务

分析110kV及以上GIS和封闭母线安装常见问题的产生原因，并提出处理方法。

四、工作规范及要求

（1）考生正确填写办理工作票，进行安全、技术交底，合理安排人员分工并明确相应职责。
（2）考生进场后检查确认作业场所装设的围栏、悬挂的标识牌符合安全工作规程要求。
（3）考生正确把握执行现场安全文明施工作业的相关要求。
（4）考试结束完成工器具、安装配件、材料的清理。

五、考核及时间要求

（1）本考核操作时间为 90 分钟，包括安装、调试及报告整理时间，时间到停止考评。
（2）按照技能操作相关要求进行操作，正确记录操作结果。

技能等级评价专业技能考核操作评分标准

工种	变电一次安装工					评价等级	高级技师
项目模块	专业技能—组合电器安装及调整				编号	Jc0005163015	
单位			准考证号			姓名	
考试时限	90 分钟		题型	多项操作		题分	100 分
成绩		考评员		考评组长		日期	
试题正文	110kV 及以上 GIS 和封闭母线安装常见问题处理						
需要说明的问题和要求	（1）采取必要的安全措施，符合电力安全工作规程要求。 （2）在考试规定的时间内按要求完成操作任务。 （3）若操作过程出现不符合安全及劳动保护规定情况，每处扣 2 分						

序号	项目名称	质量要求	满分	扣分标准	扣分原因	得分
1	预埋件不正确问题原因	（1）预埋件设计图纸缺漏。 （2）预埋件位置不正确	8	主要错项、缺项每处扣 4 分，不完整或不清晰描述每处扣 2 分，扣完为止		
2	预埋件不正确处理方法	（1）认真核对电气安装图纸和土建基础施工图纸，确保预埋槽钢和接地预埋块位置正确。 （2）预埋件设计图纸缺漏联系设计增加，根据设计联系单增加预埋件	8	主要错项、缺项每处扣 4 分，不完整或不清晰描述每处扣 2 分，扣完为止		
3	安装材料不足问题原因	（1）厂家配置安装材料缺漏。 （2）施工人员未按照要求安装	8	主要错项、缺项每处扣 4 分，不完整或不清晰描述每处扣 2 分，扣完为止		
4	安装材料不足处理方法	（1）设备螺栓、弹垫、平垫易发生缺失情况，若缺失要求厂家尽快补齐。 （2）施工前进行技术交底，施工人员严格按厂家要求进行设备安装	8	主要错项、缺项每处扣 4 分，不完整或不清晰描述每处扣 2 分，扣完为止		
5	设备掉漆、生锈问题原因	设备生产与安装时间长	4	主要错项、缺项扣 4 分，不完整或不清晰描述每处扣 2 分，扣完为止		
6	设备掉漆、生锈处理方法	若由于设备订货时间和施工时间较长，设备出现部分掉漆、生锈等情况，及时要求厂家进行处理	4	主要错项、缺项扣 4 分，不完整或不清晰描述每处扣 2 分，扣完为止		
7	SF_6 气体密度过低，发出报警问题原因	（1）气体密度继电器有偏差。 （2）SF_6 气体泄漏。 （3）防爆膜破裂	6	主要错项、缺项每处扣 2 分，不完整或不清晰描述每处扣 1 分，扣完为止		
8	SF_6 气体密度过低，发出报警处理方法	（1）查气体密度继电器的报警标准，看密度继电器是否有偏差。 （2）检查气体填充后的记录，确认 SF_6 气体是否泄漏，必要时用检漏仪检测，更换密封件和其他已损坏部件。	9	主要错项、缺项每处扣 3 分，不完整或不清晰描述每处扣 1.5 分，扣完为止		

续表

序号	项目名称	质量要求	满分	扣分标准	扣分原因	得分
8	SF_6气体密度过低，发出报警处理方法	（3）检查是否因内部气体压力升高而使防爆膜破裂，如果确认是电弧的原因，必须更换灭弧室	9	主要错项、缺项每处扣 3 分，不完整或不清晰描述每处扣 1.5 分，扣完为止		
9	SF_6气体微水量超标、水分含量过大问题原因	（1）检测时，环境温度过高。 （2）干燥剂不起作用	8	主要错项、缺项每处扣 4 分，不完整或不清晰描述每处扣 2 分，扣完为止		
10	SF_6气体微水量超标、水分含量过大处理方法	（1）检测时温度是否过高，可在断路器的平均温度+25℃时，重新检测。 （2）检查干燥剂是否起作用，必要时更换干燥剂，抽真空，从底部充入干燥的气体	8	主要错项、缺项每处扣 4 分，不完整或不清晰描述每处扣 2 分，扣完为止		
11	导电回路电阻过大问题原因	（1）触头连接处过热、氧化，连接件老化。 （2）触头磨损	8	主要错项、缺项每处扣 4 分，不完整或不清晰描述每处扣 2 分，扣完为止		
12	导电回路电阻过大处理方法	（1）触头连接处过热、氧化或者连接件老化，则拆开断路器，按规定的方式清洁、润滑触头表面，重新装配断路器并检查回路电阻。 （2）触头磨损，则对其进行更换	8	主要错项、缺项每处扣 4 分，不完整或不清晰描述每处扣 2 分，扣完为止		
13	三相联动操作时相间位置偏差问题原因	（1）操作连杆损坏。 （2）绝缘操作杆损坏	8	主要错项、缺项每处扣 4 分，不完整或不清晰描述每处扣 2 分，扣完为止		
14	三相联动操作时相间位置偏差处理方法	更换损坏的操作连杆，检查各触头有无可能的机械损伤	5	主要错项、缺项扣 5 分，不完整或不清晰描述每处扣 2.5 分，扣完为止		
	合计		100			

Jc0005153016　支撑式硬母线支架、支柱绝缘子安装。（100 分）

考核知识点：支撑式硬母线支架、支柱绝缘子安装方法及工艺要求

难易度：难

技能等级评价专业技能考核操作工作任务书

一、任务名称

支撑式硬母线支架、支柱绝缘子安装。

二、适用工种

变电一次安装工高级技师。

三、具体任务

（1）检查工器具、材料。

（2）确保现场布置及操作符合安全要求。

（3）做好施工准备工作。

（4）支撑式硬母线支架安装。

（5）支柱绝缘子安装。

（6）完工清理现场。

四、工作规范及要求

（1）考生正确填写办理工作票，进行安全、技术交底，合理安排人员分工并明确相应职责。

（2）考生进场后检查确认作业场所装设的围栏、悬挂的标识牌符合安全工作规程要求。

（3）考生正确把握执行现场安全文明施工作业的相关要求。

（4）考试结束完成工器具、安装配件、材料的清理。

五、考核及时间要求

（1）本考核操作时间为90分钟，包括安装、调试及报告整理时间，时间到停止考评。

（2）按照技能操作相关要求进行操作，正确记录操作结果。

技能等级评价专业技能考核操作评分标准

工种	变电一次安装工				评价等级	高级技师	
项目模块	专业技能—支撑式硬母线支架、支柱绝缘子安装				编号	Jc0005153016	
单位			准考证号		姓名		
考试时限	90分钟		题型		单项操作	题分	100分
成绩		考评员		考评组长		日期	
试题正文	支撑式硬母线支架、支柱绝缘子安装						
需要说明的问题和要求	（1）采取必要的安全措施，符合电力安全工作规程要求。 （2）在考试规定的时间内按要求完成操作任务。 （3）若操作过程出现不符合安全及劳动保护规定情况，每处扣2分						

序号	项目名称	质量要求	满分	扣分标准	扣分原因	得分
1	施工准备	（1）准备施工图、说明书、施工方案等。 （2）准备吊车及施工机具。 （3）办理作业票。 （4）进行安全技术交底。 （5）做好安全措施	10	缺主要项每处扣2分，不完整或不清晰每处扣1分，扣完为止		
2	基础复测	（1）复核与硬母线安装相关的建筑物构件和构支架的标高、水平度、垂直度以及预留孔位置、尺寸应符合设计要求。 （2）有可能损坏已安装母线装置或母线安装后不能再进行的工作全部结束	10	缺主要项每处扣5分，不完整或不清晰每处扣2.5分，扣完为止		
3	支撑式硬母线支架安装	（1）根据硬母线现场布置方式，测量需加工的支撑式硬母线支架尺寸。 （2）根据测量尺寸，加工支撑式硬母线支架，并做好防腐处理。 （3）将支撑式硬母线支架安装于预留孔或预埋件，固定牢固	15	缺主要项每处扣5分，不完整或不清晰每处扣2.5分，扣完为止		
4	支柱绝缘子安装	（1）检查绝缘子外观清洁完好，瓷套与法兰黏合牢固。 （2）将支柱绝缘子安装于硬母线支架上，固定牢固。 （3）校正支撑式硬母线支架及支柱绝缘子位置，确保满足硬母线安装要求	15	缺主要项每处扣5分，不完整或不清晰每处扣2.5分，扣完为止		
5	后期工作	（1）检查所有螺栓已紧固，清洁设备表面。 （2）清理施工现场	10	缺主要项每处扣5分，不完整或不清晰每处扣2.5分，扣完为止		
6	支撑式硬母线支架、支柱绝缘子安装工艺要求	（1）支柱绝缘子固定的底座、支架应预先安装在同一水平面或垂直面上，螺栓预埋时，应采用专用样板，螺栓位置应校正平直，与绝缘子固定时应露出2～3扣。 （2）安装在同一水平面或垂直面上的支	30	缺主要项每处扣10分，不完整或不清晰每处扣5分，扣完为止		

续表

序号	项目名称	质量要求	满分	扣分标准	扣分原因	得分
6	支撑式硬母线支架、支柱绝缘子安装工艺要求	柱绝缘子，应位于同一水平面上，其中心位置应符合设计的要求。母线直线段的支柱绝缘子的安装中心应在同一直线上。施工中可把两侧支柱绝缘子先行调好，再在两绝缘子顶面中心线拉一直线，校正其他绝缘子的左右、高低位置。 （3）支柱绝缘子安装时，其底座或法兰盘不得埋入混凝土或抹灰层内。支柱绝缘子、支架在调整时允许放置调整用的垫片，其片数不得超过三片，各片间应焊接牢固。多节支柱绝缘子及母线支持金具宜在地面统一组装，一次起吊就位。支柱绝缘子叠装时，中心线应一致，固定应牢固，紧固件应齐全	30	缺主要项每处扣 10 分，不完整或不清晰每处扣 5 分，扣完为止		
7	完工	填写施工记录，工器具及设备摆放整齐，工完场清，报告工作结束	10	缺主要项每处扣 5 分，不完整或不清晰每处扣 2.5 分，扣完为止		
合计			100			

Jc0005153017　管形母线制作。（100 分）

考核知识点：管形母线制作方法及工艺要求

难易度：难

技能等级评价专业技能考核操作工作任务书

一、任务名称

管形母线制作。

二、适用工种

变电一次安装工高级技师。

三、具体任务

（1）检查工器具、材料。

（2）确保现场布置及操作符合安全要求。

（3）做好施工准备工作。

（4）管形母线制作。

（5）完工清理现场。

四、工作规范及要求

（1）考生正确填写办理工作票，进行安全、技术交底，合理安排人员分工并明确相应职责。

（2）考生进场后检查确认作业场所装设的围栏、悬挂的标识牌符合安全工作规程要求。

（3）考生正确把握执行现场安全文明施工作业的相关要求。

（4）考试结束完成工器具、安装配件、材料的清理。

五、考核及时间要求

（1）本考核操作时间为 90 分钟，包括安装、调试及报告整理时间，时间到停止考评。

（2）按照技能操作相关要求进行操作，正确记录操作结果。

技能等级评价专业技能考核操作评分标准

工种	变电一次安装工					评价等级	高级技师
项目模块	专业技能—管形母线制作				编号	Jc0005153017	
单位			准考证号			姓名	
考试时限	90分钟		题型	单项操作		题分	100分
成绩		考评员		考评组长		日期	
试题正文	管形母线制作						
需要说明的问题和要求	（1）采取必要的安全措施，符合电力安全工作规程要求。 （2）在考试规定的时间内按要求完成操作任务。 （3）若操作过程出现不符合安全及劳动保护规定情况，每处扣2分						

序号	项目名称	质量要求	满分	扣分标准	扣分原因	得分
1	施工准备	（1）准备施工图、说明书、施工方案等。 （2）准备材料及施工机具。 （3）办理作业票。 （4）进行安全技术交底。 （5）做好安全措施	10	缺主要项每处扣2分，不完整或不清晰每处扣1分，扣完为止		
2	管形母线下料	（1）检查管形母线表面光滑、无毛刺，型号、规格、数量符合设计要求。 （2）下料按照先长后短原则，减少焊接接头并节约原料。 （3）管形母线焊接接头必须避开管形母线固定金具和隔离开关静触头固定金具50mm以上	15	缺主要项每处扣5分，不完整或不清晰每处扣2.5分，扣完为止		
3	管形母线坡口、加强孔制作及衬管制作	（1）依据图纸进行坡口和加强孔制作，坡口应光滑、均匀、无毛刺，加强孔大小、数量及分布尺寸符合图纸，不得随意变动。 （2）补强衬管可按管形母线内径减去1mm作为衬管外径	10	缺主要项每处扣5分，不完整或不清晰每处扣2.5分，扣完为止		
4	管形母线焊接	（1）场地整平，按2m间距放置枕木，固定好焊接支架滚轮，找直找平后焊接。 （2）管形母线试焊：每种规格管形母线焊接两组试件送验，检验合格后方可正式焊接。 （3）焊接前矫正弯曲挠度。 （4）采用氩弧焊进行焊接，焊接前应充分加热。 （5）焊接过程避免过多断弧，采取均匀滚动焊接，避免仰焊	20	缺主要项每处扣4分，不完整或不清晰每处扣2分，扣完为止		
5	附件安装	（1）阻尼导线安装。 （2）管形母线中断球安装	8	缺主要项每处扣4分，不完整或不清晰每处扣2分，扣完为止		
6	后期工作	（1）检查所有螺栓，清洁管形母线表面。 （2）相位标识正确。 （3）清理施工现场	12	缺主要项每处扣4分，不完整或不清晰每处扣2分，扣完为止		
7	管形母线制作工艺要求	（1）管形母线制作要求：有60°～75°坡口，1～3mm的钝边，加工表面无毛刺、飞边等，焊接口应位于补强管的中央。 （2）管形母线焊口对接要求：管中两侧各50mm范围应打磨清洗干净，不得有氧化膜、水分、油污；焊接时对口应平直，其弯折偏移不大于1/500，中心线偏移不得大于0.5mm。 （3）管形母线焊缝要求：焊缝加强高度2～4mm，呈细鳞形圆弧形，表面不应有毛	20	缺主要项每处扣5分，不完整或不清晰每处扣2.5分，扣完为止		

续表

序号	项目名称	质量要求	满分	扣分标准	扣分原因	得分
7	管形母线制作工艺要求	刺、凹凸不平等缺陷。焊缝宽度不得超过规定值+2mm 或－11mm，不得有裂纹、未熔合现象。 （4）管形母线外观检查：平直光洁，不得有裂纹损伤，几何尺寸公差不超过产品设计规定，最大挠度不大于 1/500	20	缺主要项每处扣 5 分，不完整或不清晰每处扣 2.5 分，扣完为止		
8	完工	填写施工记录，工器具及设备摆放整齐，工完场清，报告工作结束	5	缺主要项扣 5 分，不完整或不清晰每处扣 2.5 分，扣完为止		
合计			100			

Jc0005153018　矩形母线制作。（100 分）

考核知识点：矩形母线制作方法及工艺要求

难易度：难

技能等级评价专业技能考核操作工作任务书

一、任务名称

矩形母线制作。

二、适用工种

变电一次安装工高级技师。

三、具体任务

（1）检查工器具、材料。

（2）确保现场布置及操作符合安全要求。

（3）做好施工准备工作。

（4）矩形母线制作。

（5）完工清理现场。

四、工作规范及要求

（1）考生正确填写办理工作票，进行安全、技术交底，合理安排人员分工并明确相应职责。

（2）考生进场后检查确认作业场所装设的围栏、悬挂的标识牌符合安全工作规程要求。

（3）考生正确把握执行现场安全文明施工作业的相关要求。

（4）考试结束完成工器具、安装配件、材料的清理。

五、考核及时间要求

（1）本考核操作时间为 90 分钟，包括安装、调试及报告整理时间，时间到停止考评。

（2）按照技能操作相关要求进行操作，正确记录操作结果。

技能等级评价专业技能考核操作评分标准

<table>
<tr><td>工种</td><td colspan="5">变电一次安装工</td><td>评价等级</td><td>高级技师</td></tr>
<tr><td>项目模块</td><td colspan="4">专业技能—矩形母线制作</td><td>编号</td><td colspan="2">Jc0005153018</td></tr>
<tr><td>单位</td><td colspan="3"></td><td>准考证号</td><td></td><td>姓名</td><td></td></tr>
<tr><td>考试时限</td><td colspan="2">90 分钟</td><td>题型</td><td colspan="2">单项操作</td><td>题分</td><td>100 分</td></tr>
<tr><td>成绩</td><td></td><td>考评员</td><td></td><td>考评组长</td><td></td><td>日期</td><td></td></tr>
</table>

续表

试题正文	矩形母线制作
需要说明的问题和要求	（1）采取必要的安全措施，符合电力安全工作规程要求。 （2）在考试规定的时间内按要求完成操作任务。 （3）若操作过程出现不符合安全及劳动保护规定情况，每处扣 2 分

序号	项目名称	质量要求	满分	扣分标准	扣分原因	得分
1	施工准备	（1）准备施工图、说明书、施工方案等。 （2）准备材料及施工机具。 （3）办理作业票。 （4）进行安全技术交底。 （5）做好安全措施	10	缺主要项每处扣 2 分，不完整或不清晰每处扣 1 分，扣完为止		
2	矩形母线下料	（1）母线校正。对弯曲不平的母线，可用多功能弯排进行校正，无校正机时可将母线放置在平台或槽钢上，用木锤敲打平直，不得用铁锤敲打。 （2）母线下料配置。测量实际尺寸，划出大样或用钢丝弯成样板做加工依据	10	缺主要项每处扣 5 分，不完整或不清晰每处扣 2.5 分，扣完为止		
3	矩形母线弯制	（1）矩形母线应进行冷弯，不得进行热弯。 （2）母线弯制应符合下列要求： 1）母线开始弯曲处距最近绝缘子的母线固定金具边缘不得大于 $0.25L$（L 为母线两支持点间距），不得小于 50mm。 2）母线开始弯曲处距母线连接位置不得小于 50mm。 3）矩形母线应减少直角弯曲，弯曲处不得有裂纹及显著褶皱。 4）多片母线的弯曲度应一致。 5）矩形母线用螺栓连接时，连接处距支持绝缘子的支持夹板边缘不应小于 50mm，上片母线端子与下片母线平弯开始处的距离不应小于 50mm。 6）母线扭转 90° 时，其扭转部分长度应为母线宽度的 2.5～5 倍	35	缺主要项每处扣 5 分，不完整或不清晰每处扣 2.5 分，扣完为止		
4	后期工作	（1）相位标识正确。 （2）清理施工现场	10	缺主要项每处扣 5 分，不完整或不清晰每处扣 2.5 分，扣完为止		
5	矩形母线制作工艺要求	（1）母线接触面的加工必须平整、无氧化膜。经加工后其截面积减少值为：铜母线不应超过原截面积的 3%；铝母线不应超过原截面积的 5%；具有镀银层的母线搭接面，不得任意锉磨。 （2）矩形母线的搭接连接，其孔径和孔距应符合《电气装置安装工程　母线装置施工及验收规范》（GB 50149—2010）要求。当母线与设备端子连接时，应符合《高压电器端子尺寸标准化》（GB/T 5273—2016）的要求。 （3）母线与母线、母线与分支线、母线与电器端子搭接时，其搭接面的处理应符合下列规定： 1）铜与铜：室外、高温且潮湿或对母线有腐蚀气体的室内，必须搪锡，在干燥的室内可直接连接。 2）铝与铝：直接连接。 3）钢与钢：必须搪锡或镀锌，不得直接连接。 4）铜与铝：在干燥的室内，铜导体应搪锡，在室外或空气相对湿度接近 100%的室外，应采用铜铝过渡板，铜端应搪锡。 5）钢与铜或铝：钢搭接面必须搪锡。 6）封闭母线螺栓固定搭接面应镀银。 7）所有连接螺栓应紧固	30	缺主要项每处扣 10 分，不完整或不清晰每处扣 2 分，扣完为止		
6	完工	填写施工记录，工器具及设备摆放整齐，工完场清，报告工作结束	5	缺主要项扣 5 分，不完整或不清晰每处扣 2.5 分，扣完为止		
合计			100			

Jc0005153019 悬吊式管形母线安装。（100 分）

考核知识点：悬吊式管形母线安装方法和工艺要求

难易度：难

技能等级评价专业技能考核操作工作任务书

一、任务名称

悬吊式管形母线安装。

二、适用工种

变电一次安装工高级技师。

三、具体任务

（1）检查工器具、材料。

（2）确保现场布置及操作符合安全要求。

（3）做好施工准备工作。

（4）悬吊式管形母线安装。

（5）完工清理现场。

四、工作规范及要求

（1）考生正确填写办理工作票，进行安全、技术交底，合理安排人员分工并明确相应职责。

（2）考生进场后检查确认作业场所装设的围栏、悬挂的标识牌符合安全工作规程要求。

（3）考生正确把握执行现场安全文明施工作业的相关要求。

（4）考试结束完成工器具、安装配件、材料的清理。

五、考核及时间要求

（1）本考核操作时间为 90 分钟，包括安装、调试及报告整理时间，时间到停止考评。

（2）按照技能操作相关要求进行操作，正确记录操作结果。

技能等级评价专业技能考核操作评分标准

工种	变电一次安装工					评价等级	高级技师
项目模块	专业技能—悬吊式管形母线安装				编号	Jc0005153019	
单位			准考证号			姓名	
考试时限	90 分钟		题型	单项操作		题分	100 分
成绩		考评员		考评组长		日期	
试题正文	悬吊式管形母线安装						
需要说明的问题和要求	（1）采取必要的安全措施，符合电力安全工作规程要求。 （2）在考试规定的时间内按要求完成操作任务。 （3）若操作过程出现不符合安全及劳动保护规定情况，每处扣 2 分						

序号	项目名称	质量要求	满分	扣分标准	扣分原因	得分
1	施工准备	（1）准备施工图、说明书、施工方案等。 （2）准备吊车及施工机具。 （3）办理作业票。 （4）进行安全技术交底。 （5）做好安全措施	10	缺主要项每处扣 2 分，不完整或不清晰每处扣 1 分，扣完为止		

续表

序号	项目名称	质量要求	满分	扣分标准	扣分原因	得分
2	悬吊式管形母线安装	（1）核对管形母线规格、数量、外观。 （2）按照设计图纸确认管形母线跨度，依据跨度确定管形母线配置。 （3）悬吊式管形母线就位前确认管形母线梁挂点实际标高，计算管形母线夹具所卡位置。 （4）就位前检查金具、绝缘子串组装正确，销针完整，绝缘子碗口朝下，管形母线梁与构架柱连接螺栓紧固，机具布置到位。 （5）就位过程中每根管形母线同侧挂点同时起升，待该侧挂点与金具连接正确后，将吊点挪至另一侧后以同样方法起升。 （6）单跨口、大口径悬吊式管形母线不宜预弯，必要时要通过加入配重块来调平。 （7）悬吊式管形母线均压环按照设计图纸方向进行安装。 （8）管形母线跳线制作安装过程保持每相及分裂导线每根弧度一致	40	缺主要项每处扣 5 分，不完整或不清晰每处扣 2.5 分，扣完为止		
3	后期工作	（1）检查所有螺栓力矩紧固，清洁设备表面。 （2）管形母线固定后应在最低处钻 6～8mm 滴水孔。 （3）相位标识正确。 （4）清理施工现场	20	缺主要项每处扣 5 分，不完整或不清晰每处扣 2.5 分，扣完为止		
4	悬吊式管形母线安装工艺要求	（1）母线平直，端部整齐，挠度小于 $D/2$（D 为管形母线直径）。 （2）三相平行，相距一致。 （3）跳线走向自然，三相一致。 （4）金具规格应与管形母线相匹配。 （5）均压环安装应无划痕、毛刺，安装牢固、平整、无变形，管形母线及均压环应在最低处打排水孔	20	缺主要项每处扣 4 分，不完整或不清晰每处扣 2 分，扣完为止		
5	完工	填写施工记录，工器具及设备摆放整齐，工完场清，报告工作结束	10	缺主要项扣 10 分，不完整或不清晰每处扣 5 分，扣完为止		
	合计		100			

Jc0005153020 支撑式管形母线安装。（100 分）

考核知识点：支撑式管形母线安装方法和工艺要求

难易度：难

技能等级评价专业技能考核操作工作任务书

一、任务名称

支撑式管形母线安装。

二、适用工种

变电一次安装工高级技师。

三、具体任务

（1）检查工器具、材料。

（2）确保现场布置及操作符合安全要求。

（3）做好施工准备工作。

（4）支撑式管形母线安装。

（5）完工清理现场。

四、工作规范及要求

（1）考生正确填写办理工作票，进行安全、技术交底，合理安排人员分工并明确相应职责。

（2）考生进场后检查确认作业场所装设的围栏、悬挂的标识牌符合安全工作规程要求。

（3）考生正确把握执行现场安全文明施工作业的相关要求。

（4）考试结束完成工器具、安装配件、材料的清理。

五、考核及时间要求

（1）本考核操作时间为90分钟，包括安装、调试及报告整理时间，时间到停止考评。

（2）按照技能操作相关要求进行操作，正确记录操作结果。

技能等级评价专业技能考核操作评分标准

工种	变电一次安装工					评价等级	高级技师
项目模块	专业技能—支撑式管形母线安装				编号	Jc0005153020	
单位		准考证号				姓名	
考试时限	90分钟	题型		单项操作		题分	100分
成绩		考评员		考评组长		日期	
试题正文	支撑式管形母线安装						
需要说明的问题和要求	（1）采取必要的安全措施，符合电力安全工作规程要求。 （2）在考试规定的时间内按要求完成操作任务。 （3）若操作过程出现不符合安全及劳动保护规定情况，每处扣2分						

序号	项目名称	质量要求	满分	扣分标准	扣分原因	得分
1	施工准备	（1）准备施工图、说明书、施工方案等。 （2）准备吊车及施工机具。 （3）办理作业票。 （4）进行安全技术交底。 （5）做好安全措施	10	缺主要项每处扣2分，不完整或不清晰每处扣1分，扣完为止		
2	支撑式管形母线安装	（1）依据图纸核对管形母线规格、数量、外观无明显划痕、毛刺，封端盖、封端球与管形母线匹配。 （2）复测支柱绝缘子、接地开关等母线支撑体垂直度、整段母线每相支撑金具，测量每段管形母线实际尺寸。 （3）根据实测数据对管形母线进行最后裁剪，裁剪后的管形母线放置位置应做标记，放入阻尼导线，安装封端盖、封端球。 （4）双跨距管形母线就位可以采用两台吊车同时吊装就位。 （5）所有紧固件应使用镀锌螺栓，并按螺栓规格扭矩紧固	30	缺主要项每处扣6分，不完整或不清晰每处扣3分，扣完为止		
3	后期工作	（1）检查所有螺栓，清洁设备表面。 （2）管形母线固定后在最低处应钻直径6～8mm滴水孔。 （3）相位标识正确。 （4）清理施工现场	20	缺主要项每处扣5分，不完整或不清晰每处扣2.5分，扣完为止		
4	支撑式管形母线安装工艺要求	（1）母线平直，端部整齐，挠度小于$D/2$（D为管形母线直径）。 （2）三相平行，相距一致。 （3）一段母线中，除中间位置采用紧固定外，其余均采用滑动固定。	30	缺主要项每处扣5分，不完整或不清晰每处扣2.5分，扣完为止		

续表

序号	项目名称	质量要求	满分	扣分标准	扣分原因	得分
4	支撑式管形母线安装工艺要求	（4）金具规格应与管形母线相匹配。 （5）伸缩节设置合理，安装美观。 （6）管形母线的最低处应钻滴水孔	30	缺主要项每处扣 5 分，不完整或不清晰每处扣 2.5 分，扣完为止		
5	完工	填写施工记录，工器具及设备摆放整齐，工完场清，报告工作结束	10	缺主要项扣 10 分，不完整或不清晰每处扣 5 分，扣完为止		
	合计		100			

Jc0005153021　矩形母线安装。（100 分）

考核知识点：矩形母线安装方法和工艺要求

难易度：难

技能等级评价专业技能考核操作工作任务书

一、任务名称

矩形母线安装。

二、适用工种

变电一次安装工高级技师。

三、具体任务

（1）检查工器具、材料。

（2）确保现场布置及操作符合安全要求。

（3）做好施工准备工作。

（4）矩形母线安装。

（5）完工清理现场。

四、工作规范及要求

（1）考生正确填写办理工作票，进行安全、技术交底，合理安排人员分工并明确相应职责。

（2）考生进场后检查确认作业场所装设的围栏、悬挂的标识牌符合安全工作规程要求。

（3）考生正确把握执行现场安全文明施工作业的相关要求。

（4）考试结束完成工器具、安装配件、材料的清理。

五、考核及时间要求

（1）本考核操作时间为 90 分钟，包括安装、调试及报告整理时间，时间到停止考评。

（2）按照技能操作相关要求进行操作，正确记录操作结果。

技能等级评价专业技能考核操作评分标准

工种	变电一次安装工					评价等级	高级技师
项目模块	专业技能—矩形母线安装				编号	Jc0005153021	
单位		准考证号				姓名	
考试时限	90 分钟	题型	单项操作			题分	100 分
成绩		考评员		考评组长		日期	
试题正文	矩形母线安装						

续表

需要说明的问题和要求	(1) 采取必要的安全措施，符合电力安全工作规程要求。 (2) 在考试规定的时间内按要求完成操作任务。 (3) 若操作过程出现不符合安全及劳动保护规定情况，每处扣2分					
序号	项目名称	质量要求	满分	扣分标准	扣分原因	得分
1	施工准备	(1) 准备施工图、说明书、施工方案等。 (2) 准备吊车及施工机具。 (3) 办理作业票。 (4) 进行安全技术交底。 (5) 做好安全措施	10	缺主要项每处扣2分，不完整或不清晰每处扣1分，扣完为止		
2	矩形母线安装	(1) 矩形母线安装前核对母线规格、材质与设计图纸是否相符，以及母线夹具是否匹配。 (2) 复测直线段母线支柱绝缘子夹具中心直度。 (3) 对矩形母线进行校直，校直过程不得在母线表面留下敲击、损伤等痕迹。 (4) 按设计图纸要求进行母线制作，对母线进行冷弯、切割、打磨、搭接。 (5) 依据设计图纸，按电压等级在各相套上相应颜色热缩护套，包括软连接。 (6) 搭接部位在硬母线接触面上涂导电膏，就位后自线段及弯曲部位调至自然状态，不存在局部受力现象。 (7) 连接螺栓应采用镀锌螺栓，紧固所有连接螺栓并按不同规格进行扭矩检测。母线平置安装时，贯穿螺栓应从下往上穿，螺母在上方。其余情况，螺母应置于维护侧，连接螺栓宜露出螺母2～3扣。 (8) 硬母线接头加装绝缘套后，应在绝缘套下凹处打排水孔，防止绝缘套下凹处积水，冬季结冰冻裂。 (9) 根据设计要求，在硬母线适当位置，呈“品”字形安装接地挂线板	36	缺主要项每处扣4分，不完整或不清晰每处扣2分，扣完为止		
3	后期工作	(1) 检查所有螺栓，清洁设备表面。 (2) 相位标识正确。 (3) 清理施工现场	12	缺主要项每处扣4分，不完整或不清晰每处扣2分，扣完为止		
4	矩形母线安装工艺要求	(1) 支柱绝缘子支架标高偏差不超过5mm，垂直度偏差不超过5mm，顶面水平度偏差不超过2mm/m。 (2) 与主变压器套管端子之间应采用伸缩节。 (3) 导线及绝缘子排列整齐，相间距离一致，水平度偏差应不超过5mm/m，顶面高差应不超过5mm。 (4) 支柱绝缘子固定牢固，导体固定松紧适当，除固定端紧固定外，其余均采用松固定，使导体伸缩自然。 (5) 矩形母线制作要求横平竖直，母线接头弯曲应满足规定要求，并尽量减少接头。 (6) 支柱绝缘子不得固定在弯曲处，固定点夹板边缘与弯曲处距离不应大于0.25L（L为两支点间距离），但不应小于50mm。相邻母线接头不应固定在同一绝缘子间隔内，应错开间隔安装。 (7) 伸缩节设置合理，安装美观。 (8) 主变压器三相出线母线安装表面应加装热缩套，热缩套规格（包括电压等级）应与硬母线配套	32	缺主要项每处扣4分，不完整或不清晰每处扣2分，扣完为止		
5	完工	填写施工记录，工器具及设备摆放整齐，工完场清，报告工作结束	10	缺主要项扣10分，不完整或不清晰每处扣5分，扣完为止		
合计			100			

Jc0005153022　软母线制作。(100 分)

考核知识点：软母线制作方法及工艺要求

难易度：难

技能等级评价专业技能考核操作工作任务书

一、任务名称

软母线制作。

二、适用工种

变电一次安装工高级技师。

三、具体任务

(1)检查工器具、材料。

(2)确保现场布置及操作符合安全要求。

(3)做好施工准备工作。

(4)软母线制作。

(5)完工清理现场。

四、工作规范及要求

(1)考生正确填写办理工作票，进行安全、技术交底，合理安排人员分工并明确相应职责。

(2)考生进场后检查确认作业场所装设的围栏、悬挂的标识牌符合安全工作规程要求。

(3)考生正确把握执行现场安全文明施工作业的相关要求。

(4)考试结束完成工器具、安装配件、材料的清理。

五、考核及时间要求

(1)本考核操作时间为 90 分钟，包括安装、调试及报告整理时间，时间到停止考评。

(2)按照技能操作相关要求进行操作，正确记录操作结果。

技能等级评价专业技能考核操作评分标准

工种	变电一次安装工					评价等级	高级技师
项目模块	专业技能—软母线制作				编号	Jc0005153022	
单位			准考证号			姓名	
考试时限	90 分钟		题型		单项操作	题分	100 分
成绩		考评员		考评组长		日期	
试题正文	软母线制作						
需要说明的问题和要求	(1)采取必要的安全措施，符合电力安全工作规程要求。 (2)在考试规定的时间内按要求完成操作任务。 (3)若操作过程出现不符合安全及劳动保护规定情况，每处扣 2 分						

序号	项目名称	质量要求	满分	扣分标准	扣分原因	得分
1	施工准备	(1)准备施工图、说明书、施工方案等。 (2)准备材料及施工机具。 (3)办理作业票。 (4)进行安全技术交底。 (5)做好安全措施	10	缺主要项每处扣 2 分，不完整或不清晰每处扣 1 分，扣完为止		

续表

序号	项目名称	质量要求	满分	扣分标准	扣分原因	得分
2	软母线制作	（1）正确测量母线施放档距、绝缘子串长度、导线切割长度等。 （2）导线展放。 （3）按照设计弛度计算导线下料长度。 （4）导线切割。 （5）导线压接。 （6）耐张线夹铝管压接。 （7）设计有压接式T形线夹的软母线，其压接应在母线悬链状自然弧度下进行，以确保T形线夹引流板的朝向与耐张线夹引流板的朝向相吻合	35	缺主要项每处扣5分，不完整或不清晰每处扣2.5分，扣完为止		
3	软母线制作工艺要求	（1）导线无断股、松散及损伤，扩径导线无凹陷、变形，弯曲度不小于导线外径的30倍。 （2）绝缘子外观、瓷质完好无损，铸钢件完好、无锈。 （3）线夹规格、尺寸应与导线规格、型号相符。连接金具与线夹匹配，金具及紧固件光洁，无裂纹、毛刺及凸凹不平。 （4）软母线施工前，耐张线夹每种导线规格取两根压接后试件送检，试验合格后方可施工。 （5）导线与线夹接触面均应清除氧化膜，用汽油清洗。清洗长度不少于压接长度的1.2倍，线夹与导线接触面涂电力复合脂。 （6）耐张线夹配备的衬管应垫在钢芯处一起压接，钢铸件的防水槽应压接在铝管内。 （7）压接时必须保持线夹的正确位置，不得歪斜，相邻两模间重叠不应小于5mm，压接后六角形对边尺寸不应大于$0.866D+0.2$mm（D为接续管外径）。 （8）导线压接时，注意导线的自然弧度，并保持被压件不受重力影响，以防线夹偏斜影响整体美观。 （9）铝管弯曲度小于2%。 （10）均压环安装应无划痕、毛刺，安装牢固、平整、无变形，均压环宜在最低处打排水孔	50	缺主要项每处扣5分，不完整或不清晰每处扣2.5分，扣完为止		
4	完工	填写施工记录，工器具及设备摆放整齐，工完场清，报告工作结束	5	缺主要项扣5分，不完整或不清晰每处扣2.5分，扣完为止		
合计			100			

Jc0005153023　软母线架设。（100分）

考核知识点：软母线架设方法及工艺要求

难易度：难

技能等级评价专业技能考核操作工作任务书

一、任务名称

软母线架设。

二、适用工种

变电一次安装工高级技师。

三、具体任务

（1）检查工器具、材料。

（2）确保现场布置及操作符合安全要求。

（3）做好施工准备工作。

（4）软母线架设。

（5）完工清理现场。

四、工作规范及要求

（1）考生正确填写办理工作票，进行安全、技术交底，合理安排人员分工并明确相应职责。

（2）考生进场后检查确认作业场所装设的围栏、悬挂的标识牌符合安全工作规程要求。

（3）考生正确把握执行现场安全文明施工作业的相关要求。

（4）考试结束完成工器具、安装配件、材料的清理。

五、考核及时间要求

（1）本考核操作时间为 90 分钟，包括安装、调试及报告整理时间，时间到停止考评。

（2）按照技能操作相关要求进行操作，正确记录操作结果。

技能等级评价专业技能考核操作评分标准

工种	变电一次安装工					评价等级	高级技师
项目模块	专业技能—软母线架设				编号	Jc0005153023	
单位			准考证号			姓名	
考试时限	90 分钟		题型	单项操作		题分	100 分
成绩		考评员		考评组长		日期	
试题正文	软母线架设						
需要说明的问题和要求	（1）采取必要的安全措施，符合电力安全工作规程要求。 （2）在考试规定的时间内按要求完成操作任务。 （3）若操作过程出现不符合安全及劳动保护规定情况，每处扣 2 分						

序号	项目名称	质量要求	满分	扣分标准	扣分原因	得分
1	施工准备	（1）准备施工图、说明书、施工方案等。 （2）准备吊车及施工机具。 （3）办理作业票。 （4）进行安全技术交底。 （5）做好安全措施	10	缺主要项每处扣 2 分，不完整或不清晰每处扣 1 分，扣完为止		
2	软母线架设	（1）导线架设应先高层后底层。 （2）软母线架设前，对单柱式构架，必须打好缆风绳，防止构架因受牵引力过大造成永久性变形。当两个挂点出现一定高差时，应考虑绝缘子串方向，避免绝缘子串积水。 （3）合理布设卷扬机牵引绳、导向滑车等现场机具，保证具有足够安全系数。 （4）大面积软母线架设，应采用张力式紧力放线。 （5）软母线架设后，应及时复测，调整软母线弧垂，符合设计要求	30	缺主要项每处扣 6 分，不完整或不清晰每处扣 3 分，扣完为止		
3	后期工作	（1）复测，调整软母线弧垂，误差范围与设计相比为+5%～−2.5%。 （2）绝缘子串方向正确、所有 W 销或 R 销齐全，并将绝缘子串擦净。 （3）检查所有螺栓，清洁导线表面。 （4）清理施工现场	20	缺主要项每处扣 5 分，不完整或不清晰每处扣 2.5 分，扣完为止		

续表

序号	项目名称	质量要求	满分	扣分标准	扣分原因	得分
4	软母线架设工艺要求	（1）母线在起升前，检查绝缘子串方向正确、所有 W 销或 R 销齐全，并将绝缘子串擦净。 （2）紧线应缓慢，并检查导线是否有挂住的地方，防止导线受力后突然弹起，导线下方不得有人行走和停留。 （3）双分裂及多分裂导线安装时要认真复核导线长度，间隔棒安装尺寸符合设计要求，三相间距一致，同档同列的布置在一条直线上。 （4）导线在大批量压接前应首先试拉一相耐张段（取中相试拉），测量出弛度算出导线放量尺寸，方可成批施放、压接。 （5）母线弛度应符合设计要求，其允许误差为 5%～－2.5%，同一档距内三相母线的弛度应一致	30	缺主要项每处扣 6 分，不完整或不清晰每处扣 3 分，扣完为止		
5	完工	填写施工记录，工器具及设备摆放整齐，工完场清，报告工作结束	10	缺主要项扣 10 分，不完整或不清晰每处扣 5 分，扣完为止		
	合计		100			

Jc0005153024　引下线和设备连线安装。（100 分）

考核知识点：引下线和设备连线安装方法及工艺要求

难易度：难

技能等级评价专业技能考核操作工作任务书

一、任务名称

引下线和设备连线安装。

二、适用工种

变电一次安装工高级技师。

三、具体任务

（1）检查工器具、材料。

（2）确保现场布置及操作符合安全要求。

（3）做好施工准备工作。

（4）引下线和设备连线安装。

（5）完工清理现场。

四、工作规范及要求

（1）考生正确填写办理工作票，进行安全、技术交底，合理安排人员分工并明确相应职责。

（2）考生进场后检查确认作业场所装设的围栏、悬挂的标识牌符合安全工作规程要求。

（3）考生正确把握执行现场安全文明施工作业的相关要求。

（4）考试结束完成工器具、安装配件、材料的清理。

五、考核及时间要求

（1）本考核操作时间为 90 分钟，包括安装、调试及报告整理时间，时间到停止考评。

（2）按照技能操作相关要求进行操作，正确记录操作结果。

技能等级评价专业技能考核操作评分标准

工种	变电一次安装工					评价等级	高级技师
项目模块	专业技能—引下线和设备连线安装				编号	Jc0005153024	
单位			准考证号			姓名	
考试时限	90 分钟	题型	单项操作			题分	100 分
成绩		考评员		考评组长		日期	
试题正文	引下线和设备连线安装						
需要说明的问题和要求	（1）采取必要的安全措施，符合电力安全工作规程要求。 （2）在考试规定的时间内按要求完成操作任务。 （3）若操作过程出现不符合安全及劳动保护规定情况，每处扣 2 分						

序号	项目名称	质量要求	满分	扣分标准	扣分原因	得分
1	施工准备	（1）准备施工图、说明书、施工方案等。 （2）准备吊车及施工机具。 （3）办理作业票。 （4）进行安全技术交底。 （5）做好安全措施	10	缺主要项每处扣 2 分，不完整或不清晰每处扣 1 分，扣完为止		
2	引下线和设备连线安装	（1）确定安装位置，检查两侧线夹规格，确定引线及跳线线夹截面积。 （2）依据设计图纸核对引线、跳线规格，检查制作引下线及跳线的线夹与导线、压接模具之间是否匹配。 （3）导线切割前对切割部位两侧采取绑扎措施，防止导线抛股，导线断面应与轴线垂直，引下线及跳线先压接好一端后再实际测量确定导线长度。 （4）线夹与导线接触面涂电力复合脂，线夹应顺绞线方向将导线穿入，用力不宜过猛以防抛股。 （5）导线压接过程控制每模搭接长度，控制铝管弯曲度，压接后的飞边、毛刺打磨光滑	40	缺主要项每处扣 8 分，不完整或不清晰每处扣 4 分，扣完为止		
3	引下线和设备连线安装工艺要求	（1）高跨线上（T 形）线夹位置设置合理，引下线及跳线走向自然、美观，弧度适当。 （2）设备线夹（角度）方向合理。 （3）室外易积水的线夹应设置排水孔，排水孔直径不超过 8mm。 （4）铝管弯曲度小于 2%。 （5）压接时必须保持线夹的正确位置，不得歪斜，相邻两模间重叠不应小于 5mm，压接后六角形对边尺寸不应大于 $0.866D+0.2$mm（D 为接续管外径）	40	缺主要项每处扣 8 分，不完整或不清晰每处扣 4 分，扣完为止		
4	完工	填写施工记录，工器具及设备摆放整齐，工完场清，报告工作结束	10	缺主要项扣 10 分，不完整或不清晰每处扣 5 分，扣完为止		
合计			100			

Jc0005153025　主接地网安装。（100 分）

考核知识点：主接地网安装方法及工艺要求

难易度：难

技能等级评价专业技能考核操作工作任务书

一、任务名称

主接地网安装。

二、适用工种

变电一次安装工高级技师。

三、具体任务

（1）检查工器具、材料。

（2）确保现场布置及操作符合安全要求。

（3）做好施工准备工作。

（4）主接地网安装。

（5）完工清理现场。

四、工作规范及要求

（1）考生正确填写办理工作票，进行安全、技术交底，合理安排人员分工并明确相应职责。

（2）考生进场后检查确认作业场所装设的围栏、悬挂的标识牌符合安全工作规程要求。

（3）考生正确把握执行现场安全文明施工作业的相关要求。

（4）考试结束完成工器具、安装配件、材料的清理。

五、考核及时间要求

（1）本考核操作时间为90分钟，包括安装、调试及报告整理时间，时间到停止考评。

（2）按照技能操作相关要求进行操作，正确记录操作结果。

技能等级评价专业技能考核操作评分标准

工种	变电一次安装工					评价等级	高级技师
项目模块	专业技能一主接地网安装				编号		Jc0005153025
单位			准考证号			姓名	
考试时限	90分钟		题型	单项操作		题分	100分
成绩		考评员		考评组长		日期	
试题正文	主接地网安装						
需要说明的问题和要求	（1）采取必要的安全措施，符合电力安全工作规程要求。 （2）在考试规定的时间内按要求完成操作任务。 （3）若操作过程出现不符合安全及劳动保护规定情况，每处扣2分						

序号	项目名称	质量要求	满分	扣分标准	扣分原因	得分
1	施工准备	（1）准备施工图、说明书、施工方案等。 （2）准备材料及施工机具。 （3）办理作业票。 （4）进行安全技术交底。 （5）做好安全措施	10	缺主要项每处扣2分，不完整或不清晰每处扣1分，扣完为止		
2	主接地网安装	（1）根据设计图纸进行主接地网敷设位置、网格大小放线，接地沟开完深度要留有一定裕度。 （2）水平接地体宜采用热镀锌扁钢、圆钢或铜绞线、铜排，垂直接地体宜采用热镀锌角钢、铜棒。 （3）接地线弯制时，应采用机械冷弯，避免热弯损坏镀锌层。	48	缺主要项每处扣8分，不完整或不清晰每处扣4分，扣完为止		

续表

序号	项目名称	质量要求	满分	扣分标准	扣分原因	得分
2	主接地网安装	（4）铜绞线接地体焊接采用热熔焊，接头内导体应熔透，保证有足够的导电截面积。铜焊接头表面光滑、无气泡，应用钢丝刷清除焊渣并涂防腐清漆。 （5）接地体垂直搭接时，除应在接触部位两侧进行焊接外，还应采取补救措施，使其搭接长度满足要求。 （6）设备接地引出线应靠近设备基础，埋入基础内的水平接地体在基础沉降缝处应设置伸缩弯	48	缺主要项每处扣 8 分，不完整或不清晰每处扣 4 分，扣完为止		
3	主接地网安装工艺要求	（1）接地体顶面埋深应符合设计规定，当设计无规定时，不应小于 600mm。 （2）垂直接地体间的间距不宜小于其长度的 2 倍，水平接地体的间距不宜小于 5m。 （3）接地体的连接应采用焊接，焊接必须牢固、无虚焊，焊接位置两侧 100mm 范围内及锌层破损处应防腐。 （4）采用焊接时搭接长度应满足：扁钢搭接为其宽度的 2 倍，圆钢搭接为其直径的 6 倍，扁钢与圆钢搭接时长度为圆钢直径的 6 倍	32	缺主要项每处扣 8 分，不完整或不清晰每处扣 4 分，扣完为止		
4	完工	填写施工记录，工器具及设备摆放整齐，工完场清，报告工作结束	10	缺主要项扣 10 分，不完整或不清晰每处扣 5 分，扣完为止		
合计			100			

Jc0005153026　构支架接地引线安装。（100 分）

考核知识点：构支架接地引线安装方法及工艺要求

难易度：难

技能等级评价专业技能考核操作工作任务书

一、任务名称

构支架接地引线安装。

二、适用工种

变电一次安装工高级技师。

三、具体任务

（1）检查工器具、材料。

（2）确保现场布置及操作符合安全要求。

（3）做好施工准备工作。

（4）构支架接地引线安装。

（5）完工清理现场。

四、工作规范及要求

（1）考生正确填写办理工作票，进行安全、技术交底，合理安排人员分工并明确相应职责。

（2）考生进场后检查确认作业场所装设的围栏、悬挂的标识牌符合安全工作规程要求。

（3）考生正确把握执行现场安全文明施工作业的相关要求。

（4）考试结束完成工器具、安装配件、材料的清理。

五、考核及时间要求

（1）本考核操作时间为90分钟，包括安装、调试及报告整理时间，时间到停止考评。

（2）按照技能操作相关要求进行操作，正确记录操作结果。

技能等级评价专业技能考核操作评分标准

<table>
<tr><td>工种</td><td colspan="5">变电一次安装工</td><td>评价等级</td><td>高级技师</td></tr>
<tr><td>项目模块</td><td colspan="4">专业技能—构支架接地引线安装</td><td>编号</td><td colspan="2">Jc0005153026</td></tr>
<tr><td>单位</td><td colspan="2"></td><td>准考证号</td><td colspan="2"></td><td>姓名</td><td></td></tr>
<tr><td>考试时限</td><td>90分钟</td><td>题型</td><td colspan="3">单项操作</td><td>题分</td><td>100分</td></tr>
<tr><td>成绩</td><td></td><td>考评员</td><td></td><td>考评组长</td><td></td><td>日期</td><td></td></tr>
<tr><td>试题正文</td><td colspan="7">构支架接地引线安装</td></tr>
<tr><td>需要说明的问题和要求</td><td colspan="7">（1）采取必要的安全措施，符合电力安全工作规程要求。
（2）在考试规定的时间内按要求完成操作任务。
（3）若操作过程出现不符合安全及劳动保护规定情况，每处扣2分</td></tr>
</table>

序号	项目名称	质量要求	满分	扣分标准	扣分原因	得分
1	施工准备	（1）准备施工图、说明书、施工方案等。 （2）准备材料及施工机具。 （3）办理作业票。 （4）进行安全技术交底。 （5）做好安全措施	10	缺主要项每处扣2分，不完整或不清晰每处扣1分，扣完为止		
2	构支架接地引线安装	（1）变压器、避雷器、电压互感器、电流互感器、断路器支架均要双接地。 （2）对铜质接地网，原则上除变压器采用双接地引线下外，其余设备可采用单根接地引下线。每台电气设备应以单独的接地体与接地网连接，不得串接在一根引下线上。 （3）混凝土构架接地材料宜采用镀锌圆钢或镀锌扁钢，钢管构支架宜采用镀锌扁钢，型号符合设计要求。 （4）接地线弯制前应先校平、校直，校直时不得用金属体直接敲打接地线，以免破坏镀锌层。弯制采用冷弯制作。 （5）钢管构支架接地引线与钢管壁之间应留有间隙，便于测量接地阻抗。 （6）混凝土构架接地线应采用焊接方式，应从杆顶钢箍处焊接，在构架中间钢箍处采用弯折方式对接，焊接长度均不少于圆钢直径的6倍、扁钢宽度的2倍。 （7）接地标识涂刷应一致	42	缺主要项每处扣6分，不完整或不清晰每处扣3分，扣完为止		
3	构支架接地引线安装工艺要求	（1）接地线焊接均匀，焊缝高度、搭接长度符合规范要求。 （2）混凝土构支架接地线与杆壁贴合紧密。 （3）接地线应顺直、美观。 （4）钢管构架接地端子高度、方向一致，接地端子底部与保护帽顶部距离不小于200mm。 （5）钢管构支架接地扁钢上端面与构支架接地端子上端面平齐，接地扁钢切割面、钻孔处、焊接处须做好防腐处理。 （6）螺栓连接的接地线螺栓丝扣外露长度一致，配件齐全。 （7）接地引线地面以上部分应采用黄绿接地漆标识，接地漆的间隔宽度、顺序一致，最上面一道为黄色漆，接地标识宽度为15～100mm	42	缺主要项每处扣6分，不完整或不清晰每处扣3分，扣完为止		

续表

序号	项目名称	质量要求	满分	扣分标准	扣分原因	得分
4	完工	填写施工记录，工器具及设备摆放整齐，工完场清，报告工作结束	6	缺主要项扣 6 分，不完整或不清晰每处扣 3 分，扣完为止		
	合计		100			

Jc0005153027　爬梯接地引线安装。(100 分)

考核知识点：爬梯接地引线安装方法及工艺要求

难易度：难

技能等级评价专业技能考核操作工作任务书

一、任务名称

爬梯接地引线安装。

二、适用工种

变电一次安装工高级技师。

三、具体任务

(1) 检查工器具、材料。
(2) 确保现场布置及操作符合安全要求。
(3) 做好施工准备工作。
(4) 爬梯接地引线安装。
(5) 完工清理现场。

四、工作规范及要求

(1) 考生正确填写办理工作票，进行安全、技术交底，合理安排人员分工并明确相应职责。
(2) 考生进场后检查确认作业场所装设的围栏、悬挂的标识牌符合安全工作规程要求。
(3) 考生正确把握执行现场安全文明施工作业的相关要求。
(4) 考试结束完成工器具、安装配件、材料的清理。

五、考核及时间要求

(1) 本考核操作时间为 90 分钟，包括安装、调试及报告整理时间，时间到停止考评。
(2) 按照技能操作相关要求进行操作，正确记录操作结果。

技能等级评价专业技能考核操作评分标准

工种	变电一次安装工					评价等级	高级技师
项目模块	专业技能—爬梯接地引线安装				编号	Jc0005153027	
单位			准考证号			姓名	
考试时限	90 分钟		题型	单项操作		题分	100 分
成绩		考评员		考评组长		日期	
试题正文	爬梯接地引线安装						
需要说明的问题和要求	(1) 采取必要的安全措施，符合电力安全工作规程要求。 (2) 在考试规定的时间内按要求完成操作任务。 (3) 若操作过程出现不符合安全及劳动保护规定情况，每处扣 2 分						

续表

序号	项目名称	质量要求	满分	扣分标准	扣分原因	得分
1	施工准备	（1）准备施工图、说明书、施工方案等。 （2）准备材料及施工机具。 （3）办理作业票。 （4）进行安全技术交底。 （5）做好安全措施	10	缺主要项每处扣 2 分，不完整或不清晰每处扣 1 分，扣完为止		
2	爬梯接地引线安装	（1）变电站内爬梯应可靠接地。可采取直接连接主接地网或通过接地端子与主接地网连接的方式。 （2）爬梯接地线材料采用镀锌圆钢或镀锌扁钢，表面锌层完好、无损伤。 （3）爬梯接地线搭接可采用焊接和螺栓连接两种方式。 （4）采用焊接时焊接长度均不少于圆钢直径的 6 倍、扁钢宽度的 2 倍，三面焊接。 （5）采用螺栓连接时，可采用直线连接和垂直连接两种方式。 （6）接地线弯制应采用冷弯制作。 （7）接地标识涂刷一致	49	缺主要项每处扣 7 分，不完整或不清晰每处扣 3.5 分，扣完为止		
3	爬梯接地引线安装工艺要求	（1）接地线位置一致，方向一致。 （2）接地线弯制弧度弯曲自然、工艺美观。 （3）接地引线地面以上部分应采用黄绿接地漆标识，接地漆的间隔宽度、顺序一致，最上面一道为黄色漆，接地标识宽度为 15～100mm。 （4）螺栓连接接触面紧密，连接牢固，螺栓丝扣外露长度一致，配件齐全。 （5）爬梯如分段组装，两段接头处未使用螺栓连接，则应加跨接线	35	缺主要项每处扣 7 分，不完整或不清晰每处扣 3.5 分，扣完为止		
4	完工	填写施工记录，工器具及设备摆放整齐，工完场清，报告工作结束	6	缺主要项扣 6 分，不完整或不清晰每处扣 3 分，扣完为止		
	合计		100			

Jc0005153028　户外电气设备接地引线安装。（100 分）

考核知识点：户外电气设备接地引线安装方法及工艺要求

难易度：难

技能等级评价专业技能考核操作工作任务书

一、任务名称

户外电气设备接地引线安装。

二、适用工种

变电一次安装工高级技师。

三、具体任务

（1）检查工器具、材料。

（2）确保现场布置及操作符合安全要求。

（3）做好施工准备工作。

（4）户外电气设备接地引线安装。

（5）完工清理现场。

四、工作规范及要求

（1）考生正确填写办理工作票，进行安全、技术交底，合理安排人员分工并明确相应职责。
（2）考生进场后检查确认作业场所装设的围栏、悬挂的标识牌符合安全工作规程要求。
（3）考生正确把握执行现场安全文明施工作业的相关要求。
（4）考试结束完成工器具、安装配件、材料的清理。

五、考核及时间要求

（1）本考核操作时间为90分钟，包括安装、调试及报告整理时间，时间到停止考评。
（2）按照技能操作相关要求进行操作，正确记录操作结果。

技能等级评价专业技能考核操作评分标准

工种	变电一次安装工				评价等级	高级技师	
项目模块	专业技能—户外电气设备接地引线安装			编号	Jc0005153028		
单位		准考证号			姓名		
考试时限	90分钟	题型	单项操作		题分	100分	
成绩		考评员		考评组长		日期	
试题正文	户外电气设备接地引线安装						
需要说明的问题和要求	（1）采取必要的安全措施，符合电力安全工作规程要求。 （2）在考试规定的时间内按要求完成操作任务。 （3）若操作过程出现不符合安全及劳动保护规定情况，每处扣2分						

序号	项目名称	质量要求	满分	扣分标准	扣分原因	得分
1	施工准备	（1）准备施工图、说明书、施工方案等。 （2）准备材料及施工机具。 （3）办理作业票。 （4）进行安全技术交底。 （5）做好安全措施	10	缺主要项每处扣2分，不完整或不清晰每处扣1分，扣完为止		
2	户外电气设备接地引线安装	（1）断路器、隔离开关、互感器、电容器等一次设备底座（外壳）均需接地。 （2）接地线材料宜采用铜排、镀锌扁钢和软铜线。 （3）接地铜排两端搭接面应搪锡。 （4）接地引线与设备本体采用螺栓搭接，搭接面紧密。 （5）机构箱可开启门应用，$4mm^2$软铜导线可靠连接接地。 （6）机构箱箱体接地线连接点应连接在最靠近接地体侧。 （7）隔离开关垂直连杆应用软铜线与最靠近接地体侧连接	49	缺主要项每处扣7分，不完整或不清晰每处扣3.5分，扣完为止		
3	户外电气设备接地引线安装工艺要求	（1）同类设备的接地线位置一致，方向一致。 （2）接地线弯制弧度弯曲自然、工艺美观。 （3）接地引线地面以上部分应采用黄绿接地漆标识，接地漆的间隔宽度、顺序一致，最上面一道为黄色漆，接地标识宽度为15～100mm。 （4）螺栓连接接触面紧密，连接牢固，螺栓丝扣外露长度一致，配件齐全	32	缺主要项每处扣8分，不完整或不清晰每处扣4分，扣完为止		
4	完工	填写施工记录，工器具及设备摆放整齐，工完场清，报告工作结束	9	缺主要项扣9分，不完整或不清晰每处扣4.5分，扣完为止		
合计			100			

Jc0005153029　户内电气设备接地引线安装。(100 分)

考核知识点：户内电气设备接地引线安装方法及工艺要求

难易度：难

技能等级评价专业技能考核操作工作任务书

一、任务名称

户内电气设备接地引线安装。

二、适用工种

变电一次安装工高级技师。

三、具体任务

(1) 检查工器具、材料。

(2) 确保现场布置及操作符合安全要求。

(3) 做好施工准备工作。

(4) 户内电气设备接地引线安装。

(5) 完工清理现场。

四、工作规范及要求

(1) 考生正确填写办理工作票，进行安全、技术交底，合理安排人员分工并明确相应职责。

(2) 考生进场后检查确认作业场所装设的围栏、悬挂的标识牌符合安全工作规程要求。

(3) 考生正确把握执行现场安全文明施工作业的相关要求。

(4) 考试结束完成工器具、安装配件、材料的清理。

五、考核及时间要求

(1) 本考核操作时间为 90 分钟，包括安装、调试及报告整理时间，时间到停止考评。

(2) 按照技能操作相关要求进行操作，正确记录操作结果。

技能等级评价专业技能考核操作评分标准

<table>
<tr><td>工种</td><td colspan="8">变电一次安装工</td><td>评价等级</td><td>高级技师</td></tr>
<tr><td>项目模块</td><td colspan="7">专业技能—户内电气设备接地引线安装</td><td>编号</td><td colspan="2">Jc0005153029</td></tr>
<tr><td>单位</td><td colspan="3"></td><td colspan="2">准考证号</td><td colspan="3"></td><td>姓名</td><td></td></tr>
<tr><td>考试时限</td><td colspan="2">90 分钟</td><td colspan="2">题型</td><td colspan="4">单项操作</td><td>题分</td><td>100 分</td></tr>
<tr><td>成绩</td><td></td><td>考评员</td><td colspan="2"></td><td colspan="2">考评组长</td><td colspan="2"></td><td>日期</td><td></td></tr>
<tr><td>试题正文</td><td colspan="10">户内电气设备接地引线安装</td></tr>
<tr><td>需要说明的问题和要求</td><td colspan="10">(1) 采取必要的安全措施，符合电力安全工作规程要求。
(2) 在考试规定的时间内按要求完成操作任务。
(3) 若操作过程出现不符合安全及劳动保护规定情况，每处扣 2 分</td></tr>
</table>

序号	项目名称	质量要求	满分	扣分标准	扣分原因	得分
1	施工准备	(1) 准备施工图、说明书、施工方案等。 (2) 准备材料及施工机具。 (3) 办理作业票。 (4) 进行安全技术交底。 (5) 做好安全措施	10	缺主要项每处扣 2 分，不完整或不清晰每处扣 1 分，扣完为止		

续表

序号	项目名称	质量要求	满分	扣分标准	扣分原因	得分
2	户内电气设备接地引线安装	（1）接地线的安装位置应合理，便于检查，不影响设备检修和运行巡视。 （2）接地线的安装应美观，防止因加工方式不当造成接地线截面积减小、强度减弱、容易生锈。 （3）接地体宜采用热镀锌扁钢。可采用明敷与暗敷两种方式。明敷的镀锌扁钢应进行校直，工艺美观。 （4）接地线弯制采用冷弯制作，弯制前应先校平、校直，校正时不得用金属体直接敲打接地线，以免破坏镀锌层，镀锌层破坏处要重新进行防腐处理。 （5）建筑物接地应和主接地网进行有效连接，暗敷在建筑物抹灰层内的引下线应有卡钉分段固定，主控室、高压室应设置不少于2个与主网相连的检修接地端子。 （6）接地网遇门拐角处理入地下敷设。 （7）焊接位置及锌层破损处应防腐。 （8）接地引线颜色标识应符合规范	48	缺主要项每处扣6分，不完整或不清晰每处扣3分，扣完为止		
3	户内电气设备接地引线安装工艺要求	（1）明敷时支持件间的距离，在水平直线部分应为0.5～1.5m，垂直部分应为1.5～3m，转弯部分宜为300～500mm。 （2）接地线应水平或垂直敷设，也可与建筑物倾斜结构平行敷设，在直线段上，不应有高低起伏及弯曲等现象。 （3）接地线沿建筑物墙壁水平敷设时，离地面距离宜为250～300mm，接地线与建筑物墙壁间的间隙宜为10～15mm。 （4）室内明敷接地带布置高度，有活动地板的房间布置在活动地板下，无活动地板的房间布置在地面上200mm处（插座下方）。 （5）外露接地线表面涂刷黄绿相间条纹作为接地标识，条纹宽度为50mm。中性线宜涂淡蓝色标识。安装螺栓均匀牢固，接地材料横平竖直，接地标识清楚，接地端子应便于使用。 （6）在接地线引向建筑物的入口处及检修用临时接地点处，均应刷白色底漆并标以黑色标识，接地体标识应相同。接地点应方便检修使用	36	缺主要项每处扣6分，不完整或不清晰每处扣3分，扣完为止		
4	完工	填写施工记录，工器具及设备摆放整齐，工完场清，报告工作结束	6	缺主要项扣6分，不完整或不清晰每处扣3分，扣完为止		
合计			100			

Jc0005153030　屏柜接地引线安装。（100分）

考核知识点：屏柜接地引线安装方法及工艺要求

难易度：难

技能等级评价专业技能考核操作工作任务书

一、任务名称

屏柜接地引线安装。

二、适用工种

变电一次安装工高级技师。

三、具体任务

（1）检查工器具、材料。
（2）确保现场布置及操作符合安全要求。
（3）做好施工准备工作。
（4）屏柜接地引线安装。
（5）完工清理现场。

四、工作规范及要求

（1）考生正确填写办理工作票，进行安全、技术交底，合理安排人员分工并明确相应职责。
（2）考生进场后检查确认作业场所装设的围栏、悬挂的标识牌符合安全工作规程要求。
（3）考生正确把握执行现场安全文明施工作业的相关要求。
（4）考试结束完成工器具、安装配件、材料的清理。

五、考核及时间要求

（1）本考核操作时间为90分钟，包括安装、调试及报告整理时间，时间到停止考评。
（2）按照技能操作相关要求进行操作，正确记录操作结果。

技能等级评价专业技能考核操作评分标准

工种	变电一次安装工					评价等级	高级技师
项目模块	专业技能—屏柜接地引线安装				编号	Jc0005153030	
单位			准考证号			姓名	
考试时限	90分钟	题型		单项操作		题分	100分
成绩		考评员		考评组长		日期	
试题正文	屏柜接地引线安装						
需要说明的问题和要求	（1）采取必要的安全措施，符合电力安全工作规程要求。 （2）在考试规定的时间内按要求完成操作任务。 （3）若操作过程出现不符合安全及劳动保护规定情况，每处扣2分						

序号	项目名称	质量要求	满分	扣分标准	扣分原因	得分
1	施工准备	（1）准备施工图、说明书、施工方案等。 （2）准备材料及施工机具。 （3）办理作业票。 （4）进行安全技术交底。 （5）做好安全措施	10	缺主要项每处扣2分，不完整或不清晰每处扣1分，扣完为止		
2	屏柜接地引线安装	（1）屏柜（箱）框架和底座接地良好。 （2）有防震垫的屏柜，每列屏有两点以上明显接地。 （3）屏柜（箱）应装有接地端子，并用截面积不小于 $4mm^2$ 的多股铜线和接地网直接连通。 （4）静态保护和控制装置的屏柜下部应设有截面积不小于 $100mm^2$ 的接地铜排。 （5）屏柜上装置的接地端子用截面积不小于 $4mm^2$ 的多股铜线和接地网直接连通。 （6）接地铜排用截面积不小于 $50mm^2$ 的铜缆与保护室内的等电位接地网相连。 （7）开关场的就地端子箱内应设置截面积不小于 $100mm^2$ 的裸铜排，并使用截面积不小于 $100mm^2$ 的铜缆与电缆沟道内的等电位接地网相连。	55	缺主要项每处扣5分，不完整或不清晰每处扣2.5分，扣完为止		

续表

序号	项目名称	质量要求	满分	扣分标准	扣分原因	得分
2	屏柜接地引线安装	(8)屏柜(箱)内应分别设置接地母线和等电位屏蔽母线，并由厂家制作接地标识。 (9)屏柜(箱)可开启门用软铜导线可靠连接接地。 (10)电缆屏蔽底线用 $4mm^2$ 黄绿相间的多股软铜线与电缆屏蔽层紧密连接，接至专用接地铜排。 (11)接地线采用多股软铜线连接时应压接专用接线鼻	55	缺主要项每处扣 5 分，不完整或不清晰每处扣 2.5 分，扣完为止		
3	屏柜接地引线安装工艺要求	(1)专用接地铜排的接线端子布设合理，间隔一致。 (2)1 个接地螺栓上安装不超过 2 个接地线鼻子。每个接线鼻子最多压 5 根屏蔽线。 (3)电缆屏蔽接地线压接牢固，绑扎整齐，走线合理、美观。 (4)可开启的屏柜(箱)门接地线齐全、牢固	24	缺主要项每处扣 6 分，不完整或不清晰每处扣 3 分，扣完为止		
4	完工	填写施工记录，工器具及设备摆放整齐，工完场清，报告工作结束	11	缺主要项扣 11 分，不完整或不清晰每处扣 5 分，扣完为止		
合计			100			

Jc0005153031　避雷器安装。(100 分)

考核知识点：避雷器安装方法及工艺要求

难易度：难

技能等级评价专业技能考核操作工作任务书

一、任务名称

避雷器安装。

二、适用工种

变电一次安装工高级技师。

三、具体任务

(1)检查工器具、材料。

(2)确保现场布置及操作符合安全要求。

(3)做好施工准备工作。

(4)避雷器安装。

(5)完工清理现场。

四、工作规范及要求

(1)考生正确填写办理工作票，进行安全、技术交底，合理安排人员分工并明确相应职责。

(2)考生进场后检查确认作业场所装设的围栏、悬挂的标识牌符合安全工作规程要求。

(3)考生正确把握执行现场安全文明施工作业的相关要求。

(4)考试结束完成工器具、安装配件、材料的清理。

五、考核及时间要求

(1)本考核操作时间为 90 分钟，包括安装、调试及报告整理时间，时间到停止考评。

(2)按照技能操作相关要求进行操作，正确记录操作结果。

技能等级评价专业技能考核操作评分标准

工种	变电一次安装工	评价等级	高级技师
项目模块	专业技能—避雷器安装	编号	Jc0005153031
单位		准考证号		姓名	
考试时限	90 分钟	题型	单项操作	题分	100 分
成绩		考评员		考评组长		日期	
试题正文	避雷器安装		
需要说明的问题和要求	（1）采取必要的安全措施，符合电力安全工作规程要求。 （2）在考试规定的时间内按要求完成操作任务。 （3）若操作过程出现不符合安全及劳动保护规定情况，每处扣 2 分		

序号	项目名称	质量要求	满分	扣分标准	扣分原因	得分
1	施工准备	（1）准备施工图、说明书、施工方案等。 （2）准备吊车及施工机具。 （3）办理作业票。 （4）进行安全技术交底。 （5）做好安全措施	5	缺主要项每处扣 1 分，不完整或不清晰每处扣 0.5 分，扣完为止		
2	基础复测	基础的标高、尺寸及位置应符合设计及有关标准，设备支柱接地极应统一朝向	5	缺主要项扣 5 分，不完整或不清晰每处扣 2.5 分，扣完为止		
3	设备开箱	（1）开箱前应检查包装是否有破损。按照装箱单检查零部件及附件、备件是否齐全，铭牌数据是否与设计文件一致，制造厂家技术文件是否齐全。 （2）检查产品外表面有无损伤，检查每只绝缘子是否有破损、胶合部位是否有松动。 （3）检查底座安装孔尺寸是否与安装图相符。 （4）每个避雷器单元不得任意拆开，不得破坏密封，不得损坏元件。安装前放置在干燥环境中，不得放倒	12	缺主要项每处扣 3 分，不完整或不清晰每处扣 1 分，扣完为止		
4	设备支架安装	（1）校正、找平避雷器设备杆。 （2）设备杆采用两次灌浆，第一次灌浆后混凝土高度距基础杯口 10～20cm，24h 后进行第二次灌浆，用混凝土填平基础杯口	8	缺主要项每处扣 4 分，不完整或不清晰每处扣 2 分，扣完为止		
5	避雷器本体安装	（1）将绝缘合格的避雷器底座安装在设备支架上，校正后用螺栓固定。 （2）依次安装试验合格的组合单元，喷口朝向合理。 （3）安装避雷器接线板和均压环，三相接线板方向一致，均压环不得歪斜、变形，最低处打滴水孔。 （4）调整三相避雷器垂直度，要求其中心在同一直线上。 （5）用力矩扳手紧固所有螺栓	20	缺主要项每处扣 4 分，不完整或不清晰每处扣 2 分，扣完为止		
6	在线监测仪安装	（1）检查在线监测仪的额定电压、型号与避雷器配套，符合设计要求。 （2）检查在线监测仪外壳无破损、密封良好，动作可靠。 （3）安装在线监测仪，位置朝向一致便于观察，接地可靠，计数器调至同一值	12	缺主要项每处扣 4 分，不完整或不清晰每处扣 2 分，扣完为止		
7	接地施工	（1）避雷器本体按照设计要求采用扁铁或铜绞线，两点分别与主接地网可靠相连。 （2）避雷器在线监测仪的接地端与主接地网可靠相连	8	缺主要项每处扣 4 分，不完整或不清晰每处扣 2 分，扣完为止		

续表

序号	项目名称	质量要求	满分	扣分标准	扣分原因	得分
8	避雷器安装工艺要求	（1）安装前进行电气试验，合格后方可安装；安装前检查各零部件数量齐备、状态良好；绝缘部件完好、清洁、无放电烧伤痕迹；钢件防腐处理良好、无锈蚀。 （2）成列布置的避雷器排列整齐。 （3）避雷器起吊及安装时应用吊带，起吊过程中避免冲击及碰撞。 （4）设备支架安装后的质量要求：标高偏差不超过 5mm，垂直度不超过 5mm，相间轴线偏差不超过 10mm，本相间距偏差不超过 5mm，顶面水平度不超过 2mm。 （5）各支柱中心线间距离的误差应不大于 5mm，相间中心距离的误差应不大于 5mm，避雷器垂直度偏差应不超过 1/1000H（H 为避雷器本体高度）。 （6）吊装要求：单节避雷器应与底座整体吊装，多节避雷器先将底座先吊装好，然后将避雷器分节安装。 （7）组装多节避雷器时，其各节位置应按编号进行。 （8）避雷器与在线监测仪引线规格符合设计要求，引线长度满足设计要求，做到自然、美观。 （9）避雷器引线电气连接良好，引线长度应满足设计要求，做到自然、美观。 （10）接地符合设计要求，连接可靠；相位标识正确、清晰	27	缺主要项每处扣 3 分，不完整或不清晰每处扣 1 分，扣完为止		
9	完工	填写施工记录，工器具及设备摆放整齐，工完场清，报告工作结束	3	缺主要项扣 3 分，不完整或不清晰每处扣 1 分，扣完为止		
合计			100			

Jc0005153032 干式电抗器支架安装。（100 分）

考核知识点：干式电抗器支架安装方法及工艺要求

难易度：难

技能等级评价专业技能考核操作工作任务书

一、任务名称

干式电抗器支架安装。

二、适用工种

变电一次安装工高级技师。

三、具体任务

（1）检查工器具、材料。

（2）确保现场布置及操作符合安全要求。

（3）做好施工准备工作。

（4）干式电抗器支架安装。

（5）完工清理现场。

四、工作规范及要求

（1）考生正确填写办理工作票，进行安全、技术交底，合理安排人员分工并明确相应职责。

（2）考生进场后检查确认作业场所装设的围栏、悬挂的标识牌符合安全工作规程要求。
（3）考生正确把握执行现场安全文明施工作业的相关要求。
（4）考试结束完成工器具、安装配件、材料的清理。

五、考核及时间要求

（1）本考核操作时间为90分钟，包括安装、调试及报告整理时间，时间到停止考评。
（2）按照技能操作相关要求进行操作，正确记录操作结果。

技能等级评价专业技能考核操作评分标准

工种	变电一次安装工				评价等级	高级技师
项目模块	专业技能—干式电抗器支架安装			编号	Jc0005153032	
单位		准考证号			姓名	
考试时限	90分钟	题型	单项操作		题分	100分
成绩	考评员		考评组长		日期	
试题正文	干式电抗器支架安装					
需要说明的问题和要求	（1）采取必要的安全措施，符合电力安全工作规程要求。 （2）在考试规定的时间内按要求完成操作任务。 （3）若操作过程出现不符合安全及劳动保护规定情况，每处扣2分					

序号	项目名称	质量要求	满分	扣分标准	扣分原因	得分
1	施工准备	（1）准备施工图、说明书、施工方案等。 （2）准备吊车及施工机具。 （3）办理作业票。 （4）进行安全技术交底。 （5）做好安全措施	10	缺主要项每处扣2分，不完整或不清晰每处扣1分，扣完为止		
2	基础复测	（1）复测基础的标高、轴线及杯口符合设计及有关标准，设备支柱接地极朝向一致。 （2）柱轴线对行、列的定位轴线偏移量不超过5mm	20	缺主要项每处扣10分，不完整或不清晰每处扣5分，扣完为止		
3	干式电抗器支架安装	（1）基础复测后，将支柱安装在基础上，玻璃钢支柱上下法兰的短接导体连接可靠。 （2）校正支架，使其满足制造厂家要求	20	缺主要项每处扣10分，不完整或不清晰每处扣5分，扣完为止		
4	干式电抗器支架安装工艺要求	（1）用钢管支架时做好隔磁措施。 （2）玻璃钢支架上下法兰的短接导体连接可靠。 （3）混凝土支架施工时要做好混凝土钢筋的隔磁措施，防止电抗器漏磁在混凝土支架中形成环流，引起支架发热和耗损。 （4）设备支架安装后的质量要求：标高偏差不超过5mm，垂直度不超过5mm，轴线偏差不超过5mm，顶面水平度不超过2mm，间距偏差不超过5mm	40	缺主要项每处扣10分，不完整或不清晰每处扣5分，扣完为止		
5	完工	填写施工记录，工器具及设备摆放整齐，工完场清，报告工作结束	10	缺主要项扣10分，不完整或不清晰每处扣5分，扣完为止		
合计			100			

Jc0005153033　干式电抗器支柱绝缘子安装。（100分）

考核知识点：干式电抗器支柱绝缘子安装方法及工艺要求

难易度：难

技能等级评价专业技能考核操作工作任务书

一、任务名称

干式电抗器支柱绝缘子安装。

二、适用工种

变电一次安装工高级技师。

三、具体任务

已完成施工准备、基础复测、设备开箱、支架安装，需进行支柱绝缘子安装。

（1）检查工器具、材料。

（2）确保现场布置及操作符合安全要求。

（3）做好施工准备工作。

（4）干式电抗器支柱绝缘子安装。

（5）完工清理现场。

四、工作规范及要求

（1）考生正确填写办理工作票，进行安全、技术交底，合理安排人员分工并明确相应职责。

（2）考生进场后检查确认作业场所装设的围栏、悬挂的标识牌符合安全工作规程要求。

（3）考生正确把握执行现场安全文明施工作业的相关要求。

（4）考试结束完成工器具、安装配件、材料的清理。

五、考核及时间要求

（1）本考核操作时间为90分钟，包括安装、调试及报告整理时间，时间到停止考评。

（2）按照技能操作相关要求进行操作，正确记录操作结果。

技能等级评价专业技能考核操作评分标准

工种	变电一次安装工				评价等级	高级技师
项目模块	专业技能—干式电抗器支柱绝缘子安装			编号	Jc0005153033	
单位		准考证号			姓名	
考试时限	90分钟	题型	单项操作		题分	100分
成绩		考评员		考评组长	日期	
试题正文	干式电抗器支柱绝缘子安装					
需要说明的问题和要求	（1）采取必要的安全措施，符合电力安全工作规程要求。 （2）在考试规定的时间内按要求完成操作任务。 （3）若操作过程出现不符合安全及劳动保护规定情况，每处扣2分					

序号	项目名称	质量要求	满分	扣分标准	扣分原因	得分
1	施工准备	（1）准备施工图、说明书、施工方案等。 （2）准备吊车及施工机具。 （3）办理作业票。 （4）进行安全技术交底。 （5）做好安全措施	10	缺主要项每处扣2分，不完整或不清晰每处扣1分，扣完为止		
2	基础复测	（1）复测基础的标高、轴线及杯口符合设计及有关标准，设备支柱接地极朝向一致。 （2）柱轴线对行、列的定位轴线偏移量不超过5mm	20	缺主要项每处扣10分，不完整或不清晰每处扣5分，扣完为止		

续表

序号	项目名称	质量要求	满分	扣分标准	扣分原因	得分
3	干式电抗器支柱绝缘子安装	（1）检查设备瓷件外观清洁、无裂纹、无损伤，瓷套与铁法兰间黏合牢固。 （2）将支柱绝缘子安装在支架上，校正支柱绝缘子，叠装支柱绝缘子中心线应一致，固定牢固，紧固件齐全。 （3）根据设备支架标高和支柱绝缘子高度，控制支柱绝缘子标高误差在5mm以内	30	缺主要项每处扣10分，不完整或不清晰每处扣5分，扣完为止		
4	干式电抗器支柱绝缘子安装工艺要求	（1）支柱绝缘子应进行检查，瓷件、法兰应完整无裂纹，胶合处填料完整，结合牢固。 （2）支柱绝缘子安装时中心线应一致，固定牢固，紧固件应齐全。 （3）支柱绝缘子标高误差控制在5mm以内，检查柱内接地线连接可靠	30	缺主要项每处扣10分，不完整或不清晰每处扣5分，扣完为止		
5	完工	填写施工记录，工器具及设备摆放整齐，工完场清，报告工作结束	10	缺主要项扣10分，不完整或不清晰每处扣5分，扣完为止		
合计			100			

Jc0005153034　干式电抗器吊装。（100分）

考核知识点：干式电抗器吊装方法及工艺要求

难易度：难

技能等级评价专业技能考核操作工作任务书

一、任务名称

干式电抗器吊装。

二、适用工种

变电一次安装工高级技师。

三、具体任务

（1）检查工器具、材料。

（2）确保现场布置及操作符合安全要求。

（3）做好施工准备工作。

（4）干式电抗器吊装。

（5）完工清理现场。

四、工作规范及要求

（1）考生正确填写办理工作票，进行安全、技术交底，合理安排人员分工并明确相应职责。

（2）考生进场后检查确认作业场所装设的围栏、悬挂的标识牌符合安全工作规程要求。

（3）考生正确把握执行现场安全文明施工作业的相关要求。

（4）考试结束完成工器具、安装配件、材料的清理。

五、考核及时间要求

（1）本考核操作时间为90分钟，包括安装、调试及报告整理时间，时间到停止考评。

（2）按照技能操作相关要求进行操作，正确记录操作结果。

技能等级评价专业技能考核操作评分标准

工种	变电一次安装工					评价等级	高级技师
项目模块	专业技能—干式电抗器吊装				编号	Jc0005153034	
单位			准考证号			姓名	
考试时限	90 分钟	题型		单项操作		题分	100 分
成绩		考评员		考评组长		日期	
试题正文	干式电抗器吊装						
需要说明的问题和要求	（1）采取必要的安全措施，符合电力安全工作规程要求。 （2）在考试规定的时间内按要求完成操作任务。 （3）若操作过程出现不符合安全及劳动保护规定情况，每处扣 2 分						

序号	项目名称	质量要求	满分	扣分标准	扣分原因	得分
1	施工准备	（1）准备施工图、说明书、施工方案等。 （2）准备吊车及施工机具。 （3）办理作业票。 （4）进行安全技术交底。 （5）做好安全措施	10	缺主要项每处扣 2 分，不完整或不清晰每处扣 1 分，扣完为止		
2	基础复测	复测基础的标高、轴线及杯口符合设计及有关标准，设备支柱接地极朝向一致。柱轴线对行、列的定位轴线偏移量不超过 5mm	10	缺主要项扣 10 分，不完整或不清晰每处扣 5 分，扣完为止		
3	干式电抗器吊装	（1）将电抗器安装在支柱绝缘子上并校正。 （2）三相叠装时，中间一相绕组绕向与其他两相相反；两相叠装，一相并列时，叠装的两相绕组绕向相反，另一相与上层相同；三相水平布置时，三相绕组绕向相同。 （3）电抗器垂直安装时，三相叠装电抗器各相中心线应一致。 （4）电抗器质量应均匀地分配于所有支柱绝缘子上。找平时，允许在支柱绝缘子底座下放置不多于 1 片非磁性垫片，但应固定牢靠。 （5）电抗器防护罩安装时，在地面完成防护罩和支撑架的连接，吊装到位后，进行紧固连接，最后将防雨隔栅安装在防护罩内孔上。 （6）所有螺栓应涂螺纹锁固剂（厂家自带），防止螺栓松动后掉入绕组通风道内，造成电抗器事故。 （7）电抗器设备接线端子的方向必须与施工图方向一致	70	缺主要项每处扣 10 分，不完整或不清晰每处扣 5 分，扣完为止		
4	完工	填写施工记录，工器具及设备摆放整齐，工完场清，报告工作结束	10	缺主要项扣 10 分，不完整或不清晰每处扣 5 分，扣完为止		
合计			100			

Jc0005153035　干式电抗器接地施工。（100 分）

考核知识点：干式电抗器接地施工方法及工艺要求

难易度：难

技能等级评价专业技能考核操作工作任务书

一、任务名称

干式电抗器接地施工。

二、适用工种

变电一次安装工高级技师。

三、具体任务

（1）检查工器具、材料。
（2）确保现场布置及操作符合安全要求。
（3）做好施工准备工作。
（4）干式电抗器接地施工。
（5）完工清理现场。

四、工作规范及要求

（1）考生正确填写办理工作票，进行安全、技术交底，合理安排人员分工并明确相应职责。
（2）考生进场后检查确认作业场所装设的围栏、悬挂的标识牌符合安全工作规程要求。
（3）考生正确把握执行现场安全文明施工作业的相关要求。
（4）考试结束完成工器具、安装配件、材料的清理。

五、考核及时间要求

（1）本考核操作时间为90分钟，包括安装、调试及报告整理时间，时间到停止考评。
（2）按照技能操作相关要求进行操作，正确记录操作结果。

技能等级评价专业技能考核操作评分标准

<table>
<tr><td>工种</td><td colspan="5">变电一次安装工</td><td>评价等级</td><td>高级技师</td></tr>
<tr><td>项目模块</td><td colspan="4">专业技能—干式电抗器接地施工</td><td>编号</td><td colspan="2">Jc0005153035</td></tr>
<tr><td>单位</td><td colspan="3"></td><td>准考证号</td><td></td><td>姓名</td><td></td></tr>
<tr><td>考试时限</td><td>90分钟</td><td>题型</td><td colspan="3">单项操作</td><td>题分</td><td>100分</td></tr>
<tr><td>成绩</td><td></td><td>考评员</td><td></td><td>考评组长</td><td></td><td>日期</td><td></td></tr>
<tr><td>试题正文</td><td colspan="7">干式电抗器接地施工</td></tr>
<tr><td>需要说明的问题和要求</td><td colspan="7">（1）采取必要的安全措施，符合电力安全工作规程要求。
（2）在考试规定的时间内按要求完成操作任务。
（3）若操作过程出现不符合安全及劳动保护规定情况，每处扣2分</td></tr>
</table>

序号	项目名称	质量要求	满分	扣分标准	扣分原因	得分
1	施工准备	（1）准备施工图、说明书、施工方案等。 （2）准备吊车及施工机具。 （3）办理作业票。 （4）进行安全技术交底。 （5）做好安全措施	10	缺主要项每处扣1分，不完整或不清晰每处扣0.5分，扣完为止		
2	基础复测	复测基础的标高、轴线及杯口符合设计及有关标准，设备支柱接地极朝向一致。柱轴线对行、列的定位轴线偏移量不超过5mm	20	缺主要项每处扣5分，不完整或不清晰每处扣1分，扣完为止		
3	接地施工	（1）电抗器的接地宜采用铜排和扁铁。 （2）电抗器叠装时，底层支柱绝缘子接地，其余支柱绝缘子不接地。 （3）三相水平布置时，每相支柱绝缘子接地。 （4）支柱绝缘子的接地线不应成闭合环路	40	缺主要项每处扣10分，不完整或不清晰每处扣5分，扣完为止		

续表

序号	项目名称	质量要求	满分	扣分标准	扣分原因	得分
4	干式电抗器接地施工工艺要求	（1）电抗器支柱的底座均应接地，接地宜采用铜排，支柱的接地线不应成闭合环路，同时不得与地网形成闭合环路。 （2）磁通回路内不应有导体闭合回路	20	缺主要项每处扣10分，不完整或不清晰每处扣5分，扣完为止		
5	完工	填写施工记录，工器具及设备摆放整齐，工完场清，报告工作结束	10	缺主要项扣10分，不完整或不清晰每处扣5分，扣完为止		
合计			100			

Jc0005153036　电容器组安装。（100分）

考核知识点：电容器组安装方法及工艺要求

难易度：难

技能等级评价专业技能考核操作工作任务书

一、任务名称

电容器组安装。

二、适用工种

变电一次安装工高级技师。

三、具体任务

已完成设备开箱，需进行电容器组安装。

（1）检查工器具、材料。

（2）确保现场布置及操作符合安全要求。

（3）做好施工准备工作。

（4）电容器组安装。

（5）完工清理现场。

四、工作规范及要求

（1）考生正确填写办理工作票，进行安全、技术交底，合理安排人员分工并明确相应职责。

（2）考生进场后检查确认作业场所装设的围栏、悬挂的标识牌符合安全工作规程要求。

（3）考生正确把握执行现场安全文明施工作业的相关要求。

（4）考试结束完成工器具、安装配件、材料的清理。

五、考核及时间要求

（1）本考核操作时间为90分钟，包括安装、调试及报告整理时间，时间到停止考评。

（2）按照技能操作相关要求进行操作，正确记录操作结果。

技能等级评价专业技能考核操作评分标准

工种	变电一次安装工					评价等级	高级技师
项目模块	专业技能—电容器组安装				编号	Jc0005153036	
单位			准考证号			姓名	
考试时限	90分钟	题型	单项操作			题分	100分
成绩		考评员		考评组长		日期	

续表

试题正文	电容器组安装
需要说明的问题和要求	（1）采取必要的安全措施，符合电力安全工作规程要求。 （2）在考试规定的时间内按要求完成操作任务。 （3）若操作过程出现不符合安全及劳动保护规定情况，每处扣2分

序号	项目名称	质量要求	满分	扣分标准	扣分原因	得分
1	施工准备	（1）准备施工图、说明书、施工方案等。 （2）准备吊车及施工机具。 （3）办理作业票。 （4）进行安全技术交底。 （5）做好安全措施	5	缺主要项每处扣 1 分，不完整或不清晰每处扣0.5分，扣完为止		
2	基础复测	（1）土建工程基本施工完毕，地面、墙面全部完工，标高、尺寸、结构及预埋件均符合设计要求。 （2）设备基础达到允许安装强度要求	6	缺主要项每处扣 3 分，不完整或不清晰每处扣1.5分，扣完为止		
3	电容器组支架安装	（1）核对基础尺寸与图纸相符，检查绝缘子、法兰无破损锈蚀，金属构件无明显变形。 （2）支架组装完毕后，三相支架同时进行校正，并进行螺栓紧固和焊接	8	缺主要项每处扣4分，不完整或不清晰每处扣2分，扣完为止		
4	电容器检查、搭配	（1）对电容器进行外观检查，电容器外观无破损、锈蚀和变形。 （2）安装前进行电容器搭配，使其相间电容量平衡，容量规格及型号必须符合设计要求。 （3）套管芯线棒无弯曲、滑扣现象，引出线端附件齐全，压接紧密。外壳无缺陷及渗油现象。 （4）安装用的型钢符合设计要求，无锈蚀，镀锌螺栓规格符合要求	16	缺主要项每处扣4分，不完整或不清晰每处扣2分，扣完为止		
5	电容器安装	（1）各台电容器铭牌、编号安装在通道侧，顺序符合设计要求。电容器外壳与固定电位连接牢固可靠。 （2）电容器可分层安装在支架上，层间绝缘距离符合说明书和设计要求，如无要求应不小于50mm。 （3）基础型钢及构架必须做好接地及防腐措施。 （4）熔断器安装排列整齐，倾斜角度应符合产品要求，指示器位置正确	16	缺主要项每处扣4分，不完整或不清晰每处扣2分，扣完为止		
6	电容器附属设备安装	电容器附属设备主要包括放电线圈、避雷器、接地开关等	4	缺主要项扣4分，不完整或不清晰每处扣2分，扣完为止		
7	一次连线	（1）电容器连接线采用软导线，接线对称一致、整齐美观，压接牢固可靠，线端有防松散措施。 （2）电容器组用母排连接时，电容器套管（接线端子）不受机械应力，连接严密可靠，母排排列整齐，相色标识正确。 （3）电容器组一次连线符合设计与设备要求	12	缺主要项每处扣4分，不完整或不清晰每处扣2分，扣完为止		
8	接地施工	（1）不与地绝缘的每个电容器外壳均应接地。 （2）电容器支架和网门应接地。 （3）接地点数量符合设计要求，接地应标识清晰	12	缺主要项每处扣4分，不完整或不清晰每处扣2分，扣完为止		

续表

序号	项目名称	质量要求	满分	扣分标准	扣分原因	得分
9	电容器组安装工艺要求	（1）电容器组的布置整齐，接线应正确，电容器组的保护回路应完整。 （2）外壳应无凹凸或渗漏油现象，引出端子连接牢固，垫圈、螺母齐全。 （3）放电回路应完整且操作灵活。 （4）户内电容器通风装置应良好。 （5）电容器端子连接线应符合设计要求，界线应对称一致、整齐美观，母线及分支线相色应清晰	15	缺主要项每处扣 3 分，不完整或不清晰每处扣 1.5 分，扣完为止		
10	完工	填写施工记录，工器具及设备摆放整齐，工完场清，报告工作结束	6	缺主要项扣 6 分，不完整或不清晰每处扣 3 分，扣完为止		
	合计		100			

Jc0005153037　串联无功补偿装置安装。（100 分）

考核知识点：串联无功补偿装置安装方法及工艺要求

难易度：难

技能等级评价专业技能考核操作工作任务书

一、任务名称

串联无功补偿装置安装。

二、适用工种

变电一次安装工高级技师。

三、具体任务

已完成设备开箱，需进行串联无功补偿装置安装。

（1）检查工器具、材料。

（2）确保现场布置及操作符合安全要求。

（3）做好施工准备工作。

（4）串联无功补偿装置安装。

（5）完工清理现场。

四、工作规范及要求

（1）考生正确填写办理工作票，进行安全、技术交底，合理安排人员分工并明确相应职责。

（2）考生进场后检查确认作业场所装设的围栏、悬挂的标识牌符合安全工作规程要求。

（3）考生正确把握执行现场安全文明施工作业的相关要求。

（4）考试结束完成工器具、安装配件、材料的清理。

五、考核及时间要求

（1）本考核操作时间为 90 分钟，包括安装、调试及报告整理时间，时间到停止考评。

（2）按照技能操作相关要求进行操作，正确记录操作结果。

技能等级评价专业技能考核操作评分标准

工种	变电一次安装工		评价等级	高级技师
项目模块	专业技能一串联无功补偿装置安装	编号	Jc0005153037	

续表

单位			准考证号		姓名	
考试时限	90分钟	题型		单项操作	题分	100分
成绩		考评员		考评组长	日期	
试题正文	串联无功补偿装置安装					
需要说明的问题和要求	（1）采取必要的安全措施，符合电力安全工作规程要求。 （2）在考试规定的时间内按要求完成操作任务。 （3）若操作过程出现不符合安全及劳动保护规定情况，每处扣2分					

序号	项目名称	质量要求	满分	扣分标准	扣分原因	得分
1	施工准备	（1）准备施工图、说明书、施工方案等。 （2）准备吊车及施工机具。 （3）办理作业票。 （4）进行安全技术交底。 （5）做好安全措施	5	缺主要项每处扣1分，不完整或不清晰每处扣0.5分，扣完为止		
2	基础复测	（1）土建工程基本施工完毕，地面标高、尺寸、结构及预埋件均符合设计要求。 （2）基础达到允许安装强度要求。 （3）预埋件、基础地坪标高及水平误差符合设计及制造厂家要求	6	缺主要项每处扣2分，不完整或不清晰每处扣1分，扣完为止		
3	串联补偿装置平台安装	（1）检查支柱绝缘子，瓷件、法兰完整无裂纹，胶合处填料完整，接合牢固。 （2）基础复测后，将串联补偿装置平台支柱绝缘子安装在基础上，校正支柱绝缘子，使其标高误差控制在5mm以内。支柱绝缘子叠装时，中心线一致。 （3）支柱绝缘子固定牢固，紧固件齐全。 （4）吊装串联补偿装置平台至支柱绝缘子上，校正串联补偿装置平台，确保其水平，满足制造厂家要求。 （5）串联补偿装置平台固定牢固，紧固件齐全	20	缺主要项每处扣4分，不完整或不清晰每处扣2分，扣完为止		
4	串联补偿装置安装	（1）安装前，核对设备在平台上的基础尺寸与图纸相符，检查支柱绝缘子完好，安装并校正设备支架、支柱绝缘子。 （2）电容器安装。 （3）串联补偿装置旁路断路器安装。 （4）过电压限制器（MOV）安装。 （5）火花间隙安装。 （6）阻尼电抗及电阻安装。 （7）隔离开关安装。 （8）电流互感器安装。 （9）管形母线和设备连线安装	36	缺主要项每处扣4分，不完整或不清晰每处扣2分，扣完为止		
5	串联补偿装置附件安装	安装二次电缆、光缆，满足设计及制造厂家要求	4	缺主要项扣4分，不完整或不清晰每处扣2分，扣完为止		
6	接地施工	（1）串联补偿装置的接地宜采用铜排和扁铁。 （2）每相串联补偿装置平台支柱绝缘子均应接地。接地点位置、数量满足设计及制造厂家要求	6	缺主要项每处扣3分，不完整或不清晰每处扣1.5分，扣完为止		
7	串联无功补偿装置安装工艺要求	（1）串联无功补偿装置平台金属构件安装前检查，应无变形、锈蚀，热镀锌质量良好。 （2）串联无功补偿装置平台安装，应符合下列要求： 1）所有部件应齐全、完整。	18	缺主要项每处扣6分，不完整或不清晰每处扣3分，扣完为止		

续表

序号	项目名称	质量要求	满分	扣分标准	扣分原因	得分
7	串联无功补偿装置安装工艺要求	2）安装螺栓应齐全、紧固，紧固力矩应符合产品技术文件要求。 3）在平台上设备安装前、安装后，应调整串联无功补偿平台装置斜拉绝缘子，使平台支柱绝缘子保持垂直，并检查斜拉绝缘子的预拉力，应符合产品技术文件要求。 （3）串联无功补偿装置中的设备安装，应符合下列规定： 1）平台上电容器的组装和安装，过电压限制器（MOV）、火花间隙、阻尼电抗、电阻以及管形母线和设备连线等，应在平台稳定后进行。 2）平台上设备的安装，应符合设计图纸、产品技术文件的要求	18	缺主要项每处扣 6 分，不完整或不清晰每处扣 3 分，扣完为止		
8	完工	填写施工记录，工器具及设备摆放整齐，工完场清，报告工作结束	5	缺主要项扣 5 分，不完整或不清晰每处扣 2.5 分，扣完为止		
合计			100			

Jc0005153038 高压开关柜安装。（100 分）

考核知识点：高压开关柜安装方法及工艺要求

难易度：难

技能等级评价专业技能考核操作工作任务书

一、任务名称

高压开关柜安装。

二、适用工种

变电一次安装工高级技师。

三、具体任务

已完成设备开箱，需进行高压开关柜安装。

（1）检查工器具、材料。

（2）确保现场布置及操作符合安全要求。

（3）做好施工准备工作。

（4）高压开关柜安装。

（5）完工清理现场。

四、工作规范及要求

（1）考生正确填写办理工作票，进行安全、技术交底，合理安排人员分工并明确相应职责。

（2）考生进场后检查确认作业场所装设的围栏、悬挂的标识牌符合安全工作规程要求。

（3）考生正确把握执行现场安全文明施工作业的相关要求。

（4）考试结束完成工器具、安装配件、材料的清理。

五、考核及时间要求

（1）本考核操作时间为 90 分钟，包括安装、调试及报告整理时间，时间到停止考评。

（2）按照技能操作相关要求进行操作，正确记录操作结果。

技能等级评价专业技能考核操作评分标准

工种	变电一次安装工					评价等级	高级技师
项目模块	专业技能—高压开关柜安装				编号	Jc0005153038	
单位			准考证号			姓名	
考试时限	90 分钟		题型		单项操作	题分	100 分
成绩		考评员		考评组长		日期	
试题正文	高压开关柜安装						
需要说明的问题和要求	（1）采取必要的安全措施，符合电力安全工作规程要求。 （2）在考试规定的时间内按要求完成操作任务。 （3）若操作过程出现不符合安全及劳动保护规定情况，每处扣 2 分						

序号	项目名称	质量要求	满分	扣分标准	扣分原因	得分
1	施工准备	（1）准备施工图、说明书、施工方案等。 （2）准备吊车及施工机具。 （3）办理作业票。 （4）进行安全技术交底。 （5）做好安全措施	5	缺主要项每处扣 1 分，不完整或不清晰每处扣 0.5 分，扣完为止		
2	基础复测	（1）与柜安装有关的建筑物、构筑物土建工程已结束并验收合格。 （2）可能影响已安装设备或设备安装后不能再进行修饰的工作全部结束	6	缺主要项每处扣 3 分，不完整或不清晰每处扣 1.5 分，扣完为止		
3	柜体就位安装	（1）开关柜基础测量满足安装要求。 （2）就位前对室内地面采取敷设地板胶等措施，并将本期不安装的空柜和孔洞用临时盖板封住，临时盖板的承受力应能承受安装过程中人员的重量。 （3）开关柜就位应根据现场土建施工情况，采用中心向两边或单侧起立方式，确保成套柜的整齐排列。 （4）开关柜搬运过程中需避免大幅晃动冲撞。 （5）开关柜与基础的固定用螺栓连接，柜间采用螺栓连接，制造厂家有特殊要求的按照厂家要求进行。 （6）开关柜就位后调整垂直度、水平度及柜面不平度	24	缺主要项每处扣 4 分，不完整或不清晰每处扣 2 分，扣完为止		
4	附件安装及调试	（1）手车推入工作位置。 （2）调整辅助开关、切换开关、限位开关，使其触点动作可靠，接触良好。 （3）“五防”装置齐全，动作灵活可靠。 （4）柜内照明齐全。 （5）安全隔离板开启灵活	15	缺主要项每处扣 3 分，不完整或不清晰每处扣 1.5 分，扣完为止		
5	后续工作	（1）柜内电气设备试验。 （2）母排安装。 （3）二次电缆安装	9	缺主要项每处扣 3 分，不完整或不清晰每处扣 1.5 分，扣完为止		
6	高压开关柜安装工艺要求	（1）手车或抽屉单元的推拉应灵活轻便，无卡阻、碰撞现象，具有相同额定值和结构的组件，应检验具有互换性。 （2）机械闭锁、电气闭锁应动作准确、可靠和灵活，具备防止电气误操作的“五防”功能，即防止误分、合断路器，防止带负荷分、合隔离开关，防止接地开关合上时（或带接地线）送电，防止带电合接地开关（挂接地线），防止误入带电间隔等功能。 （3）安全隔离板开启应灵活，并应随手车或抽屉的进出而相应动作。	36	缺主要项每处扣 4 分，不完整或不清晰每处扣 2 分，扣完为止		

续表

序号	项目名称	质量要求	满分	扣分标准	扣分原因	得分
6	高压开关柜安装工艺要求	（4）手车推入工作位置后，动触头顶部与静触头底部的间隙，应符合产品技术文件要求。 （5）动触头与静触头的中心线应一致，触头接触应紧密。 （6）手车与柜体间的接地触头应接触紧密，当手车推入柜内时，其接地触头应比主触头先接触，拉出时接地触头应比主触头后断开。 （7）手车或抽屉的二次回路连接插件（插头与插座）应接触良好，并应有锁紧措施；插头与开关设备应有可靠的机械连锁，当开关设备在工作位置时，插头应拔不出来；其同一功能单元、同一种型式的高压电器组件插头的接线应相同、能互换使用。 （8）仪表、继电器等二次元件的防震措施应可靠。控制和信号回路应正确，并应符合《电气装置安装工程　盘、柜及二次回路接线施工及验收》（GB 50171—2012）的有关规定。 （9）螺栓应紧固，并应具有防松措施	36	缺主要项每处扣 4 分，不完整或不清晰每处扣 2 分，扣完为止		
7	完工	填写施工记录，工器具及设备摆放整齐，工完场清，报告工作结束	5	缺主要项扣 5 分，不完整或不清晰每处扣 2.5 分，扣完为止		
合计			100			